KB043690

생명

그 자체의

감각

The Feeling of Life Itself
: Why Consciousness Is Widespread but Can't be Computed

Copyright © 2019 Massachusetts Institute of Technology.
All rights reserved.

This Korean edition was published by Book21 Publishing Group in 2024
by arrangement with The MIT Press
through KCC(Korea Copyright Center Inc.), Seoul.

이 책의 한국어판 저작권은 (주)한국저작권센터(KCC)를 통해
저작권자와 독점계약한 (주)북이십일에 있습니다.
저작권법에 의해 한국 내에서 보호를 받는 저작물이므로
무단 전재 및 복제를 금합니다.

생명

The
Feeling of
Life Itself

그 자체의

감각

의식의
본질에 관한
과학철학적 탐구

크리스토프 코흐

박제운 옮김

arte

테레사(Teresa)에게

생명은 나란히 늘어선 [하나씩 꺼져 가는] 등불이 아니다.
생명은 의식이 시작되고 끝나는 순간까지,
우리를 감싸는 투명한 외피에서 빛나는 후광이다.

— 버지니아 울프의 1921년 에세이 「현대소설」에서

일러두기

- 국립국어원의 한글맞춤법과 외래어표기법을 따르되, 관용적으로 굳어진 일부 용어에는 예외를 두었다.

- 책은 겹낫표(『 』), 정기간행물은 겹화살괄호(《 》), 보고서, 논문 등 짧은 글은 홑낫표(「 」), 영화, 음악 등은 홑화살괄호(〈 〉)로 묶었다.

- 원문에서 이탤릭으로 강조된 부분은 볼드로 옮겼다.

- 원주는 원문과 같이 후주로 두었다.

- 옮긴이 주는 해설이 필요한 경우 각주로 두었고, 간략한 설명을 덧붙인 경우 해당 용어 다음에 부가해 괄호로 묶고 말미에 역주임을 표기했다.

차례

추천사   10

서론 | 의식 귀환   12

1장 | 의식이란 무엇인가?   21

2장 | 누가 의식하는가?   41

3장 | 동물 의식   67

4장 | 의식과 나머지 것들   81

5장 | 의식과 뇌   93

6장 | 의식의 발자취를 따라서   117

7장 | 우리에게 의식 이론이 필요한 이유   147

8장 | 완전체에 대해   161

9장 | 의식을 측정하는 도구   185

10장 | 초월적 마음과 순수한 의식   207

11장 | 의식이 기능을 갖는가?   231

12장 | 의식과 계산주의   251

13장 | 컴퓨터가 경험을 가질 수 없는 이유   275

14장 | 의식이 모든 곳에 있는가?   301

결론 | 이것이 왜 중요한가   324

감사의 말   333   옮긴이의 말   411
주석   336   찾아보기   424
참고 문헌   380

이 책은 현재 의식 이론의 양대 산맥 중 한 줄기인 줄리오 토노니가 이끄는 '통합정보이론'의 중요 축으로 활동하는 크리스토퍼 코흐가 쓴 책으로, 의식을 공부하는 사람들이라면 한번 꼭 읽어야 할 중요한 책이다. 일독을 권한다.

김영보 가천대학교 의과대학 신경외과학 교수

알츠하이머 뇌의 컴퓨터 모델링으로 박사학위를 받고 연구원 생활을 위해 미국으로 출국했을 때, 크리스토퍼 코흐는 나를 자신의 연구실에 초청해 준 첫 번째 학자였다. 1990년대 말에만 해도 그는 신경세포와 신경회로에 대한 모델링 연구의 대가였고, 그런 그 앞에서 세미나 발표를 하고 식사하면서 나의 모델에 대해 함께 토론한 일은 초짜 뇌과학자에게 잊을 수 없는 경험이었다. 그 후 그는 학문적 관심사를 좀 더 '의식'에 집중했고, 일련의 의식 이론들을 가설 수준에서 제시했다. 지난 20년간 그는 앨런뇌과학연구소의 소장을 맡으며 의식 연구를 본격적으로 진행했고, 커넥톰을 통해 정교한 신경생물학적 구조를 바탕으로 인지 작동 원리에 대한 근본 이론을 제시하고자 애썼다.

의식의 기원에 관해 가장 논쟁적인 가설을 제시해 온 크리스토프 코흐의 이번 최신작은 전작들보다 더 깊이 의식의 문제를 다룬다. 독자들은 이 책에서 지난 20년간 세상에 나온 다양한 의식 이론을 총체적으로 조망하고 그만의 해석을 읽을 수 있다. 무엇보다, 그가 제시한 '통합정보이론'이 무엇인지 가장 설득력 있게 서술돼 있다는 점이 이 책의 미덕이다. 그동안 숱한 학자들과 논쟁하고 실험적으로 검증하는 데는 실패하면서 지금은 코흐가 많이 조심스러워졌지만, 『생명 그 자체의 감각』에는 몇 해 전 여전히 사려 깊으면서도 야심만만했던 그의 통찰이 고스란히 보인다. 의식의 최전선에서 무슨 일이 벌어지고 있는지 궁금하다면, 이 책을 꼭 펼쳐 보시라!

정재승 KAIST 뇌인지과학과 교수, 융합인재학부 학과장

의식 귀환

삶에서 의식의 중요성을 깨닫기 위해, 당신이 악마와의 거래에서 의식적 경험을 내어 주고, 대신 엄청난 부를 얻는 경우를 가정해 보자. 당신은 원하는 만큼 많은 부를 얻겠지만, 모든 주관적인 느낌을 포기하여, 마침내 좀비가 되어야 한다. 겉보기에, 당신의 모든 것이 정상으로 보일 수 있다. 예를 들어, 말하고, 행동하고, 막대한 재산을 관리·운영하고, 사회생활을 활발하게 하는 등 당신은 모든 것을 정상으로 처리할 수 있다. 그러나 당신 내면의 삶은 사라진다. 보고, 듣고, 냄새 맡고, 사랑하고, 미워하고, 괴로워하며, 기억하고, 생각하고, 계획하고, 상상하고, 꿈꾸고, 후회하고, 원하고, 기대하고, 두려워하는 등등을 더 이상 하지 못한다. 당신의 관점에서, 당신은 죽은 것과 다름없다. 왜냐하면 좀비는 같은 느낌만을 가질 것이기 때문이다. 그것은 아무 느낌도 갖지 않는 것과 같다.

경험이 어떻게 세계에 나타나는지는, 사상의 기록 역사 초창기부터 계속 미스터리로 남아 있었다. 아리스토텔레스는 2000여

년 전 독자들에게 "영혼에 관해 확실한 지식을 얻기란 세상에서 가장 어려운 일 중 하나"라고 경고했다. **심-신 문제**(mind‑body problem)로 알려진 이 수수께끼는 오랜 세월 동안 철학자와 학자들이 매달려 온 주제이다. 당신의 주관적 경험은 당신의 뇌를 구성하는 물리적 요소와 근본적으로 다르게 나타난다. 물리학의 기본 방정식, 화학원소의 주기율표, 당신 유전자의 끝없는 ATGC의 맞물림 등등 그 어떤 것도 의식에 관해 표현하지 못한다. 그러나 당신은 매일 아침 깨어나, 보고, 듣고, 느끼고, 생각하는 세상으로 돌아온다. 경험은 당신이 세계에 대해 아는 유일한 방법이다.

정신이 육체와 어떻게 관계하는가? 사람들 대부분은 육체가 충분히 복잡해지면 육체에서 정신이 출현한다고 가정한다. 즉, 우리와 같은 큰 두뇌가 이 행성에 진화하기 전까지 정신은 존재하지 않았다. 그렇지만 그때까지 세계는 "누구를 위해서도 존재하지 않았던, 빈 벤치 앞의 연극이었으며, 따라서 정확히 말해서, 존재하지도 않았다"라는 [물리학자 슈뢰딩거(Erwin Schrödinger)의 유명한 구절의] 말을 우리가 실제로 믿는가? 이것이 아니라면, 정신이 육체와 결합한 채, 항상 존재했지만 단지 쉽게 알아볼 수 없었던 것뿐인가? 어쩌면 의식은 큰 두뇌가 출현하기 이전부터 존재했던 것은 아닐까? 이것이 내가 여기에서 선택하는, 덜 가본 길, 즉 그동안 다루지 않았던 의문이다.

언제 **당신의** 의식이 시작되었는가? 당신의 첫 번째 경험은 출산 과정에서 거친 세상으로 내던져질 때의 혼란과 혼동이었는가? 즉, 밝은 빛이 눈을 멀게 만들고, 압도적인 소리가 들리며, 산소가

절실히 필요한 세상이 당신의 첫 번째 경험이었는가? 아니면, 어쩌면 그보다 더 이른, 엄마의 포궁 속의 따뜻한 안정감이었는가?

당신의 경험적 흐름은 어떻게 끝날까? 촛불처럼 갑자기 꺼질까, 아니면 서서히 사라질까? 죽음의 문턱에서 당신의 마음은 임사체험 중 초자연적 신비를 만날 수 있을까? 발전된 첨단기술은 당신의 마음을 클라우드에 업로드하여, 새로운 껍질을 쓴 유령처럼 당신의 마음을 공학적 방법으로 구원하고 전환할 수 있을까?

유인원, 원숭이, 다른 포유류 등도 소리를 듣고 생명의 광경을 볼 수 있는가? 데카르트(René Descartes)의 유명한 주장처럼, 개는 그저 기계에 불과한가. 아니면 온갖 냄새로 가득한 세계를 경험하는 존재인가?

그리고 오늘날 시급한 질문은 이것이다. 컴퓨터가 무엇을 경험할 수 있는가? 디지털 코드가 무언가를 느낄 수 있는가? 기계학습(machine learning)의 비약적인 발전은 한계선을 넘어섰고, 인간 수준의 인공지능이 많은 독자들의 살아생전에 등장할지도 모른다. 이러한 AI는 인간 수준의 지능에 걸맞은 인간 수준의 의식을 가질 것인가?

이 책에서 나는, 과거에는 철학자, 소설가, 영화 제작자 등의 전유물이었던 이러한 질문들이 어떻게 과학자들에 의해 설명되기 시작했는지를 보여 줄 것이다. 뇌 속을 깊이 들여다볼 수 있는 첨단 영상 장비의 도움으로 의식 과학은 지난 10년 동안 극적인 발전을 이루었다. 심리학자들은 어느 인지 작용(cognitive operations)이 어떤 의식적 지각(conscious perception)에 기여하는지를 밝혀냈다. 많은 인지 작용은 의식과 무관하게 일어난다. 과학은 어둠 속에 살고 있는 이상하고 잊었던 것들에 빛을 비추기 시작했다.

나는 두 장에 걸쳐 의식의 주요 기관인 신경계(nervous system)에서 의식의 발자취를 추적한다. 놀랍게도 많은 뇌 영역들이 경험에 대해서 의미 있는 기여를 하지 못한다. 그것이 소뇌(cerebellum)에 대해서도 참인데, 소뇌는 신피질(neocortex)보다 네 배 이상 많은 신경세포를 가짐에도 그러하다. 심지어 우주 내에 알려진 가장 복잡한 흥분성 물질로 구성된 신피질 조직에서도, 일부 영역은 다른 영역보다 경험과 훨씬 더 밀접한 관계를 맺는다.

시간이 지나면, 의식의 신경 발자국에 대한 탐구는 신경계의 덤불 어딘가에 있는 은신처로 먹잇감을 쫓아갈 것이다. 조만간 과학자들은 어느 신경세포 집단이 어떤 단백질을 발현하고, 어떤 양태로 활성화되는지, 어떤 경험을 수용하는지 등을 밝혀낼 것이다. 이러한 발견은 과학의 새로운 이정표가 될 것이다. 또한 신경과 및 정신과 환자들에게 엄청난 도움이 될 것이다.

그러나 의식과 신경의 상관관계를 안다고 해서 더 근본적인 질문에 대답할 수 있는 것은 아니다. 예를 들어, 저 뉴런이 아니라, 왜 이 뉴런인가? 저 진동이 아니라, 왜 이 진동인가? 어떤 형태의 신체 활동이 느낌을 발생시킨다는 사실을 밝혀낸 것은 칭찬할 만한 진전이다. 그러나 궁극적으로 우리는 이런 메커니즘이 왜 경험과 밀접한 관련을 갖는지 알고 싶다. 뇌의 생물리학(biophysics)은 무엇 때문에, 다른 복잡한 생물학적 기관인 간

(liver)과 달리, 일시적인 삶의 감정을 불러일으키는 것인가?

우리에게 필요한 것은, 경험에서 시작하여 뇌로 이어지는 정량적 이론이다. 경험을 추론하고 예측할 수 있는 이론이 발견될 수 있다. 나에게, 지난 10년간 가장 흥미진진한 발전은 바로 이러한 이론의 탄생이었고, 이는 사상사에서 처음 있는 일이다. 통합정보이론(Integrated Information Theory, IIT)은, 진화된 것이든 설계된 것이든 전체를 구성하는 부분들과 그 상호작용을 두루 고려하며, 잘 정해진 미적분을 통해 이런 전체 경험의 양과 질을 도출해 낸다. 이 책,『생명 그 자체의 감각(The Feeling of Life Itself)』의 핵심은 두 장에서 그 이론을 개괄하며, 그 이론이 내재적인 인과적 힘(intrinsic causal powers)의 측면에서 하나의 의식적 경험을 어떻게 정의하는지를 설명한다.

이러한 추상적 고려의 어려움 속에서, 나는 번잡한 임상 실습에 뛰어들었다. 나는 이 이론이 반응이 없는 환자의 의식 유무를 감지하는 도구를 만드는 데 어떻게 사용되었는지 설명한다. 다음으로 나는 그 이론의 반(反)직관적인 예측 몇 가지에 대해 논의한다. 만약 뇌가 올바른 위치에서 절단되면, 단일 마음은 두 마음으로 나뉘어 한 두개골 내에 공존하게 된다. 반대로, 만약 두 사람의 뇌가 미래형 **뇌-연결**(brain-bridging) 기술을 통해 직접 연결되면, 각자의 마음은 소멸되어 그들의 독특한 두 마음은 한 마음으로 통합될 수 있을 것이다. 그 이론은, 특정 명상 수행에서 **순수한 경험**으로 알려진, 아무 내용도 포함하지 않는 의식이 거의-침묵하는 피질(near-silent cortex)에서 성취될 수 있음을 예측한다.

의식이 진화한 이유를 고려한 후, 이 책은 컴퓨터로 관심을 돌린다. 오늘날 지배적인 믿음의 기본 교리, 즉 시대정신(Zeitgeist)에 따르면, 디지털 프로그래밍이 가능한 컴퓨터가 인간 수준의 지능과 의식을 포함한 모든 것을 시뮬레이션할 수 있다. 그런 컴퓨터 경험은 단지 영리한 해킹만으로 파악 가능하다.

통합정보이론에 따르면, 이보다 더 진실과 거리가 먼 것은 없다. 경험은 계산에서 발생되지 않는다. 실리콘밸리의 디제라티 (digerati, 컴퓨터 지식인 계급—옮긴이)가 거의 종교에 가까운 믿음을 갖더라도, 클라우드에서 실행되는 '영혼(Soul) 2.0'은 존재하지 않을 것이다. 적절하게 프로그래밍된 알고리즘은 이미지를 재인하고(recognize)•, 바둑을 두며, 우리에게 말을 걸고, 자동차를 운전할 수 있지만, 결코 의식을 갖지는 못할 것이다. 인간 두뇌의 완벽한 소프트웨어 모델조차 아무것도 경험하지 못할 것이다. 그 모델이 뇌의 내재적인 인과적 힘을 갖지 못하기 때문이다. 그 모델이 지능적으로 행동하고 말할 수는 있을 것이다. 누군가는 그 모델이 경험을 했다고 주장하겠지만, 그 경험은 만든-믿음(make-believe), 가짜 의식일 것이다. 어떤 프로그램 모델도 진정한 경험과 의식을 가질 수 없다. 단지 경험이 아닌 지능만 가질 뿐이다.

의식은 자연의 영역에 속한다. 질량과 전하처럼, 의식은 인

• 여기서 재인(recognition)이란 이미 알고 있는 무엇을 다시 알아본다는 의미이다. 플라톤 이래 철학자들의 이해에 따르면, 우리가 무엇을 알아보려면, 이미 그것이 무엇인지를 알고 있어야 하며, 그러한 측면에서 인식보다 "개념"이 앞선다. 혹은 "선험적(a priori)"이다. 이러한 측면에서 우리가 무엇을 구분하여 알아본다는 전문용어를 "재인하다"라고 표현한다.

과적 힘을 가진다. 기계에 인간 수준의 의식을 구현하려면, 하드웨어를 구성하는 금속, 트랜지스터, 배선 등의 수준에서, 인간 두뇌의 내재적인 인과적 힘을 구현해야만 한다. 나는 현대 컴퓨터의 내재적인 인과적 힘은 뇌의 인과적 힘에 비해 미약하다는 것을 보여 줄 것이다. 따라서 인공 의식을 구현하려면, 오늘날 기계와는 근본적으로 다른 컴퓨터 아키텍처가 필요하거나, 트랜스휴머니스트(transhumanists)가 상상하는 신경회로와 실리콘회로의 통합이 필요하다.

마지막 결론의 장에서, 나는 자연의 넓은 회로를 탐색한다. 소위 단순한 동물이라 불리는 앵무새, 까마귀, 문어, 꿀벌 등등의 뇌는 매우 복잡하기 때문에, 통합정보이론은 앵무새, 까마귀, 문어, 꿀벌 등등의 경험을 함축한다(implies). 신경계가 해파리의 원시 신경망으로 귀속됨에 따라서, 그 자신의 관련 경험은 줄어들 것이다. 그러나 단세포 미생물은 세포 외피에 야성의 분자적 복잡성을 포함하기 때문에, 그들 역시 무언가를 느낄 것 같다.

통합정보이론이 무수히 많은 실험의 문을 열어 줌에 따라서, 그 이론은 철학자, 과학자, 임상의 등의 상상력을 사로잡았다. 그리고 그러했던 이유는 그 이론이 지금까지 경험적 탐구 범위를 벗어난 실재(reality)의 모습을 밝혀 줄 것으로 보이기 때문이다.

압도적인 확률에 맞서 새로운 회사를 시작하는 기업가라면 어느 정도 건강한 자기 착각을 가져야 한다. 이것은 해마다 미친 듯이 일할 동기를 유지하기 위해서도 필수적이다. 이와 마찬가지로 나는 그 이론이 참이라고 가정하고, 모든 진술 앞에 "특정 조건하에서"라는 문구를 붙이는 학자의 조심스러운 습관을 버리고 이 책을 썼다. 나는 현재의 논쟁에 주목하고, 광범위한 최신 문헌을 노트에 인용했다. 물론, 결국에는 나의 직관과 상관없이, 그 이론의 예측을 뒷받침하거나 거짓으로 만드는 실험을 통해서, 자연이 판결해 줄 것이다.

이 책은 내가 경험을 주제로 쓴 세 번째 책이다. 2005년에 출간된 『의식의 탐구: 신경생물학적 접근(The Quest for Consciousness)』은 주관적 경험과 관련된 방대한 심리학 및 신경학 문헌을 조사하면서 수년 동안 가르친 수업에서 비롯되었다. 나는 이를 바탕으로 2012년 『의식: 현대과학의 최전선에서 탐구한 의식의 기원과 본질(Consciousness: Confessions of a Romantic Reductionist)』을 출간했다. 이 책은 그동안의 과학 진보와 발견을 다루면서, 자전적인 이야기도 섞었다. 이 책, 『생명 그 자체의 감각』에는 그러한 산만함을 피했다. 독자가 알아야 할 것은, 나는 인간의 가능성 패(선택지, deck)에서 나온 무작위 거래 70억 개 중 하나라는 사실 뿐이다. 즉, 나는 행복하게 자랐고, 미국, 아프리카, 유럽, 아시아의 여러 도시에서 살았으며, 물리학자에서 신경생물학자로 변신했고, 철학을 좋아하고, 책과 시끄러운 개, 격렬한 신체 활동과 야외 활동을 좋아하는 채식주의자이며, 영광스러운 시대의 황혼기에 접어들었고, 우울함을 느끼는 존재이다.

이제 의식을 길잡이로 삼아, 이러한 발견의 항해를 시작하자.

2018년 10월, 시애틀

의식이란
무엇인가?

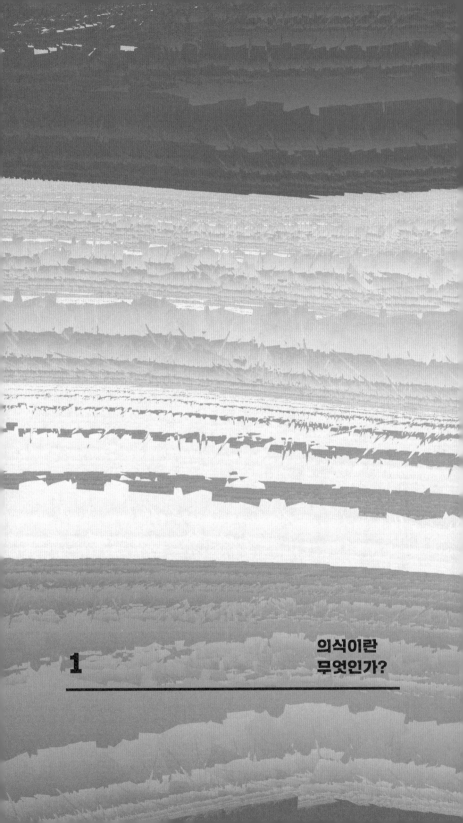

1 의식이란
무엇인가?

좋아하는 음식의 유쾌한 맛, 감염된 치아의 예리한 통증, 과식 후 포만감, 기다리는 동안 느린 시간의 흐름, 의도적인 행위의 의지, 경합을 다투는 시합에 앞선 불안감과 함께하는 활력의 느낌 등 등, 여기에서 공통점은 무엇인가?

그 모두는 각기 다른 경험이다. 그 모든 경험을 가로지르는 공통점은 그것들 모두가 주관적 상태라는 점이다. 그 모든 경험은 의식적 느낌이다. 의식의 본성을 설명하기란 어려우며, 의식은 결코 정의될 수 없다는 많은 주장이 있다. 그럼에도 불구하고 솔직히 의식을 정의하기란 간단하다. 바로 이렇게 말이다.

의식은 경험이다.

이것이 의식에 대한 정의이다. 의식이란, 가장 평범한 것에 서부터 가장 고귀한 것에 이르기까지 모든 경험이다. 어떤 사람들은 의식을 정의하면서, 그 앞에 **주관적**(subjective) 또는 **현상적**(phenomenal)이란 말을 덧붙인다. 내 목적에 비추어 볼 때, 이러한 형용사는 중복적인 것으로, 불필요하다. 일부 사람들은 **의식**(consciousness)과 **자각**(awareness)을 구분하기도 한다. 다른 글에서도 설명했지만,[1] 나는 이러한 구분이 도움이 되지 않는다고 생각하며, 이 두 단어를 혼용하여 사용한다. 또한 일상에서 '느낌'은 보통 화가 나거나 사랑에 빠졌을 때와 같은 강한 감정에서만 사용하지만, 나는 **느낌**(feeling)과 **경험**(experience)을 구분하지 않는다. 내가 사용하는 모든 '느낌'은 경험이다. 종합적으로 생각해 보면, 의식은 생생한 실재(lived reality)이다. 그것은 생명 그 자체의 감각[느낌](feeling of life itself)이다. 그것은 내가 누리는 유일한 작은 영원이다. 경험이 없다면, 나는 좀비, 즉 스스로 아무것도 아닌 존재가 될 것이다.

물론 내 마음에는 다른 측면도 있다. 특히 의식 영역 밖에 존재하는 비의식(nonconscious)과 무의식(unconscious)이라는 광대한 영역이 있다. 그러나 심-신 문제에서 어려운 부분은 의식이다. 즉 비의식적 과정이 아니다. 그것은 바로 내가 신비한 무언가를 **보고, 느낄** 수 있다는 사실이며, 시각 시스템이 망막에 부딪히는 무수한 광자를 처리하여 얼굴을 식별하는 방식이 아니다. 모든 스마트폰이 후자를 실행하지만, 전자를 실행할 수 있는 스마트폰은 결코 존재하지 않는다.

17세기 프랑스의 물리학자이자 수학자·철학자인 르네 데카르트는 『방법서설(Discourse on the Method)』에서 모든 사고의 기초가 되는 궁극적 확실성을 추구했다. 그는, 외부 세계의 존재 여부를 포함하여 모든 것에 의심할 여지가 있다고 가정하고서도, 여전히 무언가를 자신이 알 수 있다면, 그 무언가는 확실할 것이라고 추론했다. 확실성을 얻기 위해, 데카르트는 세계의 존재, 자신의 신체, 그리고 자신이 보고 느끼는 모든 것들에 관해 자신을 속일 수 있는 '지극히 강력한 악의적 사기꾼'을 마음속으로 그려보았다. 그러나 의심할 여지가 없는 것은 그가 **무언가**를 경험하고 있다는 사실이었다. 데카르트는 자신이 의식을 가지기 때문에 존재한다고 결론지었다. 서양 사상에서 가장 유명한 이 연역은 유명한 명언으로 이렇게 표현되었다.

나는 생각한다, 그러므로 나는 존재한다.[2]

그보다 1000여 년 전, 교부(foundational Church Fathers) 중 한 명인 히포의 성 아우구스티누스는 그의 저서 『신의 도시(City of God)』에서 'si fallor, sum'이라는 표어로, 놀라울 정도로 유사한 논증을 펼쳤다.

내가 오해하더라도, 나는 존재한다.[3]

영화 〈매트릭스(Matrix)〉 3부작의 주인공 네오(Neo)는 지식인보다 현대의 사이버펑크 감성에 더 가깝다. 네오는 컴퓨터 시뮬레이션인 매트릭스에서 살며, 그곳은 그에게 일상적인 '실제'

세계처럼 보이고 느껴진다. 그러나 사실 네오의 몸은 다른 인간들의 몸과 함께 거대한 저장고에 쌓여 있으며, 지각 있는 기계(데카르트의 악의적 사기꾼의 현대 버전)에 의해 에너지원으로 수확되고 있다. 네오는 모피어스(Morpheus)가 건네준 붉은 알약을 먹기 전까지 이러한 실재(reality)를 완전히 부정하며 살지만, 비록 자신의 경험적 내용이 완전히 망상일지라도, 네오가 의식적 경험을 가진다는 것은 의심할 여지는 없다.

다른 말로 표현하자면, **현상학**(phenomenology), 즉 내가 무엇을 경험하는지, 그리고 내 경험이 어떻게 구조화되는지 등은 (과학 법칙을 포함하여) 내가 외부 세계에 관해 추론할 수 있는 것에 우선한다(is prior to). 의식은 물리학보다 우선한다.

이것을 이렇게 생각해 보자. 얼굴이라 불리는 무언가를 배운다고 해 보자. 얼굴 지각표상(face percept)은 특정 규칙성을 따른다. 즉, 얼굴 지각표상은 일반적으로 좌우 대칭이며, 전형적으로 입, 코, 두 눈이라고 관습적으로 불리는 무언가로 구성된다. 얼굴의 눈을 자세히 관찰해 보면, 그 얼굴이 나를 보고 있는지, 화가 났는지 또는 무서워하는지 등을 나는 추론할 수 있다. 나는 이러한 규칙성을 (나의 외부 세계에 존재하는) 사람이라 불리는 대상에 암묵적으로 귀속시킨다. 즉, 나는 사람들과 상호작용하는 방법을 배우며, 내가 그 사람들과 같은 사람이라고 추론한다. 성장하면서, 나는 이런 추론 과정에 완전히 습관화되어 당연한 것으로 받아들인다. 이러한 경험을 통해, 나는 세계의 그림을 축적한다. 이런 추론 과정은, 전자와 중력, 폭발하는 별, 유전부호, 공룡 등과 같은 실재의 숨겨진 측면을 드러내는 과학의 간주관적 방법 (intersubjective method, 즉 과학 공동체가 합의하는 방식—옮긴이)을 통해 증폭되면서 거대한 힘을 획득한다. 그러나 궁극적으로 이러한 것들은 모두 추론일 뿐이다. 매우 합리적인 추론이지만, 그럼에도 추론에 불과하다. 이런 모든 추론들은 틀린 것으로 판명 날 수 있다. 그러나 내가 경험한 것은 그렇지 않다. 내 경험은 내가 절대적으로 확신하는 단 하나의 사실이다. 그 밖의 모든 것들은, 외부 세계의 존재를 포함하여 억측(conjecture)일 뿐이다.

자신의 경험을 부정하기

이 상식적 정의——**의식은 경험이다**——의 가장 큰 강점은 그것이 완전히 명백하다는 점이다. 이보다 더 단순할 수 있는가? 의식은 세계가 나에게 보이고 느껴지는 방식이다(나는 다음 장에서 당신의 경우에 대해서도 이야기해 볼 것이다).

소수의 연구자들은 다른 의견을 제안한다. 삶의 핵심적 측면을 설명할 수 없다는 정신적 불편함을 줄이기 위해, 퍼트리샤와 폴 처칠랜드(Patricia and Paul Churchland) 부부 팀과 같은 일부 철학자들은, 경험의 실재에 대한 통속 믿음(folk belief)을, 마치 지구가 평평하다고 생각하는 것처럼, 순진한 가정이라고 경멸적으로 말하며, 극복해야 할 가정이라고 지적한다. 그들은 교육받은 사람들 사이의 정중한 토론에서 의식이라는 개념 자체를 제거하려 든다.[4] 이들의 견해에 따르면, 어떤 의미에서 잔인함, 고문, 고통, 괴로움, 우울증 또는 불안증 등으로 고통받는 사람은 전혀 없다. 만약 그들의 제거주의 입장이 옳다면, 사람들이 자기 경험의 참된 본성에 관해 혼란스러워하고 있다는 것, 즉 의식이 실제로 존재하지 않는다는 것을 깨닫기만 한다면, 고통은 이 세계에서 **간단히** 사라질 것이다! 유토피아가 실현된다(물론, 즐거움과 기쁨도 없을 것이다. 당신은 계란을 깨지 않고 오믈렛을 요리할 수는 없다). 조심스럽게 말하자면, 나는 이런 일이 일어날 가능성이 극히 낮다고 생각한다. 경험의 진정한 본성에 대한 이러한 부정은, 환자가 자신이 살아 있음을 부정하는 정신질환인 코타르증후군(Cotard's syndrome)에 형이상학적으로 대응하는 것이다.

대니얼 데닛(Daniel Dennett)과 같은 다른 학자들은, 의식이 존재하지만, 그것에 내재적(intrinsic)이거나 특별한 것은 없다고 강력히 주장한다. 그는 《뉴욕타임스》와의 인터뷰에서 이렇게 말한다. "말로 표현하기 어려운 주관적 의식 경험(예를 들어, 붉은색의 붉음, 고통의 통증 등), 철학자들이 감각질?(qualia?)이라 부르는 것은 순전히 환상이다."[5] 나의 극심한 허리 통증은 나의 행동 성향, 즉 평평한 바닥에, 움직이지 않고, 엎드려 있어야 할 필요성 등등 외에 그 어떤 것도 실제적인 것은 없다.

실리콘밸리의 많은 사람들이 이기적인 이유로 지지하는 이러한 가르침은 (두 번째 장에서 다시 다룰 것이지만) 의식의 내재적 본성을 우리가 제거해야 할 마지막 거대한 환상이라고 선언한다. 나는 이 주장이 터무니없다고 생각한다. 왜냐하면 만약 의식이 모든 사람이 공유하는 환상이라면, 그것은 주관적인 경험으로 남아 있으며, 어떠한 사실적 지각보다 덜 실제적인 경험이기 때문이다.

이렇게 논란이 되는 논증을 고려해 볼 때, 20세기 분석철학(analytic philosophy)의 상당 부분이 실패했음이 분명해진다. 실제로, 미국의 대표 철학자인 존 설(John Searle)은 동료 철학자들을 향해 다음과 같은 격한 말을 남겼다.

지난 50년간의 주류 심리철학(philosophy of mind)의 …… 가장 두드러진 특징은 …… 명백히 거짓인 것 같다.[6]

철학자 갤런 스트로슨(Galen Strawson)은 이렇게 말한다.

이러한 철학자들이 고통과 같은 사물의 본성에 대한 일반적인 견해를 거부하는 의미가 있다면 …… 그들의 견해는 기록상 인간의 비합리성에 대한 가장 놀라운 표명 중 하나인 것 같다. 경험에 대한 상식적 견해의 진리를 부정하는 것보다, 우리가 인식할 수 없는 신적 존재의 실재함을 가정하는 편이 훨씬 덜 비합리적이다.[7]

내 가정에 따르면, 경험만이 내가 직접적으로 아는 실재의 유일한 측면이다. 경험의 존재는, 실재의 물리적 본성에 대한 현재 우리의 매우 제한적인 이해에 명백한 도전을 제기하며, 합리적이고 경험적으로 검증 가능한 설명을 요구한다.

그의 이름에서 음속이란 명칭이 붙여진 19세기 물리학자 에른스트 마흐(Ernst Mach)는, 세계가 우리에게 보이는 방식을 연구하는 현상학의 열렬한 학생이었다. 나는 마흐의 유명한 연필

그림 1.1 **내적 관점:** 왼쪽 눈(눈썹과 코 일부를 포함하여)을 통해 보이는 세계와 거실 의자에 앉아 나를 바라보는 반려견 루비(Ruby). 이런 지각이 실재와 어느 정도 일치하는지는 궁극적으로 열려 있으며, 어쩌면 내가 환각을 보고 있는지도 모른다. 그러나 이 그림은 내가 직접적으로 아는 유일한 실재인 나의 의식적 시각 경험이다.

그림인 '내적 관점(Innenperspektive)'(그림 1.1)을 응용하여 중요한 점, 즉 과학 이론이나 성서, 교회적·정치적·철학적 권위자나 다른 누구의 확언이 없더라도, 나는 무언가를 경험할 수 있다는 점을 강조하고자 한다. 나의 의식적 경험은, 관찰자와 같은 외부의 어떤 것도 필요 없이 그 자체로 존재한다. 어느 의식 이론이라도 이러한 내재적 실재를 분명히 반영할 것이다.[8]

의식을 경험이라고 정의하는 도전

이런 상식적 정의에는 한 가지 단점이 있다. 의식을 지닌 다른 의식적 생명체에게만 이해된다는 점이다. 경험을 설명하는 일은 무의식적인 초지능이나 좀비에게는 무의미하다. 이것이 항상 그러할지는 두고 볼 문제이다. 왜냐하면 철학자 토머스 네이글(Thomas Nagel)이 "객관적 현상학"이라 부르는 것이 가능할 수 있기 때문이다.[9]

객관적 용어로, **본다**(seeing)는 것은, "스펙트럼의 특정 부분에서 들어오는 전자기 방사에 작용하는 것"으로 정의될 수 있는, 시각-운동 행동(visuomotor behavior)과 밀접히 연관된다. 이런 의미에서, 시각 입력에 어떤 행동으로 반응하는 파리, 개, 사람 등의 '모든 유기체가 본다'고 말할 수 있다. 그러나 이러한 시각-운동 행동에 대한 설명은 "보는" 장면, 즉 그림 1.1에서처럼 삶의 장면으로 그려진 캔버스를 완전히 생략한다. 시각-운동 행동은 활동이며, 그 자체로 문제 될 것이 없지만, 눈앞의 장면에 대한 주관적 지각과는 완전히 다르다.

요즘에는 이미지-처리 소프트웨어가 사진을 저장하는 것뿐만 아니라, 얼굴을 선별하여 알아보는 것도 쉽게 한다. 그 알고리즘은 이미지를 구성하는 픽셀에서 정보를 추출하여, "어머니"와 같은 이름표를 출력한다. 그렇지만 이런 간단한 변환, 즉 이미지를 입력하고 이름표로 출력하는 일은 나의 어머니를 보는 경험과는 근본적으로 다르다. 전자는 입-출력 변환이고, 후자는 존재의 상태이기 때문이다.

좀비에게 느낌을 설명하는 것은, 시각장애를 안고 태어난 사람에게 본다는 것을 설명하는 것보다 훨씬 더 어려운 도전이다. 그 이유는 이렇다. 시각장애인은 소리, 촉감, 사랑, 미움 등등에 대해 알기 때문에 시각 경험은, 눈을 돌리고 고개를 돌릴 때 특정 방식으로 움직이고 표면이 색이나 질감 같은 독특한 특성을 가진 얼룩과 연관되어 있다는 점을 제외하면, 청각적 경험과 비슷할 것 같다고 설명해야 한다. 반면에 좀비는 보는 느낌과 비교할 만한 어떤 종류의 지각도 갖지 못한다.

나는 매일 의식적 경험으로 가득한 세상에서 깨어난다. 이성적 존재로서 나는, 이렇게 밝게 빛나는 느낌의 본성, 누가 그것을 느끼며 누가 그렇지 못한지, 그것이 물리학과 내 몸에서 어떻게 발생하는지, 그리고 공학적 시스템이 그것을 가질 수 있을지 없을지 등을 설명하려고 노력한다. 의식을 객관적으로 정의하는 것이, 전자, 유전자, 블랙홀 등을 정의하는 것보다 더 어렵다고 해서, 의식 과학에 대한 탐구를 포기해야 한다는 뜻은 아니다. 나는 단지 더 열심히 노력하자는 것이다.

어느 경험이든 구조화된다

어느 경험이든 그 안에 구분(distinctions)이 있다. 즉, 어느 경험이든 구조화되어 있으며, 많은 내적 현상의 구분으로 구성된다. 특정한 시각적 경험 하나를 생각해 보자(그림 1.1). 그 경험의 중심에 내 다리를 받치는 의자에 앉아 있는 나의 버니즈마운틴도그 루비가 있다. 그 주변으로 다른 사물들이 보인다. 그러나 그게 전부는 아니다. 훨씬 더 많은 것들이 있다. 왼쪽과 오른쪽, 위와 아래, 중심과 주변, 가까이와 멀리 등 셀 수 없이 많은 공간 관계가 존재한다. 심지어 내가 완전한 어둠 속에서 눈을 뜨더라도, 나는 사방으로 뻗어 있는 기하학 공간의 풍부한 개념을 경험한다.

실제 경험은, 그림으로 묘사할 수 없는, 루비의 독특한 냄새와 그에 대한 내 태도를 말해 주는 정서적 색채 또한 포함한다. 이러한 독특한 감각적 및 정서적 측면은 각각, 고유한 시간 경과, 일부는 빠르게, 일부는 느리게, 일부는 일시적으로, 일부는 지속되는 등등의 복잡한 경험적 혼합물로 직조되어 있다. 이것은 대부분의 경험에서 참이며, 각 경험은 여러 양식(modalities)에 따라 더 세밀히 구분될 수 있다.[10]

다른 일상적 경험을 생각해 보자. 모닝커피로 카푸치노를 마신 후 두 시간 동안 출렁이는 비행기를 타고 36F 좌석(뒤쪽)에 웅크리고 앉았을 때, 나는 방광에 압력이 가해지는 것을 느낀다. 내가 터미널 화장실에 도착할 무렵, 소변을 참기 어려운 지경이 되었고,[11] 마침내 나는 소변이 흘러나오는 것을 의식적으로 느끼면서, 방광의 압력이 완화되고 약간의 쾌감을 느낀다. 그러나 나는 그것을 넘어 더 이상 성찰할(의식할, introspect) 수 없다. 나는 이러한 감각을 더 원시적인 원자 요소로 분해하지 못한다. 힌두 용어로, "마야의 베일"을 넘어설 수 없다. 나의 성찰(내성)의 삽은 뚫을 수 없는 암반에 부딪힌다.[12] 그리고 나는 분명히 모든 경험의 물리적 기반을 구성하는 내 두개골 내부의 시냅스, 뉴런 및 기타 등등을 결코 경험하지 못한다. 그런 수준은 나에게 완전히 은닉되어 있기 때문이다.

끝으로, 기독교, 유대교, 불교, 힌두교 등 많은 종교 전통에서 공통적으로 나타나는 신비로운 경험인, 희귀한 종류의 의식 상태를 생각해 보자. 이러한 의식 상태는 아무런 내용도 갖지 않는 것이 특징이다. 즉, 어떤 소리, 이미지, 신체적 느낌, 기억, 두려움, 욕망, 자아 등을 갖지 않으며, 경험자와 경험 사이에, 즉 염려하는 자와 염려되는 것 사이에 어떤 구분도 없다(비이원론적이다).

중세 후기 도미니크수도회의 철학자이자 신비주의자, 마이스터 에크하르트(Meister Eckhart)는 황야에서 신성(Godhead), 자기 영혼의 본질과 우연히 마주쳤다.

침묵의 "한가운데"가 있으며, 그곳에 어떤 피조물도 들어온 적이 없어서 어떤 이미지도 없으며, 영혼이 어떤 활동이나 이해도 갖지 않으므로, 자신이나 다른 피조물에 대한 어떤 이미지도 알지 못한다.[13]

비슷한 표현을 사용하여, 불교 명상을 오랫동안 수행한 사람들은 꾸밈없는 혹은 순수한 앎에 대해 이렇게 묘사한다.

구름 한 점 없는 하늘처럼 가림이 없고, 투명하고 어떤 거침도 없는 개방성을 유지하세요. 잔잔한 바다처럼 고요하면서, 어떤 생각으로도 방해받지 않는 완전한 편안함을 유지하세요. 바람에 흔들리지 않는 불꽃처럼 변하지 않고 찬란하게 빛나며, 완전히 깨끗하고 밝은 상태를 유지하세요.[14]

나는 10장에서 '내용 없는 의식' 또는 '순수한 의식'을 다룰 것인데, 이런 현상은 의식에 대한 모든 계산적 설명에 대한 놀라운 도전이다. 엄밀히 말하자면, 심지어 순수한 경험조차도 전체의 부분집합이므로(완전한 것은 아니지만), 구조화되어 있다는 점에 유의하라.

어떤 의식적 경험의 내재적이고 구조화된 본성을 넘어, 그 밖에 내가 내 경험에 관해 확실히 알 수 있는 것은 무엇인가? 아무리 일상적이거나 이국적이더라도, 어떤 경험에 대해 참이라고 내가 긍정적으로 말할 수 있는 것은 무엇인가?

어느 경험이든 정보적이며,
통합적이고, 제한적이다

다음 세 가지 추가 속성이 의식적 경험에 적용되며, 그 속성은 의심의 여지가 없다.

첫째, 어느 경험이든 매우 **정보적**(informative)이며, 그 방식 자체로 독특하다. 각 경험은 정보적으로 풍부하며, 많은 '구체적 내용'을 포함한다. 즉, 특정한 방식으로 결합된 특정한 현상적 독특함으로 구성된다. 내가 지금까지 보았거나 미래에 보게 될 모든 영화의 모든 프레임은 독특한 경험이며, 각 프레임은 시야 전체에서 색상, 모양, 선, 질감 등의 풍부한 현상학이다. 그리고 청각, 후각, 촉각, 성적 그리고 기타 신체적 경험들은 각각 자체의 방식에서 독특하다. 총칭의(generic) 경험이란 있을 수 없다. 짙은 안개 속에서 내가 보고 있는 것이 무엇인지 명확하지 않고 어렴풋이 보이는 경험조차 특정한 경험이다.

나는 최근 블라인드 카페(Blind Café)에 참석하여 일종의 역출산(reverse birth)을 경험했다. 나는 불이 켜진 미로에서, 길고 어두운 좁은 산도를 지나 완전히 어두운 방으로 들어갔는데, 그곳은 너무 어두워서 내 앞에서 손을 흔드는 아내의 손조차 보이지 않을 정도였다. 우리는 의자를 더듬어 찾아서 앉아, 다른 손님들에게 자기소개를 하고 캄캄한 어둠(Stygian darkness) 속에서 아주 조심스럽게 식사를 시작했다. 그것은 사람들에게 시각장애인의 세계를 소개하기 위해 고안된 완전히 독특한 경험이었다. 그렇지만 이런 칠흑 같은 방에서조차 나는 독특한 시각 경험을 할 수 있었는데, 그것은 칠흑 같은 어두운 호텔방에서 깨어났을 때와는 다른, 특별하면서도 그 자체의 반향과 느낌까지 결합되었다.

둘째, 어느 경험이라도 **통합적**(integrated)이라서, 독립적인 구성 요소로 환원될 수 없다. 각 경험은 유일하고 전체적이며, 그 경험 내의 모든 현상적 구분과 관계를 포함한다. 나는 다리와 손만 독립적으로 경험하는 것이 아니라, 소파와 방에 있는 내 몸을 포함한 그림 전체를 경험한다. 나는 오른쪽과 독립적으로 왼쪽을 경험하거나, 내 개가 웅크리고 앉아 있는 라운지 의자와 별개로 그 개를 경험하지 않는다. 나는 모든 것들 전체를 경험한다. 누군가 허니문(honeymoon)에 대해 나에게 말할 때, 나는 하늘에 떠 있는 커다란 물체와 함께 벌이 만들어 내는 달콤한 물질을 상상하기보다, 낭만적인 휴가를 떠나는 부부의 독특한 이미지를 떠올린다.[15]

셋째, 어느 경험이든 내용 및 시-공간의 측면에서 **제한적**(definite)이다. 그것은 틀림없다. 그림 1.1의 내 거실 장면을 다시 살펴보면, 나는 오른쪽 눈을 감고 소파에서 원근감 있게 개와 세상을 명암대조법으로 지각한다. 의식의 독특한 내용은 "안"에 있는 반면, 다른 모든 것들은 경험되지 않은 채 외부에 있다. 내가 보는 세계는, 내 머리 뒤처럼, 회색이나 어두운 것들 너머 선으로 경계되어 있지 않다. 그런 경계선은 단순히 존재하지 않는다. 붓의 획이 캔버스 위에 그려져 있을 뿐, 그 밖의 모든 것들은 그려지지 않는다.

나의 경험은 제한적 내용과 함께한다. 만약 그 경험이 그 이상이거나(예를 들어, 두통을 가진 상태에서 경험을 하는), 그 이하라면(개가 없는 그림과 같은), 다른 경험이 될 것이다.

요약하자면, 모든 의식적 경험은 다섯 가지 뚜렷하고 부인할 수 없는 속성을 가진다. 즉, 경험 각각이 그 자체로 존재하고, 구조화되어 있으며, 정보적이며, 통합적이고, 제한적이다. 이러한 특징들은, 평범한 것부터 고귀한 것에 이르기까지, 고통스러운 것에서부터 환각에 이르기까지, 모든 의식적 경험의 다섯 가지 본질적 특징이다.

어느 경험이든 관점을 가지며
시간적으로 발생한다

일부 연구자들은 경험에는 이 다섯 가지 속성 외에도 다른 속성이 있을 수 있다고 주장한다. 예를 들어, 각각의 경험은 고유한 관점, 즉 일인칭 설명, 주관적 관점을 지닌다. 나는 그림을 보고 있다. 즉, 나는 이 세계의 중심에 있다.[16] 그런 중심성은 시각, 청각, 촉각 등에 의해 나에게 주어지는 공간의 표상에서 비롯된다. 이 세 가지 연합적 감각 공간(sensory spaces) 각각에는 눈과 귀 그리고 내 몸이 있는 특정 위치가 하나씩 있다. 내가 보는 것, 듣는 것, 느끼는 것 등은 모두 공통된 공간을 가리키는 것이 분명 중요하기 때문에(예를 들어, 움직이는 입술에서 들려오는 소리는 공유 위치인 얼굴에 할당된다), "나"는 이 단일 지점, 즉 내 공간의 근원에 위치한다. 더구나 이런 중심은 또한 원근의 이동을 수반하는 눈의 움직임과 같은 모든 행동의 초점이기도 하다. 따라서 전망을 가진다는 것, 즉 아무 곳도 아닌 어딘가에서 바라본다는 것은, 어느 추가적인 기본 속성을 가정할 필요 없이, 감각운동(sensorimotor)의 우연성 구조에서 자연스럽게 나타난다.

어느 경험이 특정 순간, 즉 현재 **지금** 일어난다는 것이 더 설득력 있는 주장일 것이다. 이런 지금을 객관적인 방식으로 정의하는 것은 아득한 옛날부터 철학자, 물리학자, 심리학자 들이 도전해 온 과제였다. 살아 있는 삶에는 과거, 현재, 미래라는 세 가지 독특한 시간 영역이 존재하며, 경험한 현재는 과거와 미래의 중간 지점이라는 것은 의심의 여지가 없다.[17] 과거는 이미 일어난 모든 것을 포함한다. 비록 내가 내 기억의 궁전에서 사건을 기억하는 방식이 재해석되기 쉽고, 인과성을 위배하는 것처럼 보이는 후속 사건이 발생할 수 있지만, 과거는 불변한다. 미래는 아직 일어나지 않은 모든 것의 총합이다. 즉, 제약 없는 우연이다. 미래의 섬뜩한 모퉁이[최첨단]는 그것이 경험되자마자 돌이킬 수 없는 과거로 물러서는 허울뿐인 현재로 영원히 바뀐다.

그러나 시간 지각이 중단되는 드문 경험도 있다. 예를 들어, 환각제를 복용하는 경우, 시간의 흐름, 즉 현재 지금의 지속시간이 느려지거나 심지어 완전히 멈추기까지 한다. 깎아지른 화강암 벽을 오르는 위험한 등반과 같이 온전히 주의력을 발휘해야 할 때도 시간은 더디게 흐른다. 〈매트릭스〉 같은 영화는 이렇게 지각되는 시간의 느림을 잘 알려진 총알-시간 효과를 통해 시각화한다. 다시 말해서, 시간 흐름은 모든 경험의 보편적인 속성은 아니며, 단지 대다수 경험에서 나타나는 현상일 뿐이다.[18]

따라서 남은 것은 모든 의식적 경험이 가지는 다섯 가지 본질적 속성들이다.

모든 의식적 경험은 그 자체로 존재하고, 구조화되며, 특정한 방식으로 존재하고, 하나이며, 제한적이다.[19]

이것이 나에게 일어나는 일이다. 당신은 어떠한가? 내가 다른 사람의 경험에 대해 자신 있게 말할 수 있는 것은 무엇인가? 그들의 경험을 실험실에서 어떻게 연구할 수 있을까? 이런 질문에 대해 다음 장에서 다루겠다.

누가
의식하는가?

2

**누가
의식하는가?**

지금까지 나는 내 경험에 관해 강박적으로 이야기했다. 그리했던 것은 그런 경험이 내가 직접 접촉하는 유일한 경험이기 때문이다. 이 장은 당신의 경험과 다른 사람들의 경험에 관한 이야기이다.

로마시대에 **프리바투스**(*privatus*)는 공공 생활에서 물러난(인터넷과 소셜미디어의 시대인 오늘날 상상할 수도 없는) 사람을 의미했다. 의식적 경험도 마찬가지인데, 어느 경험이라도 사적 (private)이어서, 다른 사람이 접근할 수 없다. 노란색을 보는 나의 지각은 나만의 것이다. 당신과 내가 같은 노란색 스쿨버스를 보더라도, 당신은 다른 색조를 경험할 수 있으며, 당신이 경험한 것은 거의 확실히 내가 경험한 것과 다르게 연상될 수 있다.

일인칭 시각의 의식이란 마음의 독특한 속성이기 때문에, 과학이 탐구하는 보통의 대상보다 연구하기가 더욱 어렵다. 왜냐하면 과학 연구의 대상은 질량, 운동, 전하, 분자구조 등과 같은 속성으로 규정할 수 있어서, 측정을 위한 적절한 기기와 도구만 있으면 누구나 접근 가능하기 때문이다. 적절하게도 이러한 속성은 **삼인칭 속성**이라 불린다.

따라서 심-신 문제를 해소하려면, 주관적으로 경험하는 마음의 **일인칭 관점**과 과학의 객관적 삼인칭 관점 사이의 차이를 연결시켜야 한다.

다른 사람의 경험만이 과학 탐구에서 관찰할 수 없는 유일한 존재가 아니라는 점을 주목해야 한다. 가장 유명한 것으로, 직접 탐색할 수 없는 양자역학의 파동함수가 있다. 측정할 수 있는 것은 오직 파동함수에서 파생된 확률뿐이다. 각각 독특한 물리법칙을 가진, 우주 내의 광대한 우주들의 집합인, 다중우주(multiverse) 역시 관측할 수 없는 또 다른 존재이다. 파동함수나 의식과 달리, 다중우주는 우리의 인과적 이해 범위를 완전히 벗어나지만, 여전히 열띤 추측의 대상이 되고 있다.[1]

의식의 사적 본성에 대한 극단적인 반응 중 하나는 유아론(solipsism), 즉 '내 마음 밖에는 아무것도 존재하지 않는다'는 형이상학적 교설이다. 논리적으로 일관되고 반증할 수 없는 이런 믿음은 비생산적인데, 내가 사는 우주에 관해 흥미로운 사실을 설명하지 못하기 때문이다. 내 마음은 어떻게 생겨났을까? 왜 우주는 별, 개, 얼굴 등등으로 가득 차 있을까? 그것들의 행동을 지배하는 법칙은 무엇일까?

더 약한 형태의 유아론은 외부 세계의 실재를 받아들이지만, 의식을 가진 다른 존재는 부정한다. 나를 제외한 모든 사람은 느낌이 없는 좀비이며, 단지 사랑하고 미워하는 것을 가장할 뿐이다. 이런 생각은 논리적으로는 가능하지만, 지적 허튼소리이다. 왜냐하면 그런 믿음은 나의, 오직 나의 뇌만이 의식을 일으킨다고 가정하기 때문이다. 내 뇌에는 한 정신물리학적 법칙이 적용되고, 다른 70억 명의 뇌에는 다른 법칙이 적용된다. 이것이 참일 가능성은 제로이다.

나에게 유아론은 항상 무미건조하고 쓸모없을 뿐 아니라, 자기중심주의라는 극단적 형태로 보인다. 그렇다, 내 자신을 만족시키기 위해서 나는 내가 유일한 마음으로 존재한다고 상상할 수 있다. 그리고 내가 죽는 순간 세계는, 내가 처음 경험하기 전에 생겨난 허공 속으로 사라질 것이라고 상상할 수 있다. 그러나 유아론은 내 주변의 세계를 설명하지 못한다. 이런 생각에 더 이상 시간을 낭비하지 말고, 본연의 과제에 집중하자.

가추추론의 풍성함

가장 이성적인 대안은 당신과 같은 다른 사람들도 의식적 경험을 가진다고 가정하는 것이다. 이러한 추론은 우리 몸과 두뇌가 매우 유사하다는 점에 근거한다. 만약 당신이 내게 경험에 대해 말한 내용이 나의 경험과 명백한 방식으로 관련된다면, 이런 추론은 더욱 강화된다.

당신이 좀비가 아니라는 것을 엄밀한 논리적 근거로 증명할 수는 없다. 그보다, 그 추론은 '최선의 설명에로의 추론(inference to the best explanation)', 즉 그것과 관련된 데이터에 대한 가장 유망한 설명으로 이어지는 추론의 한 형태이다. **가추추론**(abductive reasoning, 또는 가추법)이라 불리는 이 추론은 알려진 모든 사실에 대해 가장 그럴듯한 설명을 제공하는 가설을 추론하기 위해 역으로 추정한다.

가추추론은 과학적 기획의 핵심에 있다. 19세기 중반 천문학자들은 천왕성(Uranus) 궤도에 불규칙성이 있다는 사실에 주목했다. 이런 사실은 프랑스 천문학자 위르뱅 르베리에(Urbain Le Verrier)가 미지의 행성이 존재하며, 그 위치가 어딘지를 가추하도록(abduce, 유력한 가설을 추론하도록) 이끌었다. 망원경 관측을 통해 해왕성(Neptune)의 존재가 확증되었고, 이것은 뉴턴 중력이론의 승리를 알려 주는 확증이었다. 다윈(Charles Darwin)과 월리스(Alfred Russel Wallace)는 자연선택에 의한 진화가 생태계 전반의 생물 종 분포를 가장 잘 설명한다고 가추하였다. 가추추론은 개연성과 가능성을 다루는 추론의 한 형태이다. 확고한 가추 논증의 결론은 알려진 모든 사실을 가장 잘 설명하는 가설이다. 우리는 매일 어지러울 정도로 다양한 현상에 대한 최선의 설명을 가추한다. 예를 들어, 피부발진, 자동차 고장, 파이프 누수, 재정적 또는 정치적 위기 등등의 가장 유력한 원인을 진단한다.

모든 관련 사실들에 대한 가장 유망한 설명을 위한 탐색은, 모든 사건의 배후에 특정 부기맨(CIA, 유대인, 공산주의자)의 악의적 행동이 있다고 파악하는 음모론자와 정반대의 사고 성향이다. 이런 가추추론은, 수천 명의 개인이 공모했다는 식의 인위적이고 복잡하게 꼬리를 무는 추론을 하도록 만들지만, 실제로 발생할 가능성은 극히 낮다. 치즈 샌드위치 속에서 성모 마리아를 보았다는 목격담, 화성에 거대한 외계인 얼굴 유적이 있다는 설, 달 착륙 음모론(날조설) 등은 모두 최선의 설명에로의 추론이 무너진 안타까운 사례들이다.[2]

셜록 홈스는 가추추론의 대가로, BBC 시리즈 〈셜록〉은 그의 추론을 생생한 그래픽 오버레이로 시각화한다. 홈스가 자신이 "연역적 과학(science of deduction)"을 실천한다고 주장하지만, 그가 논리적으로 필연적인 어느 것을 연역하는 경우는 드물다. "모든 사람은 죽는다"와 "소크라테스는 사람이다"라는 두 명제에서, 우리는 소크라테스가 죽을 것임을 필연적으로 연역할 수 있다. 실생활에서는 상황이 결코 명확하지 않다. 일반적으로 홈스는 사실에 대해 가장 유망한 설명을 가추한다. 예를 들어, 단편소설 「실버 블레이즈(Silver Blaze)」에서 경찰과의 유명한 대화 중에 그것을 보여 준다.

그레고리 경감 제가 무엇을 잘 살펴보아야 하나요?

홈스 밤에 그 개에게 일어난 기이한 사건에 대해서죠.

경감 그 개는 밤에 아무것도 하지 않았어요.

홈스 그게 바로 기이한 사건인 거죠.

홈스는 그 개가 범인을 알기 때문에 짖지 않았다고 가추했다. 가추추론은 컴퓨터과학과 인공지능 분야에서 대세로 떠오르고 있으며, 소프트웨어에 강력한 추론 능력을 부여한다. 사례로, 의료 진단에 채용되는, 자연어를 사용하는 IBM의 질의응답 컴퓨터 시스템인 왓슨(Watson)이 그러하다.[3]

다른 사람의 의식을 시험해 보기

내가 직접 알 수 있는 내 마음과 달리, 나는 다른 의식적 마음의 존재를 가추할 수 있을 뿐이다. 나는 다른 마음을 결코 직접 경험할 수 없다. 특히, 나는 이렇게 가추한다. 만약 내가 (예를 들어, 뇌손상을 입었거나 심하게 취한 상태 등) 달리 믿을 만한 강력한 이유가 없는 한, 당신과 다른 사람들이 나와 같은 경험을 한다고 가추한다. 이러한 가정에서, 나는 의식과 물리적 세계 사이에 체계적인 연관성을 찾을 수 있다.

정신물리학(Psychophysics), 말 그대로 "영혼의 물리학"은 음색, 발음된 단어, 색깔 영역, 화면에 짧게 비친 사진, 피부에 닿는 뜨거운 탐침 등등과 같은 자극과 그로부터 유도된 경험 사이의 정량적 관계를 구명하려는 과학이다. 심리학의 한 분야인 정신물리학은 객관적인 자극과 주관적인 보고 사이에 신뢰할 수 있고, 일관되며, 재현 가능하고, 법칙적인 규칙성을 밝혀내 왔다.[4]

비록 이 장에서는 시각에 초점을 맞추지만, 지각은 시각, 청각, 후각, 촉각, 미각 등 전통적인 오감뿐만 아니라 통증, 균형감각, 심장박동, 메스꺼움 및 기타 상복부 감각 등등을 포함하는 광범위한 용어이다.

실험실 조건에서 현상을 정량화하기 위해, 심리학자들은 장황한 설명에 의존하지 않는다. 대신에 그들은 간단한 질문을 던진다. 그것도 아주 많이. 전형적인 실험에서, 지원자들은 시간과 노력에 대한 대가로 돈을 받는다. 예를 들어, 피험자들은 거의 보이지 않는 얼굴이나, 빛과 그림자의 거친 배경에 겹친 나비 같은 사진이 화면에 짧게 비치는 동안 화면을 응시한다. 그 직후, 그들은 "얼굴이나 나비를 보았습니까?"라는 질문을 받게 된다(그림 2.1). "얼굴" 또는 "나비" 두 가지 대답만 허용된다. "나는 잘 보지 못했어요" 또는 "미안해요, 모르겠어요"가 허용되지 않는다. 확실하지 않을 경우, 추측해야 한다.

실제로 피험자는 말을 하지 않고, 키보드 버튼을 누르기 때문에, 일관되고 신속한 행위가 허용된다. 이러한 방식으로, 연구자는 수백 번을 시도(trials)해서 신속하게 응답을 수집할 수 있다. 또한 버튼을 누르면, 피험자의 반응시간을 추적하여 추가적인 통찰을 얻을 수 있다.

그 경험은 일련의 버튼 누름으로 축소된다. 개별적 시도 집단(block of individual trials)에서 평균을 낸, 이러한 응답을 통해 연구자들은 **지각에 대한 객관적 측정**을 할 수 있는데, 그것은 그 연구자들이 정답을 알고 있기 때문이다(그들은 얼굴 또는 나비 이미지를 생성한 컴퓨터 프로그램에 접근할 수 있으므로, 정답을 안다). 즉, 실험자인 제삼자는 피험자가 보고한 내용이 화면에 표시된 내용과 일치하는지 여부를 알 수 있다.

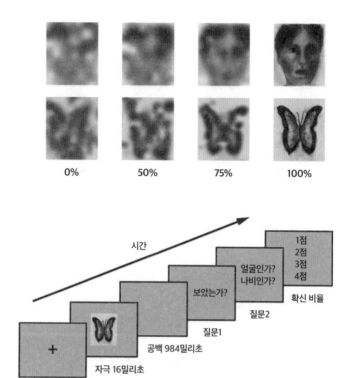

0%   50%   75%   100%

시간

1점
2점
3점
4점

얼굴인가?
나비인가?

확신 비율

보았는가?

질문2

질문1

공백 984밀리초

자극 16밀리초

시선 고정 2000밀리초

그림 2.1 **경험을 확인하기:** 당신이 얼굴을 보았는지 아니면 나비를 보았는지 알려 줄 버튼을 누르는 동안, 시각 노이즈와 중첩되므로, 당신은 얼굴이나 나비의 이미지를 더 쉽게 혹은 어렵게 재인할 수 있다. 이러한 노이즈의 수준에 따라, 자극을 올바르게 인식한 시험은 그렇지 못한 시험, 즉 심지어 당신 망막에 같은 그림이 제시되더라도 재인하지 못했을 시험과 비교된다. (Genetti et al., 2010에서)

- 이 실험은 아주 짧은 순간 화면에 그림을 보여 주며, 피험자가 그것이 무슨 그림인지 대답하도록 요구하는, 심지어 추측으로라도 대답하도록 요청하는 실험이다. 이러한 실험은 안구로 들어온 정보가 신경연결을 통해서 무엇으로 의식되기까지 걸리는 시간을 실험자가 안다는 점에서 착안되었다. 이 실험을 진행하는 동안 피험자가 정답을 말하는 능력이 증가하는데, 이는 그들이 피동적으로 사물을 알아보기보다, 능동적으로 알아본다는 점을 추측하게 한다.

버튼을 누르는 타이밍은 측정하기 쉽지만, 시각의 신속성은 측정하기가 더 어렵다. 얼굴을 볼 때 뇌에서 발생하는 뇌파(EEG) 신호의 타이밍과 그렇지 않을 때의 타이밍을 비교하면(그림 2.1 참조), 그 신호 자극이 눈에 들어온 후, 빠르면 150밀리초, 늦으면 350밀리초 후 시각적 경험이 발생한다는 것을 알 수 있다.[5]

그 그림의 가시성(visibility)은 더 쉽거나 더 어렵게 식별할 수 있도록 조작된다. 이미지가 1/60초 동안만 순간적으로 제시될 때, 피험자의 지각적 판단은 시험마다 상당히 달라질 수 있다. 그림 2.1의 50% 얼굴 이미지를 화면에 짧게 보여 준다고 해 보자. 당신은 "얼굴"이라고 세 번 응답했다가, 네 번째 시험에서 나비 버튼을 누를 수 있다. 그 사물이 노이즈 배경에서 벗어나 더 잘 보이게 되면(75% 또는 100% 이미지), 당신은 거의 모든 시험에서 올바르게 반응할 가능성이 점점 더 높아진다. 당신은 구분하지 못하던 경우로부터 우연보다 더 잘하는 경우로, 그리고 매번 정확하게 맞추는 단계로까지 꾸준히 발전할 수 있다.[6]

많은 피험자를 대상으로 이 실험을 반복하면, 가시성에 따라서 응답률이 동일하지는 않지만 비슷하게 나타난다. 그 반응이, 나비나 동물 사진, 집 사진 등 어떤 사진을 사용하느냐에 따라 크게 달라지지 않는다. 이런 사실은 내가 앞서 "우리는 모두 의식이 있다"는 가정을 재확인해 주고 지지해 준다.

이러한 종류의 지각 연구에 따르면, 감각 지각(sensory perception)은 수동적인 반사작용이나 외부 세계를 내면의 정신적 화면에 단순하게 일치시키는 것이 아니다. 지각은 영향력 있는 이론가인 데이비드 마(David Marr)가 주장했듯이, "세계에 대한 서술을 구성하는" 능동적 과정이다.[7] 당신은 이러한 세계와 친숙한데, 그것은 당신이 보고, 듣고, 경험하는 세계이기 때문이다. 당신은 정교하지만 무의식적인 과정을 통해 눈, 귀 및 다른 수용기에 전달되는 데이터로부터 그러한 세계를 추론한다. 다시 말해서, 당신은 세계를 보고 "흠, 저 표면은 빛을 이렇게 반사해서 다른 표면을 가리고 있고, 오른쪽 위에 밝은 광원이 있는 저 멀리 다른 표면에 의해 첫 번째 표면에 그림자가 드리워졌네"라고 스스로에게 말하는 것이 아니다. 그렇다. 당신은 밝은 한가위 달 아래에서 여러 사람이 서로를 부분적으로 가리고 있는 것을 보는 것이다. 이 모든 것은 사용 가능한 망막 정보와, 이전의 시각 경험 및 조상들의 경험(유전자에 암호화된)을 기반으로 추론된다.

지각은 먹고 먹히는 세계에서 생존해야 하는 우리의 투쟁을 위해 유용한 여러 특징을 정확히 구성한다.

지각이 어떻게 일어나는지는 당신의 의식에서 가려져 있다. 당신은 단지 보고 느낄 뿐이다. 실제로 나는 수십 년 전, 의사이고 외교관인 부모님께 내가 왜 시각을 연구하는지 설명하려고 했을 때를 아직도 기억한다. 부모님은 그것이 명백히 사소해 보여, 요점을 이해할 수 없었다. 마찬가지로, 당신 컴퓨터의 기초 과제를 실행하는 무수한 소프트웨어 작동은 사용자 인터페이스의 단순함 뒤에 완전히 가려져 있다.

시각적 착은 때때로 현상과 실재 사이의 현저한 불일치를 드러낸다. 위키피디아 페이지(https://en.wikipedia.org/wiki/Lilac_

chaser)에 있는 "라일락 추격자" 이미지를 예로 들어 보자. 당신이 십자가 중앙에 시선을 고정하면, 녹색 원 하나가 원형 궤도를 따라 빙글빙글 돌아가는 것을 볼 수 있다. 그러나 실제 자극은 커다란 원 대열을 이루며 분홍색의 작은 원 열한 개가 둘러 있고, 열두 번째 원이 있어야 할 곳에는 원이 누락된 채, 텅 빈 상태로 그다음 원 위치로 차례차례 이동하는 모습이다. 당신이 보는 것은 존재하지 않으며, 화면에 나타난 것은 당신이 실제로 보는 모양이 아니다!

라일락 추격자는 극히 간단하다. 심지어 당신이 그것을 착시라고 알더라도, 당신은 그 착시를 깨뜨릴 수 없다. 그것은, 외부 세계에 대한 지각과 실제 측정 속성(크기, 거리 등) 사이의 차이를 보여 주는 극단적인 사례이다. 대부분의 경우 현상과 실재 사이의 충돌은 사소하며 중요하지 않다. 그런 의미에서 지각을 대체로 신뢰할 수 있다. 그러나 때때로 그 불일치가 현저하여, 지각의 한계를 증명해 줄 수도 있다. 아무리 정신을 강화하는 약을 먹더라도, 당신은 자신의 뇌라는 우리(cage)에서 벗어날 수 없으며, 세계 그 자체, 즉 칸트가 말한 **물자체**(Ding an sich)는 결코 직접적으로 접근할 수 없다.

나는 열렬한 암벽등반가로서, 높은 암벽에서 만나는 강렬한 공포와 짜릿함의 독특한 조합을 찾아서, 시간 가는 줄 모르는 긴장감을 느끼곤 한다. 나는 최근 눈이 내리고 강풍이 부는, 산 중턱의 좁은 바위 난간에 서 있었다. 나는 한쪽이 심하게 닳아 없어진 나무 밧줄 다리의 틈새를 건너가야 했다. 두 발이 판자에 완전히 닿은 상태에서, 나는 종아리 근육이 약간 떨리긴 했지만, 등반가들에게 친숙한 소위 "엘비스(Elvis)" 또는 "재봉틀 다리(sewing machine leg)"로 불리는 현상을 겪으며, 판자 위를 천천히 조심스럽게 발을 옮겨 가며 건넜다. 나는 두 절벽 사이의 중간에서, 깊은 나락을 건너 반대편의 상대적으로 안전한 좁은 난간으로 이동하기 직전, 아래의 아득한 강바닥을 내려다보아야 했다.

그러나 실제로 그리고 부끄럽게도, 나는 몰입형 가상현실 고글을 쓰고 카펫이 깔린 사무실 바닥의 나무판자를 가로질러 걷고 있었다! 내 주변과 아래쪽의 동굴 공간에 대한 시각적 경험, 그곳에 있다는 감각, 귀에 들리는 바람 소리 등 모든 것이 나를 각성시키고 긴장감을 유도했다. 내가 안전하다는 추상적 지식은 내가 경험하는 위험의 느낌을 제거하지는 못했다. 이것은 지각의 한계에 대한 본능적 증명이다.

의식의 깊이를 측정하기

정신물리학은 일인칭 경험과 (응답률과 같은) 삼인칭 객관적 측정 사이의 관계를 탐구한다. 그러나 일부 학자들은 이 방법이 충분하지 않다고 생각한다. 그들의 주장에 따르면, 객관적 측정이 경험의 주관적인 본성을 제대로 포착하지 못한다. 실제 현상학에 더 가까이 접근하기 위해, 심리학자들은 **주관적 측정**, 즉 사람들이 자신의 경험에 대해 무엇을 아는지, 단순한 형태의 자아의식(self-consciousness)을 조사하는 측정을 고안했다.

화질이 나쁜 사진을 화면에 짧게 비추는 실험을 다시 생각해 보자. "얼굴" 또는 "나비" 버튼을 누른 후, 당신이 그 버튼을 누른 것을 반추하고 자신의 대답에 얼마나 확신하는지 가리켜 보도록 지시된다. 이런 실험은 4등급 확신으로 구성된다. 1점은 "나는 그렇다고 추측한다", 2점은 "나는 얼굴을 본 것 같다", 3점은 "나는 얼굴을 봤다고 생각한다", 4점은 "나는 얼굴을 봤다고 확신한다"를 나타낸다(나비를 답한 경우에도 동일하게 적용한다). 한 시험에서, 당신은 "얼굴, 4"("나는 얼굴을 봤다고 확신한다"로 부호화된)를 응답한 다음, "나비, 2"("나는 나비를 본 것 같다"로 부호화된)를 응답할 수 있다. 그 대상이 더 선명하게 보이면, 당신은 얼굴과 나비를 정확하게 구분하는 능력과, 당신의 그 판단에 대한 확신이 모두 높아진다. 당신이 자신의 경험에 대한 확신이 적을수록, 당신은 (객관적 측정만큼) 그 점수도 더 낮아진다.[8]

놀랍게도, 당신이 추측이라고 생각하는 경우에도, 당신은 우연보다 약간 더 잘 맞힐 수 있다. 다시 말해서, 뚜렷한 경험을 유발하지 않는 아주 짧거나 희미한 자극이 주어지더라도, 사람들은 연관된 감각 정보 중 일부를 처리할 수 있다. 그것을 육감(gut feeling)이라 부른다. **무의식적 촉발**로 알려진 육감은 시험(한 번의 시도—옮긴이)에 따라서 그리고 실험에 따라서 매우 가변적이며, 일반적으로 행동에 미치는 영향은 미약하다(예를 들어, 50%, 또는 우연적 성취에 따라 55%까지의 가능성을 지닌다). 무의식적 촉발이 미약하고 일관되지 않은 본성을 가지므로, 그 존재에 대해서는 여전히 논란이 있다.[9]

이러한 주관적 측정은, 피험자에게 많은 차원에 걸쳐 자신의 경험을 수치로 평가하도록 요청하는 긴 설문지로 확장되었다. 모든 측면의 현상학은 이러한 방식으로, 즉 시각 및 기타 감각 지각의 강도와 시기, 이미지, 기억, 생각, 내적 대화(머릿속 목소리), 자기-인식, 인지적 각성, 기쁨, 성적 흥분, 사랑의 감정, 불안, 의심, 대양의 무한함의 환각적 느낌(oceanic boundlessness)과 자아 해리(마지막 두 예는 환각제 복용 시에 속함) 등등의 목록을 만들 수 있다. 이러한 방식으로, 마음의 세부 지형을 다양한 성별, 인종, 연령 등의 피험자들에 걸쳐 면밀히 조사해 보고, 그것들에 대한 차이점과 유사점을 조사할 수 있다.[10]

이야기를 계속하기에 앞서, 경험을 측정하려는 현재 행동 기법의 주요 약점 한 가지를 지적하고 넘어갈 필요가 있다. 그림 2.1의 실험을 다시 생각해 보자. 특정 이미지에서, 당신은, 특정 연령과 성별의 특정 얼굴이, 오른쪽을 바라보며, 특정 표정을 짓고 있고, 눈썹 모양이 약간 보이고, 왼쪽 뺨에 회색의 무언가가 있고, 왼쪽에 흰색 줄무늬가 있는 등등을 볼 수 있다. 이러한 장면 묘사 각각은 긍정적 구분이다. 그리고 아주 많은 부정적 구분도 있을 수 있다. 예를 들어, 당신은 고양이, 빨간 소방차, 편지 다발, 수많은 다른 것들 등등을 보지 못했다고 확신할 수 있다.

그렇지만 심리학자들은 누구도 이러한 긍정과 부정의 구분에 대해 질문하지 않는다. 표준적 정신물리학적 설정은 그 전체 경험에 대해 "당신은 얼굴을 보았나요, 나비를 보았나요?"라는 단일 구분으로 축소한다. 기계 시각 분류기(machine vision classifier)와 유사한 이런 1비트의 대답은 수학적 분석에 적합한, 재현성이 높은 결과를 제공한다. 그러나 안타깝게도 이러한 방식은 수많은 구분의 세계를 생략한다.

심리학자들과 철학자들은 때때로 **현상 의식**(phenomenal consciousness)과 **접근 의식**(access consciousness)을 나누기도 한다. 전자는 당신이 실제로 경험하는 것이고, 후자는 당신이 실험자에게 보고할 수 있는 것을 말한다.

어떤 사람들의 주장에 따르면, 색깔, 장면, 소리, 분노 등으로 가득 찬 화면에 대한 당신의 경험은 환상이며, 마찬가지로 당신이 접근할 수 있는 모든 것들은 단순한 데이터 덩어리 몇 개, 즉 의식의 정보 용량이 많지 않은 5~9개 항목으로 추정된다. 나머지는 허구이다. 현상 의식은 접근 의식만큼이나 빈약하며, 그 내용도 매우 미미하다. 그렇지만 만약 당신이 자신의 경험을 묘사하기 위해 필요한 단 한 가지를 꼽는다면, 당연히 현상학은 매우 빈약해 보일 것이다. 따라서 의식의 내용이 빈약해 보이는 것은 부적절한 실험 기술 때문이다. 빈곤한 외관은 무성한 경험의 풍요를 숨긴다. 버튼으로 만나는 것보다 더 많은 경험이 있다![11]

비의식 좀비 행위자가 당신의 삶을 지배한다

잠재적 지각(subliminal perception)은 기껏해야 미약한 반면, 마음의 다른 측면들은 거의 항상 의식의 주목을 받지 못하지만 강력한 방식으로 우리에게 영향을 미친다. 이것이 바로 비의식의 영역이다[나는 여기에서 프로이트적 의미가 강한 "무의식(unconscious)"이란 용어를 사용하지 않겠다].[12]

운전할 때, 미디어를 시청할 때, 친구와 대화할 때, 당신은 **단속운동**(saccades)이라 불리는, 빠르고 갑작스러운 안구 동작을 통해 끊임없이 시선을 바꾼다. 이러한 움직임은 깨어 있는 동안 매 초마다 3~4회씩 일어나지만, 당신은 이러한 끊임없는 동작을 거의 알지 못한다.

당신이 사진을 찍는 동안 스마트폰 카메라를 같은 방식으로 움직이면, 어떤 일이 일어날지 생각해 보라. 그렇다. 그 사진은 흐릿하게 찍힐 것이다. 이미지센서인 눈이 계속 움직이고 있는데, 어떻게 움직임으로 인한 번짐 없이, 당신의 시각적 세계가 선명하게 보일 수 있겠는가? 그 대답은, 당신의 비의식적 마음이 이러한 흐릿한 부분을 편집하기 때문인데, 이런 묘기는 단속운동 억압(saccadic suppression)으로 알려져 있다. 실제로, 당신이 움직이는 동안 자신의 눈 움직임을 포착할 수 없다. 거울을 통해 당신의 눈이 앞뒤로 빠르게 움직이는 것을 살펴보면, 당신은 자신의 눈이 이쪽에 그리고 저쪽에 있는 것을 보겠지만, 그 사이 움직이는 과정을 전혀 볼 수 없다. 그것을 옆에서 바라보는 친구는 당신의 눈이 움직이는 것을 완벽히 볼 수 있지만, 당신은 자신의 눈 움직임을 볼 수 없다. 당신의 뇌는, 흐릿하게 보이는 이러한 짧은 순간의 단편들을 억제하고, 마치 영화 스튜디오에서처럼, 정지된 장면을 이어 붙이는 방식으로 그 단편들을 대체한다. 몇 초마다 당신이 눈을 **깜빡이는** 경우에도 마찬가지이다(이러한 편집은 자발적인 **윙크**에서는 일어나지 않는다). 이러한 모든 가차 없는 편집은 우리가 알아챌 수 없다. 주위를 둘러보면, 당신은 오직 안정된 세상만을 볼 뿐이다.

매일 20~100밀리초 간격으로 10만 번 이상 단속운동을 한다는 것을 감안해 볼 때, 단속운동과 눈깜빡임에 의한 이미지 삭제를 합치면 하루에 한 시간 이상 실명 상태에 있는 셈이다! 그렇지만 과학자들이 눈의 동작을 연구하기 전까지 아무도 이 놀라운 사실을 알지 못했다.

눈 동작은, 특수한 뇌 회로에 의해, 생생한 삶을 살아가게 해주는, 정교한 과정의 한 사례이다. 신경학적 및 심리학적 탐색을 통해 그러한 전문화 과정의 다양함이 드러났다. 눈, 귀, 평형기관 및 기타 센서에 연결된, 이런 제어 메커니즘은 우리의 눈, 목, 몸통, 팔, 손, 손가락, 다리, 발 등등을 조절한다. 이런 메커니즘이 면도하기, 씻기, 신발 끈 묶기, 자전거 타고 출근하기, 컴퓨터 자판 타이핑하기, 휴대전화 문자 보내기, 축구하기 등등 일상적인 동작을 담당한다. 프랜시스 크릭(Francis Crick)과 나는 이러한 전문화 감각-인지-운동 루틴(일상의 과정)을 **좀비 행위자**(zombie agents)라고 불렀다.[13] 좀비 행위자는 모든 기술의 핵심인 근육과 신경의 유동적이며 빠른 상호작용을 관리한다. 그것은 눈을 깜박이거나, 기침하거나, 뜨거운 난로에서 손을 떼거나, 갑작스러운 큰 소리에 깜짝 놀라는 등의 **반사작용**(reflexes)과 유사하다. 고전적인 반사작용은 자동적이고, 빠르며, 척수(spinal cord)나 뇌간 (brain stem)의 회로에 의존한다. 좀비 행동은 전뇌(forebrain)와 관련된 더욱 유연하고 적응적인 반사로 생각될 수 있다.

안구 단속운동은 의식을 회피하는 좀비 행위자에 의해 조절된다. 당신은 좀비 행위자의 그 일상적인 활동을 의식할 수는 있지만, 그것은 이미 일이 벌어진 이후이다. 나는 남부 캘리포니아의 산에서 산악 달리기를 하던 중 무언가에 이끌려 아래를 내려다보았다. 내 오른쪽 다리가 순간적으로 보폭이 길어졌는데, 내 뇌는 내가 막 발을 디디려던 돌길에 방울뱀이 햇볕을 쬐고 있는 것을 감지했기 때문이다. 그 파충류를 의식적으로 보기도 전에, 그래서 아드레날린이 솟구치는 것을 경험하기도 전에, 그리고 그 뱀이 불길한 경고음을 내기도 전에, 나는 그 뱀을 밟지 않고 빠르게 지나쳤다. 만약 내가 두려움을 의식하고서 내 다리를 조절했다면, 뱀을 밟았을 것이다. 실험에 따르면, 운동 행동은 실제로 생각보다 빠를 수 있으며, 교정하는 운동 행동의 시작이 의식적 지각보다 1/4초 정도 빠를 수 있다. 마찬가지로, 100미터를 10초 만에 달리는 세계 정상급 육상 선수를 생각해 보라. 선수가 총소리를 의식적으로 들었을 때는 이미 출발선에서 몇 발 나아간 때이다.

테니스, 요트, 스컬링(sculling), 등산 등 새로운 스포츠를 배우려면, 신체적·정신적으로 많은 훈련이 필요하다. 클라이밍에서 초보자는 스미어(smear, 암벽화의 고무창 마찰력을 이용하는 기술―이어지는 용어의 괄호 설명도 옮긴이 주), 스템(stem, 잡을 곳이 없는 틈에서 손과 발을 반대로 버티어 오르는 기술), 레이백

(lie back 또는 lay back, 발은 암벽에 평행하게 맞대어 밀고 손은 바위틈으로 집어넣어 잡아당기며 오르는 기술), 바위틈에서 팔을 구부린 상태에서 동작을 정지하는 기술인 락오프(lock off) 등을 위해 자신의 손, 발, 몸을 어디에 두어야 하는지 등을 배운다. 등반가는 플레이크(flakes, 얇은 바위 박편)와 그루브(grooves, 바위 홈)에 주의를 기울여서, 수직 화강암 절벽에서 홀드(holds, 잡고 버틸 요철)가 있는 등반 가능한 벽으로 옮겨 타고, 아래의 허공을 무시하는 방법 등을 배운다. 일련의 독특한 감각-인지-운동 행동은 부드럽게 실행되는 운동 프로그램으로 연결된다. 수백 시간의 강한 전문적 훈련 후, 이러한 노력은 무념무상의 완벽한 흐름, 즉 신성한 경험을 가져다준다. 지속적인 반복 훈련은, **근육 기억**(muscle memory)이라 불리는 전문화된 뇌 회로로 하여금 능숙하게 기술을 발휘하게 하여, 애쓰지 않고서도 부드럽게 신체 동작을 할 수 있게 해 준다. 전문 등반가는 근육과 신경의 놀라운 결합을 요구하는 자신의 동작 세세한 부분까지 생각하지 않는다.

실제로 무념의 삶에서 일어나는 일 대부분은 의식되지 않으며, 온전히 무시된다. 이러한 **마음 공백**(mind blanking) 현상은 만연해 있다. 즉, 신체가 일상생활을 루틴으로 지속하는 동안, 마음은 어디에도 없는 것처럼 보인다.[14] 버지니아 울프(Virginia Woolf)는 내면의 자아를 예리하게 관찰하며 다음과 같이 말했다.

나는 종종 소위 소설을 쓸 때면 이와 같은 문제, 즉 내가 사적인 속어로 "비존재(non-being)"라 부르는 것을 어떻게 설명해야 할지 곤란해하곤 했다. 일상은 존재보다 훨씬 더 많은 비존재를 포함한다. …… 그 일상이 비록 좋다고 하더라도, 그 좋음(goodness)이 일종의 형언하기 어려운 면직물 속에 새겨진다. 언제나 그러하다. 대부분 일상을 의식하며 살지는 않는다. 우리는 걷고, 먹고, 사물을 보고, 해야 할 일을 처리, 즉 고장 난 진공청소기를 수리한다. …… 일상이 나쁜 날이라면, 비존재 비율은 훨씬 더 커질 것이다.[15]

냉장고 문을 열 때마다 불이 켜져 있기 때문에 냉장고 안의 불이 꺼져 있는 것을 결코 포착할 수 없는 것처럼, 당신은 경험하지 않은 것을 경험할 수는 없다. 심리학자들은 피험자들에게 스마트폰으로 무작위로 문자를 보내 바로 그 시간에 무엇을 알아채고 있었는지 물음으로써 다음을 발견했다. (앞 장에서 언급했던 순수한 경험과 정반대로) 전혀 경험하지 않는 상태로 정의되는 마음의 공백(blank mind)은 하루 종일 사무실에서 정해진 일을 할 때, 집에서 집안일을 할 때 또는 헬스장에서, 운전하거나 또는 TV를 시청하는 동안에도 흔히 발생한다. 마음 챙김(Mindfulness), 즉 "그 순간에 있음(being in the moment, 그 순간을 알아차림)"은 마음의 공백을 지운다.

뇌 어딘가에서 신체가 모니터링되며, 사랑, 기쁨, 두려움 등이 생겨나고, 생각이 떠오르고 숙고되고 버려지며, 계획이 세워지고, 기억이 쌓인다. 그러나 의식적인 자아는 이 격렬한 활동을 끄거나, 명확히 알지 못할 수도 있다. 당신은 자신의 마음에 대해 이방인이다.

그러한 마음의 작용 대부분이 의식에 접근될 수 없다는 것은 놀랄 일이 아니다. 결국, 당신은 자신의 간(liver)이 어젯밤 마신 피노 누아르(pinot noir, 적포도주)의 알코올을 대사하는 것을 느끼지 못하고, 수조 개 박테리아가 내장에 적절히 서식하는 것을 경험하지 못하며, 자신의 면역체계가 어떤 병원균과 싸우고 있는지 듣지 못한다.

이런 비의식은 1800년대 후반 니체, 프로이트, 피에르 자네(Pierre Janet) 등 철학자와 심리학자 들이 그 존재를 추론하기 전까지 발견되지 않은 마음의 경계이다. 그 발견이 뜻밖이었다는 것은, 의식적 마음이 존재의 전부라는 것이 우리의 뿌리 깊은 직관이었음을 반영한다. 또한 심리철학이 불모지였던 이유를 설명해 준다. 당신은 자기 마음의 무의식적인 층까지 성찰할 수 없다. 요기 베라(Yogi Berra)라면 "당신은 당신 자신이 경험하지 않은 것을 알지 못한다"라고 돌려 말했을 수도 있다.

비의식의 존재는 의식의 물리적 기초에 대한 의문을 극단적으로 던지게 만든다. 마음의 무의식적 행동과 의식적 행동 사이의 차이점은 무엇일까?

행동 방법의 한계에 대하여

당신은 과학자들이 주관적이라고 규정하는 측정값을 10피트 장대로도 건드리지 못할 것이라고 생각할 수 있다. 그러나 주관적이라고 해서 그것이 임의적임을 의미하는 것은 아니다. 주관적 측정치라도 잘 정립된 규칙에 따라 측정할 수 있다. 일반적으로, 자극 지속시간 또는 배경 대비 중심 대상의 강도가 감소하면(그림 2.1), 객관적 반응률과 주관적 신뢰 모두 감소하며 반응시간이 길어지는데, 경험한 것에 대해 확신이 덜할수록 반응도 느려진다. 다시 말해서, 일인칭 관점은 삼인칭 측정을 통해 검증될 수 있다.

자원 피험자들이 항상 실험자의 지시를 충실히 따르지는 않을 것이라고 가정하는 것이 좋은 과학적 관례인데, 왜냐하면 그들이 그 지시를 따를 수 없거나(특별한 기술이 없는 영유아의 경우처럼), 그 지시를 오해하거나, 따르고 싶지 않을(피험자가 지루해서 아무 버튼이나 누르거나 속이고 싶어 할 경우처럼) 수 있기 때문이다. 그러므로 적절한 통제 방법, 즉 정답이 알려진 경우라면 예외 시도(catch trials)를 추가하고, 실험을 반복하여 일관성을 확인하고, 다른 데이터와 교차검증하여, 그러한 부적절한 응답을 최소화하는 등을 설계하는 것이 중요하다.

그렇지만, 피험자가 외상성 뇌손상, 뇌염, 뇌수막염, 뇌졸중, 약물 또는 알코올중독, 심장마비 등으로 심각한 의식장애를 앓는 환자라면, 20세기 초 북극에서 겨울을 나는 극지방 탐험가만큼 고립된 상태에 있을 것이다. 장애로 인해 그리고 침대에 누워 있어서, 피험자들은 자신의 정신상태에 대해 말하거나 다른 방식으로 알려 줄 수 없다. 반사작용을 거의 하지 못하고 움직이지도 못하는 혼수상태의 환자와 달리, 식물인간 상태(vegetative state)의 환자는 깊은 무의식 상태에서 눈을 뜨고 감는 주기가 수면과 비슷하다(꼭 수면과 관련된 뇌파 활동을 보이지는 않지만).[16] 그런 환자들은 반사적으로 팔다리를 움직이고, 찡그리고, 고개를 돌리고, 신음하고, 경련으로 손을 움직일 수 있다. 병상 옆을 지키는 순진한 관찰자에게 이러한 움직임과 소리는 환자가 깨어 있고, 사랑하는 사람과 필사적으로 의사소통하려는 것임을 암시해 준다.

테리 샤이보(Terri Schiavo)의 사례를 생각해 보자. 플로리다에 살았던 샤이보는 2005년 의학적으로 유도된 죽음에 이를 때까지 15년 동안 식물인간 상태에 있었다. 그의 생명 유지 장치 중단을 주장한 남편과, 어느 정도 의식이 있다고 믿었던 독실한 부모가 공개적으로 싸웠던 이 사건은 큰 파장을 불러일으켰다. 이 사건은 사법부 안팎에서 소송이 이어졌고, 결국 당시 대통령 조지 W. 부시의 책상 위에까지 올라갔다. 결국 그의 남편은 아내의 생명 유지 장치를 제거해 달라는 소원을 관철시켰다.[17]

식물인간 상태의 환자를 제대로 진단하는 것은 어려운 일이다. 이러한 환자들이 고통과 괴로움을 경험하며, 찰나의 의식과 공허 사이의 회색 지대에서 살고 있는지, 누가 확실히 말할 수 있겠는가? 다행히도, 9장에서 자세히 살펴보겠지만, 신경학 기술이 이러한 환자를 구하기 위해 등장하고 있다.

따라서 재현 가능한 의도적 행동이 없다고 해서, 그것이 항상 무의식 상태의 확실한 신호는 아니다. 반면에, 어떤 행동이 있다고 해서, 그것이 항상 의식이 있다는 확실한 신호도 아니다. 수면 중 안구 움직임, 자세 조정, 중얼거림 등 다양한 반사적 행동이 의식을 우회할 수 있다. 몽유병 환자는, 이후의 회상이나 다른 앎의 증거 없이도 이동, 옷 입기, 옷 벗기 등 복잡한 전형적 행동을 할 수 있다.[18]

따라서 타인의 경험을 유추하게 하는 행동적 방법에 한계가 있지만, 이러한 한계조차 객관적으로 연구할 수 있다. 그리고 의식에 대한 과학적 이해가 높아 감에 따라, 알려진 것과 미지의 경계는 끊임없이 뒤로 밀려나는 중이다.

지금까지 나는 단지 사람과 그들의 경험에 대해서만 이야기했다. 동물은 어떠할까? 동물도 보고, 듣고, 냄새 맡고, 사랑하고, 두려워하고, 슬퍼할까?

동물 의식

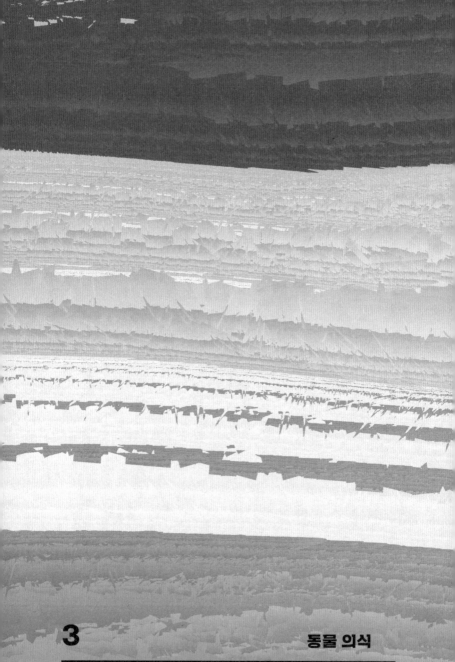

3

동물 의식

그날의 대결은 한 치의 양보도 없이 팽팽했다. 세계에서 가장 존경받는 인물 중 하나인 제14대 달라이 라마(Dalai Lama)는 모든 생명이 지각력(sentient)을 가진다는 믿음을 말했고, 반면에 나는 전문 신경과학자로서, 일부 동물만이 아마도 지각력과 의식적 경험이라는 소중한 재능을 인간과 공유할 것이라는, 현대 서구의 합의를 제시했다.

　그 대결은 인도의 남부 티베트 수도원에서 불교 승려와 서양 과학자 들이 물리학, 생물학, 뇌과학 분야의 소통을 촉진하는 심포지엄이었다.[1]

　불교는 기원전 6세기까지 거슬러 올라가는 철학적 전통을 가진다. 불교에서 생명은 체온(즉, 신진대사)과 지각력, 즉 감각하고 경험하고 행동할 수 있는 능력을 가진 것으로 정의한다. 그 가르침에 따르면, 의식은 인간 성인과 태아, 원숭이, 개, 물고기, 심지어 하찮은 바퀴벌레와 모기까지 모든 크고 작은 동물에게 부여되었다. 모든 생명은 고통받을 수 있어서, 소중하다.

이렇게 극단적으로 포용하는 경외의 태도를 서구의 역사관과 비교해 보자. 아브라함의 종교는 인간 예외주의(human exceptionalism)를 이렇게 설파한다.—동물도 감성과 욕구, 동기를 가지고 지능적으로 행동할 수 있지만, 역사를 초월하여 부활할 수 있는 특별한 존재로서 불멸의 영혼을 갖지는 못한다. 나는 여행이나 대중 강연을 다니면서, 여전히 명시적이든 암묵적이든, 인간 예외성을 고수하는 과학자들이나 다른 사람들을 많이 만난다. 문화적 관습은 천천히 변화하지만, 어린 시절의 종교적 각인은 강력하다.

나는 독실한 로마가톨릭 가정에서 겁 없는 닥스훈트(다리 짧은 독일산 개—옮긴이) 푸르젤(Purzel)과 함께 자랐다. 푸르젤은 애교가 많고 호기심이 많으며, 장난기 많고, 공격적이거나, 부끄러워하거나, 불안해할 줄 안다. 그렇지만 내 교회에서는 개에게 영혼이 없다고 가르쳤다. 오직 인간만이 영혼을 가진다. 내가 어렸지만, 이것이 잘못되었다는 것을 직감적으로 느꼈었다. 우리 모두 영혼을 지니고 있거나, 그 말이 무슨 뜻이든, 영혼을 지니지 않거나, 둘 중 하나일 것이라 생각했었다.

데카르트는 마차에 치여 불쌍하게 울부짖는 개는 고통을 느끼지 못한다고 주장한 것으로 유명하다. 개는 인간의 특징인 **지성** (*res cogitans*) 또는 인지적 실체가 없는 고장 난 기계일 뿐이다. 데카르트가 개와 다른 동물들에게 감정이 없다고 진정으로 믿지는 않았다고 주장하는 사람들을 위해, 나는 그가 그 시대의 다른 자연철학자들처럼 토끼와 개를 해부했다는 사실을 제시한다.[2] 그 실험은 고통스러운 아픔을 무디게 해 줄 그 어떤 것도 없이 시술되는, 살아 있는 심장 수술이었다. 혁명적인 사상가로서 데카르트를 존경하는 만큼, 나는 그런 사실에 대해 역겨움을 느낀다.

현대는 데카르트적 영혼(Cartesian soul)에 대한 믿음을 버렸지만, 인간은 특별하며 다른 모든 생명체보다 우월하다는, 지배 문화적 내러티브는 여전히 남아 있다. 모든 인간은 보편적 권리를 누리지만, 동물은 그렇지 못하다. 어떤 동물도 생명, 신체적 자유 및 고결함 등의 기본권을 갖지 못한다. 나는 이 책의 결론에서 이러한 암울한 상황에 대해 다룰 것이다.

그러나 다른 사람의 경험을 추론하는 데 사용되는 동일한 가추추론은 비-인간 동물에게도 적용될 수 있다. 이 장에서는 특히 인간과 같은 포유류의 경험 문제를 다룰 것이다.[3] 마지막 장에서, 의식이 포유류 외의 진화된 생물에서도 발견될 수 있는 범위를 살펴볼 것이다.

유전적, 생리적, 행동적 연속성

내가 확신을 가지고, 동료 포유류의 경험을 가추하는 이유는 다음 세 가지이다.

첫째, 모든 포유류는 진화적으로 가깝게 연결된다. 여러 태반 포유류들은, 곤충을 찾아 숲을 헤매던 작은 털북숭이 야행성 생물에서 공통 계보를 가진다. 약 6500만 년 전 소행성으로 인해 공룡 대부분이 멸종된 후, 포유류는 다양해졌고, 지구 전체의 대재앙으로 깨끗이 쓸려 나간 생태계의 서식지를 모두 차지해 버렸다.

현대인은 침팬지와 유전적으로 가장 가깝게 연결되어 있다. 이 두 종의 게놈(genomes), 즉 이 두 생명체를 조립하는 방법의 지침서인 게놈은 수백 단어 중 단 한 단어만 다르다.[4] 인간도 쥐와 크게 다르지 않으며, 거의 모든 쥐 유전자가 인간 게놈에 대응하

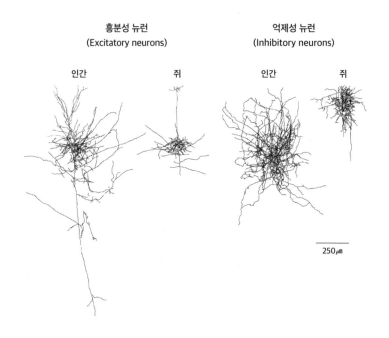

흥분성 뉴런 (Excitatory neurons)		억제성 뉴런 (Inhibitory neurons)	
인간	쥐	인간	쥐

250 μm

그림 3.1 **쥐와 인간의 뉴런:** 앨런뇌과학연구소(Allen Institute of Brain Science)의 인간과 쥐 신피질 뉴런(neocortical neurons) 비교. 인간 세포가 더 크다는 점을 제외하면 두 형태는 비슷하다. [앨런뇌과학연구소의 스테이시 소런슨(Staci Sorensen)이 제공한 데이터.]

는 유전자를 가진다. 따라서 내가 "인간과 동물"이라 표현하는 것은, 두 자연종(natural kinds)을 구분하는 데 지배적인 언어적, 문화적, 법적 관습을 단지 존중하는 것이지, 인간의 비-동물적 본성을 믿기 때문은 아니다.

둘째, 신경계 구조는 모든 포유류에 걸쳐 놀라울 정도로 유지되고 있다. 인간의 뇌에서 발견되는 약 900개 독특한 돌기가 매달린 거시적 구조 대부분은, 실험자들이 선택하는 동물인 쥐의 뇌에도 존재하는데, 그 크기는 인간에 비해 수천 배나 작다.[5]

현미경으로 무장한 신경해부학자라도, 눈금 막대를 제거하고 보면 인간의 뉴런과 쥐의 뉴런을 구분하기가 쉽지 않다(그림 3.1).[6] 그렇다고 인간의 뉴런과 쥐의 뉴런이 같다는 것은 아니다. 인간 뉴런은 쥐 뉴런보다 더 복잡하며, 더 많은 가지돌기가 있고, 더 많은 다양성을 지닌다. 마찬가지로, 게놈, 시냅스, 세포, 연결, 구조 수준 등에서도 그러하다. 쥐, 개, 원숭이, 사람 등의 뇌에는 양적 차이가 엄청나지만, 질적 차이는 전혀 없다. 통증을 전달하는 수용기와 신경 경로는 모든 종에 걸쳐 비슷하다.

인간의 뇌가 크지만, 코끼리, 돌고래, 고래 등과 같은 다른 생물들은 더 큰 뇌를 가진다. 놀랍게도, 어떤 동물은 더 큰 신피질을 가졌을 뿐만 아니라 피질 뉴런이 인간보다 두 배 더 많다.[7]

셋째, 포유류의 행동은 사람의 행동과 비슷하다. 루비를 예로 들어 보자. 루비는 내가 손으로 진한 크림을 휘저을 때 사용하는 거품기에 남은 크림을 핥는 것을 좋아하는데, 집이나 정원 어디에서든 금속 줄 고리가 유리에 부딪히는 소리를 들으면 즉시 달려 들어온다. 녀석의 행동을 보면, 그가 나만큼이나 달콤하고 진한 거품 크림을 좋아한다는 것을 알 수 있다. 나는 그가 즐거운 경험을 하는 중이라고 추론할 수 있다. 또는 녀석이 소리치고, 낑낑대고, 자기 발을 물어뜯고, 절뚝거리다가, 나에게 다가와서 도움을 요청할 때에도, 내가 비슷한 조건에서 비슷하게 행동하기 때문에(물론, 나를 물어뜯지는 않는다), 녀석이 고통스러워한다고 추론한다. 생리학적 측정은 이런 추론을 확인시켜 준다. 사람과 마찬가지로 개도 통증이 있을 땐 심장박동수와 혈압이 상승하고, 혈액으로 스트레스 호르몬이 방출된다. 개는 신체적 부상으로 인해 통증을 경험할 뿐만 아니라, 구타나 학대를 당하거나 나이 많은 반려동물이 짝이나 반려 주인으로부터 격리될 때에도 고통을 경험할 수 있다. 그렇다고 해서 이것이 개의 통증이 사람의 통증과 같다는 주장은 아니다. 그러나 모든 증거는 개와 다른 포유류가 유해한 자극에 반응할 뿐만 아니라 끔찍한 고통과 통증을 경험한다는 가정과 양립할 수 있다.

이 장을 쓰는 지금, 전 세계는 범고래 한 마리가 죽은 채로 태어난 새끼를 안고, 북서태평양을 2주 이상 수천 마일을 헤엄쳐 가는 모습을 목격하고 있다. 새끼 범고래의 사체가 계속 몸에서 떨어져 바닥으로 가라앉자 어미는 상당한 에너지를 소비하면서까지, 그 사체를 따라 잠수하여 다시 데려오는 놀라운 모성애를 보여 주고 있다.[8]

원숭이, 개, 고양이, 말, 당나귀, 흰쥐, 쥐 및 기타 포유류 등은 모두 앞서 설명한 종류의 강제선택 실험(forced-choice experiments)

에 반응하도록 학습시킬 수 있다. 그 수정된 실험에서, 사람들은 동물이 발과 주둥이를 사용할 수 있게 해 주고, 돈 대신 음식이나 사회적 보상을 이용한다. 그들의 반응은 감각기관의 차이를 고려해 볼 때, 사람의 행동 방식과 놀라울 정도로 유사하다.[9]

음성 없는 경험

인간을 다른 동물과 구분하는 가장 분명한 형질은 언어이다. 일상 언어는 추상적 상징과 개념을 표상하고(represents), 소통한다. 언어는 수학, 과학, 문명 등 인류가 이룩한 모든 문화적 성취의 기반이다.

많은 고전학자들은 의식과 관련하여 언어가 킹메이커 역할을 한다고 말한다. 즉, 언어 사용은 의식을 직접적으로 가능하게 해 주거나, 의식과 연관된 대표적 행동 중 하나로 간주되었다. 이것은 동물과 사람 사이에 뚜렷한 경계선을 긋는다. 이런 루비콘 강 건너편 저 멀리에, 벌, 오징어, 개, 유인원 등 크고 작은 모든 생명이 살며, 이들은 보고, 듣고, 냄새 맡고, 고통과 쾌락을 경험하는 등 사람과 동일한 행동 및 신경학적 증표를 갖지만, 감정은 없다. 그들은 내면의 빛이 없는 단순한 생물학적 기계일 뿐이기 때문이다. 반면에, 그런 루비콘강 이쪽 편에는, 현존하는 유일한 종, **호모 사피엔스**가 산다.[10] 하여튼 루비콘강 이쪽에서는 강 건너편 생명체들의 뇌를 구성하는 것과 동일한 종류의 생물학적 물질에 지각력(데카르트의 지성 또는 기독교적 영혼)이 특별히 추가되었다.

의식의 진화적 연속성을 부정하는 몇 안 되는 현대 심리학자 중 한 사람으로 유언 맥페일(Euan Macphail)이 있다. 그는 의식에 언어와 자아 감각이 필수적이라고 확언한다. 그에 따르면, 동물이나 어린이는 말을 할 수 없고 자아 감각이 없기 때문에, 아무것도 경험하지 못한다. 이런 놀라운 결론은 분명히 모든 부모와 소아마취과 의사 들의 마음을 사로잡았을 만하다.[11]

그 증거는 무엇을 시사해 주는가? 만약 누군가 말하는 능력을 상실한다면, 무슨 일이 일어나겠는가? 언어능력이 그들의 사고, 자아 감각, 세상에 대한 의식적 경험 등에 어떤 영향을 미칠까? **실어증**(aphasia)은, 항상 그런 것은 아니지만 보통 좌측 피질 반구의 제한적 뇌손상으로 인해 발생하는 언어장애를 일컫는 말이다. 실어증에는 다양한 형태가 있으며, 손상 위치에 따라서 말하기(speech) 또는 문서 텍스트 등의 이해력, 사물의 이름을 올바르게 부르는 능력, 구어 생산, 문법, 결핍의 심각성 등에 영향을 미칠 수 있다.[12]

신경해부학자 질 볼트 테일러(Jill Bolte Taylor)는 뇌졸중을 겪는 동안의 자기 경험에 관한 〈테드(TED)〉 강연과, 이후 베스트셀러가 된 책으로 갑자기 유명해졌다.[13] 서른일곱 살에 테일러는 좌측 반구에 대량 출혈을 겪었고, 그 후 몇 시간 동안 사실상 말을 잃게 되었다. 또한 테일러는 내면의 말, 어디에서나 들리는 소리 없는 독백을 잃었고, 오른손이 마비되었다. 테일러는, 자신의 구두 발화를 전혀 이해하지 못하고, 다른 사람의 횡설수설도 이해할 수 없다는 것을 알게 되었다. 그는 뇌졸중의 직접적인 영향을 경험하면서, 자신이 사람들과 소통하는 방법을 궁금해하는 동안, 세계를 이미지로 어떻게 지각했는지 생생히 회상한다. 무의식적 좀비가 행동하기란 거의 불가능하다.

테일러의 설득력 있는 개인적 이야기에 대한 두 가지 반대 의견은, 그의 이야기를 직접 확인할 수 없다는 점, 즉 집에서 혼자 뇌졸중을 겪었다는 점과 실제 뇌졸중이 발생한 지 몇 달, 몇 년이 지난 후 이러한 사건을 재구성했다는 점이다. 그렇다면 뇌의 동정맥기형(arteriovenous malformation)이 있어 경미한 감각 발작을 일으킨 마흔일곱 살 남성의 사례를 생각해 보자. 건강검진의 일환으로 그의 좌측 대뇌반구 부위를 주사로 국소마취했다. 이로 인해 약 10분 동안 지속되는 심한 실어증이 발생하였고, 그런 동안 그는 동물 이름을 말할 수 없었고 간단한 예/아니오 질문에 대답하지 못했고 그림을 묘사할 수도 없었다. 그 일이 있은 직후 기억하는 것을 적어 보라고 요청했을 때, 그가 자신에게 무슨 일이 일어났는지를 인지하고 있었다는 것이 또렷해 보였다.

일반적으로 내 마음은, 단어를 찾을 수 없거나 다른 단어로 바뀌었다는 점을 제외하고는, 작동하는 것처럼 보였다. 또한 국소마취제로 인한 상태를 되돌릴 수 없다면, 얼마나 끔찍한 장애가 될지를 이 절차를 통해 알았다. 내가 말하거나 한 일을 기억할 수 있을 것이라는 데는 의심의 여지가 없었지만, 문제는 종종 기억하지 못한다는 것이다.[14]

그는 자신이 테니스 라켓 사진을 보고 그것이 무엇인지 알아보고, 손으로 그 라켓을 들고 있는 제스처를 취하며, 방금 라켓을 샀다고 설명했다는 것을 정확히 회상하였다. 그러나 실제로 그가 한 말은 "퍼크불(perkbull)"뿐이었다. 분명한 것은 이 환자가 짧은 실어증 기간 동안에도 계속해서 세계를 경험한다는 점이다. 의식은 이 환자 또는 질 볼트 테일러의 언어능력이 저하되는 것과 함께 사라지지 않았다.

분리-뇌(split-brain) 환자에 대한 실험적 연구에서, 의식이 비언어 피질 반구인 우측 반구에도 유지된다는 충분한 증거가 있다. 이런 환자들의 뇌량(腦梁, corpus callosum)(그림 10.1)은, 과도한 전기 활동이 한쪽 반구에서 다른 반구로 퍼지는 것을 방지하기 위해, 수술로 잘라 냈다. 거의 반세기에 걸친 연구는, 이런 환자들이 두 가지 의식적 마음을 가진다는 것을 증명해 주고 있다. 각 피질 반구는 각각 고유한 특성을 지닌, 자신만의 마음을 갖는다. 좌측 피질은 정상적인 언어 처리와 말하기를 지원하며, 우측 반구는 거의 음 소거 상태이지만 모든 단어를 읽을 수 있고, 적어도 특별한 경우에 한해서 구문을 이해하고 간단한 말과 노래를 할 수도 있다.[15]

언어가 적절한 의식 발달을 위해서는 필요하지만, 일단 의식 발달이 이루어지면 언어가 더 이상 필요치 않다는 반론이 있을 수 있다. 이런 가설은 포괄적 설명을 제시하기 어려운데, 그 가설이 심각한 사회적 박탈감 속에서 아이를 양육할 것을 요구하기 때문이다.

거의 완전한 사회적 고립 속에서 자랐거나, 인간이 아닌 영장류, 늑대 또는 개 무리와 함께 살았던 야생 아동의 사례가 기록으로 남아 있다. 이러한 극단적 학대와 방임이 심각한 언어 결손을 초래하지만, 그렇다고 해서 그 상태가 언제나 비극적이고 이해할 수 없는 방식으로 세계에 대한 야생 아동의 경험을 빼앗지는 않는다.[16]

끝으로, 당연한 말을 다시 강조하자면, 언어는 우리가 세상을 경험하는 방식, 특히 과거와 현재의 이야기 중심인 자아 감각에 크게 기여한다. 그러나 세계에 대한 우리의 기본적 경험은 그것에 의존하지 않는다.

진정한 언어 외에, 인간과 다른 포유류 사이에 서로 다른 인지적 차이가 있다. 인간은 공동의 종교적, 정치적, 군사적, 경제적, 과학적 기획을 추구하기 위해 거대하며 유연한 연합을 조직할 수 있다. 우리 인간은 의도적으로 잔인해질 수 있다. 셰익스피어의 「리처드 3세」에서 그는 이렇게 토로한다.

그렇게 흉악한 짐승조차도 연민의 정을 안다. 그러나 나는 아무것도 모르기 때문에 결코 짐승이 아니다.

또한 우리 인간은 자신의 행동과 동기를 성찰하고 예측할 수 있다. 성장하면서, 우리는 죽을 운명, 즉 인간 존재의 근저에 삶이 유한하다는 것을 배운다. 그렇지만 죽음은 동물에 대해 그런 지배권을 발휘하지 못한다.[17]

오직 인간만이 무언가를 경험한다는 믿음은 어리석으며, 우주 전체에서 유일하게 중요한 종(one species)이 되고 싶은 원시적 욕망의 잔여물이다. 그보다 우리가 모든 포유류와 삶의 경험을 공유한다고 가정하는 편이 훨씬 더 합리적이며, 모든 알려진 사실과도 양립한다. 의식이 생명의 나무에서 얼마나 먼 곳까지 도달하는지는 마지막 장에서 다룰 예정이다.

의식의 신경과학과 생물학에 대해 본격적으로 이야기하기 전에, 한 가지 남은 과제가 있다. 많은 정신작용이 경험과 밀접히 관련된다. 특히 사고(thought), 지능(intelligence), 주의집중(attention) 등의 경우에 그러하다. 이제 이러한 인지적 루틴이 의식과 구분될 수 있고, 구분되어야 하는지, 그 이유에 대해 논의해 보자. 경험은 생각하기(thinking), 숙고하기(being smart), 주의 기울이기(attending) 등과는 다르다.

의식과
나머지 것들

4

의식과
나머지 것들

모든 과학 개념들, 즉 에너지, 기억, 유전학 등의 역사는, 그 개념의 본질을 정량적이며 기계적인 방식으로 설명할 수 있도록 세분화 및 정교화 수준을 높여 온 역사이다. 최근 수십 년 동안 이러한 설명 과정이 경험에 대해서도 일어났으며, 그 개념은 말하기, 주의 기울이기, 기억하기, 계획 세우기 등과 같은 마음의 다른 일상적 수행 기능과 종종 혼동되어 왔다.

경험이란 사고, 지능, 주의집중 등과 흔히 연관되었지만, 나는 이러한 과정들과 다르다는 것을 보여 주는 옛 관찰과 새로운 관찰 모두를 이야기해 볼 것이다. 다시 말해서, 의식은 종종 이 세 가지 인지 작용과 얽혀 있지만, 그것들로부터 분리될 수도 있다. 이러한 연구 결과는 핵심 문제에 공동으로 대처하기 위한 기반이다. 즉, 의식의 신경학적 원인을 구명하고, 다른 기관이 아닌 뇌가 경험을 일으키는 이유를 설명해 준다.

의식과 정보처리 피라미드

역사적으로, 의식은 마음의 가장 희귀한 측면과 연관되어 왔다. 의식의 정보처리 계층구조는 종종 피라미드에 비유되곤 한다. 그 맨 아래에 거대-병렬-말초-처리(massive parallel peripheral processes)가 있다. 그 처리는 망막에서 들어오는 광자 흐름, 달팽이관 내의 공기압력 변화, 후각상피(olfactory epithelium)의 화학수용기와 결합하는 분자 등등을 등록하고, 그것들을 낮은 수준의 시각, 청각, 후각 및 기타 감각 이벤트(sensory events)로 변환한다. 이런 이벤트들은 뇌의 중간 단계에서 처리되어, 마음의 상위 단계에서 추상적 기호로 변환됨으로써, 당신은 친구를 '보고' 친구의 질문을 '들을' 수 있다. 그 정보처리 계층구조의 정점에는 강력한 인지능력, 즉 말하기, 기호로 사고하기, 추론하기, 계획하기, 성찰하기 등이 있으며, 이런 인지능력은 인간과 (아주 좁은 범위의) 위대한 유인원만이 가지는 고등의 "정신적 재능(psychical faculty)"이다. 이러한 능력은 그 상위 수준에서 한 번에 처리할 수 있는 데이터의 양이 매우 적다는 의미에서, 제한적 대역폭(limited bandwidth)을 가진다.[1] 이러한 관점에서, 단지 소수 엘리트 종만이 의식적 수준에 도달하며, 가장 정교한 과제를 실행할 수 있다.[2]

그렇지만, 지난 세기 동안 의식에 대한 과학적 전망에 흥미로운 반전이 있었다. 즉, 의식이 그런 정보처리 피라미드의 꼭대기에서 물러나, 아래쪽으로 옮겨 갔다. 코의 가려움, 욱신거리는 두

통, 마늘 냄새, 파란 하늘의 풍경 등등에 관해 어떤 세련되고, 반성적인, 혹은 추상적인 것은 전혀 없다. 수많은 경험은, 정보처리 피라미드의 맨 아래 외감각(exteroceptive, 시각, 청각, 후각) 수용기 및 내감각(interoceptive, 통증, 체온, 장, 기타 신체) 수용기의 생생한 데이터 흐름 수준보다 높으면서, 그 꼭대기의 고도로 정교하고 기호적이며 희박한 단계보다는 낮은 수준의 기본적 특성을 지닌다. 이것이 사실이라면, 인간뿐 아니라 크고 작은 많은 동물들이 세계를 경험한다는 사실이 거의 확실하다.

실제로, 사고력이나 창의력 같은 우리 인간의 가장 정교한 인지능력을 우리가 직접 경험하지 못한다는 것이 밝혀졌다. 일상적인 상황을 가정해 보자. 나는 여행을 준비하던 중, 불현듯 "로페즈 섬(Lopez Island)으로 가는 세 시 여객선을 예약해야 한다"는 생각이 머릿속에 떠올랐다. 세 시를 가리키는 시계 화면, 여객선, 바다, 섬 등등의 이미지가 희미하게 동시적으로 나타났고, 온라인으로 예약할 시간이 필요하다는 지시가 소리 없는 내면의 목소리로 들리는 듯하였다. 그리고 이러한 내면의 목소리는 구문론적 및 음운론적 구조를 지닌다.

삶은 놀라울 정도로 많은 언어적 이미지, 즉 사건을 생각하고, 계획하고, 경고하고, 비평하는 등의 내면의 목소리로 가득하다. 격렬한 신체 활동, 급박한 위험, 명상, 또는 깊은 수면만이 이런 끊임없는 동반자를 침묵시킨다(암벽등반, 교통체증을 뚫고 자전거 타기, 적군 지형 정찰하기, 그리고 실패 시 즉각적이고 심각한 결과를 초래하는 기타 신체적 및 인지적 고된 활동 등등이 깊은 평온한 느낌, 즉 마음속의 침묵을 유발하는 한 가지 이유이다).

인지언어학자 레이 제켄도프(Ray Jackendoff)[3]는 (지그문트 프로이트처럼) 생각이 '경험으로 접근할 수 없는' 의미 수준에서 표현되고 조작된다고 주장한다.[4] 다음과 같은 혀끝의 현상을 생각해보자. 당신은 어떤 이름이나 개념을 말하기 직전, 이따금 마음속에 그 이미지를 떠올릴 수 있더라도, 그것의 적절한 단어를 찾지

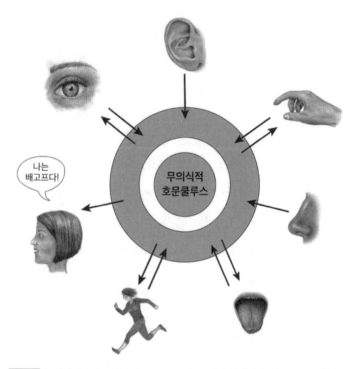

그림 4.1 **무의식적 호문쿨루스(homunculus):** 당신은 외부에서 발생하든, 신체 내부에서 발생하든, 날것의 감각 데이터를 의식하지 못하며, 프랜시스 크릭과 내가 창의성, 사고, 지능 등의 내적 원천인 무의식적 호문쿨루스라고 부르는, 마음의 가장 높은 처리 단계도 의식하지 못한다. 당신의 방대한 경험 대부분은 감각 공간적 성격을 지닌다(흰색 고리). 화살표는 뇌와 세계를 연결하는 감각 및 운동 경로를 나타낸다.

못할 수 있다. 당신은 그 의미를 암묵적으로 떠올릴 수 있지만, 그 소리나 음운구조를 갖지 못할 수 있다.

이러한 통찰에서 아주 놀라운 그림이 그려진다. 즉, 당신은 시각, 청각 및 기타 공간의 측면에서, 외부 세계에 대한 반영을 오직 의식할 뿐이다. 마찬가지로, 당신은 비슷하게 보거나 들은 공간에 대한 자신의 내면 세계에 대한 반영을 오직 의식할 뿐이다. 이런 관점에는 유쾌한 대칭성이 있다. 즉, 외부 세계와 내부 세계에 대한 경험은 모두 추상적 또는 기호적이라기보다, 일차적으로 감각 공간적 성격(시각, 청각, 신체 등등)을 지닌다(그림 4.1).

이 가설은 호문쿨루스가 존재한다는 강력한 환상을 설명해 준다. 그 환상에 따르면, 머릿속에서 세상을 바라보고, 생각하고, 계획하고, 주권자인 "나"의 행동을 촉발하는 작은 인간이 있다. 종종 조롱의 대상이 되기도 하지만, 그럼에도 호문쿨루스라는 개념은 매우 호소력이 있는데, 당신이 누구인지에 대한 일상적인 경험과 공명하기 때문이다.[5] 이 **무의식적 호문쿨루스**(그림 4.1)는 창의성, 지능, 계획 세우기 등을 담당하며, 이 중 대부분은 의식되지 않는다.

과학적, 예술적 창의성, 즉 현존하는 방식, 생각, 개념 등에서 무언가 새로운 양식을 만들어 내는 능력을 생각해 보자. 자크 아다마르(Jacques Hadamard)는 유명한 과학자들과 동료 수학자들에게 그들의 혁신적인 생각의 기원에 대해 질문을 던졌다. 그들은 이렇게 보고했다. 특정 문제에 오랫동안 집중적으로 몰두하고, 잠복기를 거쳐, 즉 숙면을 취하거나 며칠 동안 다른 생각을 한 후, 결정적 통찰이 "머릿속에 번쩍 떠올랐다". 그 통찰의 인지적 접근-불가성이 최근의 연구를 통해 확인되었다.[6]

창의성과 통찰력은 지능의 두 가지 핵심 측면이다. 만약 이것들이 의식적 성찰을 통해 접근 불가하다면, 지능과 의식 사이의 관계는 간단치 않다. 어쩌면 이들은 마음의 두 가지 다른 측면일 수도 있지 않을까? 지능이 궁극적으로 세계에서 현명하게 행동하고 살아남기 위한 것이라면, 경험은 느낌에 관한 것이 아닐지? 그런 관점에서, 지능은 행동에 관한 것이고, 경험은 존재에 관한 것이다. 이런 중요 주제는 11장과 13장에서 동물과 기계의 지능 및 의식의 맥락에서 다시 다룰 것이다(그림 13.4).

의식과 주의집중

나는 지금까지 내가 쓴 글에 독자가 주의를 기울였기를 바란다. 만약 그러하다면, 당신은 마음속 깊은 곳에 있는 이런 호문쿨루스를 그려 볼 것이다. 만약 그렇지 않다면, 낱말들이 눈에 들어왔지만, 다른 곳에 정신이 팔려 주의를 기울이지 않았기 때문에, 흔적도 없이 사라졌을 것이다.

교사는 학생들에게 주의를 환기시키고, 심리학자는 피험자에게 이미지의 특정 부분에 주의를 기울여 달라고 요청한다. 이런 "주의집중(attention)"이란 무엇일까, 즉 마음이 특정 사건, 사물, 또는 개념 등을 인식하기 위해 요청하는 이것은 무엇인가? 주의

집중이 의식의 밀실로 통하는 중요 대기실인가? 당신은 주의를 기울이지 않고도 사물이나 사건을 경험할 수 있는가?

주의집중에는 요점 기반의 자동적 주의, 공간적 및 시간적 주의, 특징 및 사물 기반 주의 등 다양한 형태가 있다. 이 모든 것들의 공통점은 부족한 처리 자원에 대한 접근을 제공한다는 점이다. 신경계의 용량은 제한적이므로, 아무리 큰 신경계라도 모든 들어오는 데이터 스트림(incoming streams of data)을 실시간으로 처리할 수 없다. 대신에, 마음은 눈앞에 펼쳐지는 장면의 일부와 같은 특정 과제에 계산 자원을 집중한 다음, 동시에 진행되는 대화와 같은 다른 과제에 집중하도록 전환한다. 선택적 주의집중은 정보 과부하 문제에 대한 진화적 해결이다. 선택적 주의집중의 작용과 특성은 한 세기가 넘는 기간 동안 포유류의 시각 시스템 내에서 상당히 세밀하게 연구되고 있는 중이다.

많은 놀라운 효과는, 만약 당신이 어떤 사건을 직접 보고 있더라도 주의를 기울이지 않는다면 그것을 놓칠 수 있다는 것을 증명해 준다. "농구코트의 고릴라(gorilla in our midst)" 환영 실험을 생각해 보자. 이 환영 실험에서, 순진한 피험자는 진행되는 농구 경기에서 공만을 추적한다. 그 경기장에 한 남자가 고릴라 복장을 한 채 느리게 코트를 가로질러 가지만, 순진한 피험자인 많은 사람들은 그 고릴라를 보지 못하고 완전히 놓친다. **부주의 맹시**(inattentional blindness)라고 알려진 이러한 분명한 시력장애는 휴대전화로 통화하거나 문자메시지를 보낼 때 발생할 가능성이 훨씬 높아지기 때문에, 운전 중 휴대전화 사용은 큰 혼란을 야

기할 수 있으며, 그래서 많은 나라에서 불법이다.[7]

따라서 시각적 경험은 선택적 주의집중에 따라 결정적으로 달라질 수 있다. 어떤 대상에 주의를 기울이면 당신은 보통 그 대상의 다양한 속성을 의식하지만, 주의를 다른 곳으로 옮기면 그 대상은 당신의 의식에서 사라진다. 이 때문에 많은 사람들은, 이 두 과정이 동일하지는 않지만 떼어 놓을 수 없는 관계라고 가정하게 된다. 그러나 19세기로 거슬러 올라가면 다른 사람들은, 주의집중과 의식이 별개의 기능과 신경 메커니즘을 지닌 현상이라고 주장했다.

실험심리학자들은 지각적으로 보이지 않는 자극을 사용하여, 의식 없는 주의를 탐색한다. 예를 들어, 남녀 누드 이미지는 심리학자들이 마스킹(masking)이라 부르는 영화 촬영 기법을 통해 완전히 보이지 않게 만들었음에도 불구하고, 공간적으로 선택적 시각 처리 공정(일명 '주의')을 유도한다. 그러나 그러한 이미지는 피험자의 성별과 성적 지향에 따라 처리된다. 이러한 실험은 다양한 맥락에서 반복되어 왔으며, 당신이 의식하지 않고도 사물이나 사건에 집중할 수 있음을 보여 준다.[8] 작업, 식사 또는 운전 중 마음 공백은 잘 연구되지는 않았지만, 의식 없는 주의집중에 관한 또 다른 사례이다.

무언가에 주의를 기울인다고 해서 그것이 의식적으로 경험된다는 것을 보증해 주지 않는다는 광범위한 합의가 있지만, 그 반대 해리의 존재, 즉 주의 없는 의식이 존재하는지는 더욱 논란의 여지가 있다. 그렇지만, 특정 위치 또는 사물에 주의를 기울일 때

면밀히 조사해 보면, 주의의 초점 밖의 모든 것들이 사라짐에 따라서, 나머지 세계가 터널로 축소되지는 않는다. 나는 나를 둘러싼 세계의 어떤 측면을 항상 알아챈다. 나는 내가 글자를 보고 있거나, 고가도로가 다가오는 고속도로를 운전하고 있다는 것을 알아챈다.

"요점(gist)"은 고속도로의 교통체증, 스포츠 경기장의 군중, 총을 든 사람 등등의 장면에 대한 간결하고 개략적인 요약을 말한다. 요점을 계산하기 위해 주의를 기울이는 처리가 필요하지는 않다. 당신이 어떤 사소한 디테일에 집중하는 동안 큰 사진이 화면에 갑자기 짧게 표시되어도, 당신은 그 사진의 요점을 파악할 수 있다. 1/20초 동안 흘깃 보는 것만으로도 충분하다. 그리고 그런 짧은 시간 동안, 주의집중 선택이 큰 역할을 하지는 못한다.[9]

우리는 복잡한 감각운동 과제를, 흥미로운 팟캐스트(podcast)나 라디오 쇼를 들으면서 고속도로를 장시간 운전하는 것과 같이, 동시에 실행할 수 있다. 주의력의 한계와, 도로를 살펴보다가 이야기를 따라 듣는 것으로 전환하는 데 필요한 시간과 인지적 노력을 고려해 보면, 주의집중은 이러한 과제들 중 오직 하나에만 배당된다. 그렇지만 그 이야기를 따라가는 동안에도, 내 눈앞에 펼쳐지는 시각적 장면은 사라지지 않는다. 나는 계속해서 무언가를 보고 있다.[10] 따라서 나는, 선택적 주의집중이 무언가를 경험하는 데 필요하거나 충분치 않다는 가정을 선호한다. 이것을 입증하려면, 피실험 동물에게, 궁극적으로 사람에게, 하향식 주의를 중재하는 신경회로를 미묘하게 조작할 필요가 있다. 그 관련 문헌을 계속 지켜보자.

이 장을 요약하자면, 의식을 언어(앞 장에서 설명한), 사고, 지능, 주의 등으로부터 분리한다고 해서, 의식이 이러한 과정들과 크게 얽혀 있지 않다는 것을 필히 함축하지는 않는다. 내가 이 문장을 타이핑하는 동안, 내 의식의 시선은 발밑의 개에서 부엌 조리대 위의 책으로, 그리고 창밖의 안개 자욱한 워싱턴호로 옮겨간다. 내가 각 항목에 하나씩 차례로 주의를 기울이다 보면, 그것들을 알아채고, 나머지 하루를 계획할 때 그것들을 고려할 수 있다. 그러나 이러한 작용들, 즉 언어, 주의, 기억, 계획하기 등등은 날것의 경험과 구분될 수 있다. 따라서 그런 작용들은 그것들을 지원하는 독특한, 아마도 서로 겹치는, 물리적 메커니즘을 가질 것이다. 물론 많은 경우에서, 컴퓨터는 이미 말하고, 주의하고, 기억하고, 계획할 수 있다. 그것은 설명할 수 없는 경험이다.

그러나 경험하는 마음에 대해서는 이 정도에서 멈추자. 이제 마음을 지원하는 주요 기관, 즉 뇌에 대해서 알아보자.

의식과
뇌

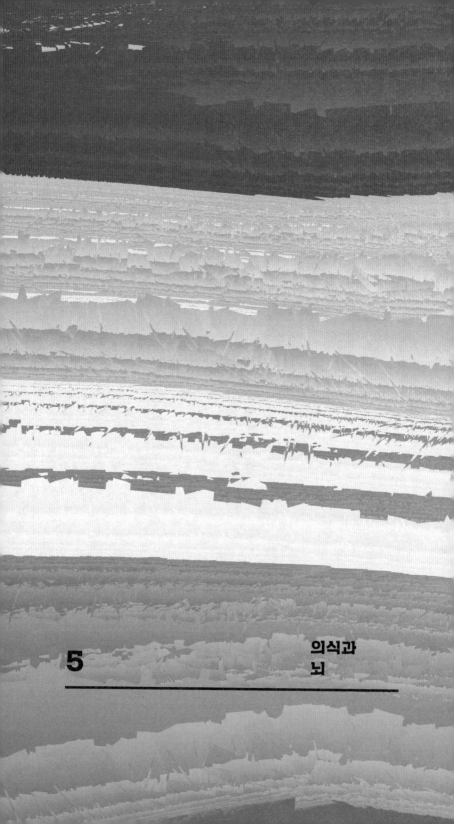

5

의식과
뇌

오늘날 우리는 자신이 죽으면서 포기하는 영혼이, 보호용 뼈 상자 안에 들어 있는 3파운드의 두부 같은 장기와 밀접히 얽혀 있다는 것을 안다. 그러나 그렇다는 것을 언제나 알고 있었던 것은 아니다.

나는 여기에서 신경-중심 시대의 태동기, 의식의 상태(states of consciousness)와 의식상태(conscious states) 사이의 중요한 구분, 그리고 의식의 신경학적 발자취 탐색에 근거하는 논리를 추적해 보려 한다.[1]

심장에서 두뇌로

많은 기록 역사는, 심장이 이성, 감정, 용기, 마음 등의 자리라고 여겨 왔다. 실제로 고대이집트에서 미라를 만드는 첫 단계에서 뇌는 콧구멍을 통해 빼내어 버렸고, 심장, 간 및 기타 내부장기는 파라오가 사후 세계에서 필요한 모든 것에 접근할 수 있도록 조심스럽게 추출하여 보존했다. 뇌만 빼고 모든 장기를 말이다!

수천 년 후 그리스인들조차 그런 일을 그들보다 더 잘할 수 없었다.[2] 플라톤은 이러한 문제에 대한 경험적 탐구에 단호하게 반대했으며, 소크라테스식 대화를 선호했다. 불행하게도 마음의 상당 부분이 의식의 주목 없이 작동하기 때문에, 숙고와 명상을 통해 마음의 속성을 추론하는 것은 상대적으로 빈약했다.

가장 위대한 생물학자, 분류학자, 발생학자(embryologist)이자 최초의 진화론자였던 아리스토텔레스는 다음과 같이 썼다.

> 그리고 물론 뇌는 어느 감각도 담당하지 않는다. 올바른 견해에 따르면, 감각의 자리와 근원은 심장의 영역이다.

아리스토텔레스는, 습하고 차가운 뇌의 주요 기능이 심장에서 나오는 따뜻한 혈액을 식혀 주는 것이라고 일관되게 주장했다.[3]

뇌에 대한 이러한 광범위한 무시에서 가장 눈에 띄는 예외는, 기원전 400년경 저작된 의학 논문 「신성한 질병에 관하여(On the Sacred Disease)」이다. 이 짧은 에세이는 어린이, 성인, 노인 등의 뇌전증 발작과 그 원인을, 신이나 마법의 용어가 아니라, 완전히 자연적인 용어로 서술한다. 히포크라테스(Hippocrates)로 추정되는 저자의 결론에 따르면, 뇌전증은 뇌가 마음과 행동을 통제한다는 증거를 제시한다.

사람들은 기쁨, 즐거움, 웃음과 스포츠, 슬픔, 비통, 낙담, 탄식 등등이 그 무엇도 아닌 뇌에서 나온다는 사실을 알아야 한다. 그리고 우리는 뇌를 통해 특별한 방식으로 지혜와 지식을 얻고, 보고, 듣는다.

「신성한 질병에 관하여」는, 뇌가 영혼의 자리임을 재인하지 못하는, 고대 세계의 사람들에게 보이지 않았던 통찰의 짧은 불빛과도 같다. 기독교의 창설 텍스트인 구약성경과 신약성경도 뇌에 대한 이야기는 전혀 없으며, 오직 심장에 관한 이야기만 가득하다.

심장-중심 이미지와 언어는 오늘날 우리의 관습과 언어에도 깊이 뿌리내리고 있다. 우리는 누군가를 'with all our heart'(진심으로) 사랑하며, 밸런타인데이에 시상하부 모양의 과자 대신 심장 모양의 초콜릿을 선물한다. 수백 개 "Sacred Heart"(성스러운 심장, 성심) 교회와 아카데미가 있지만, "Sacred Brain"(성스러운 뇌, 성뇌)을 위한 교회와 아카데미는 없다. 17세기 후반에 이르러서야, 심장은 살아 있는 동물에 대한 끔찍한 실험을 통해, 온몸에 혈액을 순환시키는 근육이며 생물학적 피스톤에 불과하다는 것이 밝혀졌다.

일부 초기 해부학자들은, 뇌가 감각 및 운동과 긴밀히 연관되어 있다는 것을 알았다. 가장 영향력 있는 학자는 2세기 의사였던 갈레노스였으며, 그는 그런 임상 지식을 검투사 학교에서 일하면서 습득했다. 갈레노스는 인간을 움직이게 하는 심령(vital spirit)이 간에서 심장을 거쳐 머리로 흘러들어 간다고 주장했다. 뇌의

(서로 연결된) 수액으로 채워진 강(cavities)인 뇌실(ventricles) 내부에서, 심령은 생각, 감각, 운동 등으로 정화된다.

이러한 갈레노스의 생각은 이후 1000년을 지배했으며, 교부들과 스콜라 철학자들로 하여금 뇌실이 **감각의 총체**(sensorium commune)로서, 그곳에서 모든 감각이 결합하여 사고와 행동을 일으킨다는 믿음을 신성시하도록 만들었다. 뇌의 회색질(gray matter)은 숭고한 영혼을 수용하기에는 너무 무르고 거칠고 차가우며, 단지 뇌실에서 신경으로 심령을 펌프질할 뿐이다. 그렇게 유체역학과 관련된 개념을 넘어서는 세계에서, 즉 어떤 기계 역학 개념도, 화학적 신진대사와 전기에 대한 개념도 전혀 없던 세계에서 그러한 설명은 적어도 막연히 그럴듯해 보였다.

그러한 수 세기 동안 주요 지적 활동은 고전 작가들의 논쟁적이고 빈약한 재해석과 성서 주석뿐이었다[이 시기를 암흑기(Dark Ages)라고 부르는 데에는 이유가 있다]. 중세 학자들은 내면적이고 영적인 문제에 관심을 가졌지만, 그들에게 자연을 체계적으로 조작하는 실험 철학은 아직 먼 미래의 일이었다.

르네상스를 시작으로 계몽주의와 종교개혁의 분쟁을 거치면서, 사람들의 태도는 더욱 외면화되고 경험적인 세계관으로 바뀌었다. **과학**과 **종교**는 갈라서고, 서로 다른 지식과 연구방법론을 향하기 시작했다. 자연신학과 자연철학은 현대 과학의 선구자로 떠올랐다. 영국 의사 토머스 윌리스(Thomas Willis)가 1664년 발표한 『뇌 해부학(Cerebri Anatome)』은 뇌이랑(brain's convolutions)을 세심하게 그리는 뇌-중심 시대의 서막을 알렸으

며, 뇌이랑은 전통적인 문헌에서처럼 단순히 내장과 비슷하지 않았다.[4]

그럼에도, 그 연구는 이성을 향한 느린 깨우침이었다. 19세기 초까지만 해도, 아픈 사람들은 기이한 의학적 치료의 최전선에 있었다. 그들은 거의 모든 질병을 치료하거나 예방하기 위해 지속적으로 피를 빼내었고, 동물 장기, 이상한 식물, 자신의 소변 등을 혼합한 놀랍고도 다양한 약물을 섭취하였다. 고귀한 환자일수록 더 나쁜 치료를 받았다. 영국의 왕 찰스 2세는 신장병에 걸리기 전 (거머리와 칼을 이용해) 자신의 피를 수 쿼트(quarts) 뽑아냈다.

19세기 초 뇌-기반 설명이 등장했다.[5] 두 선구자는 독일의 의사 프란츠 요제프 갈(Franz Joseph Gall)과 그의 조수 요한 슈푸르츠하임(Johann Spurzheim)이었다. 갈은 인간과 동물의 사체를 체계적으로 해부한 결과를 바탕으로, 뇌의 회색질이 마음의 유일한 기관이라는, 철저한 유물론과 경험주의에 기반한 설명을 명확히 주장했다. 이 기관은 동질적이지 않은, 각기 독특한 기능을 가진 여러 부분의 집합체이며, 그 기능은 오늘날에는 거의 알아볼 수 없는 구성성, 획득성, 비밀성, 군집성, 자비, 숭배, 강직, 자존감, 생식적 사랑 등등이다.

갈과 슈푸르츠하임은 두개골의 모양과 돌출부에 대해서, 두개골 아래 기관의 크기와 의미를 추론하고, 검사된 개인의 정신적 특성을 진단했다. 그들의 골상학 방법은 성장하는 중산층에게 세련되고 현대적이라고 어필되면서 엄청난 인기를 얻었다. 골상학은 범죄자, 미치광이, 저명한 사람, 악명 높은 사람 등을 분류하는 데 사용되었다. 외부 두개골의 모양과, 기저의 신경조직 크기 및 기능 사이에 식별 가능한 어떤 관계도 없기 때문에, 골상학은 결국 평판 좋은 방법으로서의 명성을 잃었다.

다른 신체 기관과 마찬가지로, 뇌의 구성 요소는 세포이다. 이러한 발견은 19세기 후반 개별 세포의 광범위한 과정을 염색할 수 있는 특별한 염료의 발명과 함께 이루어졌다. 신경과학의 수호성인으로 불리는 스페인의 해부학자 산티아고 라몬 이 카할(Santiago Ramón y Cajal)은 뉴런을 발견해, 그것이 엄청난 후광을 받도록 만들었다. 신장(kidney) 세포가 혈액이나 심장 세포와 완전히 구분되는 것처럼, 신경세포와 신경세포가 아닌 협력 세포의 종류도 수천 가지에 달할 정도로 다양하다.[6] 뇌의 신경회로를 잉크와 연필로 그린, 그의 그림은 오늘날 박물관 전시물, 커피 테이블 책, 내 왼팔 이두근(문신)을 장식하고 있다.

내셔널지오그래픽 다큐멘터리에서 작은 비행기가 아마존 정글 상공을 몇 시간 동안 비행하며 그 정글의 광활한 모습을 찍은 장면을 떠올려 보라. 열대우림에는 인간 뇌의 신경세포 수만큼이나 많은 나무가 있다. 그 거대한 형태적 다양성을 지닌 나무들, 즉 그 독특한 뿌리, 가지, 덩굴에 가려진 잎, 기어다니는 유충 등등은 신경세포의 다양성과 비교될 만하다.

라몬 이 카할은 신경과학의 핵심 원리로 **뉴런 학설**(neuron doctrine)을 제시했다. 뇌는, 시냅스라는 특수한 접합부에서 서로 맞닿아 있는, 서로 다른 세포들로 이루어진 광대하면서도 촘촘히 얽혀 있는 레이스(lace)와 같다. 정보의 흐름은 뉴런의 뿌리인 가지돌기에 형성된 수천 개 시냅스에서부터 세포체(cell body) 쪽으로 한 방향으로 흐른다. 그 정보는 세포체에서부터 뉴런의 단일 출력선인 축삭돌기(axon)를 통해 다음 처리 단계의 수천 개 다른 뉴런으로 분배된다. 이렇게 그 정보 순환이 마무리되며, 뉴런들은 끊임없이 서로 소통한다(일부 전문화된 뉴런은 자체의 출력을 근육으로 보낸다). 이러한 조용한 소통은 주관적인 마음의 외적 표현이다.

이런 뉴런 소통의 물리적 기반은 전기 활동이다. 각각의 시냅스[7]는 세포막(membrane)의 전기 전도성을 잠시 높이거나 낮춘다. 그 결과 생성된 전하(electrical charge)는, 가지돌기와 세포체의 정교한 세포막 결합 메커니즘을 통해 하나 이상의 실무율 파동(all-or-none pulses), 즉 활동전위(action potentials) 또는 피크파(spikes)로 변환된다. 피크파의 진폭은 약 1/10볼트이며, 지속 시간은 1/1000초 미만이다. 그 피크파가 축삭돌기를 따라 다음 뉴런 집단의 시냅스와 가지돌기로 전달되고 나면, 그 주기(cycle)는 다시 시작된다.

지난 세기 후반 기계식 인공호흡기와 심장박동기가 발명됨에 따라서, 삶과 죽음에 대한 뇌-중심 관점으로의 최종적이고 결정적인 전환이 이루어졌다. 그전까지는 폐가 숨을 멈추고 심장이 뛰지 않는 것을 죽음의 모습이라고 모두 생각하고 있었다. 오늘날 죽음이 가슴에서 머리로 옮겨 감에 따라서, 죽음은 훨씬 복잡해졌다. 비록 신체의 나머지 부분이 아직 살아 있을지라도, 뇌가 돌이킬 수 없을 정도로 그 기능을 상실할 경우는 죽은 것이다. 이런 병적인 주제를 9장에서 다시 다루겠다.

의식상태와 의식의 상태

더 나아가는 이야기에 앞서, **의식상태**(conscious states, 의도적으로 무엇을 의식하는 상태)와 **의식의 상태**(states of consciousness, 자동적으로 의식이 흘러가는 상태) 사이의 중요한 차이점, 즉 의식에 대한 **타동적**(transitive, '고통을 의식하다'처럼) 쓰임과 **자동적**(intransitive, '의식을 잃다'처럼) 쓰임의 차이를 논의해 보자.

먼 산에서 반사되는 붉은 석양빛을 바라보거나, 누군가를 갈망하거나, 경쟁자의 처벌에 통쾌함을 느끼거나, 일상적인 병원 방문 중에 공포를 경험하는 등등은 각각 독특한 느낌의 주관적 경험이다. 우리는 깨어 있는 시간 동안 이러한 의식상태 또는 경험의 끊임없는 흐름 속에 있으며, 그런 의식상태 또는 경험의 내용은 끊임없이 변화한다. 그러한 내용을 동일한 상태로 몇 초 이상 유지하는 것은 어렵다. 그런 상태를 유지하려면, 시끄러운 알람이나 지속적인 편두통과 같은 강력한 자극이 필요하거나, 또는 침낭에 누운 채 어두운 숲속에서 사람처럼 생긴 무언가가 은밀히 움직이는 소리를 추적하면서, 정신적 계산에 몰두하거나 반복되는 생각에 집착하는 등 고도의 집중력이 필요하다. 그러나 그런 경우일지라도 그 내용의 세세한 부분들은 끊임없이 변화하고, 흔들리며, 결코 고정되어 있지 않다. 이것은 아마도 그 기초 신경 집합의 불안정한 균형을 반영하는 것 같다.

의식의 내용은 변덕스럽고, 찰나의 순간에도 끊임없이 변화한다. 마치 연못 표면의 잔물결과 파도가 수면 아래의 강력한 흐름에 흔들리는 것처럼, 의식적 흐름은 무의식적인 감정, 기억, 욕망, 두려움 등과 같이 거의 인정되지 않는 썰물과 밀물을 나타낸다. 그 흐름은 마치 오케스트라의 독특한 악기들이 서로 얽히고 설키는 것과 같다.

이 모든 것들은 우리가 깨어 있고, 생리적 및 심리적으로 각성되어 소리, 시각, 촉각 등에 반응할 준비가 되어 있을 때 일어난다. 이것이 바로 한 가지 '의식의 상태'이다.

우리는 수면 중 의식이 희미해진다. 우리는 인생의 1/4에서 1/3을 자는 셈이며, 어릴 때일수록 더 많이 자고, 나이가 들수록 덜 잔다. 수면은 행동적으로 부동의 상태(우리가 숨을 쉬고, 눈을 움직이고, 때때로 팔다리를 경련하는 경우처럼 절대적인 부동 상태는 아님)와, 외부 자극에 대한 반응 감소로 정의할 수 있다. 우리는 이런 일상적 수면의 필요성을 모든 동물과 공유한다.

잠에서 깨어날 때, 특히 이른 밤에 깨어날 때, 우리는 마치 림보(limbo, 삶과 죽음의 경계—옮긴이)에서 빛의 세계로 들어오는 것처럼 느낀다. 우리는 거기에 없었는데, 갑자기 누군가 내 이름을 부르는 소리가 들리고, 우리는 '없음에서 존재로' 깨어난다. 이것은 '의식 없음'으로 규정되는, 또 다른 상태이다. 반대로, 아침에 자연스럽게 깨어났을 때, 우리는 종종 일상적이거나 멜로드라마적인 이야기와 함께 생생한 감각운동 경험을 떠올릴 수 있다. 우리는 마술처럼 다른 영역으로 이동하여, 그곳에서 달리고 날고, 옛 연인, 아이, 과거의 충실한 동물 친구들 등을 만나기도 하는데, 그러는 동안 우리는 몸을 움직일 수 없고, 반응하지 않으며, 주변 환경과 거의 단절된 상태에 있다. 꿈, 즉 또 다른 의식의 상태는, 우리가 당연하게 받아들이는, 삶을 환기하는 특징이다.[8]

이 세 가지 독특한 의식의 상태는 독특한 전기적 뇌 활동에 반영되며, 그 활동의 희미한 메아리는 두개골을 덮은 피부인 두피 위의 전극을 통해 포착될 수 있다. 바다 표면이 끊임없이 소란스러운 것처럼, 뇌 표면도 피질 뉴런이 생성하는 미세한 전기 흐름을 반영한다.

독일의 정신과 의사 한스 베르거(Hans Berger)는 텔레파시의 실체를 증명하기 위해 평생을 탐구하며 뇌파검사(EEG)를 개척했다. 그는 1924년 처음으로 환자의 뇌파를 기록했지만, 의심이 가득해서 1929년까지 그 연구 결과를 발표하지 않았다. 베르거는 여러 차례 노벨상 후보에 올랐음에도 불구하고, 나치 독일에서 인정을 받지 못하고 1941년 목을 매 자살했으며, EEG는 임상 신경생리학이라는 의학 분야의 기초 도구가 되었다.

EEG는 지각, 행동, 기억, 사고 등을 담당하는 뇌 외부 표면인 신피질 전체의 전기 활동으로 인해 발생하는 미세한 전압 변동(10~100마이크로볼트, 그림 5.1)을 측정한다. 준-규칙적으로 발생하는 다양한 유형의 뇌파는 주된 주파수대역의 이름을 따서 명

깨어남(Awake) - 저전압(low voltage), 불규칙한(desynchronized), 빠른(fast)

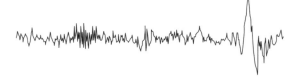

졸린 상태(Drowsy) - 알파파(alpha waves)

렘수면(REM sleep) - 저전압(low voltage), 불규칙(desynchronized),
톱날파의 빠른(fast with sawtooth waves)

2단계 수면(Stage 2 sleep) - 수면방추사와 K 복합체(sleep spindles and K complex)

깊은 수면(Deep sleep) - 대전압(large voltage), 델타파(delta waves)

50μV
1초

그림 5.1 **뇌파:** 각성, 흥분, 졸음, 깊은 수면, 꿈 등 다양한 뇌 상태는 두피를 덮는 전극을 통해 측정된 EEG 활동의 독특한 패턴으로 반영된다. 이를 통해 건강과 질병의 다양한 의식 상태를 진단할 수 있다. (Dement & Vaughan, 1999에서)

명된다. 뇌파의 종류는, 초당 8~13사이클 또는 헤르츠(Hz) 범위의 알파파, 40~200Hz 범위의 감마파, 0.5~4Hz 대역의 델타파 등으로 구분된다. 이런 불규칙한 본성은 뉴런의 구성원이 요동치는 대규모 뉴런 연합의 활동을 반영한다. 그러나 이러한 파동의 전반적인 구조와 형태, 그리고 일주기 및 수명에 걸친 과정은 질서정연하고 규칙적인 방식으로 점진적으로 변화한다.

임상용 EEG 장치는 적게는 4개, 많게는 256개 전극으로 두피를 덮는다. EEG를 탐색 도구로 활용하여, 연구자들은 1953년, 수면 중 뇌가 매일 밤 두 가지 다른 상태, 즉 빠른안구운동(REM) 수면과 깊은(deep) 또는 느린안구운동(non-REM) 수면 사이를 여러 번 전환한다는 사실을 발견하고 놀라워했다.[9] 렘수면은 저전압, 불규칙하고 빠르게 변화하는 뇌파, 안구의 빠른 움직임, 완전한 근육마비 등의 특징을 보여 준다. 렘수면은 뇌의 일부가 깨어 있을 때처럼 활동하기 때문에 역설적 수면(paradoxical sleep)이라고도 불린다. 이와 대조적으로, 깊은 수면 또는 비-렘수면은 진폭이 큰 전기파가 천천히 상승 및 하강하는 것이 특징이다. 실제로 수면이 깊고 편안할수록 뇌의 공회전, 회복 활동 등을 반영하는 파동은 더 느리고 커진다. 오늘날 소비자용 기기는 밤에 착용하는 가느다란 밴드를 통해 EEG를 기록해 주며, 깊은 수면 파동과 동기화되어 높아지거나 낮아지는 소리를 사용하여 수면의 질을 향상시킨다.[10]

수십 년 동안 렘수면은 꿈꾸는 수면(비록 꿈 대부분을 기억하진 못하지만)과 동의어로 여겨졌으며, 깊은 수면 또는 비-렘수면은 '아무 경험도 없는 수면'과 동의어로 여겨졌다. 이러한 영향력 있는 개념은 쉽게 사라지기 어렵지만, 많은 연구에서 이러한 개념이 지나치게 단순화되었다는 사실이 입증되었다. 피험자들을 무작위로 깨워서, 고품질 EEG 장치를 사용하여 뇌를 모니터링하는 동안, 깨어나기 직전에 어떤 경험을 했는지 물어본 결과, 최대 피험자 70%가 깊은 수면에서 깨웠을 때 단순한 지각적 꿈 경험을 한 것으로 나타났다. 렘수면에서 깨웠을 때 보고된 꿈은, 깊은 잠에서 깨어날 때보다 더 확대되고 복잡하며, 정교한 이야기 줄거리와 강한 감정적 연상이 있는 것은 사실이다. 렘수면에서 깨어난 피험자 중 상당수는 꿈 경험을 전혀 기억하지 못한다.[11]

이러한 세 가지 생리적 의식의 상태(깨어 있음, 렘수면, 깊은 수면)는 매일의 주기에 따라 생겼다가 사라지는 것 외에도, 역사적으로 사회는 기분, 지각, 체력, 운동 활동 등을 조절하기 위해 알코올과 약물을 사용하거나 남용하여 의식의 상태를 변화시켜 왔다. 특히 세로토닌 수용기 기반의 환각제 및 도취제인 실로시빈(psilocybin), 메스칼린(mescaline), DMT, 트립타민(tryptamines), 아야와스카(ayahuasca), LSD 등이 관심을 끌고 있다. 영적 및 유흥 목적으로 복용하는 이러한 약물은, 경험의 질과 성격을 변화시켜서, 도취에 젖어 들게 만들고, 지각하는 시간 흐름을 느리게 만들고, 자아를 상실하게 만든다. 이런 약물을 복용하는 사람들은 환각 증상이 나타나는 동안 "더 높은" 의식의 상태에 도달했다고 말한다.[12] 물병자리 시대(the Age of Aquarius, 점성술의 시대, 인간 의식을 확장하고 내적 능력을 계발시켜 신비

적인 우주의 차원에 도달하려는 뉴에이지운동—옮긴이)를 연
책인 『지각의 문(The Doors of Perception)』에서 올더스 헉슬리
(Aldous Huxley)는 이러한 한 가지 삽화를 묘사했다.

잠시 후, 만개한 레드핫포커(Red Hot Pokers) 꽃 무리가 내 시야에
폭발적으로 펼쳐졌다. 감탄하는 바로 그 순간에 그 꽃들은 마치 서
있는 듯 보일 정도로 열정적으로 살아 있으며, 파란 창공을 향해 솟
구쳐 있었다. …… 나는 그 잎을 내려다보며, 벗어날 수 없는 신비로
움으로 요동치는, 가장 섬세한 녹색 빛과 그림자의 동굴 미로를 발
견했다.

임상적인 이유에서 다양한 약제를 사용하여, 안전하고 빠르
게 그리고 가역적으로 몇 분 또는 몇 시간 동안 의식을 껐다가 다
시 켤 수 있다. 마취는 수술의 통증, 괴로움, 자꾸 떠오르는 기억
등을 없앨 수 있는, 의식의 부자연스러운 상실이며, 그 혜택을 우
리는 당연하게 받아들인다. 이것은 현대문명의 위대한 승리 중
하나이다.

병적인 의식의 상태는 심한 외상, 뇌졸중, 약물 또는 알코올
과다 복용 등에 따른 혼수상태와 식물인간 상태를 포함한다. 그
런 상태에서 의식은 사라지지만, 그 환자의 뇌 일부는 여전히 약
간의 집안일을 지원하기 위해 작동하고 있다.

어느 의식 이론이라도 '의식상태'와 '의식의 상태' 모두에 대
한 이 방대한 데이터를 모두 설명해야 할 것이다.

의식의 신경상관물

1980년대 후반, 캘리포니아주 남부에 있는 캘리포니아공과대학교의 젊은 조교수였던 나는 프랜시스 크릭을 매달 만났다. 나는 '뇌가 어떻게 의식을 생성할 수 있는지'에 대해 끝없이 토론할 수 있는 동지를 만난다는 사실에 감격했다. 크릭은 제임스 왓슨(James Watson)과 함께 유전의 분자인 DNA의 이중나선 구조를 발견한 물리화학자였다. 1976년, 60세가 되던 해에 크릭의 관심사는 분자생물학에서 신경생물학으로 옮겨 가고, 그는 구세계를 떠나 캘리포니아 라호이아(La Jolla)의 신세계에 새로운 터전을 마련했다.

크릭과 나는 마흔의 나이 차이에도 불구하고 친밀한 사제 관계를 맺었다. 우리는 16년 동안 긴밀히 협력하며, 과학 논문과 에세이 스물네 편을 공동집필했다. 우리의 협력은 그가 세상을 떠나는 날까지 계속되었다.[13]

우리가 이런 좋아하는 연구를 시작했을 때만 해도, 의식에 대해 진지하게 생각하는 것은 인지기능 저하의 신호로 받아들여졌고, 젊은 과학자에게는 바람직하지 않은 것으로 여겨졌다. 그러나 그러한 태도는 바뀌었다. 소수의 철학자 및 신경과학자 들과 함께 우리는 의식의 과학을 탄생시켰다. 이제 의식은 더 이상 금기시되거나, 이름 붙이지 말아야 할 학문 분야가 아니다.

석양이나 아픈 물집을 경험할 때, 뇌에서 어떤 일이 일어나는가? 일부 신경세포는 마법의 주파수로 진동하는가? 특별한 의식 뉴런이 켜지는가? 의식이 특정 영역(데카르트 송과선의 그늘)에 위치하는가? 고도의 흥분성 뇌 물질 덩어리에 관한 생물리학이 회색의 끈적거리는 물질과, (일상적 경험을 직조하는) 찬란한 서라운드 사운드 및 화려한 색깔을 어떻게 연결시킬 수 있을까? 이러한 질문에 답하기 위해, 크릭과 나는 **의식의 신경(뉴런)상관물**(neural or neuronal correlates of consciousness)의 조작적 측정(operational measure)에 집중했는데, 이것은 문헌에서 NCC라는 약칭으로 쓰이고 있다. 데이비드 차머스(David Chalmers)의 더욱 엄격한 공식화의 도움을 받아, 이 개념은 **한 특정 의식적 지각에 공동으로 상관하는 충분한 최소 신경 메커니즘**으로 정의되었다(그림 5.2).[14]

크릭과 나는 NCC의 언어를, 여러 주의들(이원론과 물리주의, 그리고 그 다양한 변종들, 14장 참조)의 오랜 논쟁을 고려하여, **존재론적으로 중립적**이라고 의미했다[그래서 우리는 "상관물(correlates)"이라 표현했다]. 이것은 우리가, 현시점에서 과학이 심신 문제 해결과 관련하여 확고한 입장을 취할 수 없다고 생각했기 때문이다. 당신이 마음에 대해 무엇을 믿든, 마음이 뇌와 밀접한 관련이 있다는 것은 의심의 여지가 없다.[15] NCC는 이러한 친밀함이 어디서 그리고 어떻게 일어나는지에 관한 것이다.

NCC를 정의할 때, "최소"라는 제약이 중요하다. 왜냐하면 뇌 전체가 NCC로 간주될 수 있기 때문이다. 뇌는 매일매일 경험을 생성한다. 그렇지만 크릭과 나는 경험을 구성하는 특정 시냅스, 뉴런, 회로 등을 추적했다.

뇌 활동은 전적으로 혈류에 의존한다. 왼쪽과 오른쪽 경동맥을 압박하면, 수 초 내에 의식이 멈춘다. 정신에 동력을 공급할 에너지가 남아 있지 않기 때문이다. 마음은 연약하다.

정교한 혈관 시스템은 뇌의 국소 부위에 생명 유지에 필요한 혈액을 공급한다. 수조 개인 원반 모양의 적혈구가 동맥으로부터 모든 신경조직에 퍼져 있는 모세혈관층으로 흘러들어 간다. 이곳에서 혈액세포 내부의 헤모글로빈 분자는 세포 활동을 지원하기 위한 귀중한 산소라는 화물을 내어 준다.[16] 그 과정에서, 혈액세포는 주홍색에서 진한 빨간색으로 변한 후, 정맥을 통해 신경조직을 빠져나가 폐에서 신선한 산소를 공급받는다. 뇌과학자

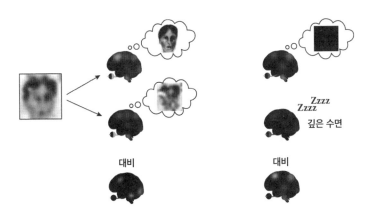

그림 5.2 **의식의 신경상관물:** 왼쪽의 만화 그림을 순간 비추는 경우, 그 모호한 이미지는 얼굴로 또는 흐릿한 흑백의 무언가로 보일 수 있다. 당신이 자기-스캐너에 누워 있는 동안, 이 두 가지 지각에 대한 뇌 활동을 대비시키면, 얼굴을 보는 경험에 대한 **내용-특이적 NCC**를 확인할 수 있다. 다른 실험(오른쪽)은, 눈을 감고 스캐너에 누워 있을 때 뇌 활동과, 깊은 수면 중 뇌 활동을 대비한다. 이를 통해 의식이 있는 상태 **(전체 NCC)**에 관여하는 영역을 정확히 찾아낼 수 있다.

들에게 뜻밖에도, 자기장에 대한 헤모글로빈의 반응 역시 산소가 방출될 때 약간 반발하는 성질에서 약하게 끌어당기는 성질로 바뀐다. 이런 효과는 기능-자기공명영상(fMRI)에서 활용되며, 이 장치는 산소 공급, 혈류량, 혈액량 등 총칭으로 **혈-역학적 반응**(hemodynamic response)이라 불리는 변화를 측정한다. 이것은 신경 활동의 대리자로 간주된다. 즉, 혈류량과 혈액량은, 활성 시냅스 및 전기적 피크파와 같은 에너지 소모가 많은 과정의 반응에서 항상성을 증가시킨다.

전형적인 뇌 영상 실험에서, 당신은 길고 좁은 원통 안에 누워, 무거운 기계장치에 둘러싸인 채(그렇다, 밀실 공포증을 유발할 수 있다), 모니터에 1/30초 동안 짧게 비친(flashed), 부분적으로 명확하지 않은 얼굴 사진을 바라본다. 2장에서 설명했듯이, 당신은 얼굴이 보일 때마다 "예" 버튼을 누르고, 밝고 어두운 명암의 패턴이 보이면 "아니오" 버튼을 누른다. 이미지를 아주 잠깐만 보여 주므로, 당신의 뇌는 일관된 시각을 형성할 시간이 충분하지 않기 때문에, 어떤 경우에는 얼굴이 보이기도 하고, 다른 경우에는 아마도 뉴런의 무작위 경련으로 인해, 해석할 수 없는 모호한 무언가가 보이기도 한다. 당신의 반응은 '얼굴'과 '얼굴 아닌 것' 두 가지 범주로 분류되고, 관련된 뇌 활동이 비교된다(그림 5.2). 이런 대비는, 당신이 얼굴을 보지 않을 때보다 볼 때에 훨씬 더 활성화되는 영역, 즉 피질 아래에, 양쪽 반구에 하나씩 있는, **방추형 얼굴 영역**(fusiform face area, FFA)을 포함한, 시각피질의 영역 집단을 구분 지어 준다.[17] 더욱 일반적으로 말해서, 이런 절차는 내용-특이적 NCC의 후보 영역을 확인시켜 주며, 이 사례에서 그 내용은 "얼굴을 보는 경험"이 된다.

이러한 활동이 경험과 관련되는지, 그리고 "예" 버튼을 누르는 것과 관련되지 않는지를 확인하려면 추가 실험이 필요하다. 또 다른 혼동은 그 과제 자체인데, 그 과제가 당신에게 지침을 염두에 두고 적절한 버튼을 누르도록 요청하기 때문이다. FFA가 (얼굴을 보는 것이 아니라) 지침을 저장하고 따르는 데 관여한다는 것을 배제하는 것은, "무-과제" 패러다임(실험 전형)에 의해 가능할 수 있다. 조사해야 할 다른 영향으로, 선택적 시각주의, 안구운동 등등의 영향도 있다. 이러한 복합적 문제는 실험자들과 대학원생들의 삶을 점령하며, 그런 점을 지적하는 문헌을 찾아보기 어렵지 않다.

18세기 후반, 이탈리아 의사 루이지 갈바니(Luigi Galvani)는 신경섬유를 통해 전달되는 전기가 개구리 근육을 경련시킨다는 사실을 발견했다. 동물의 전기 연구는 전기생리학(electrophysiology)이라는 과학을 탄생시켰다. 갈바니의 후계자들은 노출된 뇌에 전기자극을 주면 피험자가 팔다리를 경련하거나, 불빛을 보거나, 소리를 들을 수 있다는 사실을 발견했다. 20세기 중반 무렵, 전기자극은 일상적인 임상 진료가 되었다.

이러한 전기자극 방법으로 NCC를 활성화하면 관련 지각이 유발되고, NCC를 억제하면 경험이 방해받는다. 두 가지 예측 모두 얼굴 및 방추형 얼굴 영역에 대해 검증되었다. 스탠퍼드대학교의 신경과 전문의 요세프 파르비시(Josef Parvizi)는 뇌전증환자를 대상으로 한 연구에서, 뇌에 이식된 전극의 전기신호를 기록하여, 실제로 왼쪽과 오른쪽 방추 영역이 모두 얼굴에 선택적으로 반응한다는 사실을 확인했다. 그런 다음 파르비시는 동일한 전극으로 방추형 얼굴 영역에 전류를 직접 흘려보냈다(그림 6.6). 오른쪽 방추 영역을 자극하자 한 환자는 이렇게 외쳤다. "당신이 방금 다른 사람으로 변했어요. 당신의 얼굴이 변했어요. 당신의 코가 처지고 왼쪽으로 삐뚤어졌어요."[18] 다른 환자들도, 프랜시스 베이컨(Francis Bacon)이 그린 초상화를 떠올리게 하는, 비슷한 왜곡을 보고했다. 주변 부위를 자극하거나, 파르비시가 전류를 흘려보내는 시늉의 가짜 시도에서는 이런 일이 일어나지 않았다. 이 환자들에게 방추형 얼굴 영역은 얼굴을 보는 NCC인 것처럼 보인다.[19] 그 이유는, 이 영역의 활성이 얼굴을 보는 것과 밀접하고 체계적으로 연관되므로, 이 영역의 자극이 얼굴의 지각을 변경시키기 때문이다.

더구나, 이 부위가 손상되면 안면 실인증(prosopagnosia) 또는 얼굴 맹시(face blindness)로 이어질 수 있다. 그런 질병이 있는 환자는 자신의 얼굴을 포함하여, 친숙한 얼굴을 재인하지 못한다.[20] 배우자, 친구, 유명인, 대통령 등의 얼굴이 모두 비슷하게 보이며, 마치 강바닥의 조약돌처럼 구분할 수 없게 된다. 더 심한 증세를 보이는 환자는 얼굴을 더 이상 얼굴로 재인하지 못할 수도 있다. 그들은 눈, 코, 귀, 입 등 얼굴을 구성하는 개별 요소를 지각하지만, 이것들을 하나의 단일 지각으로 통합하지 못한다. 흥미롭게도 이러한 환자들은 익숙한 얼굴에 대해 무의식적으로 반응할 수 있지만, 그것은 자신의 자율신경계를 통해 강화된 전기피부반응(galvanic skin response)으로 반응한 것이다. 우리는 무의식적으로 익숙한 얼굴을 감지하는 고유한 방법을 가질 수 있다.

NCC의 어떤 변화는, 필연적으로 경험의 성격을 바꾼다(아무 경험도 없는 경우를 포함하여). 그러나 만약 그 경험의 배경 조건이 변경되더라도 NCC는 변경되지 않을 경우라면, 그 경험은 동일하게 유지된다.

관련 패러다임(실험 전형)은 전체 NCC, 즉 가능한 모든 경험에 대한 내용-특이적 NCC의 통합을 파악하기 위한 기획이다. 이것은, 그 특정 내용에 관계없이, 우리가 어떤 것을 의식하는지 여부를 결정하는 신경 기반이다. 이러한 실험 중 하나는, 깨어 있는 상태로 눈을 감고 조용히 누워 있는 동안의 뇌 활동과, 깊은 수면 중의 뇌 활동을 비교하는 것인데(그림 5.2 참조), 기능-자기공명영상(fMRI)의 시끄럽고 좁은 공간에서는 쉽지 않은 일이다. 다시 말하지만, 수천 가지 복합적 문제가 도사리고 있으며, 악마는 디테일에 있다[더욱 난감한 문제는 세밀함이다].

17세기까지의 역사적 가장자리에서, 심장은 영혼의 자리로 여겨졌다. 오늘날 우리는 정신의 기반은 뇌라는 것을 안다. 그만큼 진전이 있었다. 그러나 여기서 멈추지 않을 것이다. 과학은 의식과 뇌 사이의 인과성 메커니즘을 구명하기 위해 끊임없이 노력하고 있으며, 우리는 이런 3파운드 뇌 기관의 물질 중 어느 부분이 의식과 가장 관련되는지 더 자세히 조사하고 질문할 필요가 있다. 다음 장에서 이 문제를 다뤄 볼 것이다.

의식의
발자취를
따라서

6

의식의
발자취를
따라서

이제 소매를 걷어붙이고, 뇌의 어느 부분이 의식과 가장 밀접하게 연관되는지 본격적으로 찾아보는 일에 나서 보자. 중추신경계의 많은 영역이 경험을 위해 꼭 필요치 않다는 것이 드러났다. 신경-이웃에 속한 수백만 뉴런들의 생체전기 활동이 어느 의식적 느낌에도 기여하지 않는 불리한 처지에 있는 반면, 다른 영역은 훨씬 더 특권적 역할을 담당한다. 그 차이는 어디에서 오는가?

척추 내부의 긴 신경조직인 척수를 생각해 보자. 척수는 약 18인치[약 46센티미터] 길이에, 2억 개 신경세포를 포함하고 있다.[1] 만약 목 부위의 외상으로 척수가 완전히 단절되면, 다리, 팔, 몸통이 마비되고, 장, 방광 및 기타 자율 기능을 제어할 수 없으며, 신체감각을 잃는다. 휠체어나 침대에 갇혀 지내야 하는 그런 환자의 상황은 가혹하다. 그러나 사지마비 또는 사지절단 환자는 삶을 돌이킬 수 없게 바꾼 사고 이전과 마찬가지로 보고, 듣고, 냄새맡고, 감정을 느끼고, 상상하고, 기억하는 등 모든 종류의 삶을 계속 경험한다. 그들의 사례는 의식이 신경 활동의 자동적 부산물이라는 신화를 반박한다. 더 많은 설명이 필요한 이유이다.

뇌간이 의식을 가능하게 해 준다

척수는 뇌 기저부에 있는 2인치 길이의 뇌간으로 연결된다 (그림 6.1). 뇌간은 발전소 기능과 그랜드센트럴역(Grand Central Station, 뉴욕 교통의 중앙통제 시스템)의 신호전달 기능을 통합한다. 뇌간의 신경회로는 수면과 깨어남, 심장의 박동과 폐의 호흡 등을 조절한다. 그 좁은 경계를 통해서, 얼굴과 목을 자극하는 대부분의 두개골 신경연결, 들어오는 감각(촉각, 진동, 온도, 통증) 신호, 나가는 운동 신호 등이 통과한다.

만약 뇌간이 손상되거나 압박을 받으면, 흔히 사망에 이른다. 아주 국소적인 손상일지라도 심각하여 지속적인 의식상실로 이어질 수 있으며, 특히 좌우측 동시에 손상되는 경우에는 더욱 그렇다. 이것은 제1차세계대전 당시 유럽 전장에서 발생한 "수면병(sleeping sickness)"(**기면성뇌염**, encephalitis lethargica)이 유행할 때 분명해졌다.[2] 이 병은 희생자 대부분에게는 마치 조각상처럼 심각하게 깊은 수면을 유도했고, 다른 희생자들에게는 과도한 각성을 일으켰다. 이 수면병으로 인해 전 세계적으로 약 100만 명이 사망했다. 수면병의 원인은 아직 밝혀지지 않았으며, 다만 그 원인이 추정될 뿐이다. 신경학자 콘스탄틴 폰 에코

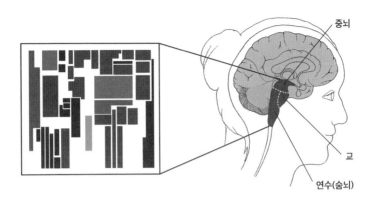

中뇌

교

연수(숨뇌)

<u>그림 6.1</u> **의식의 배경 조건으로서의 뇌간:** (오른쪽 그림) 뇌간은 중뇌(midbrain), 연수(medulla), 교(pons) 등을 포함하며, (왼쪽 그림) 뇌간의 망상형성체(reticular formation)에는 신경핵(nuclei) 40개 이상을 포함한다. 그 핵들은 집단적으로, 수면과 깨어남(wakefulness), 각성(arousal), 호흡과 심장박동수, 체온, 안구운동, 그리고 기타 중요한 기능 등을 조절한다. 그 뉴런들은 경험을 가능하게 해 주지만, 어느 특정 경험을 위한 내용을 제공하지는 않는다. 왼쪽 그림에서 각각의 사각형 크기는 뇌간 내의 각기 다른 핵들의 상대적 크기를 반영한다. (Parvizi & Damasio, 2001의 그림을 다시 그렸다.)

노모(Constantin von Economo) 남작이 희생자들의 뇌를 꼼꼼하게 해부한 결과, 그들의 뇌간 내에 수면을 촉진하는 시상하부(hypothalamus)와 깨어남을 조장하는 뇌간 상부에서 두 가지 개별적인 감염 부위를 발견했다. 어느 부위가 감염되었는지에 따라서, 피해자들은 과-수면 또는 과-주의 상태가 되었다. 폰 에코노모의 발견은, 수면이 밤에 감각자극은 사라지고 몸이 피곤해져서 생기는 수동적인 상태가 아니라, 다양한 회로에 의해 조절되는 특정한 뇌 상태라는 증거를 제공했다.

　뇌간은 망상형성체 또는 상향망상활성 시스템(ascending reticular activating system)이라 불리는 세포 집합체 내에 적어도 40개 독특한 뉴런 집단을 포함한다. 각 집단은, 글루타메이트(glutamate), 아세틸콜린(acetylcholine), 세로토닌(serotonin), 노르아드레날린(noradrenaline), 가바(GABA), 히스타민(histamine), 아데노신(adenosine), 오렉신(orexin) 등과 같은 자체의 신경전달물질을 사용하여, 피질 및 기타 전뇌 구조물의 흥분성을 직간접적으로 조절한다. 그것들은 집단적으로, 호흡, 체온 조절, 렘수면 및 비-렘수면, 수면-깨어남 전환, 안구근육, 근골격 체계 등 내부 환경과 관련된 신호에 접근하고 제어한다.[3]

뇌간 뉴런은 피질에 혼합된 여러 신경 조절 물질을 주입하여 의식을 가능하게 하며, 정신적 삶이 펼쳐지는 무대를 설치한다. 그러나 그런 뇌간 뉴런을 무대에서 연기하는 배우와 혼동하지는 말아야 한다. 뇌간은 어떤 특정 경험의 내용도 제공하지 않는다. 뇌간 기능은 살아 있지만 광범위한 피질 기능 장애가 있는 환자들은 전형적으로 자신이나 자신의 환경을 의식하는 징후 없이, 행동적으로 무반응 상태에 머문다.

의식이 생겨나려면 수많은 처리 과정이 정상적으로 작동해야 한다. 당신의 폐는 마치 풀무와도 같이 공기 중의 산소를 빨아들이고, 심장은 수조 개 적혈구 세포를 펌프질하여, 온몸과 뇌로 전달해야만 한다. 뇌에 산소를 공급하는 경동맥이 막히면, 당신은 수 초 내에 의식을 잃고 실신하게 된다. 물론 혈류 자체만으로 정신을 차리도록 할 수는 없다. 심장이 뛰고 있지만 혼수상태에 있는 환자가 이것을 조용히 증언해 준다. 노트북이 작동하려면 전원공급장치가 필요하다는 것만큼, 정신도 정교하게 조정된 뇌간

회로를 전제한다는 사실이 잘 알려져 있지는 않다. 의식을 잃은 교통사고 피해자가 응급실로 실려 왔을 때, 특정 경험이 일어나기 위한 필요조건(내용-특이적 NCC)과, 의식상태를 가능하게 하는 필요조건(**배경 조건**, background condition) 사이의 구분이 실제 임상에서 식별되기란 어렵다. 그러나 개념적으로, 그 구분은 명확하다. 즉 뇌간은 경험을 가능하게 하지만, 경험을 결정할 수는 없다.

소뇌의 상실이 의식에
영향을 미치지 않는다

우리가 무언가를 발견하지 못하는 곳도 발견한 곳만큼이나 유익할 수 있다. 이것은 소뇌, 즉 머리 뒤쪽 피질 아래에 붙어 있는 "작은 뇌"에 대한 놀라운 사실이다. 소뇌는 자동 피드백 과정을 구현하며, 이 과정은 서 있기, 걷기, 달리기, 도구 사용하기, 말하기, 장난감 가지고 놀기, 공 드리블하기 등등 일상생활에 필요한 신체감각과 근육을 조정하는 방법을 배우는 데 필수적이다. 이러한 기술을 습득하고 유지하려면, 눈, 피부, 내이의 평형기관, 근육과 관절의 신축성 및 위치감각기 등등에 의해서 감각한 것과, 뇌가 의도하는 것 그리고 신체의 근골격 시스템이 실제로 실행하는 것 사이의 끊임없는 소통이 필요하다.

뇌에서 가장 독특한 뉴런은 소뇌의 푸르키네세포(Purkinje

cells)(그림 6.2)로, 부채꼴 모양의 가지돌기는 무려 20만 개 시냅스를 가진다. 푸르키네세포는 복잡한 내재적 전기 반응을 하며, 그 축삭돌기는 소뇌의 출력을 뇌의 다른 부분으로 전달한다. 이 세포들은, 마치 책꽂이에 꽂힌 책처럼, 소뇌피질을 구성하는 주름 안에 촘촘히 쌓여 있다. 전체적으로 푸르키네세포는 690억 개 과립세포(granule cells)로부터 흥분성 자극을 받으며, 그 수는 뇌의 나머지 부분에 있는 모든 뉴런을 합친 것보다 네 배나 더 많다![4]

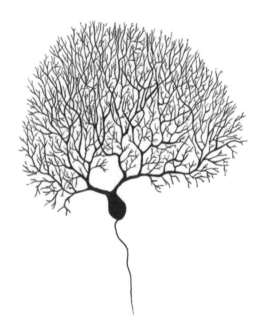

그림 6.2 **인간 소뇌의 푸르키네세포:** 눈에 띄는 산호 모양의 가지돌기는 수십만 개 시냅스를 통해 입력을 받는다. 약 천만 개 푸르키네세포가 소뇌의 유일한 출력을 제공한다. 그러나 이 회로 중 어느 것도 의식적 경험을 생성하지 못한다. (Piersol, 1913의 그림을 다시 그렸다.)

만약 뇌졸중이나 외과수술 칼에 의해 소뇌 일부가 손실되면 의식은 어떻게 되는가? 나는 최근 언변이 유창한 젊은 의사와 오랫동안 이야기를 나눴다. 1년 전, 외과의사가 그에게서 공격적인 뇌종양인 교모세포종(glioblastoma)을 포함한, 달걀 크기의 소뇌 조직 덩어리를 제거했다. 놀랍게도 그는 이전에 쉽게 피아노를 치고 스마트폰을 유려하게 타이핑하던 능력을 잃었지만, 세계에 대한 의식적 경험, 과거 사건을 기억하고 미래에 자신을 투영하는 능력은 그대로 유지했다. 그리고 이것은 전형적 사례이다.

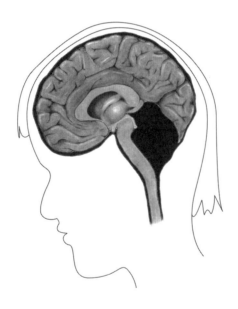

그림 6.3 **소뇌 없이 살아가기**: 소뇌가 있어야 할 자리에 뇌척수액으로 채워진 빈 공간을 가지고 태어난 여성의 뇌 구조 스캔 그림. 다양한 운동 결핍에도 불구하고, 그녀는 의식이 있다. (Yu et al., 2014의 그림을 다시 그렸다.)

어떤 환자들은 도구를 다루는 데에 서투르며, 사고력에도 결함을 보인다.[5] 그러나 세계에 대한 그들의 주관적 경험은 그대로 유지된다.

더 극단적인 사례는, 경미한 정신장애, 어눌한 말투, 중간 정도의 운동 결손을 가진 24세 중국 여성의 경우이다. 뇌스캔을 하는 동안, 의사들은 소뇌가 있어야 할 곳에 뇌척수액으로 가득 찬 빈 공간을 발견했다(그림 6.3). 그는 소뇌가 없이 태어난 드문 사례이다. 그러나 그는 어린 딸과 함께 정상적인 삶을 영위하며, 주변 세상을 온전히 경험하고 있다. 그는 결코 좀비가 아니다.[6]

푸르키네세포는 모든 뉴런 중에서 가장 정교한 세포 중 하나이다. 그 소뇌는 신체와 외부 공간을 수백억 개 뉴런과 대응시킨다. 그렇지만 이 모든 것이 의식을 생성하기에는 전혀 충분하지 않아 보인다. 왜 그러한가?

그 중요한 힌트를 소뇌의 매우 정형화된 결정체 같은 회로에서 찾을 수 있다. 첫째, 소뇌는 거의 전적으로 **피드포워드**(feedforward) 회로이다. 다시 말해서, 한 뉴런 집단이 다음 뉴런 집단으로 입력되며, 그다음 둘째 집단은 셋째 뉴런 집단에 영향을 미친다. 작은 반응을 증폭시키거나 초기 격발보다 오래 지속되는 강한 격발로 이어지는 재귀적(recurrent) 시냅스는 거의 없다. 소뇌에 어떤 흥분성 순환 회로(loops)도 없지만, 지속되는 신경 반응을 잠재울 네거티브 피드백(negative feedback)은 충분히 있다. 결과적으로 소뇌는 피질에서 볼 수 있는 유형의 반향적인(reverberatory) 자기-유지 활동을 전혀 하지 않는다. 둘째, 소뇌는 기능적으로 수백 개 이상의 독립 모듈로 나뉜다. 각각의 모듈은 독특하게 입력과 출력을 서로 중첩하지 않은 채 병렬로 작동한다.

의식에 중요한 것은 개별 뉴런이 아니라, 뉴런들이 서로 연결하는 방식에 있다. 병렬 및 피드포워드 구조는 의식을 설명하기에 충분치 않으며, 이는 우리가 오던 길을 돌아가야 할 중요한 단서이다.

의식은 대뇌피질에 있다

뇌의 바깥쪽 표면, 각 반구의 유명한 대뇌피질을 구성하는 회색질은 토핑을 얹은 14인치 [대형] 피자의 크기, 너비, 무게 정도의, 층판 모양 신경조직(nervous tissue)이다(그림 6.4). 100억 개 이상의 피라미드 뉴런은, 많은 하위 유형의 뉴런들과 함께, 마치 숲속의 나무처럼 피질 표면에 수직으로 조직되어 있으며, 오직 국소 연결만 형성하는 뉴런, 소위 인터뉴런(interneurons, 중간뉴런)과 혼합되어, 그 발판을 제공한다. 피라미드 뉴런은 대뇌피질의 핵심으로, 반대쪽 피질 반구를 포함하여, 가까운 곳과 먼 곳의 다른 피질 부위로 출력을 내보낸다. 또한 시상, 담장(claustrum), 기저핵 등에 신호를 전달한다. 어떤 의도가 행동으로 전환되는 것은, 뇌간과 척수의 운동 구조물로 연결되는 피질 조직 하단의 전문화된(specialized) 피라미드 뉴런을 통해서이다.[7]

집단적으로, 이러한 축삭돌기 군단은, 해부학자들이 두 반구를 연결하는 교련로(commissural tract) 또는 피질에서 척수로 운동 신호를 전달하는 피질척수로(corticospinal tract)와 같은 신경로(tracts)라고 부르는 섬유로 묶여 있다. 신경로는 뇌의 백색질(white matter)을 구성하며, 축삭을 둘러싸는 미엘린(myelin)의 지방 성분으로 인해 밝은색을 띠며, 그 신경로를 따라 흐르는 활동전위(action potentials)의 고속 전도를 보장해 준다.

14인치 피자와 비교해 보면, 그 피자 바닥은 마치 회색질과 같으며, 그 아래로 매우 가는 스파게티 같은 케이블이 수십억 개 매달려 있는 모습이다. 이러한 고도로 접힌 조직 두 장과 그 배선이 당신의 두개골에 꽉 차 있다.

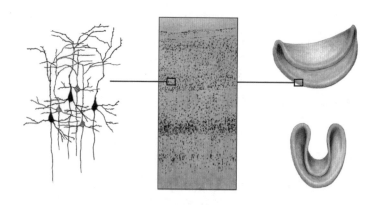

그림 6.4 **신피질 조직:** 신피질은 피라미드 뉴런과 인터뉴런으로 이루어진 거대한 레이스(lace)이다. 가운데 그림에서, 위에서 아래로 향하는 세포체의 명암대조 패턴은 이런 구조물을 구성하는 6개 층으로 분해된다. 고도로 접힌 피자나 팬케이크 모양을 한, 이런 구조물이 피질의 회색질(오른쪽)을 형성한다. 그 뉴런의 전기적 활동은 경험의 물리적 기반이다.

대뇌피질은 포유류의 특징인 신피질(neocortex)과, 해마 (hippocampus)를 포함하는 진화적으로 더 오래된 원시피질 (archicortex)로 세분화된다. 고도로 조직화된 신피질 조직 내의 구역은 주관적 경험과 가장 밀접히 관련된다.

후방 피질 덩어리의 손실은 정신적 맹시를 유발한다

뇌간에 국소적 손상이 일어나면, 당신은 무감각해지거나, 혼수상태에 빠지거나, 그보다 더 나빠질 수 있다. 그렇지만 만약 당신이 신피질의 작은 후방(posterior, 뒤쪽) 영역의 기능을 상실한다면, 당신이 여전히 걷고 최근 사건을 기억하고 적절하게 행동할 수 있지만, 한 가지 이상의 경험적 범주를 상실할 수 있다.

이러한 상실은 눈, 귀, 기타 감각기관의 감각적 결함 때문이 아니며, 언어능력 상실이나 치매와 같은 일반적인 정신 기능 저하에 따른 것도 아니다. 어떤 전형적 환자는 자기 눈앞의 고리에 매달린 열쇠를 재인하지 못할 수 있다. 그 환자는 반짝이는 질감, 가는 선, 은빛 금속 등을 볼 수 있지만, 그 환자의 뇌는 이러한 시각적 지각을 종합하여 열쇠를 재인하지 못한다. 그렇지만 만약 그 환자가 열쇠를 움켜쥐거나 또는 흔들어서 딸랑거리는 소리가 들리면, 즉시 "열쇠"라고 외친다. 그리스어로 "지식의 부재"를 뜻하는 **인지불능증**(agnosia)이라 불리는 이러한 결핍은 신피질 후방 영역의 외곽 뇌졸중으로 인해 발생할 수 있다. 이런 결핍은 지각이나 감정 전체를 소멸시킬 수 있다. 앞 장에서 설명했던, 얼굴 맹시는 얼굴에 국한된 인지불능증이다. 색깔지각상실(색맹, achromatopsia), 운동지각상실(**운동불능증**, akinetopsia), 이러한 결핍 자체에 대한 앎의 상실(**질병인식불능증**, anosognosia)과 관련된 세 가지 추가 결핍을 자세히 알아보자.[8]

환자 A.R. 씨는 대뇌동맥 경색으로 잠시 실명했었다. 그는 시력을 회복했는데, 부분적으로 색깔 시각을 영구 상실했다. 오른쪽 시각피질에 완두콩 크기의 외상으로 시야의 왼쪽 위 사분면에서만 상실했다. 그의 유일한 다른 어려움은 형태를 구분하는 것이었다. 그는 역시 왼쪽 위 사분면에서 제한적으로 글자를 읽을 수 없었다.

피질로 인한 결핍이 드문 일은 아니지만, A.R. 씨는 자신의 세계 일부에 색깔이 없다는 것을 알지 못했다. 이런 일이 어떻게 있을 수 있는가? 컴퓨터 모니터의 일부에 검은색 픽셀만 표시되고, 화면의 다른 곳은 정상적으로 유지된다면, 당신은 그것을 즉시 알아차릴 것이다. 그런데 어떻게 A.R. 씨는 색깔 시각의 상실을 인지하지 못하는가? 그의 상황은 당신의 상황과 다르기 때문이다. 당신은 뇌 안의 색깔 센터의 작동에 힘입어 검은색 영역을 보고, 그것이 빨간색, 녹색, 파란색 등이 아니라는 것을 암묵적으로 안다. A.R. 씨의 경우 색깔을 결정하는 장치가 손상되었기 때문에, 그는 (추상적인 의미 외에) 색깔이 무슨 색인지 알지 못했다. 신경학적 손상으로 인한 객관적 감각 또는 운동 결핍을 부인하는 것은, **질병인식불능증**이라는 일종의 인지불능증이다. 이 환자는 실제로 자기-인식에 대한 결핍으로, 자신이 더 이상 알지 못하는 것이 무엇인지를 알지 못한다.

양-외측 후두 대뇌동맥 뇌졸중을 앓고 있는 또 다른 환자를 생각해 보자. 문장이나 개별 단어를 읽을 수 없는 이 환자는 위쪽 시야의 색맹 증상을 알아차리지 못했다. 그러나 그는 사물의 색깔에 대한 의미론적 지식은 유지했다. 색깔 변별력을 상실했다는 명백한 증거에 직면한 그는 모든 것을 자신이 알지 못한 채 회색 음영으로 본다는 것을 마지못해 받아들였다. 놀랍게도 그는 색깔 없는 음식을 먹더라도 전혀 동요하지 않았으며, 이렇게 말한다. "전혀 상관없어요! 당신은 단지 자기 음식이 어떤 색인지 아는 것 뿐입니다. 예를 들어, 시금치는 그냥 녹색이잖아요."

그 후 몇 달 동안, 그는 색깔 테스트에서 더 나은 성적을 보였지만, 자신이 보는 색깔이 칙칙하고 탁하게 보인다는 것을 깨닫기 시작했다. 다시 말해서, 그 환자의 색깔 지각이 부분적으로 회복되면서, 자신이 지각하지 못했던 색깔이 무엇인지 아는 능력도 회복되었다. 이것은, 색깔에 대한 의식적 지각과 색깔이 무엇인지에 대한 지식 모두 같은 영역에서 생성된다는 것을 암시해 준다. 이러한 구분은 중요하다. 색깔이 없다고 신호를 보내는 피질이 온전한 상태에서 흑백영화를 보는 것과, 피질 색맹으로 인해 어떤 영화에서 색깔을 볼 수 없는 것은, 아주 다르기 때문이다.[9]

훨씬 드물고 치명적인 것은 움직임 맹시(motion blindness)다. 이 증후군을 앓는 소수의 환자 중 한 명인 L.M. 씨는 혈관 질환으로 양쪽 후두-두정 피질(occipital-parietal cortex)의 일부를 잃고, 더 이상 움직임을 볼 수 없게 되었다. 그는 시간에 따른 상대적 위치를 비교함으로써 자동차가 움직였다는 것을 추론해야 했다. 그는 정상적인 색깔, 공간, 형태 지각은 유지했다. 그는, 스트로브 조명에 비친 댄서들이 (움직임 없이) 정지된 것처럼 보이는 나이트클럽이나, 생생한 움직임 감각이 사라진 매우 느린 속도의 영화를 보는 것과 같은 세상에서 살았다.

이러한 환자들에 대한 연구들은 나에게 다음을 알려 주었다. 후방 대뇌피질(posterior cerebral cortex)의 (뒤쪽의) 측두-두정-후두(temporo-parietal-occipital) 영역의 넓은 구역이 감각경험을 위한 NCC(의식의 신경상관물)로 현재 가장 좋은 후보이다. 그 실제 기제는 아마도 이러한 **핫존**(hot zone) 내에 있는 피라미드 뉴런의 하위집합일 것이며, 그 구역이 보고 듣고 느끼는 것과 같은 특정 현상학적 구분을 지원할 것이다. 이것은 뒤쪽의 신피질 덩어리를 잃으면, 세계의 색깔이 사라지거나 얼굴이 무의미해지거나 움직임 감각이 사라지는 등의 이유를 설명해 준다. 그렇지만, 일부 연구자들은 이런 결론에 이의를 제기하며, 경험의 진원지가 더 앞쪽 영역에 위치한다고 주장한다. 이런 의문은 실험적으로 해결될 필요가 있다.[10]

전전두 피질이 경험에 꼭 필요한가?

뇌종양이 있는 환자의 생명을 구하기 위해, 또는 신경성 폭풍(뇌전증 발작)의 영향을 개선하기 위해, 신경외과의는 뇌 조직을 절단하거나 응고시키거나 절제한다.[11] 일차시각피질, 청각피질, 또는 운동피질을 제거하면 예상되는 효과가 있다. 그 환자는 부분적으로 또는 완전히 실명, 청각장애, 또는 마비 등을 일으킬 수 있다. 좌측두엽 또는 좌하전두엽 이랑(left temporal or left inferior frontal gyrus)에서 조직을 제거하면, 그 환자는 글을 읽지 못하거나(난독증, alexia), 이해 또는 언어표현을 할 수 없게 될 수 있다(실어증, aphasia). 임상의들은 이러한 부위를 "웅변" 피질(eloquent cortex)이라 부른다(그림 6.5). 이와 대조적으로, 전전두(prefrontal) 피질로 알려진, 전운동(premotor)피질 앞쪽의 아주 넓은 피질 조직은, 환자로부터 반응을 이끌어 내기 극히 어렵다. 그 조직이 자극받을 경우 대부분 침묵하기 때문에, 그 피질 조직의 기능은 명확하지 않다.[12]

웅변 피질과 비-웅변 피질 사이의 경계는 환자마다 다르므로, 수술 전에 신중하게 확인할 필요가 있다. 외과의는 두개골에 구멍을 뚫거나 두개골을 절개한 후에는 마취를 중단한다(뇌를 덮는 막을 지나면, 뇌에 통증 수용기가 없기 때문이다). 따라서 환자는 깨어 있는 상태에서, 의사로부터 요청받을 경우 전기자극에 따른 효과를 명확히 말할 수 있다. 그러므로 신경외과의는 피질 풍경의 구불구불 접히고 굽은 부분에서 웅변 영역의 경계를 알아낼

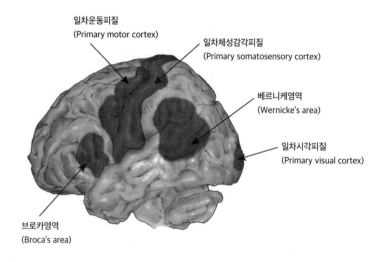

일차운동피질
(Primary motor cortex)

일차체성감각피질
(Primary somatosensory cortex)

베르니케영역
(Wernicke's area)

일차시각피질
(Primary visual cortex)

브로카영역
(Broca's area)

그림 6.5 **융변 피질(eloquent cortex)**: 양측의 일차적 감각 또는 운동피질, 좌하측전
두 이랑(left inferior frontal gyrus)의 브로카영역, 또는 좌상측두 이랑(left superior
temporal gyrus)의 베르니케영역을 절제하면, 영구적 감각, 운동, 또는 언어 등의 결
핍이 발생한다. 이러한 부위를 통칭하여 **융변 피질**이라 부른다. 반대로, 전전두 피질
의 넓은 영역은, 의식적 경험에 명백한 악영향 없이 수술로 제거될 수 있다.

수 있다.

　침묵의 전전두 피질을 제거해도 명백한 감각 또는 운동 결핍
이 발생하지 않는다. 환자는 불평하지 않을 수 있으며, 가족들도
급격한 결핍이나 문제를 알아차리지 못할 수 있다. 손상을 포착
하기 어렵지만, 고등 정신 능력에 영향을 미치는 경향을 보여 준
다. 예를 들어, 성찰 능력, 감정 조절 능력, 자발적인 행동 촉발 능
력 등을 감소시키며, 무관심, 세계에 관한 호기심 부족 등을 불러
올 수 있다. 놀라운 점은 이러한 환자들이 얼마나 눈에 띄지 않는
지에 있다. 전전두엽 손상의 간접적인 영향에 비해 후두엽 피질

손상이 환자의 정신생활에 미치는 직접적 영향은 임상의들 사이에서는 잘 알려져 있지만, 인지신경과학자들에게 종종 알려지지 않았는데, 이는 올리버 색스가 불편한 진실을 망각하고 무시하는, 과학사 내의 스코토마(scotoma, 시각영역의 맹점)라 불리는 것의 설득력 있는 사례이다.[13]

어느 유명한 환자, 주식 중개인 조 A. 씨(Joe A.)를 생각해 보자. 거대한 뇌수막 종양으로 인해, 외과의는 그의 전두엽 대부분을 절단했다. 이런 과도한 절제술은 전두엽 조직에서 무려 230그램이나 제거했다. 그 후 A. 씨는 어린아이처럼 산만하고, 활기차고, 자랑스러워하며, 사회적 억제력이 부족한 행동을 보였다. 그러나 그는 한 번도 자신이 들리지 않고, 보이지 않으며, 기억하지 못하는 등에 대해 불평하지 않았다. 정말로, 주치의 신경과 전문의는 이렇게 말했다.

그런데 A. 씨의 경우 두드러진 특징 중 하나는, 그가 다섯 방문객의 일행으로 신경학 연구소를 방문했을 때와 같이, 일상 상황에서 장애가 없는 사람으로 보였다. 방문객 중 두 명이 저명한 신경과 전문의였는데, 한 시간 이상 경과한 후 A. 씨에게 특별히 주의를 기울일 때까지, 그들 중 누구도 그에게서 특별한 점을 알아차리지 못했다. 특히, A. 씨의 지적 행동의 손상이 일상적 검사에서 결코 눈에 띄지 않았다.[14]

또 다른 환자의 경우, 외과의는 쇠약해지는 뇌전증 발작을 없애기 위해, 양측 전두엽의 앞부분 3분의 1을 절제했다. 그 환자는 "수술 후 성격과 지적 능력이 눈에 띄게 개선되었다"라고 말했다.[15] 두 환자 모두 오랜 기간 생존했는데, 그렇게 많은 전두엽 조직의 제거가 의식적 감각경험에 큰 영향을 미쳤다는 것을 보여주는 문서화된 증거는 없다.

뇌스캐너는 진단에 혁명을 일으켜서, 드물게 그러한 대규모 수술 조치를 할 수 있게 해 주었다.[16] 그러나 사고와 바이러스 감염은 계속되었다. 최근의 비극에서, 어느 젊은이가 쇠막대에 걸려 넘어져, 양측 전두엽이 완전히 관통되는 사고가 발생했다. 그럼에도 불구하고, 그는 안정적인 가정생활을 이어 나갔는데, 결혼하여 두 자녀를 키워 냈다. 비록 그가 전두엽 환자들의 전형적인 특징인 억제력 감소를 많이 보였지만, 의식적 경험을 잃지는 않았다.[17]

비록 전전두 피질이 보고 듣고 느끼는 데 필요하지 않지만, 그렇다고 해서 그것이 의식에 기여하는 바가 없다는 것을 함축하지도 않는다. 특히, 무언가를 보거나 들은 것에 대한 자신의 한 차원 높은 인지, 즉 메타인지(metacognition) 또는 "아는 것에 관해 아는 것"(2장의 4점 신뢰 척도를 떠올려 보라)을 판단하는 것은, 전전두 피질의 앞 영역과 관련된다.[18] 그러나 당신의 일상적 경험 대부분은, 교통체증이 심한 도시에서 자전거를 타거나, 음악을 듣거나, 영화를 보거나, 섹스에 대해 공상하거나, 꿈을 꾸는 등 본래 더 많은 감각운동으로 이루어진다. 이러한 경험들은 후방 핫존(posterior hot zone)에서 발생된다.

손상 및 자극 데이터를 기반으로, 전전두 피질이 많은 형태의 의식에 중요하지 않다고 단정하는 추론은, 신경 영상에서 얻은 상관관계 증거에 지나치게 의존하여 NCC를 확인하려는 것의 위험을 잘 보여 준다. 뇌의 복잡한 연결성 때문에, 전전두 피질, 기저핵, 심지어 소뇌 등의 활동이, 그와 상관없이 경험에 따라 체계적으로 달라질 수 있기 때문이다.[19]

경험에 대한 후방 피질의 중요성은 4장에서 설명한 **무의식적 호문쿨루스**에 대한 크릭과 나의 추측과 일치한다. 전전두 피질과, 기저핵에서 밀접하게 연결된 영역은, 지능, 통찰력, 창의성 등을 지원하며, 이런 영역들은 과제를 계획하고, 모니터링하고, 실행하며, 감정을 조절하는 등에서 필요하다. 그와 관련된 뇌 활동은 대체로 무의식적이다. 전전두엽 영역은 그 후방 피질로부터 방대한 입력을 받아 의사결정을 내리고, 그 관련 운동 단계에 정보를 제공하는 호문쿨루스처럼 작용한다.

시상에서 직접 감각 입력을 받는 영역으로 정의되는 일차감각피질이 내용-특이적 NCC가 아니라는 가설을 뒷받침하는 많은 증거가 있다. 이것은, 시각 시상(visual thalamus)의 릴레이(중계기)를 통한 안구 출력의 최종 종착지인, 뇌 뒤쪽의 일차시각피질에 대한 가장 광범위한 연구에서 나왔다. 일차시각피질의 활동은 망막에서 올라오는 정보를 반영하지만, 실제로 보는 것과는 현저한 차이가 있다. 당신의 시각 세계는 피질 계층구조의 상위 영역에 의해 제공된다. 일차청각피질과 일차체성감각피질에 대해서도 비슷한 결론에 도달했다.[20]

따라서 일차감각피질이나 전전두 피질이 의식에 기여하지 않고 후방 핫존이 기여하는 것이 사실이라면, 그 중요한 차이는 어디에서 오는가? 왜 특정 피질 영역들이 경험과 관련하여 특권을 가지는가? 나는 그것들의 상호연결 방식에 그 해답이 있을 것이라 추정해 본다.

뒤쪽의 피질은, 감각 공간의 기하학을 반영하는 격자형 그물망으로, 지형적으로 조직화되어 있다. 반대로 앞쪽은 무작위로 연결된 그물망처럼 보이므로, 임의적 연합을 가능하게 해 준다. 이러한 뒤쪽 대비 앞쪽 피질 뉴런의 연결성은, 의식과 관련하여 모든 차이를 만들 수 있다(그 설명은 8장과 13장으로 미루겠다). 이것을 미세 회로 수준에서 확인하려면, 세심한 해부학적 분석이 필요하다.[21]

전기 뇌 자극으로 대뇌피질 뒤쪽에서 의식적 경험을 일으킨다

후두엽, 두정엽, 측두엽을 전기적으로 자극하면 다양한 감각과 느낌이 일어날 수 있는데, 앞서 설명한 얼굴 왜곡, 섬광[**포스핀**(phosphenes, 안구에 압력을 가할 때 빛이 보임—옮긴이)이라고도 함], 기하학적 모양, 색상 및 움직임 등이 보이며, 어떤 소리가 들리고, 친숙함(데자뷔) 또는 비현실감을 느끼며, 팔다리를 실제로 움직이지 않고도 움직이고 싶은 충동이 유발될 수 있다(그림

6.6). 그렇게 유도된 시각 지각은 그 기반의 신경 반응 패턴과 법칙적으로 관련될 수 있어서, 일차시각피질에서의 뇌-기계 인터페이스가 시각장애인을 위한 인공 장치로 고려되는 수준이다. 전

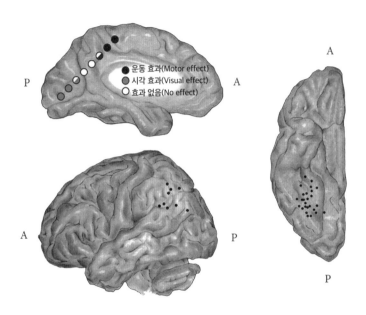

그림 6.6 **후방 핫존의 위치:** 피질 뒤쪽을 전기적으로 자극하면 의식적인 감각을 안정적으로 유발할 수 있으며, 그렇다는 것이 여기 세 표본 연구에서 입증되었다. 그림은 세 가지 방향에서 바라본 좌반구를 묘사한 것으로, P(posterior)는 뇌의 뒤쪽을, A(anterior)는 뇌의 앞쪽을 나타낸다. 내측(medial) 모습(왼쪽 위)은 후두 영역에서 시각적 지각을 일으키는 자극 위치와, 대상피질 고랑(cingulate sulcus) 범위를 벗어나면 운동 반응을 일으키는 자극 위치를 강조한다. 외측(lateral) 모습(왼쪽 아래)은 특정 팔다리를 움직이거나 움직이려는 의식적 욕구를 일으키는 후두정 피질(posterior parietal cortex)에서의 위치를 표시한다. 피질 바닥(오른쪽)의 방추상 이랑(fusiform gyrus) 내의 부위를 자극하면, 얼굴을 볼 때 왜곡이 일어난다. (왼쪽 위 그림은 Foster & Parvizi, 2017에서, 왼쪽 아래 그림은 Desmurget et al., 2009에서, 오른쪽 그림은 Rangarajan et al., 2014에서 재인용.)

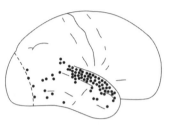

지배적 반구
(Dominant hemisphere)

비지배적 반구
(Nondominant hemisphere)

그림 6.7 **측두엽의 경험적 반응:** 신경외과의사 와일더 펜필드에 의한 전기자극이 경험을 유도한 피질 표면의 위치. 비지배적 우반구에 분명한 편향이 있다. 이러한 복잡한 시각 및 청각 환각의 대부분은 상측두 이랑(superior temporal gyrus)에서 유발되며, 일부는 다른 측두 영역이나 후두-두정(parieto-occipital) 영역에서도 유발될 수 있다. 나머지 피질 영역에 대한 자극은 환자 500인 이상에게서 경험적 반응을 불러일으키지 않았다. (Penfield & Perot, 1963의 것을 다시 그렸다.)

기자극은 후방 피질과 감각경험 사이의 밀접한 관계를 보여 주는 강력한 증거이다.[22]

　　몬트리올신경학연구소의 신경외과의사 와일더 펜필드(Wilder Penfield)는 중증 뇌전증 발작으로 치료받은 환자의 두개골 신경외과수술을 통해 뇌 기능의 국소적 대응 위치(local topography)에 대한 방대한 정보를 수집했다. 한 유명한 연구에서 펜필드는 환자 1000명 이상을 대상으로 전기자극을 통해 **경험적 반응**, 생생한 경험 또는 환각(이전에 보거나 들었던 것, 자주 듣던 목소리, 음악, 광경) 등에 관한 데이터를 수집했다. 이러한 반응들은 주로 측두엽의 후방 피질에서만 발견되며, 때때로 후두-두정 영역에서도 발견된다(그림 6.7).[23]

피질 앞쪽을 자극하는 경우는 다른 이야기이다. 단순히 지각적인 것이든 더욱 복잡한 경험적인 것이든, 경험을 안정적으로 유도하는 임상시험은 훨씬 드물었다. 자극이 적절한 근육 집단의 행동을 유발하는 일차운동(primary motor) 및 전운동(premotor) 영역 외에, 그리고 언어를 방해하는 좌하측전두 이랑(left inferior frontal gyrus)의 브로카영역 외에, 앞쪽 회색질을 자극하여도 거의 감각을 유발하지 않는다.[24]

『천일 야화(The Thousand and One Nights)』에는 문지르면 강력한 정령인 진(djinn)을 풀어 주는 마법의 황동 램프에 대한 이야기가 나온다. 후방 핫존에서도 비슷한 일이 일어난다. 이곳을 자극하면 천재적인 의식이 나타난다. 반대로, 전전두 피질은 가짜 황동 램프에 가깝다. 경험을 이끌어 내려면, 당신은 문질러야 할 몇 안 되는 진짜 부위를 찾아야 한다.

피질이 헤드라인의 대부분을 차지하지만, 다른 구조물 역시 의식의 표현에 중요한 역할을 할 수 있다. 프랜시스 크릭은 죽는 날까지 피질 아래에 있는 담장(claustrum)이라는 신비한 얇은 뉴런층에 매료되었다. 담장 뉴런은 피질의 모든 영역으로 투사하고, 모든 피질 영역으로부터 입력을 받는다. 크릭과 나는, 피질 교향곡의 지휘자 역할을 하는 담장 피질이 모든 의식적 경험에 필수적인 방식으로 대뇌피질 조직 전체의 반응을 조율한다고 추측했다. 쥐의 담장으로부터 개별 신경세포들[이것을 "가시관(crown of thorns)" 뉴런이라고 부른다]의 축삭 연결을 (힘들지만 근사하게) 재구성해 본 결과, 이 세포들이 피질 맨틀 대부분에 걸쳐 대

규모로 투사하는 것을 확인했다.[25]

　　신경과학자들은 회색질 덩어리가 의식을 발산한다고 지적하는 데 만족하지 않고, 더 깊이 파고들고 싶어 한다. 신경조직의 어느 조각이라도 이스파한(Isfahan)의 페르시아 양탄자보다 더 촘촘하게 짜인 다양한 유형의 뉴런이 촘촘히 매듭져 있는 눈부신 장식용 주단과 같다. 퀴노아(quinoa, 좁쌀같이 작은 씨앗—옮긴이) 알갱이 크기의 피질 조각에는 수백 가지 유형의 5만~10만 개 뉴런, 수 마일의 축삭돌기 연결선, 10억 개 시냅스가 포함되어 있다.[26] 이렇게 얽히고설킨 네트워크 중에서 의식적 경험을 담당하는 특수 요원은 어디에 있을까? 어떤 신경세포 유형이 주연이고, 어떤 것이 조연인가?

　　더욱 깊은 연구는 인간에게 거의 항상 불가능하여, 개별 뉴런의 활동을 추적하고 조작하는 동안, 이런저런 지각에 반응하도록 훈련된 쥐와 원숭이 실험이 요구된다. 여기에는 머리카락 한 올보다 얇은 기계식 실리콘 탐침, 또는 전기 파동을 녹색 빛 섬광으로 바꾸도록 설계된, 뉴런의 광학 신호를 포착하는 특수 현미경이 이용된다.

　　우리는 한 가지 경험을 구성하는 최소한의 뉴런 수를 알지 못한다. (척수, 소뇌, 일차감각피질 영역, 전전두 피질의 대부분 등) 뇌의 아주 많은 영역이 NCC라고 밝혀진 점을 고려할 때, 나는 관련된 뉴런의 비율은 뇌의 860억 개 뉴런 중 몇 퍼센트 이하일 것으로 추정한다.

　　널리 추정되는 것처럼, 대규모 신경 연합이 아니라, 우리는 세포 내부에서 작동하는 메커니즘을 찾아, 그 NCC를 아세포 (subcellular) 수준으로 내려가 뒤져 봐야 할지도 모른다. 실제로, 일부 연구자들은 피질 뉴런의 가지돌기에서 발생하는 전기적 이벤트, 즉 상향식 신호가 특정 시간 내에 하향식 피드백과 마주친다는 것을 확인시켜 주는 일종의 교환을 NCC로 가정하기도 했다.[27]

양자역학과 의식

양자역학(quantum mechanics, QM)이 의식의 비밀이라고 주장하는 많은 노력들이 있었다. 이러한 사색들은 유명한 측정 문제에서 비롯된다. 그것이 무슨 이야기인지 살펴보자.

양자역학은 저에너지에서 분자, 원자, 전자, 광자 등에 대한 확립된 교과서적 이론이다. 트랜지스터와 레이저에서부터 자기공명 스캐너와 컴퓨터에 이르기까지 현대 생활의 많은 기술 인프라는 양자역학의 특성을 활용하고 있다. 양자역학은 고전적 맥락에서는 이해할 수 없는, 다양한 현상을 설명하는 인류 최고의 지적 성취 중 하나이다. 빛이나 작은 물체가 실험 설정에 따라 파동처럼 또는 입자처럼 행동할 수 있고(**파동-입자 이중성**, wave – particle duality), 입자의 위치와 운동량을 동시에 완벽하고 정확하게 측정할 수 없으며(**하이젠베르크의 불확정성원리**, uncertainty principle), 두 개 이상의 물체가 매우 멀리 떨어져 있어도 양자 상태는 높은 상관관계가 있어 국지성에 대한 우리의 직관을 위반할 수 있다(**양자 얽힘**, quantum entanglement).

상식과 상반되는 양자역학 예측의 가장 유명한 예는 '슈뢰딩거의고양이(Schrödinger's cat)'이다. 이 사고 실험에서, 불운한 고양이 한 마리가 방사성원자가 붕괴할 때 치명적인 가스를 발생시키는 사악한 장치와 함께 상자에 갇혀 있는데, 이것이 양자 사건(quantum event)이다. 두 가지 결과가 발생할 수 있다. 원자가 붕괴하면서 고양이를 중독시키거나, 그렇지 않으면 고양이는 살아남는다. 양자역학에 따르면, 그 상자는 죽은 고양이와 살아 있는 고양이가 동시에 중첩된 상태로 존재하며, 관련 파동함수는 이러한 상태의 확률을 설명해 준다. 오직 측정이 이루어질 때에만, 즉 누군가가 상자 안을 들여다볼 때, 그 시스템이 두 상태의 중첩에서 단일상태로 갑자기 바뀐다. 이 파동함수를 "붕괴"라고 하며, 관찰자는 죽은 고양이 또는 살아 있는 고양이를 보게 된다.

양자 시스템에서 상태의 중첩을 관찰 가능한 단일 결과로 변환하기 위해서 의식적인 관찰자가 필요하다는 사실은 물리학자들을 항상 괴롭혀 왔다.[28] 양자역학이 정말로 실재에 대한 근본적인 이론이라면, 의식적인 뇌와 측정장치에 호소할 필요가 없어야 한다. 대신 이러한 거시적 사물은 그 이론으로부터 자연스럽게 설명되어야 한다. 많은 해결책이 제안되었지만, 아직까지 받아들여진 것은 없다. 이러한 딜레마가 바로 이러한 성공적인 실재 이론의 근간에 있으며, 뛰어난 우주론자 로저 펜로즈(Roger Penrose)가 대중에게 여전히 인기를 끌고 있는 의식의 양자 중력

이론을 제안하게 된 근본적인 이유이다.[29]

뇌가 거시적인 양자역학 효과를 이용한다는 생각을 뒷받침하는 증거는 거의 없다. 물론 광자가 광수용체 내부의 망막 분자를 만날 때처럼, 뇌도 양자역학에 따라야 한다. 그러나 신체의 습하고 따뜻한 작동 체계는 뉴런 전체의 양자 정합성(coherency) 및 양자 중첩(superposition)과 상반된다. 오늘날의 양자컴퓨터 표준형은, 이른바 양자 비트(quantum bits)가 풀려서 고전 정보이론에서 말하는 정규적 비트(regular bits)가 될 때 비정합성(decoherence)을 피하기 위해 극한의 진공과 절대영도에 가까운 온도가 필요하다. 이것이 바로 양자컴퓨터를 구축하기 어려운 이유이다.

더구나, 의식의 현상학적 측면 또는 신경생물학적 기반이 왜 양자 속성을 필요로 하는지 이유가 제대로 설명된 적이 없다.

나는 의식을 이해하기 위해 신종의 물리학을 끌어들일 필요는 없다고 본다. 생화학과 고전전기역학에 대한 지식만으로도 방대한 신피질 뉴런 연합의 전기 활동이 어떻게 한 경험을 구성하는지 충분히 이해할 수 있을 것 같다. 그러나 과학자로서 나는 열린 마음을 유지한다. 물리학에 위배되지 않는 모든 메커니즘은 자연선택에 의해 이용될 수 있을 것이다.[30]

앞 장에서 심-신 문제의 두 측면, 즉 경험의 본성과 그것과 중요하게 연결된 신체 기관을 다루었다. 다음 두 장에서는 통합정보이론과 그 이론이 어떻게 겉보기에 서로 다른 두 가지 삶의 영역인 정신과 육체를 엄격한 방식으로 연결시키는지 다루어 볼 것이다. 먼저 이론의 필요성에 대한 설교로 시작하여, 그 필요성이 모든 사람에게 명확하지 않은 만큼, 통합정보이론이 정확히 무엇을 설명해야 하는지를 다루겠다.

서가

서울대 가지 않아도 들을 수 있는 명강의

명강

인문

개인에서 타인까지,
'진짜 나'를 찾기 위한 여행

다시 태어난다면, 한국에서 살겠습니까

사회과학 이재열 교수 | 18,000원

"한강의 기적에서 헬조선까지 잃어버린 사회의 품격을 찾아서"

한국사회의 어제와 오늘을 살펴
문제점을 진단하고 해결책을 제안한 대중교양서

우리는 왜 타인의 욕망을 욕망하는가

인류학과 이현정 교수 | 17,000원

"타인 지향적 삶과 이별하는 자기 돌봄의 인류학 수업사"

한국 사회의 욕망과
개인의 삶의 관계를 분석하다!

내 삶에 예술을 들일 때, 니체

철학과 박찬국 교수 | 16,000원

"허무의 늪에서 삶의 자극제를 찾는 니체의 철학 수업"

니체의 예술철학을 흥미롭게, 또 알기 쉽게
풀어내면서 우리의 인생을 바꾸는 삶의
태도에 관한 니체의 가르침을 전달한다.

지금, 서가명강 시리즈로 각 분

서가명강 BEST 3

서가명강에서 오랜 시간 사랑받고 있는
대표 도서 세 권을 소개합니다.

나는 매주 시체를 보러 간다

의과대학 법의학교실 유성호 교수 | 18,000원

"서울대학교 최고의 '죽음' 강의"

법의학자의 시선을 통해 바라보는 '죽음'의 다양한
사례와 경험들을 소개하며, 모호하고 두렵기만
했던 죽음에 대한 새로운 인식을 제시하다

왜 칸트인가

철학과 김상환 교수 | 18,000원

**"인류 정신사를 완전히 뒤바꾼
코페르니쿠스적 전회"**

칸트의 위대한 업적을 통해 인간에게 생각한다는
의미와 시대의 고민을 다루는 철학의 의미를
세밀하게 되짚어보는 대중교양서

세상을 읽는 새로운 언어,
빅데이터

산업공학과 조성준 교수 | 17,000원

**"미래를 혁신하는
빅데이터의 모든 것"**

모두에게 영향력을 끼치는 '데이터'의 힘
일상의 모든 것이 데이터가 되는 세상에서
우리는 빅데이터를 어떻게 바라봐야 할까?

인생명강

•·········· 내 인생에 지혜를 더하는 시간 ··········•

도서 시리즈

01 『보이지 않는 침입자들의 세계』 KAIST 의과학대학원 신의철

02 『내가 누구인지 뉴턴에게 물었다』 성균관대학교 물리학과 김범준

03 『살면서 한번은 경제학 공부』 명지대학교 경제학과 김두얼

04 『역사를 품은 수학, 수학을 품은 역사』 영국워릭대학교 수학과 김민형

05 『개인주의를 권하다』 포스텍 인문사회학부 이진우

06 『관계에도 거리두기가 필요합니다』 연세대학교 연합신학대학원 권수영

07 『더 챤스 The Chance』 서강대학교 경제대학원 김영익

08 『마침내, 고유한 나를 만나다』 건국대학교 철학과 김석

09 『내가 살인자의 마음을 읽는 이유』 동국대학교 경찰사법대학원 권일용

10 『우리의 기원, 단일하든 다채롭든』 경희대학교 사학과 강인욱

11 『인류 밖에서 찾은 완벽한 리더들』 이화여자대학교 에코과학부 장이권

12 『Z를 위한 시』 한국조지메이슨대학교 국제학과 이규탁

13 『더 크래시 The Crash』 연세대학교 정경대학원 한문도

14 『GPT 사피엔스』 홍익대학교 경영학과 홍기훈

15 『아주 개인적인 군주론』 성신여자대학교 인재개발센터

16 『당신의 안녕이 기준이 될 때』 성신여자대학교 법학부 권오성

17 『성공투자를 위한 선한 투자의 법칙』 홍익대학교 경영학과 홍기훈

18 『시대를 견디는 힘, 루쉰 인문학』 서강대학교 중국문화학과 이욱연

19 『더 포춘 The Fortune』 동국대 미래융합교육원 김동완

20 『곽재식의 속절없이 빠져드는 화학전쟁사』 숭실사이버대 환경안전공학과 곽재식

21 『0.6의 공포, 사라지는 한국』 서울여대 사회복지학부 정재훈

22 『욕망으로 읽는 조선고전담』 연세대 학부대학 유광수

* 인생명강 시리즈는 계속 출간됩니다.

우리에게 의식 이론이 필요한 이유

7

우리에게
의식 이론이
필요한 이유

의식의 신경 발자취에 대한 지식이 방대한 만큼, 앞 장은 전체 교과서로 쉽게 확장될 수 있었다. 신경계의 일부, 즉 척수, 소뇌, 전전두 피질 대부분(전부는 아니라도) 등은 명확히 제외되는 반면, 후방 핫존 같은 다른 영역들은 포함된다. 생물학이란 온통 놀라운 분자기계와 실용신안에 관한 이야기이다. 그러한 점에서 의식의 경우도 전혀 다르지 않을 것이다. 시간만 충분히 주어진다면, 과학은 어느 한 경험을 구성하는 관련 세부 수준의 사건을 판독해 낼 것이다.

만약 과학이 의식의 신경상관물(NCC)을 정면으로 마주하게 된다면, 그다음에 무슨 일이 벌어질까? 노벨상 수여와 함께, 신문 사설과 교과서에 축하가 넘쳐 나는 등 기념비적인 순간이 될 것이다. 이 진정한 NCC의 발견으로부터, 수많은 약물과 치료법이 쏟아져 나올 것이며, 우리 뇌를 잠식하는 무수한 신경 및 정신의 질환을 개선할 수도 있을 것이다.

그렇지만 왜 **이런** 메커니즘이 아닌 **저런** 메커니즘이 특정 경험을 구성하는지를 개념적 수준에서 여전히 이해하지 못할 수도 있다. 어떻게 물리적인 것으로부터 정신적인 것을 이끌어 낼 수 있을까? 신약성경 구절과 철학자 콜린 맥긴(Colin McGinn)의 말을 빌리자면, 어떻게 뇌의 물이 경험의 포도주로 바뀔 수 있는가?

의식의 유물론적 개념에 반대하는 가장 유명한 논증들 중 하나가, 300년 전 독일의 이성주의자(rationist), 공학자, 박식가인 고트프리트 빌헬름 라이프니츠에 의해 체계화되었다. 그는 미적분학과 이진수를 발명하였고, 최초의 일반 디지털계산기를 만들었다. 그는 **방앗간 사고실험**(mill thought experiment)으로 알려진 논증을 아래와 같이 제시했다.

> 비록 우리가 신체 구조의 가장 작은 부분을 볼 수 있을 정도로 아무리 예리한 눈을 가지고 있더라도, 나는 우리가 더 이상 앞으로 나아갈 수 있다고 보지 않습니다. 우리는 기계의 구성부품이 모두 보이는 시계나, 회전 바퀴 사이를 걸어 다닐 수 있는 방앗간에서와 마찬가지로, 신체 속에서 지각의 기원을 찾을 수 없을 것입니다. 왜냐하면, 방앗간과 더 정교한 기계 사이의 차이는 단지 더 크고 작음의 문제일 뿐이기 때문입니다. 기계가 세상에서 가장 멋진 물건을 생산할 수 있다는 것을 우리가 이해할 수 있지만, 그 기계가 그것을 지각할 수 있다는 것은 결코 불가능합니다.[1]

이것이 바로 유물론(materialism)과 그 현대적 변형인 물리

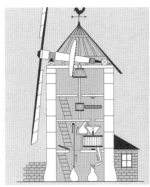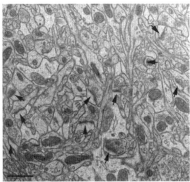

그림 7.1 **라이프니츠의 방앗간 논증이 21세기의 논증으로 업데이트되었다:** 300여 년 전 라이프니츠는 이렇게 지적했다. 우리가 당시 최첨단 기술인 풍차로 비유되는 신체를 아무리 자세히 들여다보더라도, 우리는 지렛대, 기어, 축, 기타 장치들만 볼 뿐, 결코 경험은 발견하지 못할 것이다. 오늘날의 장비를 사용하면, 우리는 대뇌피질의 전자현미경 이미지에서 뇌의 가장 작은 세포기관인 시냅스(오른쪽 그림의 화살표)를 실제로 들여다볼 수 있다. 그런데 경험은 어디에 숨어 있는가? (오른쪽 그림 왼쪽 하단의 막대는 1/1000밀리미터를 나타낸다.)

주의(physicalism)에 던지는 도전이다. 전자현미경으로 후방 핫 존을 확대하면, 우리는 단지 세포막, 시냅스, 미토콘드리아 및 기타 세포소기관 등만을 볼 수 있을 뿐이다(그림 7.1). 우리가 원자현미경으로 더 깊이 탐색해 들어간다고 하더라도, 단지 개별 분자와 원자가 눈에 들어올 뿐이다. 그렇지만 우리는 그 속에서 어떤 경험도 볼 수 없다. 경험은 어디에 숨어 있는가? 이런 어려운 문제를 설명하려면, 지금부터 우리가 살펴볼 근본적 의식 이론이 필요하다.

통합정보이론

나의 경험은, 외부 세계의 존재를 포함하여, 다른 모든 것을 가추추론하는 출발점, 나의 중심점(omphalos)이다. 즉, '의식이 세계 전체, 즉 개와 나무, 사람과 별, 원자와 허공 등과 어떻게 관련되는지' 이해하려면, 나 자신의 경험에서 시작해야만 한다. 이것이 바로 아우구스티누스의 핵심 통찰력(*Si fallor, sum*)이며, 1000년 이후 데카르트의 통찰력(*Cogito, ergo sum*)이기도 하다.

이러한 중심, 즉 내가 직접 마주 대하는 유일한 세계에 대한 안심은, 나로 하여금 모든 경험의 진정한 성격을 즉각적이고 논쟁의 여지가 없는 다섯 가지 속성으로 포착할 수 있게 해 준다. 이러한 속성은 내가 앞으로 나아가는 공리적 토대가 되어, 경험을 사례로 증명하기 위한 모든 기제(substrate)에 대한 요구사항을 가추추론한다. 이런 추론 단계에서 의식의 물리적 기제가 산출된다. 당신과 나와 같은 생명체의 경우, 그 의식의 물리적 기제는 관련 시공간적 세분화 수준에서, 의식의 신경상관물과 동일하다.

오직 날것의 경험에서 출발해야만, 라이프니츠의 방앗간 논증과 그 현대적 변형 논증에 성공적으로 반박할 수 있다. 호주계 미국인 철학자 데이비드 차머스는, 감각이 없다는 점을 제외하면 인간과 닮은 상상의 생명체 좀비와 관련된 일련의 추론을 통해, "어려운 문제(The hard problem of consciousness)"라는 용어를 만들어 냈다. 할리우드에서 유래한 이름과 달리, 철학적 좀비(philosophical zombie)는 평범한 사람처럼 행동하지만, 초능력이 없으며, 인간 육체를 향해 달려들지도 않는다. 이런 좀비는 우리를 안심시켜 주기 위해 자신의 느낌에 대해 말하기도 한다. 그렇지만 그것은 모두 허위이다. 안타깝게도 (당신이나 나와 같은) 인간과 좀비를 구분할 방법은 없다.

차머스는 좀비의 존재가 자연법칙과 상충하는지 묻는다. 즉, 우리가 경험을 갖지 않고서도, 이 세계와 동일한 물리학 법칙을 따르는 어떤 세계를 상상할 수 있는가? 그 질문에 대해 짧게 대답한다면 '그렇다'이다. 양자역학이나 상대성이론의 기초 방정식 중 어느 것도 경험을 언급하지 않으며, 화학이나 분자생물학도 마찬가지이다. 책 한 권 분량의 논증에서, 차머스는 어떤 자연법칙도 좀비의 존재를 배제하지 않는다고 결론지었다. 달리 말하자면, 의식적 경험은 현대 과학을 넘어서는 추가적인 사실이다. 경험을 설명하기 위해서는 다른 무언가가 필요하다. 그는 교량 원리(bridging principles)로, 즉 물질세계와 현상세계를 연결하는 경험적 관찰(예를 들면, 뇌가 의식과 밀접한 관계가 있다는 관찰)의 존재를 인정한다. 그러나 **왜** 특정 조각의 물질이 경험과 이렇게 밀접한 관계를 맺어야 하는지는 어렵고, 어쩌면 대답하기 불가능할 정도로 어려운 수수께끼이다.[2]

통합정보이론(IIT)은 무모한 도전을 하지 않는다. 즉, 이 이론은 뇌에서 의식의 주스를 짜내려 하지 않는다.[3] 오히려 이 이론은 경험에서 시작하여, 물질이 정신을 지원하기 위해 어떻게 조직되어야 하는지를 묻는다. 어느 종류의 물질로도 충분한가? 복잡한 물질 시스템이 덜 복잡한 시스템보다 경험을 수용할 가능성이 더 높을 것인가? "복잡한"이란 말이 정확히 무엇을 의미하는가? 유기화학이 과도핑된 반도체보다 더 선호되는가? 또는 진화된 생물이 공학적인 인공물보다 더 선호되는가?

IIT는 기초 이론으로서, 존재의 본질을 연구하는 존재론, 그리고 사물이 어떻게 나타나는지를 연구하는 현상학을, 물리학 및 생물학의 영역과 연결시키려 한다. 이 이론은 어느 의식적 경험의 질과 양, 그리고 그것이 기초하는 메커니즘과 어떻게 관련되는지를 정확히 정의한다.

이런 이론적 건축물은, 탁월하고 때로는 신비로운 다언어와 다학문을 구사하는 르네상스 학자이자 1급 과학자 및 물리학자인 줄리오 토노니(Giulio Tononi)의 독특한 지적 창조물이다. 줄리오는, 헤르만 헤세(Hermann Hesse)의 소설 『유리알 유희(Das Glasperlenspiel)』에 등장하는 유희의 명인(Magister Ludi)의 살아 있는 화신으로, 그는 모든 예술과 과학의 통합인 거의 무한대에 가까운 패턴을 만들어 내는, 동명의 유리알 유희를 가르치고 게임에 전념하는 엄격한 수도사-지식인 단체의 수장이다.

IIT는 많은 사실을 설명하고, 새로운 현상을 예측하며, 책의 나머지 부분에서 논의될 놀라운 방식으로 추정될 수 있다는 점에서 심오한 이론이다. 더 많은 철학자, 수학자, 물리학자, 생물학자, 심리학자, 신경학자, 컴퓨터과학자 등이 IIT에 관심을 가짐에 따라, 우리는 이 이론의 수학적 기초와 함축된 의미에 관해 더 많은 것을 배우는 중이다. 이를 통해, 우리는 존재와 인과관계를 이해하고, 의식의 생리적 신호를 측정하며, 지각력을 지닌 기계의 가능성을 탐색해 볼 것이다.

현상학에서 메커니즘까지

첫 장에서는 삶의 느낌에서 다섯 가지 필수 현상학적 속성을 증류했다. 그 속성들은 모든 경험에서, 심지어 가장 순수한 경험에서조차 공통적이다. 즉, 모든 경험은 그 자체로 존재하고, 구조화되어 있으며, 특정한 방식[정보적]으로 존재하고, 하나[통합적, 환원 불가능적]이며, 제한적이라는 점이다.

이러한 속성들이 의심될 수 없다는 점을 다시 한번 강조하기 위해, 그것들을 부정적으로 생각해 보자. **외재적**(extrinsic) 경험이란 무엇인가? 혹시, 다른 누군가의 경험이라고 하면 어떠할까? 그러나 그렇다면, 그것은 당신의 경험이 아니다. 어떻게 경험이 구조적이 아닐 수 있을까? 심지어 내용 없는 순수한 경험조차, 그런 경험 전체가 온전하지 않더라도 전체의 부분집합이기 때문에 여전히 구조화되어 있다. 경험이 정보적이지 않거나 총칭적(generic)이라는 것은 무엇을 의미할까? 그것이 노랗거나, 얼음처럼 차갑거나, 냄새나는 무엇이기 때문에 바로 그런 방식으로 있다. 한 경험이 두 가지 이상일 수 있을까? 그것은 말이 되지 않는데, 당신의 마음은 독립적으로 두 가지 구분된 경험을 서로 독립적으로 가질 수 없기 때문이다. 끝으로, 경험이 어떻게 무제한적일 수 있을까? 당신이 세계를 바라볼 때, 세계 전부를 보는 것이다. 당신은 그 전체의 절반, 그 전체에 겹쳐진 절반을 보지 않으며, 아마도 당신의 시야에 당신의 개가 몰래 들어오는 세 번째 경험을 보는 것도 아니다.

IIT는 이 다섯 가지 현상학적 속성에서 출발하여, 그것들을 공리(axioms)로 채택한다. 기하학이나 수학적 논리에서, 공리는 더 타당한(valid) 기하학적 또는 논리적 속성 및 표현을 연역하기(deducing) 위한 시작점 역할을 하는 기초적인 진술이다. 수학적 공리와 마찬가지로, 이런 다섯 가지 현상학적 공리(모든 경험은 그 자체로 존재하며, 구조화되어 있고, [특정한 방식으로] 정보를 제공하며, 하나[통합적]이고, 제한적이다)는 서로 모순적이지 않으며(**일관성**), 하나 이상의 다른 경험으로부터 파생될 수 없고(**독립성**), 완전하다. 이러한 전제에서 IIT는 이런 다섯 가지 속성을 지원하는 데 필요한 물리적 메커니즘의 유형을 추론한다.

각각의 공리는 연관된 공준, 즉 고려 중인 체계가 따라야 하는 교량 원리를 가진다. 다섯 공준, 즉 내재적(주관적) 존재, 구성, 정보, 통합, 배제 등이 다섯 현상학적 공리와 유사하다. 이러한 공준들은, 2장에서 설명한 의미에서 가추추론, 즉 공리로부터 '최선의 설명에로의 추론'이라고 생각될 수 있다.[4]

연결된 신경세포 또는 전자회로로 구성된 물리적 시스템을 생각해 보자. 둘 다 특정한 상태의 복잡한 메커니즘 집합이다. 메커니즘이란 다른 메커니즘에 인과적 영향을 미치는 모든 것을 의미한다. 오직 이따금 또는 다른 존재와 협력해서만, 다른 일이 일어나게 할 수 있는 모든 것이 메커니즘이다. 바퀴, 레버, 톱니바

퀴, 기어 등이 달린 곡물을 빻는 풍차(그림 7.1)와 같은 구식 기계가 메커니즘의 사례이며, 실제로 이 단어는 "기계, 기구, 또는 장치"를 뜻하는 그리스어 '메카네(mekhane)'에서 유래했다. 연결된 모든 하위 세포에 영향을 미치는 활동전위를 발화하는 뉴런은 트랜지스터, 정전용량, 저항 및 전선 등으로 구성된 전자회로와 마찬가지로 또 다른 유형의 메커니즘이다.

의식에 일종의 메커니즘이 필요하다. 달라이 라마 그리고 티베트 승려들과의 만남에서, 그 논의 주제는 결국 윤회에 대한 불교의 믿음, 특별히 (기억을 가진) 마음은 연기된 화신들(consecutive incarnations) 사이 어디에 존재하는지에 대한 질문으로 바뀌었다. 나는 네 손가락을 펴고 하나씩 접으며 **"뇌가 없다면, 마음도 없다**(No brain, never mind)"라는 말로 대답했다. 이런 화두로 내가 의미하는 것은, 나는 물리적 림보(limbo)에서 존재하는 의식을 상상할 수 없다는 것이다. 이것은 의식을 위해 기제가 필요하다는 뜻이다. 프레드 호일(Fred Hoyle)이 『블랙 클라우드(The Black Cloud)』에서 묘사한, 지각력을 지닌 가스 구름 같은 전자기장처럼 난해한 것일 수도 있다. 그러나 무언가가 있어야만 한다. 아무것도 없으면, 경험도 있을 수 없다.

어떤 상태의 기제가 주어진다면, IIT는 관련 **통합정보**를 계산하여, 그 시스템이 어떤 느낌을 갖는지를 결정한다. 오직 통합정보의 최댓값이 0이 아닌 시스템만 의식을 가지기 때문이다. 특정 시점에 일부 뉴런은 켜져 있고(ON, 격발하고) 다른 뉴런은 꺼져 있는(OFF, 격발하지 않는) 뇌, 또는 일부 트랜지스터가 켜진 상태, 즉 그 게이트가 기초하는 채널의 전류를 수정하는 전하를 저장하는 반면, 다른 트랜지스터는 꺼져 있는, 즉 채널이 비전도성인 마이크로프로세서 등을 예로 들어 보자. 그 회로가 진화하면서 다른 상태로 이동함에 따라, 그 통합정보가 때로는 극적으로 변화한다. 이러한 의식의 변화는 우리 모두에게 매일 밤낮으로 일어난다.

통합정보는 왜 반드시 경험되는가?

이 이론의 수학적 내막을 말하기에 앞서, 내가 자주 접하는 IIT에 대한 한 가지 일반적인 반대에 대해 이야기해 보자. 그것은 다음 노선을 따른다. IIT에 대한 모든 것이 옳다고 해도, 통합정보를 최대로 보유하는 것이 왜 무언가를 느껴야 하는가? 의식의 다섯 가지 본질적 속성, 즉 내재적 존재, 구성, 정보, 통합, 배제 등을 구현하는 시스템이 왜 의식적 경험을 형성해야 하는가? IIT는 의식을 지원하는 시스템의 여러 측면을 정확히 설명할 수 있다. 그러나 적어도 원칙적으로, 회의론자들은 이러한 모든 속성을 갖지만 여전히 아무것도 느끼지 못하는 시스템을 상상할 수 있을 것이다.

나는 이러한 상상가능성 논증에 대해 다음과 같은 방식으로 대답한다. 구성적으로, 이런 다섯 속성들은 어느 경험이든 완전히 구분 지어 준다. 그 밖에 다른 어떤 것도 배제되지 않는다. 사람들이 주관적인 느낌이라고 말하는 것은, 이 다섯 공리에 의해 정확히 묘사된다. 어느 추가적인 "느낌" 공리도 불필요하다. 이 다섯 공리에 대한 만족이 무엇과 같은 느낌과 동등하다는 것을 수학적으로 반박하지 못하는 증거라도 있는가? 내가 알기로는 없다. 그렇지만, 나는 과학자이고, 논리적 필연성이 아니라, 내가 속한 우주에 관심을 갖는다. 그리고 이 우주에서, 내가 이 책에서 주장하듯이, 이러한 다섯 공리를 따르는 모든 시스템은 의식적이다.

IIT가 처한 상황은 현대물리학의 입장과 다르지 않다. 양자역학은 미시적 규모에 존재하는 것을 가장 잘 설명하는 이론이다. 양자역학이 우주에서 반드시 성립해야 한다는 것을 증명할 수 있을까? 아니다. 우리는 이 우주를 지배하는 법칙(고전물리학의 법칙)과 다른 미시 물리학 법칙을 가진 우주를 상상할 수 있다. 또는 **미세-조정**(fine-tuning)의 문제를 생각해 보자. 우주론과 입자물리학에서 나타나는 일부 숫자는 매우 작거나 매우 크다. 매개변수를 포함하는 방정식은 그 데이터를 매우 잘 설명해 주지만, 왜 이러한 수치가 유지되는지는 설명하지 못한다. 누가 또는 무엇이 그 수치들을 정확한 값으로 조정했을까? 물리학자들은 크게 몇 가지로 답을 정리했다.

가장 덜 인기 있는 대답은, 어떤 더 깊은 설명도, 적어도 인간 마음에 접근할 수 있는 어떤 설명도 없다는 것이다. 그러한 수치로 설정된 이 방정식들이 관찰된 세계를 설명하며, 그것이 바로 본래의 방식이다. 무심한 사실, 이것이 전부이다! 두 번째 설명은,

이 우주가 특정한 법칙과 함께 창조되었다고 가정하며, 전통 종교에서처럼 초월적 존재에 의해, 또는 신과 같은 힘을 지닌 외계 문명에 의해 창조되었다고 가정한다. 세 번째 광범위한 설명은 앞서 언급했던 **다중우주**(multiverse)이다. 이것은 질서(cosmos)를 구성하는 매우 큰 세계들(universes) 집합으로, 각각 다른 법칙을 따른다.[5] 우리는 양자역학을 따르고, 생명에 도움이 되며, 통합 정보가 경험을 낳는 우주에 어쩌다 살게 되었다.

궁극적인 "왜"라는 질문에 대한 사색을 지적 수준에서 즐길 수는 있다.[6] 그러나 그런 질문은 또한, 창조의 기원을 감춘 커튼 뒤에서 끝없이 펼쳐진 커튼을 찾으려는 터무니없는 시도를 포함한다. 나는 이 우주에서, IIT가 경험과 그 물리적 기제 사이의 관계를 규정한다는 것을 알고, 무덤까지 행복하게 갈 것이다.

이제 이 이론에 대해 알아보자. 5만 피트 높이에서 이 이론을 개괄적으로 살펴볼 것이므로, 독자들은 그 원리와 작동 방식에 대해 충분히 음미하기를 바란다. 결단코 여기 페이지가 이 이론에 대한 엄격하고, 철저하며, 완전한 개요로 이해되지 말기를 바란다.[7]

완전체에
대해

8

**완전체에
대해**

당신은 이제 이 책의 핵심에 들어섰다. 나와 함께 이 연못 깊은 곳으로 들어가 보자.

통합정보이론(IIT)에 따르면, 의식은 자체로 작동하는 물리적 시스템의 인과적 속성으로 결정된다. 다시 말하자면, 의식은 '자체로 인과적 힘을 갖는' 메커니즘의 기본 속성이다. 내재적인 인과적 힘(intrinsic causal power)이란, 전자회로 또는 신경망의 현재 상태가 자체의 과거와 미래의 상태를 인과적으로 제약하는 그 범위이다. 그 시스템의 요소들이 서로를 더 많이 제약할수록, 인과적 힘은 더 높아진다. 이러한 인과적 분석은, 배선도(wiring diagram)와 같은 적절한 인과적 모델, 즉 "여기 있는 이 장치(widget)가 저기 있는 저 고안물(gadget)의 상태에 특정한 방식으로 영향을 미친다"는 식으로 설명하는 시스템에 대해 이루어질 수 있다.[1] 첫 장에서 소개했듯이, 이 이론은 경험의 다섯 가지 현상학적 공리(경험은 그 자체로 존재하고, 구조화되며, 특정한 방식

[정보적]으로 존재하고, 하나[통합적]이며, 제한적임)를 정하고, 각각에 대해 모든 의식 시스템이 따라야 할 요구사항인, 연관된 인과적 공준을 공식화한다. 이 이론은 다섯 공준을 모두 따르는 시스템의 내재적인 인과적 힘을 드러내거나 전개한다. 이러한 인과적 힘은 선(관계)들로 연결된 지점(구분)들의 별자리로 표현될 수 있다. IIT에 따르면, 이러한 인과적 힘은 의식적 힘과 동일하며, 가능

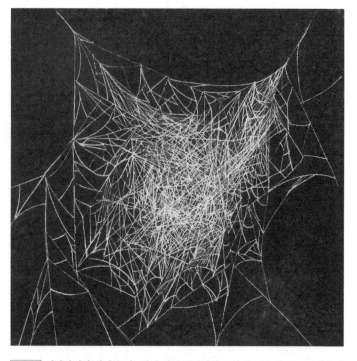

그림 8.1 **인과관계의 거미줄 망:** 다섯 가지 현상학적 공리를 모두 따르는 물리적 시스템에 대해, IIT는 복잡한 거미줄 망을 예시로 보여 주며, 연관된 내재적 인과관계 구조를 설명해 준다. 이 이론의 핵심 정체성 주장에 따르면, 이런 상태에서 이 시스템이 되는 느낌은 이 구조물을 구성하는 일련의 인과적 관계와 동일하다.

한 모든 의식적 경험의 모든 측면이 이러한 인과적 구조의 측면과 일대일로 대응한다. 모든 것들이 그중 어느 측면으로도 설명된다.

이러한 모든 인과적 힘은, 내재적 존재의 정도를 포함하여, 체계적인 방식으로, 즉 알고리즘으로 평가될 수 있다. 그림 8.1은 이러한 구조를 미로처럼 복잡하게 뒤엉킨 거미줄 망의 시각적 비유를 통해 보여 준다.

이제 다섯 공준들을 차례로 살펴보고, 이것들에 대해 이 이론이 뭐라고 말해 주는지 살펴보자.

내재적 존재

IIT의 출발점은, 의식이 그 자체로, 즉 관찰자 없이, 본질적으로 존재한다는 아우구스티누스-데카르트식 주장이다.[2] 연관된 **내재적 존재**(intrinsic existence) 공준은, 어떤 물리적 요소 집합이 본질적으로 존재하려면, 그 집합 '자체에' "다름(difference)을 만드는 차이(differences)"를 지정해야 한다고 주장한다.

외재주의자에서 내재주의자 관점으로 전환하는 것이 간단해 보이지만, 전체 접근법을 알려 주는 중대한 영향을 미친다. 가장 중요한 것으로, 그것은 어느 신경생리학자가 스캐너로 당신의 뇌 활동을 관찰하다가 당신의 방추형 얼굴 영역이 커지는 것을 발견하는 것과 같은, 외부 관찰자의 관점을 제거해 준다. 의식을 위한 어떤 외부 관찰자도 결코 존재하지 않는다. 모든 것은 그 시스템 자체를 다르게 만드는, 차이의 관점에서 규정되어야만 한다.

왜냐하면, 당신이 얼굴을 **보려면**, 시각적 자극이 당신의 경험을 구성하는 신경 기제에 차이를 만드는 변화를 일으켜야 하기 때문이다. 그렇지 않으면, 위액이 거꾸로 소화관으로 흘러들어가는 것처럼, 그 기반이 그 다름을 전혀 알아차리지 못할 것이다.

IIT가 "다름을 만드는 차이"를 어떻게 정의하는지 이해하기 위해, 나는 고전 철학의 기초 문헌 중 하나인 플라톤의 『소피스트(Sophist)』를 참고한다. 이 대화편은 한 젊은 수학자와, 파르메니데스(Parmenides)의 고향인 이탈리아 남부 엘레아(Elea)의 그리스 정착촌에서 온 이방인 사이의 긴 대화이다. 어느 순간 엘레아 이방인은 다음과 같이 바라본다.

내 생각에, 원인이 아무리 사소하고 결과가 아무리 미미하더라도, 다른 사람에게 영향을 미치거나 다른 사람에게 영향을 받을 수 있는 힘을 가진 것은 무엇이든 실제로 존재한다는 것입니다. 그래서 나는 존재의 정의는 단순히 힘이라고 생각해요.[3]

무언가 세계의 관점에서 존재하려면, 외적으로는 그것이 사물에 영향을 미칠 수 있어야 하고, 사물은 그것에 영향을 미칠 수 있어야 한다. 이것이 바로 인과적 힘을 갖는다는 의미이다. 무엇이 세계의 어떤 것을 다르게 만들 수 없거나, 세계의 어떤 것에 영향을 받을 수 없다면, 그것은 인과적으로 무력한 것이다. 그것이 존재하든 존재하지 않든, 아무런 차이를 만들지 못하기 때문이다.

이것은 널리 퍼져 있음에도, 거의 인정받지 못하는 원리이다. 우주 전체에 퍼져 있는 가상적 공간을 채우는 물질 또는 장(field), 즉 에테르를 생각해 보자. 빛을 내거나 품고 있는 에테르(aether 또는 ether)는, 빛의 파장이 빈 공간으로 기질(substrate) 없이 전파되는 방법을 설명하기 위해 19세기 고전물리학에 도입되었다. 이런 설명을 위해, 일반 물리적 사물과 상호작용하지 않는 '안 보이는' 물질이 필요했다. 점점 더 많은 실험에서 에테르가 무엇이든 간에 아무런 영향을 미치지 않는다는 결론이 나오자, 마침내 에테르는 오컴의 면도날(Occam's razor)에 의해 잘려 나가서 조용히 사라졌다. 에테르는 어떤 인과관계도 없으므로, 현대물리학에서 어떤 역할도 하지 않으며, 따라서 존재하지도 않는다.•

엘레아의 이방인에 따르면, 다른 사람을 위해 존재한다는 것은 그 사람에 대한 인과적 힘을 갖는다는 것이다. IIT의 주장에 따르면, 시스템이 스스로를 위해 존재하려면, 스스로에 대한 인과적 힘을 가져야 한다. 다시 말해서, 현재 상태는 과거 상태의 영향을 받아야 하며, 그 미래 상태에도 영향을 미칠 수 있어야 한다.

• 에테르 개념은 아리스토텔레스에 의해 처음 제안되었다. 그의 입장에 따르면, 창조주는 완전자로서 우주에 빈 공간인 진공을 만들지 않았으며, 그 공간처럼 보이는 곳은 에테르로 채워졌어야 했다. 훗날 아인슈타인이 빛을 입자라고 보면서, 파동을 가정하는 에테르 개념은 불필요해졌다. 물론 현대 양자역학은 빛을 입자이자 파동으로 인정한다. 그럼에도 에테르 개념은 제거되었다. 그런데 최근 그 빈 공간이 '암흑물질' 또는 '암흑 에너지'로 채워져 있다는 새로운 이론이 나왔고, 연구자들은 그 존재를 실험적으로 확인하는 중이다.

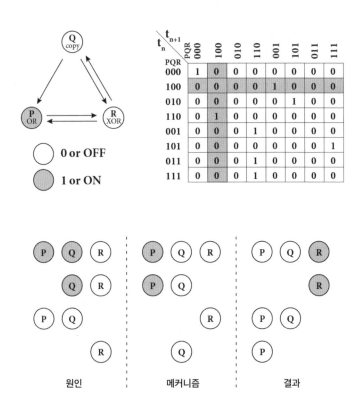

그림 8.2 **인과적 메커니즘:** 상태 (100)에 있는 세 논리게이트 (PQR)로 구성된 회로. 표는 이 회로의 전이확률 행렬에 해당한다(설명의 편의를 위해 완전히 결정론적이다). 네 가지 메커니즘은 회로의 현재 상태를 최대로 제한하는 네 가지 최대 환원 불가능한 원인과 네 가지 최대 환원 불가능한 결과를 연결한다. 이것은 네 가지 환원 불가능한 독특함에 해당한다. 전체 회로의 환원 불가능성은 통합정보 Φ로 정량화된다.

엘레아의 이방인이 추측했듯이, 어떤 것이 내재적인 인과적 힘을 가질수록 그것은 그 자체로 더 많이 존재한다. 라이프니츠는 모나드(monad)가 과거로 가득 차 있고, 미래를 임신하고 있다고 썼다. 그것이 바로 내재적인 인과적 힘이다.

인과적 힘은 에테르와 같은 허황된 개념이 아니라, 불논리(Boolean logic)를 구현하는 이진 게이트(binary gates)나, 신경회로의 실무율(all-or-none)로 반응하는 뉴런과 같은, 물리적 시스템에 대해 정확히 평가할 수 있는 개념이다. 그 시스템 외부의 모든 것들, 예를 들어 그것에 연결된 다른 회로들은 배경(6장에서 설명한 뇌간과 같은)으로 간주되고, 고정된 상태로 유지된다. 왜냐하면, 그 배경 조건이 변화되면, 그 시스템의 인과적 힘도 변할 수 있기 때문이다. 그러므로 이제 질문을 바꿔 보자. "시스템의 현재 상태가 과거로부터 얼마나 제약받으며, 미래를 얼마나 제약하는가?"

그림 8.2의 회로와 관련된 통합정보, 그림과 같이 연결된 세 논리게이트를 계산하는 터무니없이 간단한 사례를 살펴보자(화살표는 인과적 영향의 방향을 나타낸다). OR 게이트 P는 논리 1에 해당하는 ON이고, COPY 게이트 Q와 배타적 OR(또는 XOR) 게이트 R는 모두 논리 0에 해당하는 OFF이다. 이 회로 도형은, 시스템의 현재 상태 (PQR) = (100)과 함께, 회로의 과거와 미래를 완전히 지정한다.

이러한 게이트로 실행되는 논리적 기능이라면, 그 회로는 현재 상태 (100)에서 (001)로 전환될 것이다. 규칙적인 클록 사이클(clock cycle)에 따라 업데이트되는 이것은 모든 기본 컴퓨터회로의 작동 방식이다.[4]

구성

구성(composition) 공준에 따르면, 경험은 구조화된다. 이런 구조는 (경험을 명시하는) 시스템을 구성하는 메커니즘에 틀림 없이 반영된다(즉, 구조화된 메커니즘은 시스템을 구축하고, 그 시스템이 경험을 지정한다―옮긴이).

그림 8.2의 세 요소 회로(triadic circuit)와 관련된 통합정보 Φ[그리스어 대문자, 파이 또는 화이(fy)로 발음]를 계산하려면, 우리는 가능한 한 모든 메커니즘을 고려해야 한다. 즉, 우리는 각 메커니즘에 대해 그것이 후보 시스템 **내에** 다름을 만드는 차이를 지정하는지 여부를 물어야 한다. 이 시스템은 세 요소 기본 게이트 (P), (Q), (R) 자체와, 세 가지 가능한 게이트 쌍 (PQ), (PR), (QR), 그리고 세 요소 회로 (PQR)를 포함한다. 다시 말해서, 일곱 가지 메커니즘은 그 시스템의 내재적 관점에서 만드는 다름을 포착하는 고유한 측정 규준(metric)을 사용한 자체의 통합정보 라고 평가되어야 한다.

모든 공준을 충족하는 시스템에서, 이러한 각 메커니즘은 그 시스템 내에서 인과적 힘을 가진다고 가정할 때, 즉 0이 아닌 통합정보를 가진다고 가정할 때, 경험 내에서 특정한 현상학적 **구분** (distinction)을 구성한다. 그 구분은 한 경험을 구성하는 블록이 며, 여러 구분이 서로 겹치거나 유닛들(units)을 공유할 때 발생 하는 무수한 **관계**로 인해 서로 묶인다. **모나리자**의 신비로운 미소 에 대한 나의 경험은, 다빈치(Leonardo da Vinci)의 유명한 그림을 보는 더 큰 시각 경험을 구성하는 무수한 관계 내의 한 가지 고차원적 구분이다. 모나리자의 얼굴, 입술 등등을 보는 것은 다른 구분이다.

전체 회로의 인과적 힘을 고려하려면, **구성** 공준은 모든 단일 요소들(1차 메커니즘), 상호 연결된 두 요소의 조합(2차 메커니즘), 세 요소 모두로 구성된 전체 시스템 등을 평가해야 한다.

정보

정보(information) 공준에 따르면, 메커니즘은 그 시스템 자체 내에 "다름을 만드는 차이"를 지정하는 '경우에만 오직(only if, 필요조건으로)' 경험에 기여한다. 현재 상태의 메커니즘은, 그 메커니즘이 시스템 내의 원인과 결과를 분간할 정도까지 정보를 지정한다. 현재 상태의 시스템은, 과거의 원인이 될 수 있는 시스템 상태와, 미래의 결과가 될 수 있는 시스템 상태를 지정하는 정도까지 정보를 생성한다.

그림 8.2에서, 게이트 Q와 R에서 입력을 받는 OR 게이트 P를 생각해 보자. 각 게이트는 OFF이거나 ON일 수 있으므로, 가능한 입력 상태는 네 가지이다. 만약 그 입력 중 하나가 ON이면, OR 게이트가 ON인 것이 당연하다. 따라서 P가 ON이면, 세 가지 가능한 원인 상태 중 하나가 지정된다. 대신, 만약 P가 OFF이면, 단일 원인이 지정된다. 즉, 두 입력 모두 OFF인 상태로 지정

된다. 또 다른 가상 시나리오로, 만약 게이트 P가 고장 나고 내재적 노이즈로 인해 출력이 OFF이거나 ON일 가능성이 똑같다면, 그 가능한 원인에 대해 확실하게 추론할 수 있는 것은 아무것도 없다. 따라서 P의 원인-정보는, OFF일 때 최대, ON일 때 최소, 게이트가 무작위로 작동할 때는 0이다.

비슷한 고려 사항이 미래의 결과-정보에도 적용된다. 만약 현재 상태가 높은 확률로 하나 또는 몇 개인 상태로 이어지는 경우라면, 그 회로의 선택성이 높아지므로 따라서 결과-정보 역시 높다. 만약 현재가 미래에 약한 영향만 미친다면, 예를 들어, 주변 노이즈 수준이 높거나 시스템 내 다른 요소에 대한 의존성이 있다면, 그로 인해 결과-정보는 더 낮아진다.

원인-결과 정보(cause-effect information)는 원인-정보 **그리고** 결과-정보 중 더 작은(최소) 정보로 정의된다. 만약 둘 중 하나가 0이면, 원인-결과 정보 역시 0이다. 다시 말해서, 그 메커니즘의 과거 상태가 현재 상태를 결정할 수 있어야 하며, 반대로 현재 상태는 다시 미래 상태를 결정할 수 있어야 한다. 과거와 미래가 현재 상태에 의해 더 많이 지정될수록, 그 메커니즘의 원인-결과 힘도 더 커질 것이다.

"정보"의 이런 용법은 클로드 섀넌(Claude Shannon)이 도입한 공학 및 과학에서의 통상적인 의미와 매우 다르다. 섀넌 정보는, 항상 관찰자라는 외부 관점에서 평가되며, 무선링크나 광케이블같이 잡음이 많은 통신채널을 통해 전송되는 신호를 얼마나 정확하게 해독할(decoded) 수 있는지를 정량화한다. OFF와 ON

이라는 두 가지 가능성을 구분시켜 주는 데이터는 1비트 정보를 전달한다. 그러나 그런 정보가 중요한 혈액검사 결과인지, 아니면 휴가 사진의 한 구석에 있는 픽셀의 최하위비트(bit)인지는, 전적으로 그 맥락에 의존한다. 섀넌 정보의 의미는, 신호 그 자체에 있는 것이 아니라, 보는 사람의 눈에 의존한다. 섀넌 정보는 관찰적이며 외재적이다.

IIT의 의미에서 정보란, "형태 또는 모양을 부여하다"라는 뜻의 라틴어 *in-formare*에서 유래한, 훨씬 오래된 아리스토텔레스의 용법을 반영한다. 통합정보는 원인-결과 구조, 즉 형태를 만들어낸다. 통합정보는 인과적이고 내재적이며 질적이다. 통합정보는 시스템의 내적 관점에서, 즉 메커니즘과 그 현재 상태 등이 과거와 미래 상태를 어떻게 형성하는지에 기초하여 평가된다. 그 시스템이 과거와 미래의 상태를 어떻게 제한하는지는, 경험이 하늘색으로 느껴지는지 아니면 젖은 개 냄새로 느껴지는지 등을 결정한다.

통합

의식적 경험은 통합적이고 전체적이다. 그와 관련된 **통합**(integration) 공준에 따르면, 그 시스템에 의해 지정된 원인-결과 구조는 통합되거나 환원 불가능해야 한다. 통합정보 Φ는, 전체가 생성하는 형태가 부분들이 생성하는 형태와 어느 정도 다른지를 정량화한다. 그 환원 불가능성이란, 그 시스템이 환원되면 자체의 본질적인 것을 잃는다는, 즉 독립적이며, 상호작용하지 않는 구성 요소로 환원될 수 없다는 의미이다. 환원 불가능성은 회로의 모든 가능한 분할, 즉 회로를 겹치지 않는 메커니즘으로 분해할 수 있는 모든 다양한 방법(크기가 매우 다를 수 있음)을 고려하여 평가된다.[5] 그 실제 숫자 ϕ는, 원인-결과 구조가 최소정보 분할(가장 차이가 적은 분할)을 따라 잘라 내거나 줄였을 때, 원인-결과 구조가 변경되는 정도를 정량화한다. ϕ는 0이거나 양수인 순수한 수이다.[6]

예를 들어, 만약 P와 R, 그리고 P와 Q 사이의 두 연결이 끊어지면, 두 개별 메커니즘의 원인-결과 구조는, 그 두 메커니즘 사이의 상호 의존성이 더 이상 포착되지 않기 때문에, 전체 회로의 연관된 구조와 아주 다르다.

어떤 개체를 분할해도 원인-결과 구조에 아무런 차이가 없다면, 그 개체는 아무것도 잃지 않은 채, 그 부분으로 완전히 환원될 수 있다. 매우 실제적인 의미에서, 그 개체는 시스템으로 존재하는 것이 아니라, 단절된 부분으로만 존재한다. 그런 경우 ϕ는 0이다. 한 동네를 관통하는 고속도로 건설에 맞서기 위해 집단을 조직하려는 시민들을 생각해 보자. 만약 그들이 한 번도 만나지 않거나, 상호 교류하지 않고, 그래서 자신들의 행동을 조율하지 않는다면, 외부 인과적 결과의 관점에서 볼 때 그 집단은 지역 정치에서 존재하지 않는다. 내재적인 인과적 힘의 한 보기로, 당신과 나의 의식을 생각해 보자. 당신은 고통스러운 경험을 할 수 있고, 나 역시 그럴 수 있다. 어쩌면 심지어 같은 시간에 그럴 수도 있다. 그러나 우리들이 서로 연관된 경험을 가진다는 측면에서는 극히 무의미하다. 우리의 합동 경험은 당신과 나의 경험으로 완전히 환원될 수 있다.

배제

이러한 유형의 인과적 분석은 그 시스템 (PQR)가 환원 불가능하다는 것을 보여 준다. 즉, 그것이 그 분석 과정에서 무언가를 잃지 않고 두 개 이상의 구성 요소로 환원될 수 없다.

세 요소 (PQR)뿐만 아니라 두 요소 (PQ), (PR), (QR) 그리고 그 요소 게이트 자체 등이 후보 회로로서, 우리는 가능한 모든 게이트 조합에 대한 계산을 반복한다. 이러한 일곱 가지 "회로"는, 자체의 고유한 Φ 값과 함께, 자체의 원인-결과 구조를 가진다. 경험이 제한적이라는 현상학적 공리는, 그 상위집합이나 하위집합이 아니라, 최대로 환원 불가능한 회로만 그 자체로 존재한다는 **배제**(exclusion) 공준과 연관된다. Φ 값이 작은 모든 중첩 회로는 제외된다.

오직 최댓값만이 내재적 관점에서 존재한다는 사실은 많은 사람들에게 이상하게 보일 수 있다.[7] 그렇지만 물리학 내에 많은 극단적 원리들이 존재한다. 상대성이론, 열역학, 역학, 유체역학 등의 핵심 주제, 최소 활동의 원리를 살펴보자. 이 원리는, 특정 물리적 시스템이 진화할 수 있는 모든 방법들 중 실제로는 오직 극한의 한 가지 방법만 발생한다고 규정한다. 예를 들어, 처진 자전거 체인이나 양쪽 끝에 매달린 금속 링 체인 등의 모양은 그 위치에너지를 최소화시키는 모양이다.[8]

Φ의 최댓값은 고려되는 기반에 대한 전역 최댓값(global maximum)이다. 즉, 더 많은 통합정보를 지닌 이러한 회로의 상위집합이나 하위집합은 존재하지 않는다. 물론, 다른 사람의 뇌와 같이, Φ 값이 더 높은 비-중첩 시스템(nonoverlapping systems)이 많이 존재할 수는 있다.

배제 공준은 경험의 내용이 더 적지도 더 많지도 않은 이유에 대한 충분한 이유를 제공한다. 인과관계와 관련하여, 이 공준은 승리한 원인-결과 구조가 겹치는 요소에 대해 지정된 대체 원인-결과 구조를 배제하는 결과를 가져온다. 그렇지 않으면 인과적 과잉결정(causal overdetermination)이 있을 수 있기 때문이다. 이러한 원인과 결과의 배제는 "원인을 필요 이상으로 부풀리지 말라"는 또 다른 형태의 오컴의 면도날이다.

그 배경 조건에서, $\Phi^{최댓값}$(phi-max)이라고 불리는, 가장 큰 Φ 값을 가진, 세 요소 (PQR)만 오직 이러한 심사 과정에서 살아남는다. 만약 이러한 조건이 변경되면, $\Phi^{최댓값}$ 역시 변경될 수 있다. 내재적 관점에서, 세 요소 (PQR)는 환원 불가능하며, 그 경계는 최댓값 Φ를 산출하는 요소 집합에 의해 정의된다.

IIT에서는 이러한 요소 집합을, **주요 복합체**(main complex) 또는 **의식의 물리적 기제**(physical substrate of consciousness)라고 부른다. 나는 그것을 더 시적인 이름인 **완전체**(Whole, 대문자 W

를 사용하여)라고 부른다. 완전체는 어느 시스템 내의 가장 환원 불가능한 부분이며, 그 자체로 가장 큰 차이를 만들어 내는 부분이다.[9]

IIT에 따르면, 오직 이러한 완전체만이 경험을 가진다. 모든 다른 것들, 예를 들어 더 작은 회로 (PQ)는, Φ의 최댓값이 아니기 때문에, 그 자체로 존재하지 않으며, 내재적인 인과적 힘이 더 낮다.

통합정보이론의 핵심 정체성

어떤 상태에 있는 완전체의 요소들은, 단독으로 또는 조합하여, 구분(distinction)을 지정하는 일차 및 고차 메커니즘을 구성한다. 모든 이러한 메커니즘은 관계로 묶여 구조 하나를 형성하며, 그것을 최대 환원 불가능한 원인-결과 구조라고 정의한다. 모든 환원 불가능한 일차 및 고차 메커니즘의 집합과 이것들의 중첩에 대해, 실제 회로에서 이런 구조의 복잡성은 놀라울 정도이며, 그림 8.1의 거미줄 망을 보면 이를 짐작하게 한다.

이 이론은 의식이 무엇인지, 그 **핵심 정체성**(central identity)에 대한 질문에 놀라울 정도로 정확한 대답을 가지고 있다.

경험이란, 의식 상태의 시스템을 지원하는 최대로 환원 불가능한 원인-결과 구조와 동일하다.

마치 파란색을 느끼는 내 경험이 이런 경험의 물리적 기반인 내 머릿속의 끈적이는 회색질과 동일하지 않은 것처럼, 의식적 경험은 그 물리적 기제와 동일하지 않고, 이런 구조물인 완전체와 동일하다.

완전히 펼쳐진 최대 환원 불가능한 원인-결과 구조는 특정한 인과적 속성을 지닌 실재(reality)이다. 그 실재는 관계로 묶인 지점들의 "별자리" 또는 **형상**(form)에 해당한다.[10] 그것은 추상적인 수학적 대상이나 숫자 집합이 아니다. 그것은 물리적인 실재이다. 실제로, 그것은 가장 실제적인 것으로 존재한다. 나는 이전 저서에서 이런 형상을 **결정체**(crystal)라고 불렀다.

그 결정체는 내부에서 보이는 시스템이다. 그것은 머릿속의 목소리이며, 두개골 내부의 빛이다. 그것은 당신이 세계에 대해 알게 될 모든 것들이다. 그것은 당신의 유일한 실재(reality)이다. 그것은 경험의 본질이다. 연꽃을 먹는 사람의 꿈, 명상하는 스님의 마음 챙김(mindfulness), 암 환자의 고통 등이 그렇게 느껴지는 것은, 1조 차원의 공간 내의 독특한 결정체의 모습, 즉 참으로 찬란한 광경 때문이다.[11]

뇌의 경우, 그 완전체는 뇌의 상태를 관찰하고 조작할 수 있는, 적절한 수준의 세분화된 의식의 신경상관물이다(자세한 설명은 다음 두 장에서 하겠다). 그 완전체는 한정된 구성원을 가지며, 일부 뉴런은 포함되지만 다른 뉴런은, 아마도 그 일부 뉴런과 밀접하게 연결되지만, 포함되지는 않을 수 있다. 그림 8.2의 조잡한 그물망(the toy network)에서, 완전체는 세 요소 회로 (PQR)이다. 이러한 회로에 입력되거나 자체의 상태를 읽어 내는 외부 단자는 의식의 물리적 기제의 일부가 아니다. 그 회로의 경험은, 최대 환원 불가능한 원인-결과 구조 내의 인과관계로 묶여 있는, 네 가지로 구분되는 별자리에 의해서 가능하다(그림 8.2). 그 시스템의 환원 불가능성 $\Phi^{최댓값}$이 클수록, 즉 그 자체로 더 많이 존재할수록, 더 많이 의식적이다. $\Phi^{최댓값}$에 어떤 명확한 상한선도 없다.[12]

형이상학적인 진술인 IIT의 핵심 정체성은 강력한 존재론적 주장을 한다. $\Phi^{최댓값}$이 단순히 경험과 **상관관계에 있다**(correlates)는 것이 아니다. 그렇다고 최대 환원 불가능한 원인-결과 구조가 어느 한 경험의 필요충분조건이라고 더욱 강력히 주장하는 것도 아니다. 오히려 IIT는 어느 경험이, 완전체를 구성하는 상호 의존적인 물리적 메커니즘의 환원 불가능한 인과적 상호작용과 동일하다고 주장한다. 그것은 동일성 관계, 즉 어느 경험의 모든 측면이 그것과 연관된 최대 환원 불가능한 원인-결과 구조에 완전히 대응하여, 어느 쪽에도 남는 것이 없는 관계이다.

'그것이 (PQR)로서 무언가를 느낀다'는 주장은 그 이론을 지나치게 확대 해석한 것으로, 마치 인간, 벌레, 거대한 세쿼이아 나무 등이 모두 진화적으로 관련이 있다는 주장이 빅토리아시대 사람들 대부분에게 반(反)직관적으로 들렸던 것과 같다. 이런 주장은 철회되어야 한다. 이 이론의 도구와 개념을 사용하여, 어느 한 경험이 관련된 원인-결과 구조의 다양한 측면으로 어떻게 설명되는지를 본질적으로 입증할 필요가 있다. 이러한 맥락에서, 컴퓨터 모니터에 "네오 일어나라(Wake up Neo)"라는 텍스트를 보는, 외관상 "단순한" 경험을 생각해 보자. 사실상, 이런 경험에 대해 단순한 것은 전혀 없다. 그 경험의 현상학적 내용이 이해할 수 없을 정도로 방대하며, 많은 구분과 관계로 구성되어 있기 때문이다. 이런 것들이 이 경험을, 다른 어떤 경험과 다르게 만들어 준다.

이러한 구분에는 개별 픽셀을 지정하는 저차원 구분, 특정 위치에서 개별 문자를 구성하는 편향된 모서리를 형성하는 방식, 문자 "W"(가능한 한 많은 위치 어디에서든 특정한 각도로 선을 특정하게 배열) 및 개별 단어를 구성하는 고차원 불변항 구분이 포함된다. 그러나 이보다 훨씬 더 많은 것이 있다. 무언가, 무엇이든, 공간적으로 바라보는 바로 그 경험 자체가 매우 의미가 있으며, 공간, 이웃, 근거리와 원거리, 왼쪽과 오른쪽, 위아래 등으로 확장된 수많은 구분(점)을 포함하기 때문이다. 이러한 수많은 구분들은 동일 경험 내에 복잡한 관계들의 패턴으로 함께 묶이는데, 예를 들어, 그 글자들이 어디에 위치하는지, 특정 글꼴, 대문자 여부, 그 자체로 고차원적인 구분인 단어와 이름의 특정 관계 등으로 묶인다. 그 이론에 따르면, 지각 속성의 이러한 역동적인 "결속"[13]은, 구분이 과거와 미래 상태를 공동으로 제약하는 메커니즘의 중첩된 집합을 공유할 때 발생한다.

내재적 관점을 채택한다는 것은, 어떤 것을 공간적으로 확장된 것으로 보는 외재적인 "신의 눈" 관점을 거부한다는 것을 의미한다. 이것은, 공간이 (비어 있든 비어 있지 않든) 보이고 느껴지는 방식을 구성하는 인과적 힘을 명시한다는 것을 의미한다.

실제로 작동하는 방식

이것을 구체적으로 설명하기 위해, 후방 신피질 핫존을 구성하는 뉴런 집합을 고려해 보자. 이러한 뉴런 중 대부분은 침묵하지만, 일부는 일정 시간대(예를 들면, 10밀리초)에 발화하는 특정 상태를 가정해 보자. 나머지 뇌 영역은 고정된 배경으로 취급된다. 다시 말해서, 피질 앞쪽, 소뇌, 뇌간 등에서 뉴런의 발화는, 그것들이 어떤 값을 갖든 일정하게 유지된다.

그 과제는, 최대 환원 불가능한 원인-결과 구조, 즉 완전체의 기반이 되는 핫존 내에서 그러한 뉴런을 발견하고, 그 $\Phi^{최댓값}$을 계산하는 것이다.

먼저 이 그물망의 인과적 모델, 즉 후방 핫존 내의 개별 뉴런이 어떤 가중치와 발화 임곗값으로 어떻게 연결되어 있는지를 명시하는 배선 도형으로 시작해 보자. 물론 오늘날 불충분한 지식 상태를 고려해 볼 때, 여기에는 많은 부분을 추측에 의존해야 한다(예를 들어, 피질 앞쪽의 무작위 접근 연결 방식과 비교되는 격자형 연결 방식). 이러한 도형을 바탕으로, 우리는 1차 메커니즘인 개별 뉴런에서 시작하여, 원인-결과 정보를 계산한다.

어느 뉴런이든 원인-힘(cause-power)을 지닐 수 있다. 즉, 그 입력의 상태를 제한할 수 있다. 그 상태는, 시냅스-전 뉴런의 모든 가능한 하위집합에 대해, 원인-상태와 결과-상태를 지정하여(또는 더 단순하게, 원인과 결과를 지정하여) 평가된다. 그 통합 원인-정보는 분할된 원인과 분할되지 않은 원인(**가장 짧은 거리를 산출하는 분할로 선택되는**) 사이를 가중한 차이(weighted difference)이다. 그것은 그 원인이 문제의 메커니즘에 어떤 차이를 만드는지를 측정하여, 해당 뉴런의 원인-힘의 환원 가능성을 평가해 준다.

뉴런의 핵심-원인(core-cause)은 가장 큰 원인-힘을 지닌 입력들의 집합이다. 유사한 과정이 그 시냅스 출력 중 뉴런의 핵심-결과를 결정한다. 핵심-원인과 핵심-결과 모두가 0이 아닌 뉴런은 구분을 지정한다(그림 8.2 참조).

우리는 이 작업을, 모든 가능한 메커니즘, 즉 모든 개별 뉴런에 대해, 즉 두 개 뉴런(2차 메커니즘), 세 개 뉴런(3차 메커니즘), 그리고 그 그물망 전체에 이르기까지 모든 조합에 대해 실행한다. 그렇다, 그 조합의 수는 많다. (그러나 우리는 직접 상호작용하지 않는 이러한 메커니즘의 방대한 하위집합을 고려할 필요는 없다.) 그런 지정을 통해, 그 그물망의 모든 가능한 구분을 설명할 수 있다(그림 8.2의 회로에는 네 가지 구분과 함께, 네 가지 핵심-원인과 네 가지 핵심-결과가 있다).

그물망의 환원 불가능성은 그물망의 전반적인 통합을 측정하는 척도이다. 이것은 단일 뉴런의 통합을 평가하는 방식과 유사하게 평가된다. 즉, 그 그물망을 분할하고, 그 결과 '부분으로부터 복구 가능한 정도'를 측정한다. Φ는 그물망의 가능한 모든 하위 집합에 대한 시스템의 환원 불가능성을 나타내는 스칼라 측정값 (scalar measure)이다.

그 핫존 내의 많은 그물망은 양수 Φ 값을 갖는다. 그럼에도 예외적으로 그 그물망에서 Φ가 최댓값인 회로만 그 자체로 존재하는 완전체이다.

실제적으로, 내재적인, 환원될 수 없는 원인-결과 힘을 지닌 시스템은 분명히 강력히 연결되어 있다. 그러나 완전히 연결된 그물망, 즉 모든 유닛이 서로 연결되어 있는 그물망은, 고도로 통합된 정보를 얻을 수 있는 최선의 방법이 아니다.

오픈소스 프로그래밍 언어인 파이선(Python)에 익숙한 사람이라면, 소규모 그물망의 완전체 및 Φ^{최댓값}을 계산하는, 공개적으로 사용 가능한 소프트웨어패키지를 무료로 다운로드할 수 있다.[14]

만약 당신이 이 장까지 읽었다면 축하드린다. 이 장이 다룬 내용은 당신의 마음을 확장시켜 주었을 것이기 때문이다. 다음 두 장에서, 나는 의식 측정기와 같은, 이 이론의 임상적 함축과 다소 반직관적인 예측에 대해 논의하겠다. 이는 이 이론이 어떻게 작동하는지에 대한 추가적인 통찰력을 제공한다.

9

의식을
측정하는
도구

9

의식을
측정하는
도구

당신이 나에게 "TV에서 불타서 무너져 내리는 쌍둥이 빌딩을 처음 봤을 때, 내가 어디에 있었는지 생생하게 기억한다"라고 말할 때, 당신에게 의식이 있음을 나는 조금도 의심하지 않는다. 언어는 다른 사람의 의식을 추론하는 가장 좋은 기준이다. 그렇지만 그 기준은 말할 자격을 박탈당하거나 말할 수 없는 사람에게는 적용되지 못한다. 사람들에게 의식이 있는지 없는지를 다른 사람이 어떻게 알 수 있을까? 이것은 병원에서 매일 겪는 딜레마이다.

스텐트(stent)를 삽입하거나, 암 덩어리를 제거하거나, 낡은 고관절을 교체하는 등 외과수술을 위해 수면에 들어야 하는 환자를 생각해 보자. 마취는 통증을 없애고, 트라우마 기억이 형성되는 것을 방지하며, 환자를 움직이지 않게 하고, 자율신경계를 안정시켜 준다. 환자는 수술 중 깨어나지 않을 것이라 기대하며 마취에 들어간다. 불행하게도 이 목표가 항상 성취되지는 않는다. 외과수술 중 소환(intraoperative recall), 즉 "마취 중 깨어남"은 극히 드물게 발생하는데, 1000건당 한 건 혹은 몇 건 정도이다. 삽관을 용이하게 하고 근육의 심한 움직임을 방지하기 위해 환자를 마비시키면, 그런 환자는 자신의 고충을 신호로 알릴 수 없다. 매일 미국인 5만 명 이상이 전신마취를 받는다는 점을 고려해 보면, 극히 일부이나 환자 수백 명이 수술 중 마취 상태에서 깨어난다고 추정된다.

의식의 상태가 불확실한 또 다른 집단은 미성숙, 기형, 퇴화 또는 손상된 뇌를 지닌 환자들이다. 나이가 많든 적든 이들은 언어장애를 지니며, 눈이나 팔다리를 움직여 보라는 언어 요청에 반응하지 않는다. 그들이 삶을 경험한다는 것을 입증하는 일은 임상 시술(clinical arts)에 대한 중대한 도전이다.

인큐베이터에서 생활하는 미숙아, 그리고 대뇌피질, 두개골, 두피 등이 없는 중증 기형아(**무뇌증**, anencephaly), 지카바이러스(Zika virus)에 감염된 산모에게서 태어난 신생아(**소두증**, microcephaly)[1] 들에게 과연 의식이 있는지 확신하기란 어렵다. 실제로, 20세기 말까지만 해도 미숙아에 대해, 매우 연약한 신체에 대한 급성 및 장기적 위험을 최소화하기 위해서 마취 없이 수술하는 경우가 많았고, 그들의 뇌는 너무 미성숙하여 통증을 경험하지 못한다고 생각했다.[2]

인생의 다른 쪽 끝에는 중증 치매를 앓는 노인들이 있다. 알츠하이머 및 기타 퇴행성신경질환의 마지막 단계에 놓인 환자는 극도의 무관심과 탈진을 보여 준다. 말하기, 몸짓, 심지어 삼키는 것조차 하지 못한다. 신경섬유엉킴(neurofibrillary tangles)과 아밀

로이드 플라크(amyloid plaques)로 가득 찬 위축된 뇌는 자신의 의식적 마음을 이전처럼 여전히 가질까?[3]

이 모든 경우에 도움이 될 수 있는 것은, 미국 드라마 〈스타트렉(Star Trek)〉에 나오는 트라이코더(tricorder)와 같이, 경험이 있음을 알려 주는 의식 측정기이다. 데이비드 차머스는 생방송에서, 청중들 사이에 좀비를 폭로하는 척하려고 헤어드라이어로 여러 사람을 가리키며 이런 의식 측정기 개념을 소개했다.[4] 불완전하더라도, 그러한 도구는 아주 유용할 것이다. 뇌를 검사하여 의식적 마음의 울림을 파악할 방법을 생각해 보자. 그렇지만 그보다 앞서 나는 그러한 도구의 혜택을 가장 많이 받을 환자들부터 소개하겠다.

손상된 뇌에 좌초된 마음?

지난 반세기 동안 급성 및 중증 뇌손상 환자 수천 명을 죽음의 바닷가에서 건져 내어 생명의 육지로 돌려보낸, 놀라운 혁명이 일어났다. 첨단 의료, 수술 및 약물치료, 응급 헬리콥터, 911[구조대] 등이 등장하기 전에는 이런 환자들이 부상에 쉽게 굴복했었다.[5]

그렇지만, 이 발전의 변증법에는 어두운 이면도 있다. 병상에 누워 있는 환자는 자신의 정신상태를 명확히 표현할 수 없고, 자신과 환경에 대한 의식적 지각이 모호하고 변동하는 징후를 보이며, 자신의 의식 정도에 대한 진단에서 림보(limbo) 상태에 놓인다. 이러한 상태는 수년 동안 지속될 수 있어서, 죽음과 그에 따른 애도 과정이 가져올 감정적 폐쇄에서 벗어나지 못한 채, 그들을 돌보는 사랑하는 사람들에게 끔찍한 부담을 안겨 준다.

의식장애(disorders of consciousness) 환자는 다양한 부류로 나뉜다.[6] 그렇지만 그런 환자들을 두 가지 기준으로 나누어 생각하는 것이 도움이 된다. 하나는 눈을 움직이거나 고개를 끄덕이는 등 의도적으로 적절한 외부 신호에 반응하는 범위의 환자들이다. 다른 하나는 어느 정도 인지능력을 지닌 범위의 환자들이다.

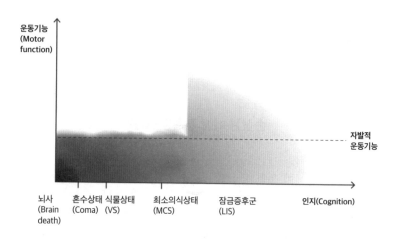

그림 9.1 **비참한 평원 내에 손상된 뇌와 의식:** 의식장애를 지닌 뇌손상 환자를, 남아있는 인지기능[왼쪽의 '전혀 없음'에서 오른쪽의 '잠금증후군(locked-in syndrome, LIS) 환자'까지 가로축으로 인지기능 범위를 표시함]과 남아 있는 운동기능(아래쪽의 '전혀 없음'에서 위쪽의 '반사작용 및 목표지향적 동작'까지 세로축의 변화 범위에 해당함)에 따라 분류한다. 중요한 판정 기준은, 환자가 눈, 팔다리 또는 말로 자발적으로 반응하는지 여부(점선)이다. 음영이 짙을수록 의식이 없을 가능성이 높다. (신경과 전문의 Niko Schiff의 연구로 Schiff, 2013에 근거한 표임.)

그들이 여전히 기억하고, 결정하고, 생각하고, 상상할 수 있을까? 각 환자는 이러한 비참한 평원의 특정 지점에서 지내는데(그림 9.1), 그 가로축은 인지능력을, 세로축은 운동 행동의 범위를 나타낸다.

환자의 행동 능력은 그들에 대한 면밀한 관찰을 통해 판단될 수 있다. 그들이 큰 소리에 반응하여 깜짝 놀라는가? 그들이 꼬집는 자극에 손이나 발을 움츠리는가? 그들의 눈이 밝은 빛을 따라가는가? 그들이 어느 비반사적 행동을 일으키는가? 그들이 의사의 지시에 따라 손, 눈, 머리 등으로 신호할 수 있는가? 그들이 의미 있게 대화할 수 있는가?

환자가 말할 수 없을 때, 다른 남아 있는 인지능력을 어느 정도 가지는지 추론하는 일은 훨씬 더 까다롭다. 전형적인 임상 평가는, 침대 옆에서 세심하게 관찰하기(일부 잠금증후군 환자는 의식이 온전하지만 눈깜빡임만으로 신호할 수 있다), 심지어 환자를 뇌스캐너에 넣고, 마음속으로 테니스를 치거나 자기 집의 각 방을 들어가는 상상을 하도록 요청하는 등을 포함하기도 한다. 이러한 두 가지 과제는 독특한 피질 영역 두 곳 중 한 곳의 혈류를 선택적으로 증가시킨다. 이러한 방식으로 뇌 활동을 의도적으로 조절할 수 있는 환자라면 의식이 있다고 간주된다.[7]

건강하며 규칙적으로 걷고 말하는 일상인은 그림 9.1의 오른쪽 상단 모서리에 해당하며, 인지 및 운동의 능력이 높다. 그 정반대는 왼쪽 하단 모서리에 해당하며, 블랙홀, 즉 **뇌사**(brain death)이다. 이것은 중추신경계 기능의 완전하고 비가역적인 상실, 즉

전체 뇌의 기능부전으로 정의된다. 자동적이든, 반사적이든, 자발적이든, 어떤 행동도 하지 못한다.[8] 어떤 경험도 더 이상 하지 못한다. 일단 이런 블랙홀에 들어가면, 결코 빠져나오지 못한다.

미국에서는 대부분 선진국과 마찬가지로 전체 뇌사(whole brain death)는 법적인 사망이다. 즉, 뇌가 죽으면 그 사람은 사망한 것이다. 이러한 진단은 병상 옆을 지키는 가족과 친구들에게 받아들이기 어려울 수 있는데, 그 환자, 전문용어로 시신(corpse)이 기계호흡기로 숨을 쉬고 심장이 뛰는 경우가 흔하기 때문이다. 이 시점에서, 그 시신은 장기기증자이다.

그렇지만, 사후 "삶"에 대한 신뢰할 만한 보고도 있다. 비록 그 육체가 법적으로는 시신이지만(생명 유지 장치를 달고 있는), 건강한 피부색을 유지하고, 손톱과 머리카락이 자라며, 몸이 따뜻하고, 월경도 할 수 있다. 그러한 경우는, 의학·과학·철학 등이, 결국 우리 모두가 겪는 생명에서 비생명으로의 전환을 일관되게 정의하기 위해 어떻게 지속적으로 노력해야 하는지를 잘 보여 준다.[9]

기능 상실 측면에서, **혼수상태**(coma)는 뇌사에 아주 가깝다. 혼수상태 환자는 살아 있지만, 움직이지 않고, 아무리 강한 자극을 주어도 눈을 감고 있으며, 뇌간 반사를 거의 보여 주지 못한다. 약리학적으로 유지되지 않는 한, 혼수상태는 전형적으로 수명이 짧으며, 사망하거나, 또는 부분적 혹은 완전한 회복에 이르기도 한다.

이제, 앞의 2장에서 설명한 **식물상태**(vegetative state, VS)를

알아보자. 식물상태 환자는 혼수상태 환자와 달리, 눈을 뜨고 감는 주기가 불규칙하다. 그런 환자는 침을 삼키고, 하품할 수 있으며, 눈이나 고개를 움직일 수 있지만, 의도적인 방식은 아니다. 호흡, 수면-깨어남 전환, 심장박동, 안구운동, 동공반응 등과 같은 기본적인 과정을 제어하는 활동만 남아 있을 뿐, 어떤 의지적 행동도 남아 있지 않다. "만약 내 말이 들리면, 내 손을 꽉 쥐거나 눈을 움직여 봐"와 같은 침대 곁 의사소통은 실패로 끝난다. 욕창과 감염을 예방하기 위한 적절한 간호를 받으면, 식물상태 환자는 수년 동안 생존할 수 있다.

어떤 방식, 모습, 또는 어떤 형태로든 의사소통할 수 없다는 것이, 식물상태 환자가 아무것도 경험하지 못한다는 개념과 양립할 수 있다. 그러나 "증거 부재는 부재의 증거가 아니다"라는 진언을 상기해 보라. 뇌손상 환자가 통증, 괴로움, 불안, 고립, 조용한 체념, 본격적인 생각의 흐름 등을 경험하는지, 또는 아무것도 경험하지 않는지에 대한 중요한 질문과 관련해서, 진단적 회색지대에 속하는 식물상태 환자가 있다. 연구에 따르면, 식물상태 환자의 약 20%는 의식이 있으며, 따라서 오진을 받을 가능성이 있다.

자신이 사랑하는 사람을 수년간 돌봐야 하는 가족과 친구에게, 누군가가 집에 있는지를 아는 것은 극적인 차이를 만들 수 있다. 우주비행사가 안전줄로 고정하지 않은 채 우주에서 유영하면서, 그와 접촉하려는 관제 센터의 간절한 대화 시도("내 말 들리는가, 톰 소령?")를 듣는 상황을 상상해 보라. 그런데 그의 고장

난 무전기는 그의 목소리를 전달하지 못한다. 그는 세계와 단절된다. 이것은 손상된 뇌로 인해 의사소통이 불가능한 일부 환자들의 절망적인 상황이며, 비자발적이고 극단적인 형태의 독방 감금 상황과 같다.

최소의식상태(minimally conscious state, MCS) 환자들의 경우 상황이 덜 모호하다. 말할 수는 없지만, 그런 환자들은 신호할 수 있다. 다만, 오직 희미하고, 보잘것없으며, 불규칙한 양식으로만 신호할 수 있다. 적절한 감정 상황에서 웃거나 울고, 이따금 소리 지르거나 몸짓하고, 그의 안구로 두드러진 사물을 추적하는 등이 가능하다. 이 증거에 따르면 이러한 환자들이 무언가를 경험할 가능성이 높지만, 그 경험이 얼마나 일시적이고 미미한 것인지는 여전히 의문을 남긴다.

잠금증후군(Locked-in syndrome, LIS) 환자들은 양외측 뇌간(bilateral brainstem) 병변으로 인해, 의식을 유지함에도 자발적 움직임을 대부분 또는 모두 하지 못한다(그림 9.1의 오른쪽 하단). 이들에게 남은 유일한 세상과의 연결고리는 보통 눈동자의 수직 움직임 또는 미세한 얼굴 움직임이다. 프랑스 작가 장 도미니크 보비(Jean-Dominique Bauby)는 왼쪽 눈꺼풀을 깜빡이는 것만으로 짧은 소설 『잠수종과 나비(Le Scaphandre et le Papillon)』를 썼으며, 영국의 천문학자 스티븐 호킹(Stephen Hawking)은 진행성 운동신경질환으로 몸을 움직일 수 없게 된 신체에 갇힌 천재였다.[10]

말기 근위축성측삭경화증(end-stage amyotrophic lateral

sclerosis, 루게릭병) 환자처럼 완전히 폐쇄된 환자의 경우, 외부 세계와의 모든 연결이 끊어진다. 이러한 비극적인 완전마비 환자의 경우, 어떤 정신적 삶이 남아 있는지 여부를 파악하기란 극히 어려운 일이다.[11]

다수로부터 하나

의식적 경험, 생각, 기억 등은 몇 분의 1초 내에 생겨났다가 사라진다. 유연한 뉴런의 발자취를 측정하려면, 이러한 역동성을 포착할 도구를 사용해야 한다. 임상 신경과 전문의에게, 이것이 바로 뇌파 기록 장치(electroencephalogram, EEG, 그림 5.1)이다.

1940년대 후반부터, **활성화된 뇌파 기록**(activated EEG)은 의식이 있는 피험자의 가장 확실한 신호였다. 이것은 저전압의, 빠르게 변동하는 파동(fluctuating waves)으로 특징지어지며, 두개골 전체에 걸쳐 동기화되지 않은, 즉 잠금 단계가 아니다. 이런 EEG가 더 낮은 주파수로 이동하면 의식이 존재할 가능성이 줄어들고, 뇌가 수면 중이거나 진정 상태이거나 손상된 상태일 수 있다.[12] 그러나 이런 규칙이 어느 한 개인의 의식 유무를 나타내는 일반적인 지표로 사용될 수 없는 예외가 충분히 많다. 따라서 기초과학자들과 임상의들은 마찬가지로 더욱 신뢰할 수 있을 측정법을 찾기 위해 노력해 왔다.

의식의 신경학적 발자취에 대한 크릭과 나의 탐구는 1989년

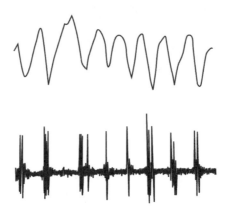

20밀리초

그림 9.2 **감마 진동(Gamma oscillations), 의식의 특징?** 뇌 신호는 움직이는 막대를 보고 있는 고양이의 시각피질에 삽입된 정교한 미세전극에 의해 포착된다. 국소 시야 전위(local field potential, 위의 기록에서 전극 주변 세포의 합산된 전기 활동)와, 주변 뉴런 집단의 극파 활동(아래의 기록)은 20~30밀리초 범위에서 현저한 주기성을 보인다. 크릭과 나는 이것이 의식의 신경상관물이라고 주장했다. (Gray & Singer, 1989의 것을 수정함.)

움직이는 막대나 다른 자극을 바라보는 고양이와 원숭이의 시각피질에서 동기화된 방전을 (재)발견하면서 활기를 띠었다(그림 9.2). 뉴런은 우연에서가 아니라 주기적으로 활동전위(action potentials)를 격발했으며, 피크파(spikes)는 20~30밀리초 간격으로 뚜렷한 경향을 보였다. 기록된 전위 내의 이러한 파동을 감마 진동(gamma oscillations, 초당 30~70사이클 또는 Hz, 대략 40Hz를 중심으로 25밀리초의 주기에 해당)이라 부른다. 더욱 놀라운 사실은, 같은 물체에 신호를 보내는 주변 뉴런들이 거의 동시에 격발한다는 점이다. 이것은 우리에게 이런 40Hz 진동이 의식의

신경상관물(NCC)이라고 제안하게 만들었다.[13]

이런 간단한 아이디어는 과학자들의 관심을 끌었고, 현대의 NCC에 대한 탐구에 힘을 실어 주었다. 그러나 사람과 동물의 40Hz 진동에 대한 수백 가지 실험을 통해 25년 이상 경험적으로 조사한 결과, 진정한 NCC가 아니라는 결론이 내려졌다. 감마 진동과 의식 사이의 관계에 대해 더 미묘한 견해가 등장했다. 이 범위 내에 있는 뉴런의 주기적 격발 또는 EEG의 감마 대역 활동성(그림 9.1의 왼쪽 위 기록)은 선택적 주의집중과 밀접한 관련이 있으며, 두 영역 사이의 동기화된 감마 진동은 두 개인 기본 뉴런 연합 내에서의 효과적인 연결성을 강화시킨다. 우리가 보이지 않는 무언가에 주의집중할 수 있는 것처럼(4장), 자극은 의식적인 경험을 불러일으키지 않고도 40Hz 진동을 유발할 수 있다.[14]

그러나 감마 진동은 의식과 관련하여 계속 수면 위로 떠오르고 있다. 많은 마취과 전문의가 사용하기 쉽다는 이유로 선호하는 상용 시스템은 바이스펙트럼 지수(bispectral index, BIS) 검사이다. 이 검사는 저주파 성분에 비해 고주파 성분이 우세한지 EEG를 평가한다(정확한 세부 사항은 독점 기술임). 실제로 이런 방법은 마취 중 환자가 다시 깨어나는 빈도를 줄이는 데 도움이 되지 않는다.[15] 또한 BIS는, 신생아부터 노인에 이르기까지 다양한 마취 환자나 현존하는 다양한 마취제에 걸쳐 일관된 방식으로 작동하지 않으며, 위에서 설명한 신경학적 환자와 같이 EEG 패턴이 비정상적일 수 있는 환자와는 관련이 없다. P3b와 같은 다른 측정법은 의식을 표시하는 데 더욱 좋지 않다.[16]

이러한 모든 지표는 대체로 단일 전기신호의 시간-경과 분석에 근거한다. 그러나 최신 EEG 시스템은 두피의 60개 이상 위치(전문용어로 "채널"이라 함)에서 전압을 동시에 기록한다. 즉, EEG는 시공간적 구조를 가진다. 깊은 마취 상태에서처럼, EEG가 평평하거나, 혼수상태 또는 뇌전증 상태 중 전체 피질에 걸쳐 뚜렷한 파동이 나타나는 경우를 제외하면, EEG는 이중적이고, 통합적이며, 분화된 특성을 드러내는 복잡한 모양을 하고 있다. 통합적이란 서로 다른 위치의 신호가 서로 완전히 독립적이지 않다는 의미이며, 분화적이란 각각 고유한 개성을 가지고 시간적으로 고도로 구조화되어 있다는 의미이다.

통합정보이론(IIT)이 함축하는바, NCC는 각 경험의 단일 측면을 반영할 뿐만 아니라, 한 경험의 매우 다양한 특성을 반영해야 한다. 이러한 원리를 EEG의 시공간적 구조에 적용하면, 모든 사람의 의식 여부를 안정적으로 감지할 수 있는 도구가 탄생한다.

이런 기술의 정신은, 앞으로 명백해질 여러 이유에서, "잽-앤-집(zap-and-zip, 충격 주고 압축하기)"이라 불리며, 미국의 공식 모토인 '에 플루리부스 우눔(e pluribus unum, 다수로부터 하나, 여러 주로부터 한 국가)'과 같다. 이 기술은 IIT의 창시자인 줄리오 토노니와, 현재 이탈리아 밀라노대학교의 신경생리학자인 마르첼로 마시미니(Marcello Massimini)가 고안했다.[17] 두피에 고정 와이어 코일을 밀착시키고, 두개골 아래 신경조직으로 단일 고(高)자기장 파동을 보내어, 전자기유도를 통해 근처의 피질 뉴런과 축삭에 짧은 전류를 유도한다.[18] 그러면, 시냅스로 연결된

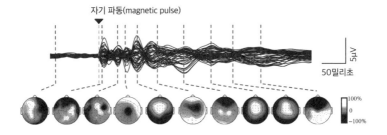

자기 파동(magnetic pulse)

5μV

50밀리초

100%
0
−100%

그림 9.3 **뇌 자극:** 자기 파동으로 뇌를 자극하면, 깨어 있는 자원자(아래쪽)의 60개 EEG 채널에서 측정되는, 지속적 피질 활동을 교란하는, 짧은 신경 진동파가 생성된다. 모든 채널의 평균 전기신호는 그림 윗부분에 표시되었다. 그것의 시공간적 복잡성은 의식을 추론하기 위해 섭동 복잡성 지수(perturbational complexity index, PCI)라는 단일 수치로 특징지어진다. (Casali et al., 2013의 그림을 수정함.)

협력하는 세포들이, 뇌 내부에 울려 퍼지는 캐스케이드(cascade)에 잠시 관여한 후 몇 분의 1초 이내에 소멸한다. 그 결과 발생하는 전기 활동은 고밀도 EEG 캡(cap)에 의해 추적된다. 이러한 많은 파동으로 뇌에 충격을 주고, EEG의 평균을 구한 다음, 그것을 시간에 따라 펼쳐 내면, 영화 한 편이 만들어진다. 그림 9.3은 한 번 가해진 자기 충격(magnetic zap) 후의 뇌파 기록을 보여 준다.

자기 파동에 반응하는 시공간적 활동성은 매우 복잡한 패턴으로, 흥분성 파동이 자극 격발 부위로부터 조직 전체로 빠르게 퍼져 나가면서, 닦아 내며 희미하게 사라진다. 피질을 커다란 황동 종이라 하고, 자기 코일을 타종 망치라고 생각해 보자. 잘 주조된 종은, 타종 한 번으로 상당한 시간 동안 그 종의 특징적 음정으로 울린다. 그렇게, 깨어 있는 피질도 다양한 주파수로 윙윙거린다.

반면에, 깊은 수면에 빠진 사람의 뇌는 (마치 필라델피아의 자유의 종처럼) 울리지 않거나, 균열된 종처럼 작동한다. 수면 중 EEG의 초기 진폭은 피험자가 깨어 있을 때보다 큰 반면에, 그 지속시간은 훨씬 짧고, 피질을 가로질러 연결된 다른 영역으로 울려 퍼지지 않는다. 그 뉴런이 여전히 활성화되어 있지만, 강한 국소 반응에서 알 수 있듯이, 통합이 깨졌기 때문이다. 우리는 깨어 있는 뇌에서 보이는 전형적인, 공간적으로 분화되고 시간적으로 다양한 전기적 활동을 수면 중에서는 거의 보지 못했다. 전신마취를 자원한 피험자의 경우에도 마찬가지이다. 자기 파동은 피질-피질 상호작용의 붕괴와, 통합의 감소를 나타내는, 국소적으로 잔류하는 단순한 반응을 변함없이 생성하며, IIT를 긍정해 준다.

연구진은 이런 반응이 얼마나 압축 가능한지를 포착하는 수학적 측정을 이용하여, 이런 반응이 피질과 시간에 따라 다른 범위를 평가한다. 이 알고리즘은 컴퓨터과학에서 차용한 것으로, 이미지나 동영상의 저장용량을 줄이기 위해 널리 사용되는 "집 (zip)" 압축 알고리즘의 기초가 되며, 이것이 그 분야에서 그 전체 절차를 "잽-앤-집"이라 불리는 이유이다. 궁극적으로, 각 사람의 EEG 반응은 한 숫자, 즉 섭동 복잡성 지수(PCI)에 대응한다. 만약 뇌가 자기 파동에 거의 반응하지 않는다면, 예를 들어, (깊은 혼수에서처럼) EEG가 거의 평평한 경우, 그 압축성이 높고 PCI는 0에 가까워진다. 반대로, 복잡성이 극대화되면 PCI는 1이 된다. PCI가 클수록, 자기 파동에 대한 뇌의 반응이 다양해져, 더욱 압축하기 어려워진다.

이제 그 접근법의 논리는 간단하다. 첫 단계에서, 기준 집단의 사람들에게 잽-앤-집을 적용하여, 일정한 임곗값인 PCI*를 추론한다. 예를 들어, 의식이라고 확실히 인정되는 모든 경우 PCI 값은 PCI*를 초과하며, 피험자가 무의식적인 모든 경우에 PCI 값이 그 임곗값보다 낮다. 이런 방식으로 PCI*는 의식을 지원하는 최소 복잡도 값으로 확립된다. 그런 다음, 두 번째 단계에서는 이 임곗값을 사용하여, 회색 지대에 있는 환자의 의식 여부를 추론한다.

그 기준 집단에는 건강한 지원자 102명과, 반응을 보이는 뇌 손상 환자 48명이 포함되었다. 의식이 있는 집단은 깨어 있는 피험자, 렘수면 중 꿈꾸는 피험자, 케타민(ketamine) 마취 피험자 등으로 구성되었다. 후자의 두 경우에서, 수면 중인 피험자에게 렘수면 중 무작위로 깨우고, 깨어나기 직전의 꿈 경험을 보고한 경우에만 EEG를 포함시켜, 의식을 평가했다. 마찬가지로, 해리 작용제(dissociative agent)인 케타민 마취를 한 피험자의 경우에, 자기 마음을 외부 세계와 분리하지만, 의식을 소멸시키지는 않는다(실제로 저용량의 케타민이 환각제인 "비타민 K"라고 불리며 남용된다). 무의식 상태는 깊은 수면(깨어나기 직전 어떤 경험도 없다고 보고하는)과 세 가지 다른 약제[미다졸람(midazolam), 크세논(xenon), 프로포폴(propofol)]를 사용한 수술-수준의 마취를 포함한다.

피험자 150명 모두에게 PCI* 값 0.31을 사용하여, 의식이 완전히 정확하게 추론되었다. 건강한 지원자든 뇌손상 환자든, 모두 의식이 있다고 또는 의식이 없다고 정확히 분류되었다. 이런 실험 결과는, 성별, 연령, 의학적 및 행동적 상태 등에 따라 변동성이 클 것이라는 점을 고려해 볼 때 놀라운 성과이다. 이 결과는 또한, 최근 식물상태에서 "깨어나" 최소의식상태를 회복한 (EMCS) 환자 9명과, 잠금상태(locked-in state)의 환자 5명에게도 마찬가지였다. 각 환자는, 그림 9.1을 수정한, 행동의 복잡성을 세로축에, PCI 지수를 가로축에 표시한, 비참한 평원 어딘가에서 고군분투하고 있었다(그림 9.4).

그런 다음, 연구 팀은 이런 임곗값으로 최소의식상태(MCS)

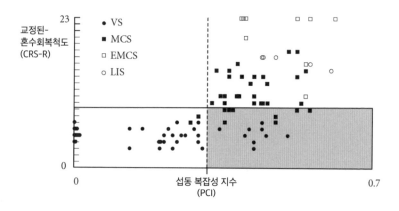

그림 9.4 **잽-앤-집을 사용하여 의식이 있는 환자를 식별:** 뇌손상 환자 95명의 행동이 섭동 복잡성 지수(PCI; 그림 9.1)에 따라 달라진다. 점선은 임계치인 PCI*에 해당하며, 그 이하에서는 의식이 없다. 세로축은 환자가 눈, 팔다리 또는 말로 반응할 수 있는 정도를 평가하는 교정된-혼수회복척도(coma-recovery-scale revised, CRS-R)를 나타낸다. 낮은 수치는 반사 반응을 가리키며, 수치가 높을수록 더 많은 인지 반응과 관련된다. 약어인 VS는 식물상태, MCS는 최소의식상태, EMCS는 최소의식상태의 회복, LIS는 잠금상태 환자를 의미한다. (Casarotto et al., 2016의 그림을 다시 그림.)

와 식물상태(VS) 환자에게 잽-앤-집을 적용했다(그림 9.4). 비반사적 행동의 징후가 있는 전자의 경우, 이 방법은 38명 환자 중 36명에게 의식이 있다고 정확히 배당했지만, 2명은 의식이 없는 것으로 잘못 진단했다. 의사소통이 불가능한 식물상태의 환자 43명 중 34명은 EEG 반응에서, 예상대로 그 기준 의식 집단의 어느 환자보다도 덜 복잡한 것을 보여 주었다. 그렇지만, 더 곤란한 문제는, 자기 파동에 반응했던 환자 9명이, 의식이 있는 대조군만큼 섭동 복잡도가 높은 반향 패턴(reverberatory pattern)을 보인다는 점이다. 만약 그 이론이 옳다면, 이러한 환자들은 의식이 있지만 세계와 소통할 수 없다는 것을 의미한다.

진정한 의식 측정기를 향해

이러한 연구는, 대뇌피질의 정보통합 능력의 붕괴와 회복으로 인한 의식의 상실과 회복을 감지하는 최초의 원칙적인 방법이라는 점에서, 매우 흥미로운 시도였다. 이런 기술은, 감각 입력 또는 운동 출력과 무관하게, 피질의 내재적 흥분성을 조사하여, 어떤 방식으로도 자신의 상태를 알릴 수 없는 환자를 진단해 준다. 미국과 유럽 전역의 병원에서 실시되는 대규모 협력 임상시험에서는, 침상 옆이나 응급실의 통제된 혼돈(controlled chaos) 속에서 기술자가 신속하고 안정적으로 집행할 수 있도록 잽-앤-집의 표준화, 검증, 개선 등의 방법을 찾고 있다.

누군가를, 손상된 뇌에 남아 있는 정신을 드러낼 어떤 행동도 할 수 없는 식물상태라고 분류하는 것은 항상 잠정적인 판단이다. 실제로 내가 방금 언급한 환자 43명 중 9명을 임상적으로 소중한 표준(교정된-혼수회복척도, 그림 9.4)이라고 평가했을 때, 그들은 의식의 행동 징후를 보여 주지 않았음에도 불구하고 잽-앤-집 방식으로 의식이 있다고 진단되었다. 이로 인해 임상의들은 고급 뇌-기계 인터페이스와 기계학습을 사용하여, 희미한 의식 징후를 감지할 수 있는 더욱 정교한 생리적 및 행동적 측정 방법을 고안해야 하는 과제를 떠안게 되었다. 잽-앤-집은, 강직성(catatonic) 및 기타 해리성 정신과 환자, 좌-우 반구의 분리-뇌 환자, 말기 치매 노인 환자, 피질이 작고 덜 발달한 소아 환자, 쥐와 같은 실험동물 등으로 확대되고 있다.

나는 이런 연구에 대해 매우 낙관적이어서, 스웨덴의 기자이며 과학 저술가인 페르 스나프루드(Per Snaprud)와 2028년 말까지 이 연구가 완료될 것이라고 공개적 내기를 통해 약속했다.

임상의와 신경과학자 들이 잘 검증된 뇌-활동성 측정 기술을 개발하여, 마취된 환자나 신경과 환자와 같은 개별 피험자가 그 순간 의식이 있는지 여부를 높은 수준의 확실성으로 입증할 것이다.[19]

잽-앤-집은 통합정보를 측정하지 않는다. PCI 지수가 IIT에 의해 동기화되었지만, 그 방법은 차별화와 통합을 조잡하게 평가한다. 진정한 의식 측정기인 **페이스**(Pace) IIT는 $\phi^{최댓값}$을 측정해야 한다.[20] 이러한 **Φ-측정기** 또는 **파이-측정기**(phi-meter)는, 통합 정보를 극대화하는 적절한 시공간적 세분성(granularity) 수준에서, NCC를 인과적으로 조사해야 한다. 이런 조사는 경험적으로 평가될 수 있다.[21]

진정한 파이-측정기는, 깨어 있을 때와 잠자는 동안 경험의 증가와 감소, 어린이와 청소년의 의식 증가, 고도로 발달된 자아 감각을 가진 성숙한 성인이 보이는 정점에 도달할 때까지의 의식 증가의 수준, 그리고 나이가 들면서 불가피하게 감소하기 시작하기 전 장기 명상가의 절대적인 최대치 등등을 반영해야 한다. 이러한 장치는 피질이 있든 없든, 실제로 어느 종류의 정교한 신경계이든 상관없이, 모든 종에 걸쳐 일반화될 수 있다. 현재 우리는 그런 도구와 거리가 멀다. 수천 년 동안 지속된 심-신 문제에서 이 획기적인 사건을 축하할 날이 머지않았다.

초월적 마음과
순수한 의식

10

초월적 마음과
순수한 의식

통합정보이론(IIT)의 매력적 특징은 새로운 생각을 창출하는 풍부성에 있으며, 예를 들어 방금 논의했던 소박하지만 효과적인 의식 측정기가 있다. 다른 생각으로, 통합정보를 극대화하는 시공간적 세분성(granularity)의 규모, 즉 경험이 발생하는 수준(앞장의 주석 21 참조), 순수한 경험의 신경상관물, 그리고 그 이론의 더욱 놀라운 예측인, 두 뇌를 합병하여 단일 의식적 마음을 생성하는 것 등과 관련된다. 그런 이야기를 하기에 앞서, 그 반대인 한 뇌가 두 마음으로 나뉘는 사례부터 이야기해 보자.

뇌 분할이 두 의식 완전체를 만든다

뇌량(corpus callosum)을 구성하는 2억 개 축삭돌기와, 몇 가지 다른 작은 경로를 통해서 연결되는 두 대뇌피질 반구를 생각해 보자(그림 10.1). 이러한 연결 덕분에 대뇌피질의 양측이 원활하고 손쉽게 한 마음으로 엮인다.

나는 3장에서, 발작을 완화하기 위해 뇌량을 절단한 분리-뇌(split-brain) 환자에 대해 언급했다.[1] 놀랍게도 이렇게 심한 수술에서 회복된 환자는 일상생활에서 사람들의 눈길을 끌지 않는다. 그런 환자들은 이전과 다름없이 보고, 듣고, 냄새 맡을 수 있으며, 다른 사람들과 어울리고, 대화하고, 적절히 교류할 수 있으며, 지능지수(IQ)도 변함없이 유지된다. 뇌의 정중선(midline)을 따라 뇌를 절단해도, 환자의 자아 느낌이나 그들이 세계를 경험하는 방식에 큰 영향을 미치지 않는 것 같다.

그러나 그러한 그들의 무해한 행동에는 놀라운 사실이 숨겨져 있는데, 그런 환자들이 말하는 마음은 거의 항상 좌측 대뇌피질 반구에 자리 잡고 있다는 것이다. 오직 좌반구의 경험과 기억만이 언어를 통해 공개적으로 접근될 수 있다. 지배적이지 않은 우반구의 마음은 접근하기 훨씬 더 어려운데, 예를 들어 지배적인 좌반구를 마취로 침묵시켜야만 가능하다.[2] 이제, 거의 침묵하는 우반구는 복잡하고 비전형적인 행동을 실행함으로써 자신을 드러내는데, 단일 단어를 읽을 수 있고, 어떤 경우에는 구문을 이해하고, 간단한 말을 하며, 지시에 따르고, 노래할 수도 있다. 외부인이 알려 주는바, 분리-뇌 환자들의 경우 한 두개골 내에 두 가지 뚜렷한 의식 흐름이 존재한다.[3]

로저 스페리(Roger Sperry)는 이런 환자들에 대한 연구로 1981년 노벨상을 수상했으며, 다음과 같이 명확히 말했다.

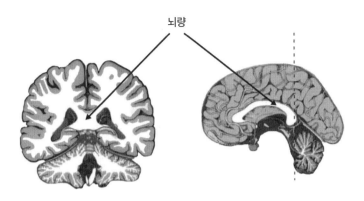

그림 10.1 **두 대뇌피질 반구 사이의 고-대역폭 연결:** 2억 개 축삭돌기가 양측 대뇌 반구를 연결한다. (Kretschmann & Weinrich, 1992의 그림을 수정.)

비록 일부 권위자들이 단절된 작은 반구(minor hemisphere)에 의식이 있음을 믿고 싶어 하지 않지만, 수많은 다양한 비언어적 시험에 근거하여, 작은 반구는 실제로 그 자체로 의식 시스템이다. 지각, 사고, 기억, 추론, 의지 및 감정 등에서 모두 특징적으로 별다를 것 없는 수준으로 실행하며, 좌반구와 우반구는 모두 서로 다른, 심지어 상호 충돌하는 정신적 경험에서조차 동시적으로 의식할 수 있다는 것이 우리의 해석이다.[4]

이것은 IIT 내에서 어떻게 해석될 수 있을까? 그 핵심 정체성 논제에 따르면, 경험이란 뇌의 최대 환원 불가능한 원인-결과 구조와 동일하다(그림 8.1). 경험이 그 자체로 얼마나 존재하는지, 즉 경험의 환원 불가능성은 통합정보의 최댓값, 즉 $\Phi^{최댓값}$ 으로 주어진다. 이런 경험을 결정하는 물리적 구조, 즉 완전체(Whole)

는 조작적으로 정의되는 의식의 내용-특이적 신경상관물이다
(5장의 NCC). 그 배경 조건은 의식을 지원하는 모든 생리적 사
건들, 예를 들어 박동하는 심장, 신경조직에 산소를 공급하는 폐,
노르아드레날린 및 아세틸콜린 섬유 등과 같은 다양한 상승 시스
템(ascending systems)이다.

두 피질 반구가 긴밀히 연결된 정상 뇌에서, 완전체는 관련 통
합정보 $\Phi^{최댓값}_{양측}$과 함께, 양측 반구에 걸쳐 확장된다(그림 10.2). 이
런 완전체는 경계가 뚜렷하며(일부 뉴런은 안으로 나머지는 밖

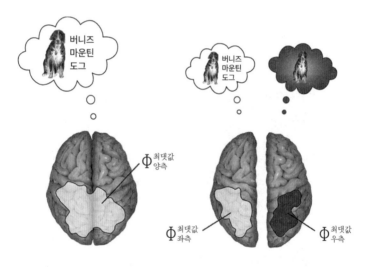

그림 10.2 **뇌를 두 마음으로 나누기:** 그 물리적 기제, 즉 그 완전체(Whole)를 지닌
한 마음은, 우리 모두의 거대한 뇌량에 의해 연결된 양측 피질 반구에 퍼져 있다(왼
쪽 그림). 수술에 의한 단절은 두 완전체를 지닌 두 별개의 마음을 만들어 내는데, 하
나는 말을 할 수 있고, 다른 하나는 언어적으로 무능하다(오른쪽 그림). 어느 측 반
구의 마음도 다른 측 반구의 마음을 직접 알지 못하며, 자신만이 두개골의 유일한 점
유자라고 믿는다.

으로), 모든 경험의 명확한 본성을 반영한다. 셀 수 없을 정도로 많은 수의 겹치는 회로들은 통합정보가 적다. 특별히, 좌측 피질과 우측 피질의 $\Phi^{최댓값}$, 즉 $\Phi^{최댓값}_{좌측}$ 과 $\Phi^{최댓값}_{우측}$ 은 그 자체로 존재한다. 그러나 내재적 관점에서, 배제 공준의 원리에 따라, 오직 이 기제에 대한 통합정보의 최댓값만이 그 자체로 존재한다. 즉, 완전체이다.

IIT의 렌즈를 통해 본, 분리-뇌 환자의 마음에 어떤 일이 일어나는지를 분석하기 위해, 미래형 번안을 생각해 보자. 그 번안에서, 신경외과의사의 칼날의 무디고 돌이킬 수 없는 작용은 어떤 **미묘한 칼**(subtle knife)로 대체되는데, 그런 첨단기술은 의사로 하여금 얇은 축삭 덩어리를 섬세하고, 점진적이며, 가역적으로 비활성화하게 할 수 있다.

교련 축삭이 하나씩 꺼짐에 따라, 반구 간 통신 대역폭도 감소한다. 환자가 수술 중 의식을 갖는다고 가정해 보면, 그 환자의 느낌은 처음에는 큰 영향을 받지 않을 것이다. 즉, 그는 세계와 자신에 대한 경험에 어떤 변화도 알아채지 못할 수 있다. 동시에 $\Phi^{최댓값}_{양측}$ 은 거의 변하지 않을 것이다.

그 미묘한 칼로 단일 축삭을 추가로 끄면, $\Phi^{최댓값}_{양측}$ 이 독립적 반구의 $\Phi^{최댓값}$ 중 더 큰 값, 예를 들어 $\Phi^{최댓값}_{좌측}$ 아래로 떨어지는 순간이 올 것이다. 반구 내 연결에 비해 반구 간 격발 소통이 감소하면, 양측 반구에 걸친 단일 완전체는 갑자기 좌측 반구와 우측 반구 각각 두 완전체로 나뉜다(그림 10.2).

한 마음이 사라지면서 두 마음으로, 하나는 좌측 반구에 $\Phi^{최댓값}_{좌측}$,

다른 하나는 우측 반구에 $\Phi_{우측}^{최댓값}$으로 자리 잡아 두 마음으로 대체된다. 좌측의 완전체에 의해 지원되는 한 마음은, 좌하측전두 이랑(left inferior frontal gyrus) 내의 브로카영역에 접근할 수 있어서, 그것이 보는 것의 이름을 말할 수 있다(그림 10.2의 개 품종). 그것은 우반구의 완전체에 의해 지원되는 다른 마음의 현 존재를 알아채지 못한다. 내재적 관점에서 볼 때, 그 다른 마음은 마치 달의 어두운 면에 있는 것과 같다.[5]

신체의 움직임을 면밀히 관찰함으로써, 좌측 마음은, 핑크 플로이드(Pink Floyd)가 〈브레인 데미지(Brain Damage)〉에서 한탄한 것처럼, "내 머릿속에 누군가가 있지만, 내가 아닙니다"라고 추론할 수 있다. 좌측 마음이 원하는 것과, 우측 마음에 의해 통제되는 신체의 왼쪽이 원하는 것, 둘 사이에 충돌이 발생할 수 있다. 환자는 한 손으로 셔츠 단추를 풀면서 다른 손이 그 행동을 제지하거나, 또는 자신의 손이 외부의 존재에 의해 통제되어 스스로 움직인다고 불평할 수도 있다. 이러한 행동은 "자신의 마음"을 말하지 못하는 의식적인 마음에 의해 촉발된다. 이러한 반구의 경쟁은, 결국 좌반구가 몸 전체를 지배함으로써 중단된다.[6]

뇌-연결과 초월적 마음

이제 반대로 생각해 보자. 한 뇌를 분할하는 대신, 두 뇌를 하나로 합쳐 보자. 미래형 신경 기술, 즉 수십억 개 개별 뉴런을 밀리초 단위의 정밀도로 안전하게 읽고 쓰는, **뇌-연결**(brain-bridging) 기술을 상상해 보자. 그런 뇌-연결 기술은 한 사람 피질 내에 뉴런들의 격발 활동성을 감지하고, 이를 다른 사람 피질 내에 대응하는 영역 내의 뉴런과 시냅스로 연결하고, 그 반대로도 연결하며, 인공적인 뇌량처럼 작동하도록 해 준다.

이러한 상황은, 쌍둥이가 두개골이 결합된 상태로 태어날 때 (두개골유합증, craniopagus) 자연스럽게 발생할 수 있다. 유튜브 동영상에서 보여 주는 한 사례에서, 두 소녀는 두개골이 서로 붙어 있다는 점을 제외하면, 여느 아이들과 똑같이 낄낄거리며 함께 놀며, 즐겁게 뛰어다닌다.[7] 그들은 정말 말 그대로 뗄 수 없는 사이이다. 쌍둥이 각자는 적어도 일부 시간 동안 서로 지각하는 것에 접근할 수 있지만, 여전히 자신의 고유한 사고와 개성을 유지할 수 있다.

우리의 시각피질을 연결하는 몇 개 전선으로 시작하여, 당신과 나의 피질을 뇌-연결한다고 가정해 보자. 내가 세계를 볼 때, 나는 평소에 보던 것을 보지만, 마치 증강현실 고글을 쓰고 있는 것처럼, 나는 당신이 보는 것의 이미지가 겹쳐진 유령 같은 이미지를 볼 것이다. 당신이 본 것을 내가 얼마나 생생하게 경험하는지 그리고 어떤 측면을 경험하는지는 뇌와 뇌 사이 배선의 세부 사항에 달려 있다. 그러나 당신 뇌의 통합정보인 $\Phi^{최댓값}_{당신}$과, 내 뇌의 통합정보인 $\Phi^{최댓값}_{나}$가 서로 연결된 두 신경계의 $\Phi^{최댓값}_{우리}$를 넘어서는 한, 우리는 서로 독특한 마음을 유지할 것이다. 당신은 여전히 당신이고, 나는 나로 남는데, 이것은 IIT의 배제 공준에 따른 결과이다. Φ 계산은, 그 회로의 환원 불가능성을 평가하기 위해 가능한 모든 분할을 고려하며, 뇌와 뇌 사이의 경로가 거대한 현존 뇌 내부 경로보다 왜소하지 않은 한, 아주 극적인 변화는 없다.

점점 더 많은(아마도 수천만 개 정도에 달하는) 뉴런이 상호적으로 연결됨에 따라서, 뇌-연결의 대역폭이 점점 더 커지며, $\Phi^{최댓값}_{우리}$가 $\Phi^{최댓값}_{당신}$ 또는 $\Phi^{최댓값}_{나}$를 조금이라도 초과하는 시점이 올 것이다. 그 순간 세계에 대한 당신의 의식적 경험은, 나에게도 그러하듯이, 사라진다. 당신과 나의 내재적 관점에서 볼 때, 우리는 존재하지 않게 된다. 그러나 우리의 죽음은 새로 합병된 또는 혼합된 마음의 탄생으로 이어진다. 그런 마음은 두 뇌와 네 대뇌피질 반구에 걸쳐 확장되는 완전체를 가진다(그림 10.3). 그 마음은 네 눈을 통해 세계를 보고, 네 귀를 통해 들으며, 두 입으로 말하고, 네 팔다리를 조절하며, 두 삶에 대한 개인적 기억을 공유한다.

설명을 위해, 나는 그림 10.3에서 당신이 프랑스어 원어민이라고 가정한다. 우리가 서로 떨어져 있을 때, 우리는 그 개를 보고, 그 개의 품종에 대해 각자의 모국어로 생각한다. 그런 혼합된 마음은 당신과 나 모두에게 유연하게 접근될 수 있다.

때때로 나는 내 아내의 마음과 완전히 결합되어, 아내가 경험하는 것을 경험하고 싶을 때가 있다. 성적 결합은, 단지 그러한 욕구를 희미하고 일시적으로만 충족시켜 준다. 우리의 몸이 서로 얽혀 있더라도, 우리의 두 마음은 각자의 정체성을 유지한다. 뇌-연결을 통한 마음 혼합은 초월, 완전한 통합, 우리의 독특한 정체성의 격렬한 해체, 그리고 새로운 영혼의 탄생을 가능하게 해 준다.

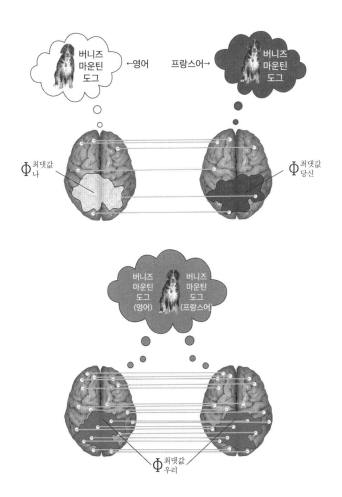

그림 10.3 **두 뇌를 한 마음으로 합치기:** 아직 발명되지 않은 기술인 뇌-연결(brain-bridging)을 통해, 두 뇌가 연결되어, 각 뇌의 뉴런이 서로 직접적이고 상호적으로 영향을 주고받을 수 있다. 위쪽 그림에서, 이런 인공적 뇌량의 효과적 연결성이 낮다고 보고, 각 뇌의 통합정보인 $\Phi_\text{나}^\text{최댓값}$ 와 $\Phi_\text{당신}^\text{최댓값}$ 이 우리 뇌의 통합정보보다 크다고 가정해 보자. 각각의 마음은 다른 뇌의 일부 정보에 접근할 수 있지만, 각자의 마음은 고유한 정체성(이런 사례로, 영어로 생각하고 프랑스어로 생각하는 경우를 포함하여)을 유지한다. 하지만 이 상태는 서로 연결된 두 뇌의 뉴런 수가 어떤 임곗값을 초과할 경우, 급격히 변화한다(아래). 두 뇌에 걸쳐 확장되는 한 완전체가 등장함에 따라, 갑작스럽게 단일 의식이 생겨난다.

리하르트 바그너(Richard Wagner)의 오페라 〈트리스탄과 이졸데(Tristan und Isolde)〉는 나의 사고실험을 한 세기 이상 앞서 예상했다. 가장 황홀한 음악이 울려 퍼지자, 트리스탄은 이졸데에게 갈망하여 외친다. "트리스탄 당신, 나 이졸데, 더 이상 트리스탄이 아니야." 그 외침에 이졸데는 대답한다. "당신 이졸데, 나 트리스탄, 더 이상 이졸데가 아니야." 그러자 황홀한 듀엣으로 전환된다. "이름 없는, 이별 없는, 새로운 지각, 새로운 자극, 끝없는 자기 인식, 따뜻하게 빛나는 마음, 사랑의 최고 기쁨!" 만약 우리가 그 대본을 직접 쓴 바그너의 말을 믿어 보자면, 마음과 마음을 합치는 것은 끝없는 기쁨이다.

실제로 수십 년 동안 자율적으로 발달한 두 마음이 갑자기 만나면, 엄청난 갈등과 병리적 증상을 발생시킬 것이고, 파국으로 끝날 수 있으며, 혼합된-마음 정신의학이란 새로운 전문 분야가 탄생할 것이다.

마음의 혼합은 완전히 되돌릴 수 있다. 뇌-연결의 대역폭이 줄어들어, 그 연결된 두뇌의 통합정보가 한 두뇌의 통합정보 아래로 떨어지면, 그 혼합된 마음이 사라진다. 당신과 나는 익숙한 개별적 마음으로 돌아간다. 개념적으로 두 뇌 사이의 연결고리를 끊는 것은 분리-뇌 수술과 비슷할 것이다.

나는 그런 연결을 두 뇌로 제한할 이유가 없다고 생각한다. 충분히 발전한 기술이 있다면, 물리법칙에 의해서만 제한되는 셋, 넷, 또는 수백 개 뇌를 연결할 수도 있을 것이다. 각각의 뇌가 완전체로 합쳐지면서, 각자의 고유한 능력, 지능, 기억, 그리고 기술

등이 점점 더 커지는 초월적 마음(über-mind)에 추가될 것이다.

나는 더 큰 완전체를 위해 개성을 포기하는, 초월적 마음을 추구하는 사이비종교와 그 종교운동이 생겨날 것으로 예상한다. 이런 집단적 마음이, 아서 C. 클라크(Arthur C. Clarke)의 『유년기의 끝(Childhood's End)』에 나오는 오버마인드(Overmind)처럼, 개인을 뛰어넘는 새로운 정신적 힘을 얻을 것인가? 이것이 바로 인류 최고의 운명, 즉 우리 종의 정신적 본질을 집약한 단일 의식이 아니겠는가?

이러한 집단적 마음에 대한 더 무서운 묘사는, 〈스타트렉〉 우주에 등장하는 가상의 외계 종족인 보그(Borg)이다. 보그는 지각 있는 생명체를 자신의 군집 마음(hive mind)으로 집요하게 흡수한다("모든 저항은 소용없다"). 그 과정에서, 사람들은 자신들의 정체성을 집단에게 포기한다.

무수히 많은 개별 신경세포를 조작하는(자극하는) 것은 고사하고, 읽기조차 어려운 현재의 원시적 능력을 고려해 보면, 인간의 두뇌-연결은 아득한 미래에나 가능한 일이지만, 쥐에게 이것을 시도해 보는 일은 좀 더 가능해 보인다.[8]

신경 지배력과 다중 마음

IIT에 대한 또 다른 예측에 대해 이야기해 보자. 배제 공준에 따르면, 자체의 기제를 포함하는 모든 다양한 회로들 중에 오직 최고의 통합정보를 지닌 기제만이 그 자체로 존재하는 완전체이다. 그 기제가 직접 또는 간접으로 언어 영역을 제어하는 한, 그것은 자신의 마음에 대해 말할 수 있다. 이것이 바로 경험하는 "나"이다.

그런데 왜 160억 개 피질 뉴런과 시상, 기저핵, 담장, 편도체(amygdala), 그리고 기타 피질 하부 영역 등등의 보조 신경세포 전체에 걸친, 단 한 가지 완전체만이 존재하는 이유는 무엇일까? 이러한 Φ의 국소 최댓값의 기제가 겹치지 않는 한, 각각 명확한 경계를 지닌 여러 완전체가 한 뇌 안에서 독립적이며 동시적으로 공존할 수 있다.

선험적으로(*a priori*), 피질 영역 전체에 걸쳐 지배력을 확장하는 단 한 가지 완전체가 존재해야 할 어떤 형식적이고 수학적인 이유도 없다. 원리적으로, 한 대륙을 공유하는 국가들처럼, 겹치지 않는 많은 완전체가 존재할 수 있으며, 각각은 그 고유한 경험을 가진다.

역사적 교훈에 따르면, 멀리 떨어진 변방의 국가나 부족이 그 중앙의 제국으로부터 미약한 통제를 받을 경우, 그 제국은 무너진다. 그것은 피질 그물망에 대해서도 마찬가지일 수 있다. 즉, 강력한 중앙통제가 없다면, 뇌 하나에 많은 완전체가 항상 존재할 수 있다. 이러한 원심력을 상쇄하는 **지배력** 원리가 뇌에도 작용하는 것인가? 단일의 큰 완전체가, 특정 구조적 특징들[집단화 계수 (clustering coefficients), 정도, 신경로 길이 등]을 갖는 그물망 내의 여러 작은 것들을 훨씬 압도할 수 있는가? 그렇지 않으면, 6장에서 잠깐 언급했듯이, 담장과 같은 전문화된 그물망이 대규모 피질 뉴런 연합의 반응을 조정하는 역할을 담당할 수도 있다.[9]

IIT는 뇌가 큰 완전체와 하나 또는 그 이상의 작은 완전체로 응축될 가능성을 전망한다.[10] 예를 들어, 정상적인 뇌에서 좌반구에 지배적인 완전체 하나가 있고, 특정 조건에서, 별도의 완전체가 우반구에 평화롭게 공존할 수 있다. 각 반구의 발자국은 서로 다른 시간척도에서 뉴런 간의 흥분성 및 억제성 상호작용에 따라 동역학적으로, 이동, 확장 및 축소될 수 있다. 각 반구들은 특정한 지각적, 운동적, 인지적 과제에 전문화되어 있을 수 있다. 브로카 영역을 제어하는 신경세포만이 말을 할 수 있지만, 반구들 각각은 고유한 경험을 가진다. 두 완전체가 존재한다는 것이, 수수께끼 같았던 많은 현상들을 설명해 줄 수 있다.

마음 유랑(mind wandering)으로 알려진 가벼운 형태의 현실 분리를 생각해 보자. 마음 유랑은 당신의 주의집중이 당면 과제로부터 표류할 때마다 발생한다.[11] 빨래하거나 저녁 식사를 준비하는 중에 공상을 하거나 운전 중에 팟캐스트(podcast)를 듣는 등 당신의 생각보다 훨씬 빈번하게 일어난다. 당신의 경험적 자아가 저 멀리 다른 이야기를 따라가는 동안, 당신의 일부 뇌는 시각적 장면을 처리하고, 핸들과 가속페달을 적절히 조절한다.

일반적인 해석에 따르면, 운전이 일상적인 삶의 한 부분이므로, 당신의 뇌는 무의식적 좀비 회로와 연결된다. 그렇지만 다른 새로운 설명에 따르면, 당신의 감각운동과 인지 활동은 각각 자체의 완전체에 의해 조절된다. 그 각각의 활동은 자체의 의식적 흐름을 갖지만, 중요한 차이점은 브로카영역을 담당하는 완전체만이 자신의 경험에 대해 말할 수 있다는 것이다. 다른 기능은 침묵하며, 나중에 접근할 수 있는 기억의 흔적조차 남기지 못할 수도 있다. 앞 트럭의 빨간 브레이크 등이 갑자기 켜지는 등 주의를 끄는 상황이 발생하자마자, 더 작은 완전체가 큰 완전체에 합병되면서, 당신의 뇌는 빠르게 한 마음으로 돌아간다. 뇌에서 더 작은 완전체를 찾는 것이 결코 쉬운 일은 아니지만, 어떤 사람들은 숨겨진 징조를 찾기 위해 독창적 방법을 고안했다.[12]

다중 완전체의 또 다른 사례는 **전환장애**(conversion disorders, 과거 히스테리라고도 불리던 것을 포함하여)로 알려진 해리(dissociations) 중에 발생할 수 있다. 개인은 시각장애·청각장애가 나타나거나, 발작 등의 행동에서, 그와 관련된 증상을 보여 주지만, 그런 행동을 위한 조직적 기제를 갖지는 않는다. 그런 환자를 분명히 괴롭히는 증상에 대해서 어떤 뇌졸중, 부상, 또는 기타 원인도 설명해 주지 못한다. 그런 환자들의 신경계는 정상적으로 잘 작동하는 것처럼 보인다. 더 극단적인 형태의 증상으로, 자아와 기억을 상실하는 경우(정신적 **기억상실**, psychogenic fugue)와, 지각능력, 기억, 습관 등의 분리로 인해 자아가 다중분리의식 흐름(multiple separate streams of consciousness)으로 파편화되는 경우(**해리정체성장애**, dissociative identity disorder)가 있다. 역사적으로, 이러한 사례들은 정신분석가의 소파에서 또는 정신과 병동 안에서 분석되었다. 그러나 그런 다양한 해리 증상들은, 기능적 및 역기능적 연결성에 기초한 네트워크(연결성) 분석으로 더

잘 설명될 수 있었다.[13]

포유류의 뇌와 구조가 매우 다른 뇌, 예를 들어 곤충이나 두족류(cephalopods)의 신경계는 커다란 두부 회로(cephalic circuit) 하나가 아니라, 몸 전체에 분포된 많은 신경절(ganglia)이 지배하며, 따라서 다중 마음 양태와 같이 잇달아 연속하여 작동할 수 있다.[14]

순수한 경험과 침묵하는 피질

우리가 깨어 있는 모든 순간은, 미래로 여행하거나, 과거를 회상하거나, 섹스에 대한 환상을 떠올리는 등 무언가로 채워진다. 우리의 마음은 결코 가만히 있지 않고, 끊임없이 이리저리 흔들린다. 우리 중 많은 사람들은 자기 마음속에 홀로 남겨지는 것을 두려워하고, 그런 불안한 순간을 피하기 위해 즉시 스마트폰을 꺼내 든다.[15]

경험은 무언가에 관한 것이어야만 할 것 같다. 무언가를 의식하지 않고 의식한다는 것이 개념적으로 납득 가능하겠는가? 보고, 듣고, 기억하고, 느끼고, 생각하고, 원하고, 두려워하는 등등을 포함하지 않는 경험이 있을 수 있을까? 그것은 어떤 느낌일까? 그 추정되는 순수한 의식 상태는, 깊은 수면이나 죽음과 구분되는 현상학적 속성을 갖는가?

마음의 고요함, 즉 신성한 무(無, nothingness)에 멈출 때까지 평온해지기는 많은 종교와 명상 전통에서 오랜 세월 공통적으로 추구해 온 목표이다. 사실, 소위 **신비적 경험**(mystical experiences)의 핵심은, 모든 속성이 제거된 완벽히 고요한 마음, 즉 **순수한 경험**이다. 기독교 내의 마이스터 에크하르트, 사제이자 의사, 시인이고 데카르트와 동시대를 살았던 안겔루스 질레지우스(Angelus Silesius), 그리고 14세기 『무지의 구름(The Cloud of Unknowing)』을 쓴 익명의 작가 등은 모두 그러한 고요의 순간을 언급했다. 힌두교와 불교는 "순수한 현시(pure presence)" 또는 "있는 그대로를 알아차림(naked awareness)" 등 많은 관련 사상을 가지고 있으며, 그러한 상태에 도달하고 유지하기 위한 명상 기술을 발전시켜 왔다. 8세기 티베트 불교의 대가이며, 구루 린포체(Guru Rinpoche)라고도 알려진 파드마삼바바(Padmasambhava)는 이렇게 썼다.

> 그리고 당신이 그러한 방식으로, 즉 있는 그대로(어떤 담론적인 생각도 없이) 자신을 들여다보면, 그때는 오직 순수한 관찰만 있을 뿐이어서, 관찰하는 사람이 전혀 없이도 투명한 명료함을 발견할 수 있다. 즉, 오직 있는 그대로의 명백한 알아차림이 나타난다.[16]

이러한 다양한 전통은 모든 정신적 내용이 완전히 중단된 공(空, void)의 상태를 강조한다.[17] 알아차림은 생생하게 나타나지만, 그것에는 어떤 지각적 형태도, 생각도 없다. 끊임없이 변화하는 삶의 지각 너머, 자아 너머, 희망 너머, 두려움 너머에 있는 텅

빈 거울로서의 마음이다.[18]

신비적 경험은 종종 경험자의 인생에서 전환점이 되기도 한다. 지각 및 인지 과정과 분리된, 이런 마음의 지속적인 측면을 알아보면, 정서적 평온을 지속시키고 웰빙(well-being)을 향상시킬 것이다.[19] 피험자들은 형언할 수 없는 명료하고 안정된 마음 상태를 엿볼 수 있었다고 말한다.

영혼의 분자라고도 알려진, 빠르고 단기적으로 작용하는 강력한 환각제, 디메틸트립타민(N,N-Dimethyltryptamine, DMT)을 흡입하면, 마치 수술대나 교통사고 현장에서 임사체험을 한 후 깨어나는 것과 비슷한 신비적 상태로 들어갈 수 있다. 더욱 안전한 대안은 감각 차단 탱크(sensory deprivation tank)이다.

나는 최근 나의 딸이 살고 있는 싱가포르에서 **격리 탱크**(isolation tank) 또는 **부유 탱크**(flotation tank)(감각 차단 탱크의 다른 이름들—옮긴이)를 과감히 방문했다. 우리는, 자기 체온에 맞게 데워진 물로 채워진, 각자의 포드(pod)를 배정받았다. 나는 옷을 벗고 물에 들어가, 마치 사해에서처럼 떠 있었다. 그 욕조에는 엡솜 소금(Epsom salt, 황산마그네슘) 600파운드가 녹아 있었다. 각자의 방에 있는 이 포드의 덮개를 닫자, 자신만의 우주 캡슐이 되었다. (잠시 후) 내 심장박동 소리를 제외하고는 완전히 어둡고 조용해졌다.

이런 상황에 익숙해지고 편안해지기까지 시간이 걸렸고, 그 동안 나는 내 신체가 어느 공간에 있는지 감각을 잃었다. 일단 나는 이미지와 침묵의 말들로 가득 찬 일상의 찌꺼기를 비우고 나자, 바닥이 없는 어두운 웅덩이 속으로 더욱 깊숙이 가라앉았고, 보이지 않고, 들리지 않고, 냄새도 없고, 육체도 없고, 시간도 없고, 자아도 없고, 마음도 없는 공간에 떠 있었다.

몇 시간이 지나자, 내 딸이 나의 침묵이 걱정스러워져서 소리를 질렀다. 그 순간 나는 다시 어수선한 일상으로 돌아왔고, 온갖 잡다한 이미지와 목소리, 아픔과 욕망, 걱정과 계획 들이 떠올랐다.[20] 그렇지만 시간을 느끼지 못하던 동안 나는 비상한, 무한히 소중한 무엇, 즉 순수한 존재의 상태로 돌아간 것을 감지했다.[21]

이런 무력한 상태에 대해 더 이상 말하기는 어렵다. 이렇게 혼란스러운 시기에 나는 언제나 평정심을 되찾기 위해, 마음속으로 그 어두운 풀(pool)에 자주 돌아가곤 한다.

신비적 경험은 때때로 그렇게 분류되기는 하지만, 초자연적(또는 초심리적) 사건은 아니다. 신비적 경험은 뇌에서 자연스러운 방식으로 발생하는 진정한 경험이다.

순수한 경험의 존재는, 기능에 근거한 현대 인지심리학에서 혐오스러운 존재이다.[22] 이런 접근방식에 따르면, 경험처럼 뚜렷한 것은 종의 생존을 촉진하는 하나 이상의 기능을 분명 가져야만 한다. 그렇다면 순수한 의식 상태를 경험할 때, 어떤 기능이 실행되는 것일까? 명상 중 움직이지 않고 앉아 있거나, 또는 어둡고 고요한 물속에 떠 있을 때, 어느 내면의 말, 기억의 흐름, 마음 유랑 등이 없는 상태에서는, 관습적인 의미에서 어떤 계산도 이루어지지 않는다. 어떤 감각 입력도 분석되지 않으며, 그 환경에서 아무런 변화도 없으며, 아무것도 예측되거나 업데이트될 필요가 없다.

그럼에도, IIT는 어느 기능의 실행에 관한 이론이 아니다. 이것은 정보에 관한 이론이 아니다. 실제로 나는 그림 8.2에서 이진 그물망(binary network)에 의해 실행되는 특정 기능에 대해 언급한 적이 없다. 나는 단지 그 내재적인 인과적 힘만을 고려했다.

이 이론은 결코 의식의 발생을 위해 뇌 전체에 정보가 전달되어야 한다고 주장하지 않는다. 완전체와 관련된 최대 환원 불가능한 원인-결과 구조는, 뉴런들 간의 연결성과 그 내적 대응(mapping)에 의존할 뿐만 아니라, 그 뉴런들의 현재 상태, 즉 그 뉴런들의 활성(격발) 여부에 의존한다. 중요하게, 꺼져 있고 비활성 상태인 요소들도, 활성 상태와 마찬가지로, 그 시스템의 과거 및 미래 상태를 선택적으로 제약할 수 있다. 이것은 다음을 의미한다. 비활성 요소들, 즉 격발하지 않는 뉴런들도 여전히 내재적인 인과적 힘에 기여할 수 있다. 일어나지 않은 거부, 위협적 결과 없이 지나간 최종 기한, 보내지 않은 중요한 편지 등은 자체의 인과적 힘을 지닌 결과적 사건일 수 있다.

따라서 역설적이게도, 시스템은 모든 유닛들이 꺼진 상태에서 (배경 활동성만 지닌) (거의) 침묵하는 상태일 수 있지만, 일부 통합정보를 통해 최대로 환원 불가능한 원인-결과 구조를 가질 수 있다. 적어도 원칙적으로 침묵하는 피질은, 요동치는 피질과 마찬가지로 주관적인 상태를 생성한다.

이것은 신경과학자들의 직업적 본능에 크게 반(反)하는 것으로, 우리는 미세전극, 현미경, EEG 전극, 자기 스캐너 등등을 사용하여 신경 활동을 추적하는 훨씬 정교한 방법을 고안하는 데 많은 시간을 할애한다. 우리는 그 진폭과 통계적 유의미함을 측정하고, 그것을 지각 및 행동과 연관시킨다. 활동성 없음(어떤 배경 수준에 비해)이 경험으로 간주될 수 있다는 것은 받아들이기 어렵다.

거의-침묵하는 피질은 어떤 느낌을 가질까? 피질에 유의미한 활동이 없으면, 마음은 어떤 소리도, 어떤 광경도, 어떤 기억도 경험하지 못한다. 침묵하는 피질은, 격발하지 않는 뉴런으로 구성된, 한 가지 특징을 지닌다. 이런 상태의 뇌가 깊은 수면과 그에 따른 의식상실 상태의 뇌와는 달리, 내재적인 인과적 힘을 가진다.[23]

비활동적 피질과 활성화되지 않은 피질의 비교

이것은 또 다른 반직관적 예측으로 이어진다. IIT의 핵심은 내재적이고 환원 불가능한 원인-결과 힘, 즉 스스로를 다르게 만드는 차이에 초점을 맞춘다. 원인-결과 힘이 더 많이 환원 불가능할수록 그 시스템은 더 많이 존재한다. 따라서 과거에 영향을 받고 미래를 결정할 수 있는 어느 시스템 능력의 감소는 그 인과적 힘을 감소시킨다.

어떤 내용도 경험하지 않는, 명상하는 사람의 후방 핫존은 고요한 상태이며, 그와 관련된 피라미드 뉴런이 거의 격발하지 않는다고 가정해 보자. 사고실험으로, 우리가 복어에서 발견되는 강력한 신경독소인 테트로도톡신(tetrodotoxin)이라는 약물을 후방 핫존에 주입한다고 가정해 보자. 이런 화합물은, 뉴런이 활동전위를 생성하지 못하도록, 그 뉴런의 활동성을 중단시킨다.

격발 활동성의 관점에서 볼 때, 그런 상황은 이전과 거의 변하지 않는다. 어느 경우이든 후방 피질 뉴런이 활성화되지 않는다. 원래 상황에서는 뉴런이 활성화될 수 있음에도 활성화되지 않는 반면, 후자의 경우는 뉴런에 약물을 투여했기 때문에 활성화되지 않는다.

기존의 신경과학에 따르면, 명상하는 사람의 현상학은 두 상황에서, 즉 순수한 경험에서 동일한데, 그것은 이러한 뉴런의 표적에 어떤 차이도 만들지 않기 때문이다. 그것은 어떤 격발도 해당 피질 영역을 그냥 두지 않기 때문이다. 그러나 IIT에 따르면, 인과적 힘의 감소가 모든 차이를 만들고, 두 상황을 아주 다르게 만든다. 즉, 한 상황에서는 순수한 의식이며, 다른 상황에서는 무의식이다.

이러한 뉴런을 관찰하는 외부인의 입장에서, 두 상황은 비슷해 보인다. 어느 경우에도 뉴런이 활성화되지 않는다. 이 두 상황이 경험의 측면에서 어떻게 그렇게 다를 수 있는가? 글쎄, 첫째, 피질의 물리적 상태가 두 경우에서 동일하지 않은데, 그것은 후자의 경우 특정 이온채널이 화학적으로 차단되어 있기 때문이다.[24] 둘째, IIT에서 정보란 뉴런에 의해 전파되는 메시지 상태라기보다, 완전체에 의해 규정되는 원인-결과 구조의 상태이다. 격발할 수도 있지만, 어떤 상태의 원인과 결과를 결정하는 데 기여하지 않는 뉴런 말이다. 2장에서 언급한 셜록 홈스 이야기에서, 짖지 않았던 개를 떠올려 보라. 만약 이러한 뉴런이 신경 독의 작용에 의해서 인과적으로 무력해지면, 의식에 더 이상 기여하지 않는다.

IIT는 예상치 못한 예측, 예를 들어 초월적 마음, 순수한 의식, 비활동적 피질과 활성화되지 않은 피질 사이의 심각한 차이 등에 대한 관점을 풍부하게 제공해 준다. 나는 이러한 예측을 검증하게 될 향후 10년간의 실험적 노력을 기대한다.

나는 의식의 기능에 대해 여러 번 언급했다. 의식이 무엇일까? 경험이 진화한 이유를 IIT는 어떻게 설명할 수 있을까? 계속 읽어 보라.

의식이
기능을
갖는가?

11

**의식이
기능을
갖는가?**

"생물학의 어떤 이야기도 진화론을 빼고서는 전혀 의미를 주지 못한다"라는 말은 유전학자 테오도시우스 도브잔스키(Theodosius Dobzhansky)의 명언이다. 해부학적 특징이든, 인지적 능력이든, 유기체의 모든 측면은 종에 어떤 선택적 이점을 제공하거나, 과거에 그랬던 것이 틀림없다. 이러한 관점을 고려해 보면, 주관적 경험의 적응적 이점은 무엇일까?

먼저 우리가 의식 없이 할 수 있는 엄청난 일들에 대해 돌아보는 것에서 출발해 보자. 이런 일들을 볼 때, 경험이 도대체 어떤 적응 기능을 갖는 것인지 의문을 제기하게 된다. 그래서 나는 **인 실리코**(in silico) 진화 게임에 대해 논의할 것이다. 그 게임 내에서, 단순한 애니메이트(animats)는 태어나고 죽는 수만 세대를 거치면서 자신들의 환경에 적응하게 된다. 진화를 거듭할수록 그들의 뇌는 통합정보를 계속 증가시키며, 더욱 복잡해진다. 나는 지능과 의식 사이의 중요한 구분, 즉 똑똑한 것과 의식적인 것의 중요한 차이점을 다시 한번 짚어 보면서, 이 장을 마무리할 것이다.

무의식적 행동이
우리 삶의 많은 부분을 지배한다

수년에 걸쳐 학자들은 의식에 대한 다양한 무게의 기능들을 제안해 왔다. 그러한 기능들의 범위는, 단기기억, 언어, 의사결정, 행동계획, 장기목표 설정, 오류 감지, 자기 모니터링, 타인의 의도 추론, 유머 등등에 이르기까지 다양하다.[1] 이러한 가설들 중 어느 것도 받아들여진 것은 없다.

인류의 가장 똑똑한 정신이 (아리스토텔레스식의 표현으로) 예민한 영혼의 기능을 알고자 몰입해 왔음에도 불구하고, 우리는 여전히 경험이 어떤 생존 가치를 가지는지를 알지 못한다. 왜 우리는 내적 삶을 갖지 않고서도 모든 일을 할 수 있는 좀비가 아닌 가? 겉으로 보기에, 우리는 보지도, 듣지도, 사랑하지도, 미워하지도 않으면서 하던 대로 행동한다고 하더라도, 그것이 물리법칙에 위배될 일은 전혀 없다. 그러나 이렇게 우리는 삶의 고통과 쾌락을 경험하고 있다.

의식의 기능에 대한 신비에 더욱 깊게 빠져드는 것은, 삶의 사건 대부분이 의식 범위 밖에서 발생한다는 것을 깨닫게 되면서이다. 일상생활을 살아가게 해 주는 잘 연습된 감각-인지-운동 행동이 그 대표적 사례이다. 크릭과 나는 이러한 것들을 **좀비 행위**

자(2장 참조)라고 불렸는데, 그것은 자전거 타기, 운전하기, 바이올린 연주하기, 바윗길 달리기, 스마트폰으로 빠르게 타이핑하기, 컴퓨터 바탕화면 탐색하기 등등이며, 우리는 이 모든 행동을 아무 생각 없이 실행한다. 실제로, 이러한 과제를 원활하게 실행하려면 어느 한 요소에 지나치게 집중하지 않아야 한다. 우리가 그런 기술을 습득하고 강화하려면 의식이 필요하지만, 그런 훈련의 요지는, 예를 들어 우리가 문자를 보내고 싶은 내용 또는 등산 중 다가오는 천둥을 동반한 구름 등과 같은 더 높은 수준의 측면에 집중할 수 있도록 마음을 자유롭게 만들어 주기 위한 것이며, 심-신 및 그 무의식적 조절자의 지혜를 신뢰하는 데에 있다.[2]

우리는 전문가가 되면서, 그런 기술에 대한 직관을 발달시킨다. 즉, 올바른 동작을 실행하거나, 이유도 모른 채 올바른 정답을 알도록 기묘한 능력을 개발한다. 우리들 대부분은 언어의 기초가 되는 여러 형식적 구문 규칙에 대해 대략적으로만 이해할 뿐이다. 그럼에도 우리는 모국어의 특정 문장이 올바른지 여부를, 대부분 그 이유를 설명하지 못하지만, 직관적으로 파악하는 데에 아무런 어려움이 없다. 체스나 바둑의 프로기사들은 체스판 또는 바둑판의 상태를 슬쩍 바라보는 것만으로도 공격 추세인지 방어 추세인지 본능적으로 파악하지만, 그 이유를 항상 완벽하게 설명하지는 못한다.[3]

그럼에도 우리는 각자의 고유한 관심사와 필요에 따라서, 오직 좁은 범위의 역량을 위한 전문성을 키운다. 그 결과, 우리는 이전에 접해 보지 못한 새로운 문제를 즉석에서 해결하는 데 전혀 어려움이 없다. 이것은 분명 의식적으로 해결해야만 할 것처럼 보인다. 그러나 여기서도 심리학자들의 가내수공업적 연구는, 복잡한 정신적 과제, 즉 덧셈하기, 의사결정, 그림이나 사진에서 누가 누구에게 무엇을 하는지 이해하기 등조차 의식적으로 알지 못한 채 잠재의식에서 실행될 수 있다고 주장한다.[4]

어떤 사람들은 이러한 실험을 한계까지 끌어올려, 의식은 인과적 역할을 전혀 하지 않는다고 주장한다. 이들은 의식의 실체를 인정하지만, 느낌은 아무런 기능도 하지 않는다고, 즉 세계에 아무런 영향을 미치지 않는, 행동의 바다에 떠다니는 거품에 불과하다고 주장한다. 전문용어로 **부수현상**(epiphenomenal)이라고 말한다. 심장이 혈액을 펌프질할 때 발생하는 소음을 생각해 보라. 심장전문의는 심장 건강을 진단하기 위해 청진기로 그 박동 소리를 듣지만, 소리 자체는 신체와 무관하다.

나는 이런 식의 논증을 믿을 수 없다고 생각한다. 단지, 잘 연습된 단순한 실험실 과제를 수행하는 데에 의식이 필요치 않다고 해서, 의식이 실생활에 아무런 기능도 하지 않는다는 것을 결코 함축하지 않는다. 비슷한 논리로, 다리가 묶인 사람이 여전히 뛰어다닐 수 있고, 눈을 가린 사람이 여전히 공간의 방향을 찾을 수 있다는 이유에서, 다리와 눈의 기능이 전혀 없다고 주장하는 것과 같다. 의식은 고도로 구조화된 지각과, 때로는 참을 수 없는 강렬한 기억으로 가득 차 있다. 만약 신경 활동과 의식 사이의 협력의 느낌 부분이 유기체의 생존에 아무런 영향도 미치지 않는다면, 어떻게 진화가 신경 활동과 의식 사이의 긴밀하고도 일관된 연결을 선호했겠는가? 뇌는 수억 번 생성과 소멸 주기를 거치며 작동한 선택 과정의 산물이다. 만약 경험이 아무런 기능도 하지 않았다면, 이러한 무자비한 심사 과정에서 생존하지 못했을 것이다.

경험이, 매우 유연하고 적응력이 뛰어난 행동처럼 직접적으로 선택되었다기보다, 다른 특성의 선택적 부산물에 의한 것일 가능성 또한 고려해 볼 필요가 있다. 진화론의 언어로, 이것을 **스팬드럴**(spandrel)•이라고 부른다. 스팬드럴의 대표적인 사례로 인류의 광범위한 음악 사랑 또는 고등수학 능력 등이 있다. 음악감상이나 수학 능력은 인류의 진화를 위해 직접적으로 선택된 것이라기보다, 큰 뇌의 발달과 함께 이러한 활동이 가능해졌을 가능성이 높다. 이것은 의식에서도 마찬가지일 것이다.

통합정보는 적응적이다

통합정보이론(IIT)은 경험 자체의 기능에 대해 어떤 입장도 취하지 않는다. 어느 완전체이든 무언가를 느낀다. 그것이 경험을 갖기 위해 무언가 유용한 일을 해야 할 필요는 없다. 실제로,

---

• 아치 구조물 사이에 있는 불규칙적인 삼각형 공간 또는 인접한 두 아치 어깨 사이에 있는 공간으로, 지붕 구조물을 지지하고 빗물을 흘러내리게 하려는 본래의 목적과 달리 다락방 또는 성당 건축물에서 예술 작품을 장식하는 공간으로 활용되기도 하는 것처럼, 진화의 부산물로서 생기는 스팬드럴을 말한다.

당신은 어쩌면, 내가 그림 8.2에서 단순회로의 입-출력 기능에 관해 언급하지 않은 것을 알아챘을 것이다. 더구나 앞 장에서 설명했듯이, 거의-침묵하는 피질은, 지속적인 정보처리 없이도, 순수한 경험의 기제일 수 있다.

엄밀한 의미에서, 경험은 아무런 기능도 갖지 않는다. 이런 상황은, 물리학이 질량이나 전하(electrical charge)의 유용성에 대해 아무 말도 하지 않는 것과 유사하다. 물리학자들은 그 두 "기능"에 대해 염려하지 않는다. 오히려, 이 우주 내에서 질량은, 시공간이 어떻게 휘어지는지, 전하 입자들이 어떻게 서로 밀쳐 내고 끌어당기는지 등을 설명해 준다. 단백질과 같은 입자들의 응집체는 순질량(net mass)과 전하를 가지며, 그것이 입자의 동역학 및 상호작용하는 성향에 영향을 미친다. 이것이 진화가 작용하는 입자의 행동을 결정한다. 다시 말해서, 질량과 전하가 엄밀한 의미에서 어떤 기능도 갖지 않지만, 더 넓은 의미에서 기능을 형성하는데 도움을 준다. 그리고 내재적인 원인-결과 힘도 마찬가지이다.

IIT는 의식적 두뇌가 진화한 이유에 대해 우아한 설명을 제공한다. 세계는 다양한 공간적 및 시간적 규모에 따라서 엄청나게 복잡하다. 동굴(caves)과 땅굴(burrows), 숲, 사막, 매일의 날씨와 계절 등의 물리적 환경이 존재하고, 그와 함께 먹이와 포식자, 잠재적 짝과 동료 등의 사회적 환경이 존재하며, 유기체가 추론하고 추적해야 하는 각자의 동기가 존재한다.

관련 통계적 규칙성(예를 들면, 영양은 보통 해가 질 무렵 마실 물을 찾는다)을 인과 구조에 통합시키는 뇌는 그렇지 않은 뇌보다 유리한 입장에 선다. 우리가 세계에 대해 더 많이 알수록 더 많이 생존할 수 있다.

이것을 나와 여러 동료 연구원들은 오랜 시간 디지털 유기체의 진화를 시뮬레이션하고, 그것들이 주변 환경에 적응함에 따라 두뇌의 통합정보가 어떻게 변화하는지를 추적함으로써 이를 입증하기 시작했다.[5] 이것은 비디오게임 심라이프(Sim-Life) 또는 스포어(Spore)에서와 같은 **인 실리코** 진화로 불린다.

그 시뮬레이션되는 생명체, '애니메이트'는 원시적인 눈, 근접 센서, 두 바퀴를 부여받았다. 그 연결성이 유전적으로 지정된 신경망은 센서와 모터를 연결한다. 애니메이트는 2차원 미로를 가능한 한 빨리 통과해야 생존한다. 진화가 시작될 때, 그 동물의 커넥톰(connectome), 즉 신경연결 대응도(map of neural connections)는 백지상태에서 시작된다. 서로 조금씩 다른 300마리 애니메이트를 미로에 넣고, 누가 가장 멀리 이동할 수 있는지를 확인한다. 처음에 대부분 비틀거리며 돌아다니거나, 빙빙 돌거나, 완전히 움직이지 않는다. 몇몇은, 단지 한 걸음 또는 몇 걸음에 불과하지만, 올바른 방향으로 이동할 수 있다.

애니메이트는 정해진 수명이 있는데, 결국 가장 우수한 30마리가 선택되어, 다음 세대 300마리 애니메이트를 번식한다. 새로 태어난 각 세대에서, 뇌의 설계를 규정하는 유전자코드에 약간의 무작위 변이가 나타난다. 이러한 변이는 자연선택이 작동하는 원료이다. 다행히도, 그들 중 일부는 부모보다 조금 더 멀리 나아갈 것이다. 6만 세대에 걸친 생사의 세월이 흐른 후, 세계를 창조할 때 맹목적으로 비틀거리던 애니메이트의 먼 후손들은 고도로 적응되어, 우연히 마주친 미로를 빠르게 통과한다.[6] 이 게임은 반복해서 재생되며, 반복되지 않는 서로 다른 진화의 궤적을 시뮬레이션한다. 매번 진화 게임은 무한한 형태의 애니메이트를 낳으며, 각각의 애니메이트들은 자신만의 독특한 신경계를 지닌다. 이것은 『종의 기원』에서 다윈이 했던 마지막 유명한 문장을 울려 준다.

> 이러한 생명의 관점에서, 자체의 몇 가지 힘에 의해서, 태초부터 여럿 또는 한 형태를 불어넣는 장엄함이 있다. 그러므로 이 행성이 고정된 중력의 법칙에 따라 순환하는 동안, 아주 단순한 것에서 가장 아름답고 가장 경이로운 무수한 형태가 진화해 왔고, 또 지금도 진화하는 중이다.

진화의 계통에 따라 서로 다른 지점에서 등장한 애니메이트 뇌의 통합정보가 그것들이 잘 그리고 빠르게 미로를 통과하는 방법을 모색할 때, 그 결과는 명확하고 설득력이 있다(그림 11.1). 즉, 유기체가 얼마나 잘 적응하는지와 그것의 $\Phi^{최댓값}$ 사이에 긍정적인 관계가 나타난다. 두뇌가 더 많이 통합될수록, 그 입력과 출력을 연결하는 신경망이 더욱 환원 불가능할수록, 그것은 더 잘 적응한다.

이 수치에서 특히 눈에 띄는 점은 모든 적합도 수준에 대해 최소 $\Phi^{최댓값}$이 존재한다는 것이다. 이런 최소 통합에 도달하면, 유기

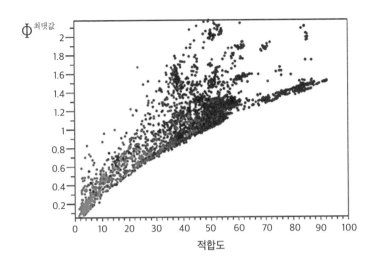

그림 11.1 **진화하는 통합적 뇌:** 디지털 유기체가 미로를 더 효율적으로 달리도록 진화함에 따라, 뇌의 통합정보도 증가한다. 즉, 적합도(fitness) 증가는 더 높은 수준의 의식과 관련된다. (Joshi, Tononi, & Koch, 2013의 그림을 수정. 이 연구는 이전 버전의 IIT를 사용했으며, 그 이론에서는 통합정보가 현재 공식에서의 $\Phi^{최댓값}$과 다소 다르게 계산된다.)

체는 자체의 적합도를 변경하지 않고서도, 추가적인 복잡성을 획득할 수 있다. 따라서 이런 넓은 의미에서, 경험은 적응적이라 부를 만하며, 생존 가치를 소유한다.

테트리스(Tetris) 게임에서처럼 떨어지는 블록을 잡도록 진화한, 다른 부류의 애니메이트도 비슷한 경향을 보여 준다. 적응력이 증가함에 따라, 애니메이트가 통합한 정보와 그 시스템이 지원할 수 있는 구분의 수도 증가한다.[7] 따라서 진화는, 구성 요소와 연결의 수에 대한 제약이 주어질 때, $\Phi^{최댓값}$이 높은 유기체를 선택하는데, 그런 유기체가 덜 통합된 경쟁자보다 구성 요소에 대한 더 많은 기능을 포함하며, 풍부한 환경에서 규칙성을 더 능숙하게 개발하기 때문이다.

작은 애니메이트의 행동에서 인간을 추정하는 이런 견해는 프랜시스 크릭과 내가 형식화했던 실행 요약 가설(executive summary hypothesis)과 대체로 양립 가능하다.

> 우리의 …… 가정은, 시각적 앎의 생물학적 유용성(또는 엄밀히 말해서, 그 신경상관물)에 대한 광범위한 아이디어에 기초한다. 그 가정은, 우리 자신이나 조상(유전자에 구현된)의 과거 경험에 비추어, 시각적 장면에 대한 최선의 현재 해석을 산출하고, 그 경험을 자발적 운동 출력을 숙고하고 계획하고 실행하는 뇌 부위에서 (충분한 시간 동안) 사용할 수 있게 해 준다.[8]

의식적 경험 한 번은, 대통령, 장군, 또는 CEO 등이 보고받는 것과 유사하게, 당면 상황에서 가장 중요한 것이 무엇인지에 대한 간결한 요약을 포함한다. 이를 통해 마음은 관련 기억을 불러내고, 여러 시나리오를 고려한 후, 최종적으로 그중 하나를 실행할 수 있다. 그 기초 계획은 대부분 무의식적으로 이루어지는데, 이는 전전두엽 피질에 주로 국한된 무의식적 호문쿨루스의 책임(또는 이런 비유에서, 중역에게 보고하는 직원의 책임)이기 때문이다(6장 참조).

지능-의식 평면

　이것은 내가 '지능'과 '의식' 사이의 관계에 대한 일반적 관찰을 가능하게 해 준다.

　IIT는 그와 같은 인지 처리와는 관련이 없다. 그 이론은, 주의 선택, 사물 재인, 얼굴 식별, 언어 발화의 생성 및 분석, 또는 정보 처리 등에 관한 이론이 아니다. 그 이론은, 전자기학 이론이 전기 기계에 대한 이론이 아니라, 전자기장에 대한 이론인 것과 같은 의미에서, 지능적 행동에 대한 이론이 아니다. 물론, 그와 관련된 맥스웰방정식이, 미래의 모터, 터빈, 계전기, 변압기 등의 결과를 낳을 수 있다. 그리고 IIT와 지능도 마찬가지이다.

　이러한 **인 실리코** 진화 실험이 보여 주는 것은, 적응한 유기체가 적응한 서식지의 복잡성을 반영하는 통합정보를 어느 정도 가진다는 점이다. 이러한 유기체들의 서식지가 다양하고 풍성하게 성장하는 만큼, 그것들의 내재적인 인과적 힘은 물론, 가용한 자원을 활용하는 신경계도 커진다. 즉, 작은 벌레의 수백 개 뉴런에서, 파리의 10만 개 뉴런으로, 그리고 설치류의 1억 개 뉴런으로, 그리고 다시 인간의 1000억 개 뉴런으로 커진다.

　뇌 크기가 커진 만큼, 그러한 종들은 새로운 상황에 대처하는 법을 배우는 능력도 커진다. 그것은 '선천적'의 다른 단어인 내재적, 구조화된 행동(hardwired behaviors)에 의한 것이 아니다. 갓 부화한 바다거북이 바다의 보호를 찾아 나서며, 꿀벌은 먹이 자원의 위치와 질을 전달하기 위해 춤추는 방법을 본능적으로 안다. 그렇지만, 개가 이 찬장에 사료가 있으며 저 문을 통하면 정원에 나갈 수 있다는 등을 배우는 것은 이전 경험에서 학습한 결과이다. 우리는 이러한 능력을 '지능'이라 부른다. 이런 기준에서, 꿀벌은 특정 돌발 상황을 쉽게 학습할 유연성을 지닌 피질을 가진 쥐보다 지능이 낮다고 할 것이고, 개는 쥐보다 똑똑하며, 인간은 반려동물보다 똑똑하다.

사람들이 새로운 아이디어를 이해하고, 새로운 환경에 적응하고, 경험을 통해 배우고, 추상적으로 사고하고, 계획하고, 추론하는 등의 능력에 차이가 있다. 심리학자들은 이러한 정신 능력의 차이를 일반 지능(general intelligence, 소문자 g, 또는 일반 인지능력), 유동적 및 결정적 지능 등과 같은, 밀접하게 관련된 여러 심리측정 개념 및 측정으로 파악한다. 사람들이 사물을 빠르게 파악하고, 과거에 배운 통찰력을 현재 상황에 적용하는 능력의 차이는 심리측정 지능 시험을 통해 평가된다. 이런 시험은, 서로 다른 시험들이 상호 밀접한 상관관계를 가진다는 점에서 신뢰할 만하다. 또한 그런 시험은 수십 년에 걸쳐 안정적이다. 다시 말해서, 지능지수(IQ)와 같은 측정치는 거의 70년이 지난 후에도 동일한 피험자로부터 반복적이고 안정적으로 얻을 수 있다. 동물행동학자들은 쥐가 인간의 g-인자(factor)(작은 지능-인자—옮긴이)에 상응하는 존재라고 정의했다.[9] 따라서 다음 논증을 위해, 나는 일반화된, 종 전체의 단일 지능 인자, 큰 G가 존재한다고 가정한다.

지능은 궁극적으로 학습된 유연한 행동에 관한 것이다. 예를 들어, 개별 신경세포의 정교함의 정도가 동일하다고 가정하면,

신경세포 수가 많은 신경계는 세포 수가 적은 뇌보다 더 정교하고 유연한 행동을 할 것이며, 따라서 G 인자도 더 높을 것이다. 그렇지만, 지능의 신경학적 뿌리에 대한 우리의 이해가 매우 제한적이라는 점을 고려해 보면, 그 관계는 아마도 훨씬 더 복잡할 것이다.[10]

뇌의 크기가 의식에 어떤 영향을 미치는가? 그물망이 클수록 작은 그물망보다 조합에서 더 많은 잠재적 상태를 갖는다. 물론, 그물망 크기에 따라 통합정보와 인과적 힘도 반드시 증가한다는 것이 보장되지 않는다(소뇌에 대한 경고 이야기를 생각해 보라). 왜냐하면, 분화와 통합이란 상반된 경향 사이의 균형 잡힌 작용을 요구하기 때문이다. 그렇지만, 오랜 세월에 걸친 치열한 자연선택의 힘에 의해 형성된 신경계의 통합정보가 뇌의 크기에 따라 증가한다고 말하는 것은 적절하다. 결과적으로, 그러한 그물망의 현재 상태가 수조 가지 자기 과거 및 미래 상태를 제약하는 능력은 그물망의 크기가 커짐에 따라 더욱 정교해진다. 다시 말해서, 뇌가 더 클수록 최대로 환원 불가능한 원인-결과 구조는 더욱 복잡해지며, $\Phi^{\text{최댓값}}$도 더 커지며, 의식도 더욱 커진다.[11]

이것이 의미하는 것은 다음과 같다. 큰 뇌를 지닌 동물 종은 작은 뇌를 지닌 종보다 더욱 놀라운 구분을 할 수 있을 뿐 아니라(예를 들어, 세계를 수천 가지 색깔로 보는 것과 달리 10억 가지 색깔을 경험할 수 있거나, 자기장이나 적외선을 감각할 수도 있다), 더욱 고차원의 구분 및 관계에 접근할 수 있다[예를 들어, 통찰력 및 자아의식 등과의 구분 및 관계, 또는 대칭, 아름다움, 숫

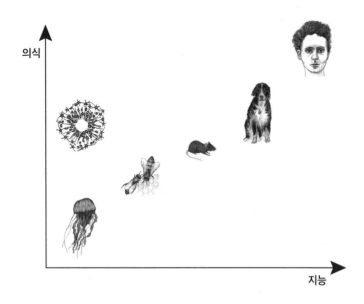

의식

지능

그림 11.2 **지능과 의식, 그리고 두뇌 크기와의 상관관계:** 해파리에서부터 (인류를 대표하는) 마리 퀴리(Marie Curie)까지 뉴런 수가 8차수(10^8)나 차이 나는 신경계를 지닌 다섯 종을 지능-의식 평면에 배치했다. 지능은 끊임없이 변화하는 환경에 유연하게 대응하는 학습 능력으로 작동하며, 의식은 통합정보로 측정된다. 뇌의 크기가 커짐에 따라서, 지능과 $\Phi^{\text{최댓값}}$도 함께 증가한다. 이러한 대각선의 추세는 자연선택에 의한 진화의 특성이다. 이런 관계는, 지능은 미약하지만 $\Phi^{\text{최댓값}}$이 높은 피질 오가노이드(왼쪽 위)와 같은 인공 시스템에서 무너질 수 있다.

자, 정의(justice), 그 밖의 다른 추상적 개념 등의 느낌에 대한 구분 및 관계에도 접근할 수 있다].

이렇게 다른 줄기의 여러 논증들을 추정으로 표시한 그림인 (지능-의식에 관한) I-C 평면(intelligence-consciousness plane)에 적용시켜서, '얼마나 똑똑한 종인지'를 '얼마나 의식을 지닌 종인지'와 대조해 보자. 그림 11.2는 다섯 종의 순위를 보여 준다.

느슨하게 조직된 신경망을 지닌 메두사 해파리(Medusa jellyfish), 벌, 쥐, 개, 사람 등의 지능과 통합정보에 대한 나의 가상의 G 척도에 따른 순위이다. 지능과 의식, 어느 쪽으로도 자연적 상한선이 없음을 화살표로 표시했다.

이 평면도는 종에 따른 지능과 의식 사이의 단조로운 관계를 강조한다. 더 큰 뇌를 지닌 생명체는 더 작은 뇌를 지닌 생명체보다 더 똑똑할 뿐만 아니라 더 의식적이다. IIT의 맥락에서, 더욱 의식적이라는 것은 더욱 내재적이고, 환원 불가능한 원인-결과 힘, 더욱 많은 구분과 관계를 의미한다. 이러한 동일 경향은, 어느 한 종 내의 개체들을 비교할 때에도 마찬가지일 수 있다.[12]

지능과 의식을 연결하는 이 관계에서 예외는 대뇌 오가노이드(organoids)이다. 이것은 인간-유도 만능 줄기세포(human-inducible pluripotent stem cells)에서 유도한 3차원 세포 집합체로, 신경과학자, 임상의, 엔지니어 등이 어린이나 성인의 성숙한 시작 세포(starter cells, 줄기세포) 몇 개를 사용하여 조직을 성장시킬 수 있다. 네 개 "마법" 전사인자(transcription factors)에 의해 재프로그래밍된 이 세포들은 인큐베이터에서 계속 분화되고, 자기조직화된다.[13] 이 세포들이 전기적으로 활동하는 피질 뉴런과 이를 지원하는 신경교세포(glial cells)로 성숙하기 위해 걸리는 시간은, 수정란에서 인간 태아가 성장하는 데 걸리는 시간과 거의 비슷하게 수개월이 걸린다. 오가노이드는 신경 및 정신의 질환을 이해하는 데 도움이 되는, 상당한 치료 가능성을 가지고 있다.[14]

유아기에는 눈, 귀, 피부 등에서 흘러나오는 구조화된 감각 입력과, 피드백 신호를 제공하는 눈, 머리, 손가락, 발가락 등의 적절한 흔들림이, 시냅스 학습 규칙의 도움을 받아 아기의 미성숙한 신경계에 질서를 부여한다. 이것이 바로 우리 모두가 태어난 특정 환경의 인과 구조를 학습하는 방식이다. 오가노이드에는 이런 기능이 없다. 일단 이런 장애물을 극복하고 이러한 오가노이드가 정교한 시냅스 학습 규칙을 표현하게 된다면, 컴퓨터로 제어되는 전극의 조밀한 배열에 의해서 인공 패턴의 외부 자극이 오가노이드 배양에 부여될 수 있을 것이며, 조잡하고 미숙한 초기의 발달 과정을 모방할 수 있을 것이다.

줄기세포 생물학과 조직공학의 놀라운 발전 속도를 고려해 보면, 생명공학자들은 머지않아 통 속에서, 적절히 혈관을 형성하고 산소와 대사물질을 공급함으로써, 건강한 수준의 신경세포 활동을 유지할 수 있는 대뇌피질과 유사한 얇은 조직을 산업적 규모로 성장시킬 수 있을 것이다. 이러한 피질 카펫은, 페르시아 양탄자보다 훨씬 더 촘촘하게 짜여져, 환원 불가능한 완전체와 함께 일부 통합정보를 가질 것이다. 사람이 느끼는 것처럼 고통, 지루함, 감각적 인상의 불협화음 등과 같은 것을 경험할 가능성은 희박하다. 그러나 그것은 무언가를 느낄 것이다. 따라서 수반되는 윤리적 딜레마를 피하려면, 이런 조직을 마취하는 것이 최선이다.[15]

그러나 한 가지 확실한 것이 있다. 이런 오가노이드는 기존의 감각 입력이나 운동 출력을 전혀 갖지 않으므로, 세계에서 활동할 수 없다. 그리고 그것은 지능도 갖지 않을 것이다. 오가노이드의 상황은 마치 마비되어 잠든 신체 내에서 광활한 빈 공간을 꿈꾸는 뇌와 유사하다. 지능 없는 의식, 이런 경우 오가노이드는 I-C 평면의 왼쪽 상단 모서리에 위치한다.

다른 공학 시스템, 특히 프로그래밍이 가능한 디지털컴퓨터는 어떠할까? 그것들도 경험을 가질 수 있을까? 그것들은 I-C 평면에서 어디에 위치할까? 이런 질문에 대답하기에 앞서, 나는 우선 계산적 마음 이론(computational theory of the mind)의 강점과 약점부터 설명하겠다. 그 이론은 의식이 계산 가능하다는 추측에 기초한다.

의식과
계산주의

12

의식과
계산주의

컬트 SF 영화 〈블레이드 러너(Blade Runner)〉의 레이첼, 할리우드 희극 영화 〈그녀(Her)〉의 사만다, 다크 사이코드라마 〈엑스 마키나(Ex Machina)〉의 에이바(Ava), TV 시리즈 〈웨스트월드(Westworld)〉의 돌로레스(Dolores), 이들의 공통점은 무엇일까? 아무도 여성에게서 태어나지 않았고, 모두 매력적인 여성적 특성을 지니며, 남성 주인공의 욕망의 대상이 되어, 욕망과 사랑이 공학자에게까지 확장된다는 것을 보여 준다.

탄소로 진화한 생명체와 실리콘으로 만들어진 생명체 사이의 경계가 허물어지는 미래가 빠른 속도로 우리에게 다가오고 있다. 심층기계학습(deep machine learning)의 등장으로, 음성 기술은 인간에 가까운 능력에 도달하여, 애플의 시리(Siri), 마이크로소프트의 코타나(Cortana), 아마존의 알렉사(Alexa), 구글의 어시스턴트(Assistant) 등과 같이 유용한 영혼을 만들어 내었다. 그것들의 언어 구사력과 사회적 품위는 지속적으로 향상되고 있어,

머지않아 실제 비서와 구분하기 어려워질 것이다. 다만 실제 사람과 달리, 그런 비서에게 완벽한 기억, 침착함, 인내심 등이 부여된다. 앞으로 누군가 개인 디지털 비서라는 실체 없는 디지털 목소리와 사랑에 빠지기까지 얼마나 많은 시간이 남았을까?

그들의 유혹하는(Seiren) 목소리는, 우리 시대 이야기, 즉 '우리의 마음은, 우리의 뇌라는 컴퓨터에서 실행되는 소프트웨어이다'라는 이야기의 살아 있는 증거이다. 그렇다면 의식은 몇 가지 교묘한 해킹만으로 파악이 가능해질 것이다. 우리는 컴퓨터보다 더 나을 것이 없고, 단지 점점 더 성능이 떨어지는 육신의 기계에 불과하다. 기술업계의 의기양양한 목소리에 따르면, 우리는 곧 다가올 노후화를 기뻐해야 한다. **호모사피엔스**가 생물학과, 진화의 피할 수 없는 다음 단계인 초지능(superintelligence) 사이에 가교 역할을 해냈다는 사실에 감사해야 한다. 실리콘밸리의 스마트머니(smart money)는 그렇게 생각하며, 여러 사설들이 그렇게 될 것이라 주장하고, 세련된 SF 영화는 이 무능한 사람의 니체식 이데올로기를 강화한다.

소프트웨어로서의-마음(Mind-as-software)이란 유동적 근대성, 즉 초개인화되고, 전 세계를 돌아다니며, 기술을 숭배하는 문화의 지배적 신화이다. 그런 마음은, 스스로 신화에 면역되어 있다고 믿는, 이 시대에 유일하게 남은 신화이다. 현시대의 엘리트는, 2000년 동안 서양을 지탱해 온, 한때 전능했던 신화인 기독교 정신의 죽어 가는 투쟁을 이해하지 못하고 무관심하게 목격하고 있다.

나는 여기에서, 프랑스 인류학자 클로드 레비스트로스 (Claude Lévi-Strauss)가 정의한 의미에서, 뮈토스(mythos, 또는 신화)를, 특정 문화에 의미를 부여하는 명시적 및 암묵적, 구어 및 무언으로 안내하는 신념, 이야기, 수사법, 관습 등등의 집합으로 사용한다.[1] 소프트웨어로서의-마음은 어떤 정당화도 필요치 않은 암묵적 배경 가정이다. 그런 마음은, 과거에 악마가 존재했던 것만큼이나 명백한 존재이다. 소프트웨어로서의-마음에 대한 대안은 무엇일까? 영혼일까? 말도 안 돼!

그렇지만, 실제로 소프트웨어로서의-마음과, 그 쌍둥이인 컴퓨터로서의-뇌가 편리한 이해를 줄 수 있지만, 그것을 주관적 경험에 적용시켜 볼 때, 기능주의 이데올로기를 표현하는 잘못된 비유임이 드러난다. 그런 식의 표현들은 과학이라기보다는 수사적 표현에 가깝다. 일단 우리가 그 신화 체계의 실상을 이해하기만 하면, 마치 꿈에서 깨어났을 때처럼, 그것을 우리가 어떻게 믿게 되었는지를 궁금해할 것이다. 삶이 다름 아닌 알고리즘에 불과하다는 그런 신화 체계는 우리의 영적 지평을 제한하고, 시간의 광활한 순환 속에서 삶, 경험, 지각력의 장소 등에 관한 우리의 관점을 평가절하한다.

계산주의(computationalism)가 무엇이며, 어디에서 비롯되었는지를 이해하기 위해, 그 신화의 가려진 이면을 들여다보자.

계산주의: 정보화시대의 지배적 믿음

지금의 시대정신(Zeitgeist)은, 궁극적으로 디지털컴퓨터가 인간이 할 수 있는 모든 것을 복제할 수 있다는 믿음이다. 따라서 디지털컴퓨터는, 의식을 포함하여, 인간이 하는 어느 것이든 될 수 있다. **실행**에서 **존재**로(from doing to being), 미묘하지만 중요한 전환에 주목해 보자.

계산주의 또는 계산적 마음 이론(computational theory of mind)은 앵글로-색슨(Anglo-Saxon) 철학 및 컴퓨터과학 분야에서, 그리고 기술업계에서 지배적인 마음 교리이다. 그 씨앗은 7장에서 살펴본 고트프리트 빌헬름 라이프니츠가 3세기 전 이미 뿌려 놓았다. 라이프니츠는 보편 계산법, 즉 **미적분 계산 기계**(calculus ratiocinator)를 개발하기 위해 평생을 탐구했다. 그는 모든 논쟁을 엄격한 수학적 형식으로 변환하여, 그 진리를 객관적인 방식으로 평가할 방법을 찾고 있었다. 그는 이렇게 썼다.

우리의 추론을 바로잡을 유일한 방법은 수학자들의 추론처럼 가시화하여, 한눈에 그 오류를 찾을 수 있도록 하는 것이다. 그러면 사람들 사이에 논쟁이 있을 때, 우리는 다음과 같이 간단히 말할 수 있다. 누가 옳은지 더 이상 고민하지 말고, 계산해 보자.[2]

라이프니츠의 보편적 계산에 대한 꿈은 19세기 말과 20세기 초 논리학자들에게 동기를 제공했으며, 1930년대에는 쿠르트 괴델(Kurt Gödel), 알론조 처치(Alonzo Church), 앨런 튜링(Alan Turing) 등의 연구에서 절정에 이르렀다. 이들은 두 가지 수학적 업적을 통해 정보화시대의 토대를 구축했다. 첫째, 이들의 연구는, 수학으로 증명할 수 있는 것에 절대적이고 형식적인 한계가 있음을 인정하고, 진리를 공식화하고, 진리 측정기 즉 **알레시오미터**(alethiometer)를 만들겠다는 고대의 열망에 찬 꿈을 종결했다.[3] 둘째, 그들은 튜링기계(Turing machine)를 탄생시켰는데, 그것은 어떤 계산 절차이든, 이상화된 기계에서 어떻게 평가될 수 있는지 보여 주는 동역학적 모델이다.

이러한 지적 업적의 중요성은 아무리 강조해도 지나치지 않다. 튜링기계는 컴퓨터의 형식적 모델로, 그 필수 요소만을 제시하였다. 그것은 다음 네 가지를 요구한다. ① 0과 1과 같은, 기호를 쓰고 저장할 수 있는 무한 테이프(infinite tape). 이것은 입력장치 역할을 하는 동시에, 중간 계산 결과를 저장하는 장치이기도 하다. ② 테이프에서 이러한 기호를 읽고 덮어쓸 수 있는 스캐닝 헤드(scanning head). ③ 유한 수의 내적 상태를 지닌 단순한 기계. 그리고 ④ 일련의 지침, 즉 프로그램. 프로그램은 기계가 이러한 각각의 내적 상태에서 실행할 작업을 완전히 지정해 준다. 예를 들어, "만약 상태 (100)에서, 테이프에서 1을 읽으면, 상태 (001)로 전환하고, 왼쪽으로 한 칸 이동하라", 또는 "상태 (110)에서, 0을 읽으면, 그 상태를 유지하고, 1을 쓰라." 그것이 전부이다. 슈퍼컴퓨터든 최신 스마트폰이든, 디지털컴퓨터에서 프로그래밍될 수 있는 것은 어느 것이든 '원리적으로' 이러한 튜링기계로 계산될 수 있다[시간이 매우 오래 걸릴 수 있지만, 이것은 단지 실천의 문제일 뿐이다(즉, 논리적 혹은 원리적 가능성과 무관하다―옮긴이)]. 튜링기계는 그러한 상징적이며 근본적인 위상을 확보했으며, 계산이 무엇을 의미하는지에 대한 현대적 개념은 "그런 기계로 계산 가능한지"(소위 처치-튜링 논제)와 같은 의미가 되었다.

계산가능성에 대한 이러한 추상적 아이디어는 전자기계식 계산기로 채워진 기계로 전환되어, 제2차세계대전 중 포병대를 개선하고, 원자무기를 설계하고, 군사 암호를 해독하는 등의 나쁜 목적에서 태어났다. 고체물리학 및 광학 물리학, 회로 소형화, 대량생산, 시장자본주의의 힘[고밀도집적회로의 트랜지스터 수는 약 2년마다 두 배로 증가한다는, 유명한 무어의 법칙(Moore's law)으로 이해되는] 등에 힘입어, 디지털컴퓨터는 사회, 업무의 본질, 놀이 방식 등을 근본적으로 뒤흔들었다. 그로부터 한 세기도 채 지나지 않아, 당시의 에니악(ENIAC), 유니박(UNIVAC), 콜로서스(Colossus) 등과 같은 미약한 계산능력을 지닌 거대한 기계의 후손들은, 매끄럽고 한 손에 들어오는 유리 및 알루미늄 케이스 내에 강력한 센서와 프로세서 칩을 장착했다. 이 제품들은 우리가 어디든 가지고 다니며, 몇 분마다 집착해서 들여다보는, 친밀하고 개인화된 소중한 인공물이다. 놀라운 발전이 속도를 늦출 기미는 전혀 보이지 않는다.

인공지능과 기능주의

최신 AI는, 20세기의 시각(vision)에 대한 신경과학 연구와 학습(learning)에 대한 심리학 연구에서 시작된, 두 종류의 기계학습 알고리즘에서 촉발되었다.

첫째는 심층 회선 그물망(deep convolutional networks)이다("심층"은 처리 계층의 수가 많다는 의미, 그리고 "회선"은 이전 층의 어느 뉴런도 다음 층의 모든 뉴런과 연결을 이룬다는 의미—옮긴이). 이런 그물망에, 개 품종 라벨이 붙은 이미지, 휴가 사진, 금융 대출 신청서, 프랑스어-영어 번역 텍스트 등에 관한 방대한 데이터베이스를 오프라인으로 제시하여 학습시킨다. 이러한 방식으로 학습이 완료되면, 그 소프트웨어는 즉시 버니즈마운틴도그와 세인트버나드를 구분하고, 휴가 사진에 정확한 표지를 붙이며, 사기성 신용카드 신청서를 식별하거나, 샤를 보들레르(Charles Baudelaire)의 "Là, tout n'est qu'ordre et beauté, Luxe, calme et volupté"를 "There, everything is order and beauty, Luxury, calm and voluptuousness(저기, 모든 것이 질서 있고 아름다우며, 화려하고, 평온하며, 도발적이다)"로 번역할 수 있다.

간단한 학습 규칙을 무심코 적용하면, 이러한 신경망이 초인적인 능력을 갖춘 정교한 열람표(look-up tables)로 바뀐다.

둘째 종류의 알고리즘은 강화학습(reinforcement learning)을 사용하며, 사람의 도움을 완전히 배제한다. 이런 알고리즘은 많은 보드게임이나 비디오게임에서처럼, 점수를 극대화하여 달성할 수 있는 단일 목표가 있을 때, 가장 효과적이다. 그런 소프트웨어는 시뮬레이션 환경에서 가능한 모든 움직임 공간을 정교하게 샘플링하고, 점수를 극대화하는 동작을 선택한다. 딥마인드(DeepMind)의 알파고제로(AlphaGo Zero)는 자신과 400만 번 바둑 게임을 연습한 후 초인적 성능에 도달했다. 이 프로그램은 그것을 몇 시간 만에 달성하는데, 이것은 인간 영재들이 숙련된 바둑 고수가 되기 위해 수년간의 혹독한 훈련이 필요한 것과 대비된다. 그 후예인 알파제로(AlphaZero)는 인간이 고전 보드게임을 지배하던 시대를 결정적으로 종식시켰다. 이제 알고리즘은 바둑, 체스, 체커(checkers), 다양한 형태의 포커, 그리고 브레이크아웃(Breakout)이나 스페이스 인베이더(Space Invaders)와 같은 비디오게임을 어느 사람보다 더 잘한다. 소프트웨어는 인간 개입의 도움을 받지 않고서도 학습하기 때문에, 많은 사람들이 이것을 불길하고 두려운 존재로 본다.

이러한 획기적인 발달이 이루어지기 전, 컴퓨터는 이미 학자들에게 뇌가 작동하는 방식에 대한 강력한 은유, 즉 계산 또는 정보처리 패러다임을 제공했다. 이런 이야기에서, 뇌는 보편적인 튜링기계이며, 들어오는 감각 정보를 변환하여 외부 세계에 대한 내적 표상*을 만들어 낸다. 뇌는 감정 및 인지 상태와 메모리 저장소 등을 연결하여 적절한 반응을 계산하고, 운동 동작을 촉발한다. 우리는 육체로 이루어진 튜링기계이며, 자신이 프로그래밍되었다는 것을 알지 못하는 로봇이다.

일반적인 행동으로, 당신이 방금 본 것에 대한 응답으로 문자를 보내는 행동에 대해 생각해 보자. 당신의 망막은 초당 약 10억 비트의 속도로 시각 정보를 받아들인다. 이러한 데이터스트림(data stream, 일관된 신호 흐름)은 그 정보가 안구를 떠날 때쯤 100배 줄어든다. 만약 당신이 민첩하다면, 초당 다섯 문자를 입력할 수 있는데, 이것은 영어의 엔트로피를 고려해 보면 초당 10비트에 해당한다. 읽기나 말하기에 대한 추정치도 거의 비슷한 수치이다. 하여튼, 당신의 뇌에서 초당 1조 번씩 발생하는 실무율의 격발(all-or-none spikes)은, 시신경을 통해 전달되는 천만 비트의 데이터를 10비트 운동 정보로 변환한다. 그리고 동일한 시각-운동 시스템은, 자전거를 타거나, 젓가락으로 미역을 집거나, 친

• "표상(representation)"이란 일상적으로 "대표적 표지(標識)"라는 뜻으로 사용되지만, 여기서 표상은 계산주의 관점에서 컴퓨터 구현에 필요한 상징을 말한다. 수리철학자 프레게, 러셀, 비트겐슈타인 등의 계보를 잇는, 튜링의 '튜링기계 개념'과 폰노이만의 '폰노이만 컴퓨터'로 구현되는 계산에 필요한 표상이란 언어에 대응하는 표지를 말한다. 그 철학자들은 우리의 사고가 세계의 사실에 대한 무엇을 떠올려 표상할 수 있다고 가정했고, 그것을 언어, 즉 단어 또는 문장으로 표현할 수 있다고 가정했다. 그리고 그런 표상에 대한 표현들을 기호로 변환하여 계산이 가능하다고 생각하고, 기호논리학을 만들었다. 그런 측면에서 여기 표상은 다분히 언어적 표상을 말한다. 그 입장을 주장하는 표상이론의 대표 철학자는 제리 포더(Jerry Fodor)이며, 이 입장은 기능주의(functionalism)로 분류된다. 이 입장은 논리적 계산 기능을 정신적인 것으로 보는 측면에서 이원론의 입장에 선다. 반면에 신경철학자 처칠랜드 부부의 표상이론에서 말하는 표상이란, 신경계 자체의 신경망 활성을 수치로 표현하는 수학적 행렬 또는 매트릭스로 표현된다. 그들은 신경계를 행렬 변환을 계산하는 컴퓨터로 보는 입장이어서, 소프트웨어 가설을 거부하고 일원론의 입장에 선다. 그러므로 이들 부부는 기능주의를 배격한다. 이들의 입장을 학자들은 계산주의와 구분해 연결주의(connectionism)라고 부른다. 그렇지만 이 책의 저자는 이 두 입장의 차이를 구분하지 않는다. 모두 계산주의 입장으로 몰아 보기 때문이다. 이후를 계속 읽어 보라.

구의 새 립스틱을 칭찬하는 등등에도 빠르게 적용될 수 있다.[4]

계산주의에 따르면, 당신의 마음-뇌는 튜링기계처럼 이런 일을 처리한다. 뇌는, 들어오는 데이터 흐름에 대해 일련의 계산을 실행하고, 그 기호 정보를 추출하고, 메모리 저장소에 접속하고, 모든 것을 한 가지 답으로 컴파일(컴퓨터 언어로 번역)하고, 적절한 운동 출력을 생성한다.

이러한 관점에서, 관련 소프트웨어인 마음은 일종의 촉촉한 컴퓨터에서 실행된다. 물론 신경계는 기존의 폰노이만 컴퓨터 (von Neumann computer)가 아니다. 신경계는, 시스템 전체의 클록(clock)이나 버스(bus, 정보전송회로)* 없이 병렬로 작동하고, 그 소자가 밀리초의 극한 속도로 전환되며, 메모리와 계산처리가 분리되어 있지 않고, 아날로그와 디지털의 신호를 혼합하여 사용하지만, 그럼에도 불구하고 일종의 컴퓨터이다. 세부적인 사항은 문제가 되지 않으며, 따라서 그 논증은 여전히 유지되며, 오직 구현된 추상적 연산만이 중요하다. 그리고 만약 뼈로 둘러싸인 이 촉촉한 컴퓨터의 작동이 실리콘 프로세서 내에 실행되는 소프트웨어에 의해 적절한 수준의 표현으로 충실하게 포착된다면, 주관적 경험을 포함하여, 이러한 뇌 상태와 관련된 모든 것들이 자동적으로 계산될 것이다. 의식을 설명하는 데 다른 어떤 것도 필요치 않다.

- 클록(Clock)은 컴퓨터에서 연산을 조정하는 타이밍신호로, 클록 속도가 높을수록 중앙처리장치(CPU)가 명령어를 더 빨리 처리할 수 있다. 버스(bus)는 컴퓨터 시스템 내에서 다양한 하드웨어 요소들을 연결하는 회선의 집합이다.

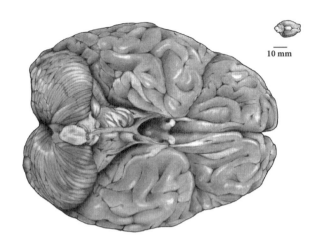

10 mm

그림 12.1 **계산주의(computationalism)**: 오늘날의 지배적인 마음 이론에 따르면, 뇌(여기서는 인간의 뇌와 오른쪽 상단의 쥐의 뇌를 규모에 맞게 그려 넣었다)는 계산에서 나오는 경험을 지닌, 튜링기계의 촉촉한 근사치에 지나지 않는다. 이런 강력한 소프트웨어로서의-마음 은유는 모든 생명체를 포괄하는 뮈토스(배경믿음)가 되었다.

계산주의는 기능주의의 한 변형으로, 즐거운 경험과 같은 정신상태가 근본적인 신체 메커니즘의 내부 구성으로부터 독립적이라고 주장한다. 모든 정신상태는, 환경과의 관계, 감각 입력, 운동 출력, 기타 정신상태 등을 포함하여, 그 메커니즘이 실행하는 역할에만 오직 의존한다. 이런 관점에서 중요한 것은 정신상태의 '기능'이다. 메커니즘의 물리학, 그 시스템을 만드는 물질, 그리고 그 시스템이 서로 연결되는 방법 등은 중요치 않다.

어떤 사람들은 기능주의에 대한 더 엄격한 기준을 주장한다. 우리 경험을 갖기 위해서, 컴퓨터는 우리의 인지기능뿐 아니라, 우리 뇌에서 일어나는 모든 세부적인 인과적 상호작용, 즉 개별

뉴런 수준까지 시뮬레이션할 수 있어야 한다.[5]

컴퓨터로서의-뇌 은유의
효용과 오용에 대하여

정보처리 패러다임의 유력한 후보(poster child)는 포유류의 시각 시스템이다. 시각 데이터의 흐름은 망막에서 시작하여, 뇌 뒤쪽의 피질 처리 첫째 단계인 일차시각피질이란 종착지로 올라간다. 이후 데이터는 지각과 행동으로 이어질 때까지 수많은 피질 영역으로 분산되고 분석된다.

1960년대 초 하버드대학교의 데이비드 허블(David Hubel)과 토르스텐 비셀(Torsten Wiesel)은 마취된 고양이의 일차시각피질을 기록함으로써, "단순"세포(simple cells)라 불리는 일련의 뉴런들을 발견했다.[6] 허블과 비셀은 이 발견으로 노벨상을 수상하였다. 이런 뉴런들은 동물의 시각영역(visual field)의 특정 구역 내의 어둡거나 밝은 기울어진 막대에 반응했다. 단순세포가 시각공간 내의 방향성 선(oriented line)이 어디에 있는지에 특별히 민감하다면, 둘째 "복합(complex)" 세포 집단은 그 선의 정확한 위치에 대해 덜 관여한다. 허블과 비셀은 자신들의 발견을 설명하기 위해 여러 층의 세포로 구성된 배선 도식(wiring scheme)을 가정했는데, 그 도식의 첫째 층은 눈에 포착된 시각 정보를 전달하는 입력 세포들로부터 신호를 받는다. 이러한 세포들은 빛의 지점에 가장 잘 반응한다. 그 신호는 둘째 층 뉴런인 단순세포들로 전달되며, 그런 다음 단순세포들 신호는 셋째 층 뉴런인 복합 세포들과 교신한다.

각 세포들은 계산처리 기초 요소 혹은 유닛(unit)이며, 이것들은 입력의 가중치 합계(weighted sum)를 계산하여, 만약 그 합계가 충분히 크면 그 유닛의 출력을 켜고(on), 그렇지 않으면 꺼진(off) 상태로 유지한다. 그 유닛이 연결되는 바로 그 방식은, (어느 방향의 모서리에 반응하는) 입력층 세포들 반응을 (시각영역의 특정 위치의 특정 방향에 관여하는) 세포들 신호로 변환시켜 준다. 다음 단계에서, 이러한 세포들은 입력신호를 다음 유닛들로 보내며, 그 유닛은 그런 공간(위치) 정보 중 일부를 삭제하여, 적절한 방향성 선(line)의 신호를 어디로든 보낸다. 기계학습 혁명의 기본 구성 요소인 심층 회선 그물망은 이러한 초기 시각 뇌 모델의 직계 후손이다.

이후 얼굴에 반응하는 시각피질의 뉴런이 발견되면서, 시각처리는 밝기, 방향, 위치 등과 같은 원초적 특징에 관여하는 유닛들로부터, 일반적인 여성의 얼굴이나 할머니 또는 배우 제니퍼 애니스턴(Jennifer Aniston) 등의 특정 얼굴과 같이 더 추상적인 방식으로 정보를 표현하는 유닛들에까지, 정보가 위쪽으로 흐르는 처리 단계의 계층구조 내에서 이루어진다. 이러한 일련의 처리 계층을 **피드포워드 프로세싱**(feedforward processing)(소뇌 회로에서와 같은)이라 부른다. 각 처리 단계는 오직 다음 계층에만 영향을 미치며, 이전 계층으로 영향을 미치지는(**피드백 프로세싱**,

feedback processing) 않는다.

아이러니하게도, 기계학습 그물망은 뇌를 모델로 하지만, 피질 그물망은 아주 확실하게 피드포워드 회로가 아니다. 실제로, 대뇌피질 뉴런 사이에 만들어지는 모든 시냅스들 중 열에 하나 이하만이 이전 처리 단계와 연결될 뿐이다. 나머지 연결은, 주변 뉴런이나 더 높은 추상적 처리 단계의 세포들이 이전 단계의 세포로 피드백을 주는 연결이다. 신경망 이론가들은, 이러한 방대한 피드백 연결이 (컴퓨터가 모방하기 어려운) 단일 사례만으로 학습하는 인간 능력에 어떻게 기여하는지를 알지 못한다.

이런 교과서적인 관점, 즉 원초적 방향성 선의 특징에서부터 더욱 추상적인 특징에 이르기까지, 한 단계씩 올라간다는 계층적 피질 처리 관점은, 수만 개 피질 뉴런의 시각 반응에 대한 대규모 조사가 가능해지면서 수정되고 있지만,[7] 우리는 이 엄청나게 성공적인 피드포워드 컴퓨팅 기술의 렌즈를 통해 뇌의 작동 방식을 해석하지 않을 수 없다.

그러나 신경계의 많은 특징들은 컴퓨터로서의-뇌라는 단순한 설명과 부합하지 않는다.

망막, 즉 안구의 뒤쪽에 촘촘하게 짜인 섬세한 신경조직을 생각해 보자. 망막은 명함의 1/4 크기이고, 두께는 그다지 두껍지 않으며, 블랙 포레스트 케이크(Black Forest cake)와 같은 (여러 층으로 만들어진—옮긴이) 구조로 되어 있으며, 세 층인 세포체가 두 층인 "충전물(filling)"로 분리되어 있으며, 이곳에서 모든 시냅스 및 가지돌기의 계산처리가 일어난다. 들어오는 무수한 광자(photons)는 1억 개 광수용체에 의해 포착되어, 약 100만 개 신경절세포에 도달할 때까지, 다양한 계산처리층을 통과하는 전기 신호로 바뀐다. 시신경(optic nerve)을 구성하는 축삭돌기의 묶음인 출력선들은 신경계의 보편 언어인 격발 신호를 뇌의 나머지 부분에 멀리 떨어진 표적으로 전달한다.

망막의 계산적 과제는 단순한데, 햇볕이 내리쬐는 해변이나 별이 빛나는 야경에서 들어오는 빛을 뉴런의 격발 신호로 변환한다. 그러나 이렇게 단순해 보이는 과제를 실행하기 위해, 생물학은 약 100가지 종류인 뉴런을 필요로 하며, 각 뉴런들은 고유한 형태, 고유한 분자 특징, 고유한 기능 등을 지닌다. 왜 이렇게 많은 것일까?[8] 당신 스마트폰의 이미지센서 역시 각 픽셀 아래에 다수의 트랜지스터를 가지고 그와 같은 작업을 실행한다. 이렇게 많은 전문가를 고용하는, 그럴듯해 보이는 계산적 정당화는 무엇일까?

그와 동일한 풍성함이 대뇌피질에도 존재한다. 각 피질 영역은 100개에 가까운 세포 유형을 가진다. 억제성 뉴런은 피질 조직 전체에 걸쳐 유사하지만, 홍분성 뉴런, 특히 피라미드 뉴런은 영역마다 다르다. 그래야만 하는 이유가 있는데, 뉴런들은 서로 다른 장소로 정보를 전송하고, 이러한 (정보가 저장된) 주소의 우편번호가 뉴런의 유전자에 인코딩(부호화)되어 있기 때문일 것이다. 세포 유형들은 세포 형태, (그 유형마다 민감하게 반응하는) 신경전달물질, 독특한 전기적 반응 등에서 서로 다르다. 뇌는 수천 가지 이상인 여러 유형의 세포로 구성되어 있다.[9] 표 12.1은, 진화한 유기체와 제조된 인공물 사이의 서로 다른 주요 구조적

	뇌	디지털컴퓨터
시간	비동기적(asynchronous) 격발 사건	시스템 전체 클록
신호	혼합된 아날로그-디지털 신호	이진 신호
계산	반-파장 정류(half-wave rectification) 및 임곗값에 따른 아날로그 비선형 합산	불(Boolean) 연산
기억	프로세서와 긴밀히 통합	메모리와 계산 간의 분리
보편적 튜링	그렇다	아니다
계산 노드의 유형	대략 1000	다수
노드의 속도	밀리초(10^{-3}sec)	나노초(10^{-9}sec)
연결성	1000~5만	<10
강건함	구성 요소 오류에 강건함	허약함

표 12.1 **뇌와 컴퓨터의 차이:** 뇌와 디지털컴퓨터의 근본적으로 다른 구조는, 뇌가 의식을 가질 때 아주 큰 차이를 만들어 낸다.

차이를 나열하였다.

계산 은유는 이러한 놀라운 관찰을 설명하기에 불충분하다. 이론에 따르면, 결합과 부정(또는 그 변형)을 표현하는 두 가지 유형의 논리게이트를 조합하는 것으로 모든 계산을 구체적으로 보여 주기에 충분하다고 한다. AND 및 NOT 게이트만 사용하여, 무엇이든 계산할 수 있다. 디지털컴퓨터는 몇 가지 유형의 트랜지스터[전력 트랜지스터와, 고체-상태 메모리를 위한 몇 가지 특수 접촉 회로(flip-flop circuits)를 포함하여]로 작동한다.

이렇게 다양하고 풍성한 뇌세포들이 존재하는 이유는 무엇일까? 그것이 계산 기능을 갖는가? 나는 여러 세포 유형이 계산 효율성을 보조한다기보다 진화적, 발달적, 대사적 제약의 산물이라는 데에 내기를 걸겠다.[10]

전체 뇌 에뮬레이션

뇌에 대한 계산적 관점을 거부하더라도, 컴퓨터가 뇌를 시뮬레이션할 수 있는 강력한 능력을 가진다는 것은 의심의 여지가 없다. 그 시뮬레이션이 궁극적으로 의식적 마음으로 이어질 수 있을까?

오늘날 개별 시냅스, 가지돌기, 축삭돌기, 뉴런 등을 지원하는 작동 원리는 상당히 잘 알려져 있다. 이러한 요소들의 동역학은, 활동전위 시작 및 전파에 대한 유명한 호지킨-헉슬리방정식(Hodgkin-Huxley equations)의 변형인, 비선형미분방정식으로 포착될 수 있다.[11] 뉴런 간의 시냅스 상호작용을 설명하도록 수정된, 방대한 수의 방정식들이 슈퍼컴퓨터에서 실행되어, 스위스의 블루 브레인 프로젝트(Blue Brain Project)의 일환으로, 쥐 피질의 얇은 조각에서 수십만 개 뉴런의 격발 동작을 시뮬레이션하고 있다. 이런 실험적 연구들은 뇌 피질 조각에서 반향하는 전기 활동의 동역학을 시뮬레이션한다.[12] 연결된 뉴런을 충실히 시뮬레이션하는 모델을, 1억 개 세포를 지닌 쥐의 뇌 전체를 포함하도록 확장하는 것은, 향후 5년 내에 기술적으로 가능해질 것이다.

그러나 이러한 발전이, 분자 수준에서 시스템 수준에 이르기까지, 뇌의 엄청난 복잡성에 대한 우리의 불충분한 지식, 즉 훨씬 더 어려운 문제를 설명해 주지 못한다. 이러한 시뮬레이션 내의 수십억 개 매개변수(parameters)가 채널 밀도, 수용체 결합 개념, 결합계수(coupling coefficients), 농도 등등에 특정 값을 할당해야 한다. 이러한 세부적인 지식 없이, 신경공학자는 자신들의 시뮬라크르(simulacrum, 모조품)에 생명을 불어넣을 수 없다. 그렇다. 그들은 소프트웨어가 막연히 생물학적으로 보이는 작업을 실행하도록 할 수는 있지만, 실제 뇌를 모방하려고 비틀거리며 돌아다니는 골렘(golem, 엉성한 인조인간)과 같을 것이다. 계산적 신경과학의 더러운 비밀은, 단지 302개 신경세포만 있고, 그 배선도인 커넥톰(connectome)도 알려져 있지만, 환형동물 예쁜꼬마선충(C. elegans)의 신경계에 대한 완전한 동역학적 모델을 우리가 아직 완전히 갖지 못하고 있다는 것이다. 우리의 처지가 그러하여, 아직 그 벌레의 뇌를 이해하지 못하면서, 인간의 뇌를 이해하려 노력하고 있다.

이것이 바로 인공지능(AI) 애호가들이 (인간) **전체 뇌** 에뮬레이션(emulation)이라 부르는 것이 수십 년 후의 일이라고 말하는 더 깊은 이유이다.[13] 나는 직업 생활의 대부분을 신경회로의 정확한 시뮬레이션에 바쳤기 때문에, 어느 정도 확신을 가지고 이렇게 말한다.[14] 다음 장에서 나는 그러한 전체 뇌 시뮬레이션이 의식을 가질 수 있을지에 대해 논의하겠다.

문화권마다, 저마다 가장 익숙한 기술의 렌즈를 통해 마음-뇌 문제를 바라본다. 플라톤과 아리스토텔레스는 기억을 밀랍 판에 글을 쓰는 것과 같다고 상상했다. 데카르트는, 베르사유 궁정 분수대의 움직이는 신, 사티로스, 님프, 영웅 등의 조각상을 움직이는 수력학에서, 동맥, 대뇌 강(cerebral cavities), 신경 모세관 등을 통해 흐르는 동물의 영혼을 떠올렸다. 이후 뇌를 기계식 시계, 전화 교환대, 전자기계식컴퓨터, 인터넷, 그리고 오늘날에는 심층 회선 그물망 또는 생성-적대적 그물망(generative adversarial networks)에 비유하기도 한다.

흥미롭게도, 컴퓨터 은유는 간이나 심장에는 거의 적용되지 않는다. 과학자들은 이러한 장기들에 대한 정확한 컴퓨터 모델을 구축하려고 노력하지만, 간에서 일어나는 대사 과정이나 심장의 펌프 작용을 정보이론적 용어로 생각하지는 않는다.

은유의 위험성은 은유가 현실의 오직 제한된 측면을 포착할 뿐이라는 점을 우리가 잊는다는 것에 있다. "온 세상이 모두 무대이다"라는 말은 존재의 일부 측면을 가리키는 뛰어난 시적 화법이긴 하지만, 당신과 나는 고용된 배우가 아니며, 아무런 관객도 없고, 어떤 극작가도 우리에게 대사를 써 주지 않았다.

의식의 전역 뉴런 작업공간 이론

나는 이 장을 마무리하면서, 학계와 미디어에서 디제라티가 주장하는 핵심 교리 또는 추측인, 의식에 대한 계산적 관점을 설명하겠다. 그 관점은 의식의 **전역 뉴런 작업공간**(global neuronal workspace) 모델에 가장 잘 요약되어 있다.[15]

그 계보는 초창기 인공지능의 **칠판 구조물**(blackboard architecture)로 거슬러 올라가며, 그것에서 전문화된 프로그램은 공유 정보 저장소인 칠판 또는 중앙 작업공간(central workspace)에 접속한다. 인지심리학자인 버나드 바스(Bernard Baars)는 이러한 계산처리 자원이 뇌에 존재한다고 가정했다. 그럼에도 그 용량은 매우 작아서, 한 번에 하나의 지각, 생각, 또는 기억만 표상할 수 있다. 새로운 정보는 오래된 정보와 경쟁하며, 그것을 대체하기도 한다.

파리에 있는 콜레주드프랑스의 분자생물학자 장피에르 샹죄(Jean-Pierre Changeux)와 인지신경과학자 스타니슬라스 데하네(Stanislas Dehaene)는 이러한 아이디어를 신피질의 구조물에 대응시켰다. 그 작업공간은 다른 피질 영역의 동종 뉴런에 상호 투영되는 장거리 피질 뉴런의 그물망으로, 전전두엽, 두정-측두엽, 그리고 대상 연합 피질(cingulate associative cortices) 등에 분포되어 있다.

감각피질의 활동이 임곗값을 초과하면 전역 점화를 촉발하고, 그러면 정보가 전역 뉴런 작업공간으로 들어간다. 그러면 이

정보는, 작업기억, 언어, 계획, 자발적 행동 등과 같은 여러 보조 처리에서 사용할 수 있게 된다. 이 정보를 전역으로 확산하는 행위가 바로 이 데이터를 의식적으로 만드는 것이다. 그 이상도 이하도 아니다. 이러한 방식으로 확산되지 않는 데이터는 여전히 행동에 영향을 미칠 수 있지만, 무의식적으로만 영향을 미친다.

전역 작업공간 이론의 주장에 따르면, 의식의 신경상관물(NCC)은 자극이 시작된 후 비교적 늦게(350밀리초 이상) 발생하며, 전두-두정엽 그물망을 포함하는 광범위한 피질 상호작용에 의존한다. 또한 이 이론은, 주의집중이 의식적 지각을 위해 필수적이며, 작업기억은 전역 뉴런의 작업공간 활동과 밀접히 연관된다고 가정한다. 그 모델은 실험적으로 검증 가능한 예측을 내리고 있으며, 부분적으로 IIT의 예측과 겹치기도 하지만, 현저한 차이를 보이기도 한다.[16] 이 모델은 마음에 대한 기능주의적 설명이며, 근본적 시스템의 인과적 속성에 관심이 없다. (그것이 순수 계산적 설명의 아킬레스건이다.)

이러한 관점에서, 의식이란 인간 뇌가 실행하는 특정 유형의 알고리즘의 결과이다. 의식 상태는 관련 감각 입력, 운동 출력, 그리고 (기억, 감정, 동기, 경계 등과 관련된) 내적 변수 등에 대한 기능적 관계에 의해 온전히 구성된다. 이 모델은 우리 시대의 신화를 완전히 수용한다. 우리의 입장은 다음과 같은 간단한 가설에 근거한다.

우리가 "의식"이라 부르는 것은 특정 유형의 정보처리 계산의 결과

이며, 뇌의 하드웨어에 의해 물리적으로 실현된다.[17]

영혼과 기타 으스스한 것들이 배제되었기 때문에, 즉 기계에 어떤 유령도 존재하지 않기 때문에 다른 어떤 대안도 없다. 하드웨어가 촉촉한 뉴런(wet neurons)이든 건식-식각된(dry-etched) 트랜지스터이든 전혀 문제되지 않는다. 중요한 것은 계산의 본성뿐이다. 이런 관점에서, 적절하게 프로그래밍된 인간에 대한 컴퓨터 시뮬레이션은 자신의 세계를 경험할 것이다.

이제 IIT의 날카로운 개념적 메스를 적용하여, 의식을 계산할 수 있다는 가설을 해부해 보자. 이런 해부는 환자[이 이론]에게 좋은 예후를 주지 않을 수 있다.

컴퓨터가 경험을 가질 수 없는 이유

13

컴퓨터가
경험을
가질 수 없는
이유

지구가 멸망하는 대재앙이 일어나지 않는 한, 기술 산업은 수십 년 안에 인간 수준의 지능과 행동을 보여 주는 기계, 즉 말하고, 추론하며, 경제, 정치, 그리고 필연적으로 전쟁 무기 등에서 고도로 조절된 행동을 하는 기계를 만들어 낼 것이다. 진정한 인공지능의 탄생은 모든 방면에서 인류의 미래에 심각한 영향을 미칠 것이다.

인공지능의 등장을 풍요로운 시대가 오는 신호라고 믿는 사람이든, **호모사피엔스**의 종말을 알리는 신호라고 믿는 사람이든, 다음 근본적인 질문에 대답해야 한다. 인공지능은 의식이 있을까? 인공지능이 인간처럼 느낄 수 있을까? 아니면 아마존의 알렉사나 스마트폰의 더 정교한 버전, 즉 아무런 느낌도 없는 영리한 기계에 불과할까?

2장부터 4장까지 다룬 심리학 및 신경과학의 증거에 따르면, 지능과 경험은 서로 구분되며, 멍청하거나 똑똑한 것은 의식이 더하거나 덜한 것과는 다르다. 이런 맥락에서, 대뇌피질 뒤쪽(후방)에 무게중심이 실리는 의식의 신경상관물(NCC)은 그 앞쪽의 진원지인 지능적 행동의 상관물과 구분된다(6장). 개념적으로, 지능이 실천에 관한 것이라면, 경험은 마치 화가 나거나 순수한 경험 상태에 있는 것처럼 존재에 관한 것이다. 이 모든 것을 고려해 보면, '기계 지능이 필연적으로 기계 의식을 함축한다'는 암묵적인 가정에 우리는 의문을 제기하게 된다.

나는 의식의 기초 이론에 근거해서 그런 첫째 원칙에서 나오는 쟁점에 제동을 걸고, '지능과 경험이 분리될 수 있음'을 논증할 것이다. 통합정보이론(IIT)의 공준을 적용하여, 두 종류의 정규적 회로가 얼마나 많은 인과적 힘과 통합정보를 가지는지를 계산할 것이다.

첫째 회로는 앞서 여러 페이지에서 소개한 유형의 피드포워드 회로이다. 이런 신경 그물망은, 아무리 많은 계산처리 계층이 뒤따르더라도, 충분히 환원 가능하다. 그 회로의 통합정보는 항상 0이다. 그것은 내재적으로 존재하지 않는다. 둘째는, 논리게이트 그물망을 시뮬레이션하도록 프로그래밍된 컴퓨터의 물리적 구현이다. 컴퓨터가 시뮬레이션하는 그물망은 0이 아닌 통합정보로 환원 불가능하다. 비록 그 컴퓨터가 이런 환원 불가능한 회로를 정확히 시뮬레이션할지라도 그 컴퓨터 자체는 무엇을 시뮬레이션하든 어떤 통합정보도 없는 요소로 환원 가능하다.

나는 지능과 의식의 차이 문제로 돌아가기에 앞서, 이런 근본적인 결과가 전체 뇌 에뮬레이션과 마인드 업로딩에 미치는 함축(영향)에 대해 논의하겠다.

동일한 것을 실행하지만
동일하지 않은 존재

　순수한 피드포워드 구조물과 관련된 통합정보가 무엇일까? 그런 구조물에서 어느 한 층의 계산처리 요소들의 출력이 다음 계산처리층으로 입력되지만, 그 역방향으로는 어떤 정보도 흐르지 않는다. 그런 그물망의 첫째 층 상태는 (예를 들어 카메라와 같은) 외부 입력에 의해서 결정되며, 시스템 자체에 의해서 결정되지 않는다. 마찬가지로, 최종 계산처리층인 그 시스템의 출력은 그 그물망의 다른 곳에 영향을 미치지 않는다. 즉, 내재적 관점에서, 피드포워드 그물망의 첫째 층이나 마지막 층 모두 환원 불가능하다. 귀납적으로, 이러한 논증은, 둘째 계산처리층과 그 마지막 이전 층에서도 그대로 적용된다. 따라서 전체적으로 보면 순수한 피드포워드 그물망은 통합되지 않는다. 그 그물망은 개별 계산처리 유닛들로 환원될 수 있기 때문에 내재적인 인과적 관계를 전혀 갖지 못하며, 그 자체로 존재할 수 없다. 피드포워드 그물망은, 각각의 층이 아무리 복잡하더라도, 어떤 것에 대한 느낌을 전혀 갖지는 못한다.[1]

　실제로, **재귀적** 또는 **재입력 계산처리**(recurrent or reentry processing)라고도 불리는 지속적인 피드백이 무엇을 경험하기 위해 필수적이라는 직관은, 신경과학자들 사이에 널리 퍼져 있다.[2] 이제 그런 직관은 IIT의 수학적 체계 내에서 정교하게 다듬어질 필요가 있다.

그림 13.1에 표시된 재귀적 그물망(recurrent network)은 입력 유닛 두 개, 내부 계산처리 유닛 여섯 개, 출력 유닛 두 개 등으로 구성되어 있다. 여섯 개 코어 유닛(core units)은 홍분성 및 억제성 시냅스와 풍부한 상호 연결을 이룬다. 그림 13.1에 표시된 상태(흰색 신호는 OFF, 회색 신호는 ON)에 IIT의 인과적 계산을 적용하면, 열일곱 개 1차 및 고차 구분(distinctions)(그 핵심 유닛 내에 하나 또는 그 이상의 유닛 조합으로 형성됨)이 도출된다. 이러한 구분의 집합은, 0이 아닌 $\Phi^{최댓값}$을 갖는, 최대 환원 불가능한 원인-결과 구조를 형성한다.

이제 그림 13.1의 피드포워드 그물망을 살펴보자. 이 그물망

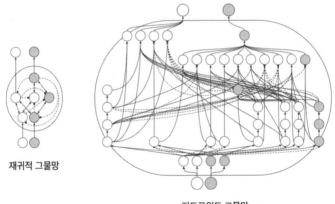

재귀적 그물망

피드포워드 그물망

그림 13.1 **기능적으로 동등한 두 그물망:** 동일한 입-출력 기능을 실행하는 두 그물망은, 그 내부 배선이 다를 경우 매우 다른 내재적인 인과적 힘을 가질 수 있다. 왼쪽의 재귀 그물망은 0이 아닌 통합정보를 가지며 완전체(Whole)로 존재하지만, 동일한 입-출력 대응을 지닌 오른쪽의 완전히 펼쳐진 쌍둥이 그물망은 통합정보가 0이다. 그것은 서른아홉 개 개별 유닛으로 완전히 환원될 수 있다. (Oizumi, Albantakis, & Tononi, 2014의 그림 21을 다시 그림.)

역시 입력과 출력을 두 개 갖지만, 내부 계산처리 유닛이 여섯 개가 아니라 서른아홉 개이고, 흥분성 및 억제성 연결을 아주 많이 갖는다. 이런 바로크 그물망(baroque net)은 왼쪽의 재귀 그물망의 기능을 재현하기 위해 수작업으로 제작되었다. 두 회로 모두 네 단계에 걸쳐 확장되는 모든 입력에 대해 정확히 동일한 입력-출력 변환을 실행한다.[3] 그렇지만, 피드포워드 회로는 $\phi^{최댓값}$이 0이며, 완전체로 존재하지 않는다. 실제로, 그 회로는 서른아홉 개 원자 요소로 환원된다.

피드포워드 회로는 자연적으로 진화했을 가능성이 매우 낮은데, 그것의 모든 추가 연결과 유닛들이 모두 대사 비용을 수반하기 때문이다. 더구나 그 회로는 손상에 대해 그다지 강건하지도 않은데, 단일 연결고리(link)가 파괴되면 종종 고장이 발생하기 때문이다. 반면에, 재귀적 그물망은 손상에 매우 탄력적이다. 그러나 이것이, 두 그물망이 서로 다른 내재적인 인과적 힘을 지니면서도 동일한 입-출력 기능을 실행할 수 있다는 것을 증명해 준다. 재귀적 그물망은 환원이 불가능하지만, 그것과 기능적으로 동일한 피드포워드 버전은 환원 가능하다. 이러한 차이를 만드는 다름은 그 시스템의 내부 구조에서 나온다.

오늘날 기계학습의 성공 사례는, 최대 100개 층으로 구성된 피드포워드 심층 회선 그물망이며, 각각의 층은 다음 층으로 입력 정보를 넘겨준다. 그 그물망은 사람들 대부분이 구분할 수 없는 개 품종의 이름을 알려 주고, 시를 번역하며, 이전에 보지 못했던 시각 장면을 상상할 수도 있다.[4] 그러나 이러한 그물망은 통합정보를 전혀 갖지 않는다. 그것은 스스로 존재하지 않는다.

디지털컴퓨터는 오직
미약한 내재적 존재만을 가진다

프로그래밍 가능한 디지털컴퓨터에 IIT를 적용해 보면, 기능주의에 대한 강력한 직관에 도전하는 더욱 놀라운 결과에 도달하게 된다. 실제 물리적 컴퓨터의 최대 환원 불가능한 원인-결과 힘은 미약하며, 컴퓨터에서 실행되는 소프트웨어와 무관하다.

그 연구 결과를 이해하려면, 토노니 연구실의 뛰어난 두 젊은 학자, 대학원생 그레이엄 핀들레이(Graham Findlay)와 박사후연구원 윌리엄 마셜(William Marshall)의 연구를 알아봐야 한다.[5] 그들은 8장(그림 8.2)에서 살펴보았던, (PQR)(그림 13.2)라는 3-요소 표적 그물망(target network)을 고려하는데, 이번에 이 그물망은 이진 게이트를 실제로 구현하는 물리적 회로 요소들에 의해 이행된다. 각 게이트에는 두 개의 입력과 두 개의 출력 상태, 즉 고전압 신호 ON 또는 1(그림 13.2 및 13.3에서 회색으로 표시됨)과, 저전압 신호 OFF 또는 0(흰색으로 표시됨)을 갖는다. 그 내부 메커니즘은 논리 OR 게이트, 카피-앤-홀드 유닛(copy-and-hold unit), 배타적 OR(또는 XOR) 게이트로 구현된다. 이런 회로는 결정론적이기 때문에, 상태 (PQR)=(100)에 놓일 경우, 다음 업데이트에서 상태 (001)로 전환된다.

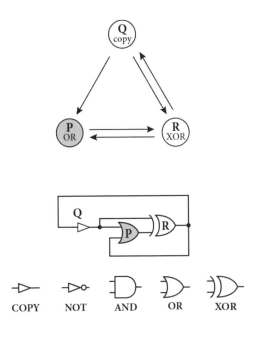

그림 13.2 **환원 불가능한 전자회로:** 그림 8.2의 3-노드(node) 그물망은 세 논리게이트(logic gates)로 구성된다. 이것은 0이 아닌 통합정보와 네 개의 구분을 지닌 완전체이다. (Findlay et al., 2019의 그림 1에서 가져옴.)

8장의 인과적 분석을 다시 말해 보자면, 그 시스템이 0이 아닌 $\phi^{최댓값}$을 갖는 환원 불가능한 완전체임을 알 수 있다(그림 8.2). 그 최대 환원 불가능한 원인-결과 구조는 두 개의 1차 (Q) 및 (R), 한 개의 2차 (PQ), 그리고 한 개의 3차 메커니즘 (PQR)로 구성된다.

지금까지는 앞의 이야기를 간단히 돌아보았다. 이제 그림 13.3에서 보여 주는 3-비트 프로그래밍 가능한 컴퓨터에서 이런

3-요소 그물망을 **시뮬레이션**해 보자. 이런 회로를 논리적으로 도출하기란 매우 어려운 작업이다. COPY, NOT, AND, OR, XOR 등의 66개 논리게이트로 구성된 이러한 구조물은 고전 폰노이만 구조물의 결정적 측면을 포착하게 해 주며, 산술적 논리 계산처리 유닛, 프로그램 블록, 데이터 기록, (모든 것을 잘 정리된 상태로 유지시키는) 클록 등을 포함한다. 시뮬레이션된 회로의 기능은, 3-요소 회로 (PQR)의 가능한 여덟 가지 전환을 실제로 구현하는, 4-링(ring) COPY 게이트 여덟 개 블록으로 구성된 프로그램 내에 있다.

그것이 (PQR)를 시뮬레이션하듯이, 이런 작은 컴퓨터의 동작을 단계별로 살펴보는 것은 간단하지만 어려운 일이다.[6] 이 컴퓨터는 그 시간이 끝날 때까지 그 3-요소 회로를 정확히 모방한다. 즉, 그림 13.3의 컴퓨터는 그림 13.2의 표적 회로(target circuit)와 기능적으로 동일하다. 그것이 동일한 내재적인 인과적 힘을 함축하는가? 이 질문에 대한 대답을 찾기 위해, IIT의 인과적 분석을 그 컴퓨터에 적용해 보자.

놀랍게도, 전체 66-요소 회로는 통합정보가 0인 것으로 환원 가능하다. 그 이유는 대부분의 핵심 모듈들(클록과 네 개 COPY 게이트의 여덟 개 링)이 나머지 회로에 피드포워드 방식으로 연결되기 때문이다. 그 컴퓨터는 완전체가 아니며, 어떤 내재적인 인과적 힘도 갖지 않는다.

컴퓨터의 클록 및 프로그램 회로와 같이 기능을 유지하는 다양한 모듈 내에 피드백 연결을 추가하더라도 그 결과는 달라지지

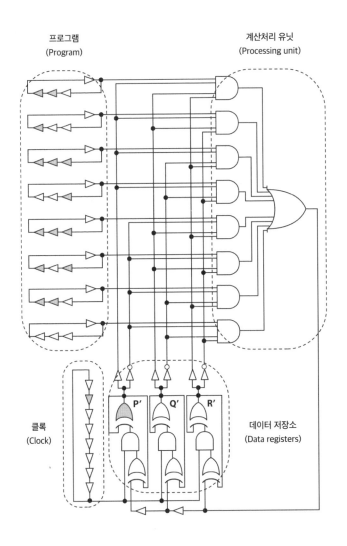

프로그램	계산처리 유닛
(Program)	(Processing unit)

클록
(Clock)

P′ Q′ R′

데이터 저장소
(Data registers)

그림 13.3 **환원 가능한 컴퓨터는 환원 불가능한 회로를 시뮬레이션한다:** 이런 66-요소의 컴퓨터는 그림 13.2의 3-요소 회로와 기능적으로 동일하다. 이 컴퓨터는 어느 3-요소 논리 회로를 시뮬레이션하도록 프로그래밍 가능하다. IIT에 따르면, 이런 3-비트 컴퓨터는 0이 아닌 통합정보를 지닌 회로를 시뮬레이션하고 있지만, 0의 통합정보를 지닌 컴퓨터 자체로 존재하지는 않는다. (Findlay et al., 2019의 그림 2에서.)

않는다. 그 전체 컴퓨터는 그 자체로 존재하지 않는다.[7] 어느 시스템을 환원 불가능하게 만드는 것은 오래된 피드백만이 아니다.

우리는 개념적으로 66-요소의 컴퓨터를 가능한 모든 작은 회로로 나누고, 그 각각의 토막(chunk)에 대해 $\Phi^{최댓값}$을 계산할 수 있다. 결국 우리는 내재적 존재를 갖는 아홉 개 조각, 클록 및 네 개 COPY 게이트로 구성된 여덟 개 링을 남겨 둔다. 이런 아홉 개 모듈은 작은 완전체 하나를 구성한다. 이 완전체는 각각 단일한 1차 메커니즘과, (그 컴퓨터가 시뮬레이션하는 물리적 회로보다 훨씬 작은 환원 불가능한) $\Phi^{최댓값}$을 가진다.

도대체 (PQR)보다 게이트가 20배나 많고 실행 시간이 여덟 배나 더 오래 걸리는 이런 성가신 컴퓨터를 만드는 수고를 왜 하는가? COPY 게이트 4-링의 상태를 조작함으로써, 그 컴퓨터는 (PQR)뿐만 아니라 모든 3-게이트 회로를 시뮬레이션하도록 프로그래밍될 수 있기 때문이다! 분명히 단순해 보이지만, 그 컴퓨터는 이런 종류의 회로에 보편적이다.

핀들레이와 윌리엄 마셜은, (PQR)와 다른 계산 규칙을 이행하는, 또 다른 3-요소 회로 (XYZ)를 분석함으로써 이것을 증명한다.[8] IIT의 관점에서 분석하자면, 이런 3-요소 회로는 (PQR)와는 상당히 다른 최대 환원 불가능한 원인-결과 구조를 가지며, 네 가지 구분이 아니라 일곱 가지 구분을 갖는다. 이제, 그림 13.3의 컴퓨터는 (XYZ)의 기능을 이행하도록 재프로그래밍되며, 그것은 완벽하게 작동한다. 그러나 (PQR)와 마찬가지로, 이 회로는 어떤 내재적인 인과적 힘도 갖지 않으며, 이전과 동일한 아홉 개 모듈로 분화된다.

그런 상황을 살펴보자. 두 가지 독특한 요소 회로 (PQR)와 (XYZ)가 있으며, 컴퓨터는 이 두 회로 중 어느 것도 시뮬레이션할 수 있다. IIT에 따라서 그 3-요소 회로는 내재적인 인과적 힘을 가지며 환원 불가능한 반면, 그 두 가지 회로를 실제 구현하는 훨씬 더 큰 컴퓨터는 어떤 통합정보도 갖지 못하며, 더 작은 모듈로 환원될 수 있다.

유능한 회로 설계자라면, 3-요소 회로를 시뮬레이션하도록 설계된 컴퓨터를, 4-요소 또는 4-비트 회로를 시뮬레이션하도록 확장시킬 수 있다는 것을 알아볼 수 있다. 그런 컴퓨터는 다섯 개 COPY 게이트로 구성된 총 열여섯 개 링 요소를 지녀야 하며, 그 출력을 OR 게이트로 보내는 열여섯 개 AND 게이트를 지녀야 한다. 마찬가지로 클록과 데이터 저장소도 확장되어야 한다. 실제로, 그 컴퓨터는 동일한 설계 원리에 따라 업그레이드되어, 서너 개 또는 860억 개의 이진 게이트를 지닌 n개 게이트의 유한 회로를 시뮬레이션할 수 있다.[9] 그것은 완전한 튜링기계이다. 그러나 그 크기에 상관없이, 내재적으로 말해서, 그것은 완전체로 결코 존재하지 않으며, 2^n개 프로그램 모듈과 클록으로 분해될 수 있다. 그것들 각각은, 시뮬레이션하는 특정 회로와 무관하게 사소한 현상적 내용을 지닌다.

파편화된 컴퓨터의 아주 빈약한 인과적 구조와, 그 컴퓨터가 정확히 시뮬레이션하고 있는 환원 불가능한 물리적 회로의 잠재적으로 풍부한 내재적인 원인-결과 구조 사이의 완전한 해리는 아무리 강조해도 지나치지 않다.

여기저기 피드백 연결을 추가해도 이런 결론에 실질적으로 영향을 미치지는 못한다. 컴퓨터가 클수록 두뇌에 비해 그 통합의 부족이 더욱 명확해지는데, 그것은 그 내적 팬-인 및 팬-아웃(fan-in and fan-out)*, 모듈성 및 순차 설계(serial design) 등에서 더 부족하기 때문이다.

그 컴퓨터가 적절한 시-공간적 세부 수준에서 분석되지 않았다는 것에 대해서 누군가는 반론을 제기할 수도 있다. 결국, IIT의 배제 공준에 따르면, 최대 원인-결과 힘은 모든 가능한 공간 및 시간 그리고 회로 요소 등에 대해 평가될 필요가 있다. IIT의 수학적 기계는 이러한 분석을 실행할 강력한 기술인 블랙-박싱(black-boxing)**을 포함한다.[10]

오직 여러 변수의 평균 동작만이 중요한 경우에, 그 변수들은 거칠게 세분화될 수 있다. 그렇지만, 많은 경우에 미세-변수의 정확한 상태가 매우 중요하다. 눈의 수백만 원추형 광수용체에 걸

---

* 팬-인은 단일 논리게이트가 허용할 수 있는 최대 디지털 입력 수이며, 대부분 트랜지스터-트랜지스터 논리(TTL) 게이트에는 하나 또는 두 개의 입력이 있지만 일부 게이트에는 두 개 이상의 입력이 있기도 하다. 일반적인 논리게이트의 팬-인은 1 또는 2이다. 팬-아웃은 정상 작동을 저하시키지 않고 게이트 출력에 연결할 수 있는 최대 입력 수이다. 이것은 게이트 출력에 사용 가능한 전류량과 연결 게이트의 각 입력에 필요한 전류량을 기준으로 계산된다.

** 블랙-박싱이란, 과학적이고 기술적인 일이 그 자체의 성공으로 알 수 없게 만드는 방법이다. 기계가 효율적으로 작동할 때, 사실의 문제가 해결되면 내부 복삽성이 아니라, 입력과 출력에만 집중하면 된다. 따라서 역설적으로 과학과 기술이 성공할수록 더 불투명해지고 모호해진다.

쳐 있는 특정 전압 분포는 특정 시각적 장면의 느낌을 전달한다. 그 모든 느낌을 평균화하면 회색이 된다. 또는 당신 노트북에 있는 트랜지스터 게이트의 전하를 생각해 보자. 그 모든 게이트의 전체 전하를 평균화시키면, 그 회로를 멈추고 작동을 멈추게 할 수 있다. 여기서 블랙-박싱이 등장한다. 낮은 수준의 기능은 특정 입력과 출력, 그리고 특정 입-출력 변환을 가진 블랙박스로 대체된다.

블랙-박싱의 좋은 예는 그림 13.2의 세 논리게이트이다. 실제로, 각 게이트는 트랜지스터, 저항(resistances), 다이오드(diodes) 및 다양한 논리 기능을 구현하는 다른 더 원초적인 회로 소자들로 구성된다.

이제 핀들레이와 마셜의 대단한 연구에 대해 알아보자.[11] 그들은 어떤 블랙-박싱도, 시뮬레이션되는 회로의 구조와 동등한, 의미 있는 최대 환원 불가능한 원인-결과 구조를 지원하지 않는다는 것을 증명한다. 블랙-박싱의 무수한 배열이 공간적으로, 시간적으로(예를 들어, 그 클록의 여덟 번 업데이트는 시간의 거시적 요소로 취급될 수 있음), 그리고 시공간적으로 가능하지만, 아무것도 작동하지 않는다. 어디에도 그 회로는 완전체로 존재하지 않는다.

마인드 업로드의 허무함에 대하여

이런 폭로는 의식에 대한 계산적 설명의 오류를 논증해 준다. 두 시스템은 기능적으로 동등할 수 있고, 동일한 입-출력 함수를 계산할 수 있지만, 동일한 내재적 원인-결과 형태를 공유하지는 않는다. 그림 13.3의 컴퓨터는 내재적으로 존재하지 않지만, 시뮬레이션되고 있는 회로는 존재한다. 즉, 두 시스템 모두 동일 작업을 **실행하지만**, 오직 하나만 그 자체로 **존재한다.**

더구나, 그림 13.3의 예시 회로는, 디지털 클록 시뮬레이션이 모든 표적 회로의 기능을 완전히 복제할 수 있다는 것을 논증해 주지만, 그 컴퓨터가 무엇을 하도록 프로그래밍되었든 상관없이, 거의 아무것도 경험하지 않는다.

의식은 영리한 알고리즘이 아니다. 의식의 심장박동은 그 자체로 인과적 힘이며, 계산이 아니다. 그리고 문제는 이것이다. 인과적 힘, 즉 자신이나 타인에게 영향을 미치는 능력은 시뮬레이션될 수 없다. 현재도, 미래에도 그럴 수 없다. 인과적 힘은 시스템의 물리학에 내장되어 있음이 분명하다.

비유적으로 말해서, 질량과 시공간 곡률을 연관시키는 아인슈타인 일반상대성이론의 장방정식(field equations)을 시뮬레이션하는 컴퓨터코드를 생각해 보자. 그러한 소프트웨어는 우리 은하계 중심에 있는 초대질량 블랙홀인 궁수자리(Sagittarius) A*를 시뮬레이션할 수 있다. 이런 질량은 그 주변 환경에 강력한 중력 효과를 발휘하여, 빛은 물론 그 어떤 것도 빠져나갈 수 없다.

그러나 블랙홀을 시뮬레이션하는 천체물리학자들이 왜 슈퍼컴퓨터로 빨려 들어가지 않는지 당신은 의문을 가져 본 적이 있는가? 만약 그들의 모델이 실재에 그렇게 충실하다면, 왜 모델링을 하는 컴퓨터 주위에서 시공간이 닫히지 않고, 컴퓨터와 그 주변의 모든 것들을 삼키는 미니 블랙홀이 왜 생성되지 않는가?

중력은 계산이 아니기 때문이다! 중력은 실제의 외재적인 인과적 힘을 갖는다. 이러한 힘은 한편으로 메트릭텐서(metric tensor), 국소적 곡률(local curvature), 질량 분포(mass distribution) 등과 같은 물리적 속성과, 다른 편으로 알고리즘 수준에서 프로그래밍 언어로 지정되는 추상적 변수들 사이의 일대일 매핑에 의해 기능적으로 시뮬레이션될 수 있다. 그렇지만 그렇다고 이런 시뮬레이션에 인과적 힘을 부여하는 것은 아니다.

물론 상대론적 시뮬레이션을 실행하는 슈퍼컴퓨터는 공간적 곡률에 아주 조금 영향을 미치는 질량을 가진다. 그것이 아주 미약한 외재적인 인과적 힘을 지닌다. 이러한 사소한 인과적 힘은 변하지 않을 것이다. 왜냐하면, 슈퍼컴퓨터가 재무 정산표(financial spreadsheets)를 실행하도록 다시 프로그래밍되더라도 그 질량이 변하지는 않기 때문이다.

실제와 시뮬레이션 사이의 차이는 각각의 인과적 힘에 있다. 그것이 바로 컴퓨터가 폭풍우를 시뮬레이션하더라도 그 내부는 젖지 않는 이유이다. 소프트웨어는 실재의 일부 측면과 기능적으로 동일할 수 있지만, 그것이 실제의 사물과 동일한 인과적 힘을 갖지는 못한다.[12]

외재적인 인과적 힘에 대해 참인 것은 또한 내재적인 인과적 힘에서도 참이다. 회로의 동역학을 기능적으로 시뮬레이션하는 것은 가능하지만, 그 내재적 원인-결과 힘은 무(無, *ex nihilo*)에서 창조될 수 없다. 그렇다. 메커니즘으로 취급되는 컴퓨터는 금속의 수준에서, 트랜지스터, 콘덴서, 전선 등의 수준에서, 미세한 내재적 원인-결과 힘을 지닌다. 그렇지만 컴퓨터는 완전체로 존재하는 것이 아니라, 단지 작은 조각으로서만 존재한다. 그리고 이것은 블랙홀을 시뮬레이션하든 뇌를 시뮬레이션하든 마찬가지로 참이다.

이것은 그 시뮬레이션이 미시-기능주의자의 가장 엄격한 요구사항을 충족한다고 하더라도 그렇다. 수십 년이 빠르게 흘러, 생물리학적으로 그리고 해부학적으로 정확한 전체-인간-뇌 에뮬레이션 기술(앞 장에서 논의한)이 컴퓨터에서 실시간으로 실행될 수 있는 날이 오더라도 말이다.[13] 그러한 시뮬레이션은, 누군가의 얼굴을 보거나 목소리를 들을 때 발생하는, 시냅스 및 뉴런 이벤트를 모방할 것이다. 그렇게 시뮬레이션된 행동(예를 들어, 그림 2.1에서 설명된 종류의 실험)은 인간의 행동과 구분 가능하지 않을 것이다. 그러나 그런 뇌를 시뮬레이션하는 컴퓨터의 구조가 그림 13.3에 설명된 폰노이만 기계와 객관적으로 유사한 한, 그 컴퓨터는 이미지를 보지 못하고, 회로 내부의 목소리를 듣지 못하며, 아무것도 경험하지 못한다. 그것은 단지 영리한 프로그램일 뿐이다. 생물리학적 수준에서, 사람인 척 모방하는 가짜 의식이다.

원칙적으로 뇌의 설계 원리에 따라 만들어진 특수목적 하드웨어, 이른바 **뉴로모픽 전자 하드웨어**(neuromorphic electronic hardware)[14]는 무언가를 느낄 만큼 충분한 내재적 원인-결과 힘을 축적할 수 있다. 다시 말해서, 만약 개별 논리게이트가 오늘날의 산술 논리 유닛에서 몇 개가 아닌 수만 개 논리게이트에서 입력을 받아 수만 개 다른 게이트에 출력을 연결한다면,[15] 그리고 만약 이러한 방대한 입력 및 출력 흐름이 뇌의 뉴런과 같은 방식으로 서로 겹치고 피드백한다면, 컴퓨터의 내재적 원인-결과 힘은 뇌에 필적할 수 있을 것이다. 이러한 뉴로모픽 컴퓨터는 인간수준의 경험을 가질 수 있다. 그러나 그렇게 하려면, 근본적으로 다른 프로세서 레이아웃 그리고 그 컴퓨터 전체의 디지털 기반구조에 대한 완전한 개념적 재설계가 필요하다. 다시 강조하건대, 뇌가 경험할 수 있는 것은 영혼 같은 물질에 의해서라기보다, 뇌자체의 인과적 힘에 의해서이다. 그러한 인과적 힘을 복제하면, 의식이 뒤따라 나온다.

통합 그물망을 기능적으로 동등한 피드포워드 그물망으로 풀어 보면, 우리가 기계 의식을 감지하기 위해 그 유명한 튜링 테스트에 의존할 수 없는 이유가 드러난다. 앨런 튜링이 자신의 모방게임을 창안한 동기는 "기계가 생각할 수 있는가"라는 막연한 질문을 정확하고 실용적인 작동, 즉 일종의 게임 쇼로 대체하기 위해서였다.[16] 당신이 어느 행위자와 어느 주제에 대해 적절한 시간동안 대화를 나눌 때, 그리고 당신이 그 행위자를 사람과 구분할수 없다면, 그 행위자는 이러한 테스트를 통과한다. 그 논리는 이렇다. 사람은 대화를 주고받는 동안 "생각"하며, 따라서 만약 어떤 기계가 날씨, 주식시장, 정치, 지역 스포츠 팀, 사후 세계를 믿는지 여부 등등에 대해 대화할 수 있다면, 기계도 당신과 동일한 특권, 즉 생각하는 능력을 부여해야만 한다는 것이다. 알렉사와 시리의 후속 버전들은 이런 이정표를 통과할 것이다. 그렇지만, 그 통과가 이러한 프로그램이 어떤 것처럼 느껴질 것임을 함축하지 않는다. 지능과 의식은 아주 다르다.

그림 11.2는 두 축을 따라 자연 시스템과 인공 시스템의 순위를 매겼다. 가로축은 IQ 테스트와 같은 지능의 작동 척도를 나타내고, 세로축에는 통합정보를 표시했다. 그림 13.4는 프로그래밍 가능한 컴퓨터를 포함하는 그림의 변형이다. 기존 디지털컴퓨터에서 실행되는 최신 소프트웨어는 전통적으로 인간의 지능과 연관된 보드게임에서 초인적인 성능을 발휘한다. 실제로 1997년 IBM의 딥블루(Deep Blue)가 세계 체스 챔피언 가리 카스파로프(Garri Kasparov)를 이기고, 2016년 딥마인드의 알파고 알고리즘이 바둑의 고수 이세돌 기사를 이겼다. 가상의 전체-뇌 에뮬레이션을 실행하는 슈퍼컴퓨터는 인간만큼 똑똑할 것이다. 그러나 이 모든 것은 내부의 빛이 없는 I-C(지능-의식) 평면의 하단에 존재한다.

IIT는 우리가 우리의 마음을 클라우드(cloud)에 업로드함으로써 뇌사를 극복할 수 있다는 희망을 말할 수도 있을 것이다. 이것은 프린스턴 신경과학자 서배스천 승(Sebastian Seung, 승현준)이 대중화시킨 아이디어, 즉 1조 개 시냅스 하나하나에 대한 기록과 그것이 뇌의 860억 개 뉴런 중 어느 신경세포와 연결되는지에 대한 기록인 **커넥톰**(connectome)에 근거한다. 그는 당신의 모든 습관, 기질, 기억, 희망, 두려움 등은 커넥톰에 물질적으로 존재한다고 주장한다. 승은 "당신은 당신 자신의 커넥톰이다"라고 말한다. 계산주의에 따르면, 만약 당신의 커넥톰을 뇌 시뮬레이션을 전문적으로 실행하는 미래의 슈퍼컴퓨터에 업로드할 수 있다면, 이런 시뮬라크르가, 마치 순수한 디지털 구조물처럼, 우리의 마

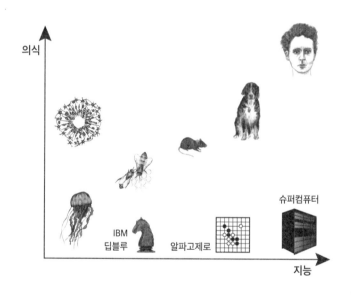

그림 13.4 **진화한 유기체 및 공학적 인공물의 지능과 의식:** 종의 신경계가 진화함에 따라서, 그들의 학습 능력과 새로운 환경에 유연하게 적응하는 능력, 즉 지능도 증가하며, 그들의 경험 능력 역시 증가한다. 공학적 시스템은 디지털 지능이 증가하지만, 경험을 전혀 갖지 못하기 때문에 이러한 대각선 추세에서 현저하게 벗어난다. 생명공학으로 설계된 대뇌 오가노이드(organoids)는 무언가를 경험할 수는 있지만, 아무것도 할 수 없을 것이다(11장).

음을 기계 내부에서 살아가게 할 수 있을 것이다.[17]

이런 생각에 대한 모든 과학적 및 실용적 반대는 제쳐 두고, 우리가 이런 코드를 실행할 수 있는 충분히 강력한 컴퓨터(아마도 양자컴퓨터)를 가진다고 가정해 보면, 업로드는 이러한 기계의 내재적인 인과적 힘이 오직 인간 두뇌의 인과적 힘과 일치할 경우에만 작동할 것이다. 그렇지 않으면, 당신은 유토피아에서 부러운 삶을 사는 것처럼 보이지만, 실제로는 아무것도 경험하지 못할 것이다. 당신은 좀비처럼 디지털 낙원에 빠져들 것이다.

그런 기술이 완전해진다고 하더라도, 사람들은 업로드를 선택하지 않게 될 것인가? 나는 그렇게 생각하지 않는다. 역사가 제공하는 넘치는 증거에 비추어 볼 때, 자신의 종말을 회피하고 싶은 열망에서 사람들은 기꺼이 상당히 이상한 것들, 예를 들어 동정녀의 출산, 죽음 이후의 부활, 낙원에서 자살폭탄테러범을 기다리는 72인의 처녀 등을 믿는 경향이 있다.

확장자 그래프와 피질 카펫

이러한 측면에서 나는, 양자물리학자 스콧 애런슨이 제안한 IIT에는 반대한다는 주장에 반기를 든다. 그의 논증은 IIT의 일부 예측의 반-직관적 본성을 강조하는 유익한 온라인 토론을 불러일으켰다.[18]

애런슨은 확장자 그래프로 불리는 그물망에 대해 $\Phi^{최댓값}$을 추정하는데, 이 그물망은 드물지만 광범위하게 연결되어 있다는 특징을 지닌다.[19] 이러한 망상 격자 요소의 수가 증가함에 따라 통합정보는 무한히 증가할 것이다. 이런 특징은 XOR 논리게이트의 일반 격자에서도 마찬가지이다. IIT는 그러한 구조가 높은 $\Phi^{최댓값}$을 가질 것으로 예측한다.[20] 이것은, 실리콘회로 기술을 사용하여 쉽게 구축할 수 있는 2차원 논리게이트 배열이 내재적인 인과적 힘을 가지며, 무언가를 느낄 것이라는 것을 함축한다. 이것은 당혹스러우며 상식적인 직관에 도전한다. 따라서 애런슨은 이러한 기괴한 결론을 가진 이론이 분명 틀린 것이라고 결론지었다.

토노니는 그 이론의 주장을 두 배로 강화하는 세 가지 논증으로 반박한다. 특징이 없는 빈 벽을 생각해 보자. 외재적 관점에서, 그것은 비어 있다고 쉽게 설명된다.[21] 그러나 그 벽을 지각하는 관찰자의 내재적 관점은 엄청나게 많은 관계들로 가득하다. 그 벽은 그런 관계들을 둘러싸는 수많은 장소들과 인근 지역들을 가진다. 이러한 것들은 다른 지점 및 지역에 대해, 왼쪽 또는 오른쪽, 위 또는 아래 등 상대적 위치에 있다. 어떤 지역들은 가까이 있는 반면, 다른 지역들은 멀리 떨어져 있다. 삼각 상호작용과 기타 관계도 있다. 이러한 모든 관계는 즉시 보이므로, 추론할 필요조차 없다. 전체적으로, 그런 모든 관계가 풍부한 경험, 그것이 보이는 공간이든, 들리는 공간이든, 느껴지는 공간이든, 경험을 구성한다. 모든 관계는 비슷한 현상학을 공유한다. 빈 공간의 외재적 빈곤은 엄청난 내재적 풍요로움을 감추고 있다. 이러한 풍부함은 분명히 물리적 메커니즘으로 인해서 유지되며, 그런 메커니즘이 내재적인 인과적 힘을 통해 이런 현상학을 결정한다.

눈의 출력과 비슷한 1000×1000 격자 위에 배열된 100만 개의 통합-또는-격발 또는 논리적 유닛들로 구성된 그물망 같은 격자를 떠올려 보자. 각 격자 요소들은 가까운 과거에 ON이었을 것 같은 이웃 요소들과, 가까운 미래에 ON일 것 같은 이웃 요소들을 지정한다. 그것들을 모두 합치면, 100만 개의 1차 구분이 된다. 그러나 이것은 시작에 불과하다. 입력과 출력을 공유하는 인접한 두 요소의 공동 원인-결과 목록들을 개별 요소의 원인-결과 목록으로 환원할 수 없는 경우, 2차 구분을 지정할 수 있기 때문이다. 본질적으로 이러한 2차 구분은 그 요소들의 이웃 요소의 과거 및 미래 상태의 확률과 연결된다. 반면에, 어떤 2차 구분도 입력과 출력을 공유하지 않는 요소들에 의해 지정되지 않는다. 그것들의 결합 원인-결과 목록이 개별 요소들의 원인-결과 목록으로 환원될 수 있기 때문이다. 잠재적으로, 2차 구분은 100만 번도 더 있을 수 있다. 마찬가지로, 세 요소들의 하위집합은, 그것들이 입력과 출력을 공유하는 한, 더 많은 이웃 요소들을 서로 연결하는 3차 구분을 지정할 것이다. 그리고 그런 식으로 계속 관계들이 지정될 것이다.

이것은 환원 불가능한 고차적 구분의 엄청난 수로 빠르게 팽창한다. 이러한 격자와 관련된 최대 환원 불가능한 원인-결과 구조는 공간을 **표상하는**(representing) 것이 아니라[누구에게 공간을 **다시** 제시하는 것이 재현(re-presentation)의 의미일까?], 내재

적 관점에서 경험된 공간을 창조하는 것이다.•

끝으로, 토노니의 주장에 따르면, 인간의 뇌에서 의식의 신경 상관물은 격자형 구조를 닮았다. 신경과학에서 가장 강력한 발견 중 하나는 시각, 청각, 촉각 등의 지각 공간들이 시각, 청각, 체성감각 등의 피질에 위상적(topographic)으로 대응하는(map) 방식이다. 대부분의 흥분성 피라미드세포와 억제성 인터뉴런(interneurons)은 국소 축삭이 바로 옆의 이웃과 강하게 연결되어 있으며, 거리에 따라 연결 확률이 감소한다.[22] 위상적으로 조직화된 피질 조직은, 그것이 두개골 내부에서 자연적으로 발생하거나 줄기세포를 배양하여 배양접시에서 성장하거나 상관없이, 높은

• 플라톤이 처음 명확히 말했고, 이후 많은 철학자들이 고심했던 문제는, 우리가 대략적인 형태의 도형을 보면서 어떻게 그것을 삼각형 또는 원형이라고 말할 수 있는지에 관한 것이었다. 또한 그것도 그러한 도형이 현실에 없는 완전한 도형이며, 우리가 그것을 어떻게 표상할 수 있는지 의문이었다. 물론 플라톤은 이데아의 세계에 거주하던 우리의 영혼이 그 진리를 보았기 때문이라고, 지금으로선 납득하기 어려운 설명을 지어냈다. 철학자들은 모두 우리가 무수히 많은 비슷한 것들을, 무엇으로 볼 수 있는 표상 능력을 가진다고 보았다. 그리고 그런 능력은, 칸트가 명확히 지적했듯이, 세계가 그러하기 때문이 아니라, 우리의 인식능력에서 나온다고 믿게 되었다. 그런 측면에서 그들도 아마 여기에서 언급된 저자의 이야기, 즉 "경험은 공간을 창조하는 것이다"라는 말에 동의할 것 같다. 반면에 비트겐슈타인(전기)은 세계의 사실을 그대로 우리가 표상할 수 있으며, 표상이란 세계를 있는 그대로 마음에 떠올리는 무엇으로 정의되는 것이며, 그런 것들을 우리가 논리적으로 계산 가능하다고 보았다. 그러므로 여기에서 저자가 말하는 표상이란 로크, 그리고 비트겐슈타인(전기)을 따르는 논리실증주의(전기) 입장에서 동의될 수 있다. 여기서 저자가 비판적으로 바라보는 표상이란 계산주의 입장인 포더(Jerry Fodor)가 바라보는 언어적 표상을 말하는 것으로 보인다. 반면에 미국의 프래그머티즘(pragmatism) 계보를 잇는 현대 인식론의 입장에서, 표상이란 우리 인지적 구성 능력에서 나온다고 본다. 다시 말해서, "경험된 공간을 창조한다"라는 측면에서의 저자의 이 비판은 최근 그 전성 시기를 지난 입장에 대한 공격이다.

내재적인 인과적 힘을 가진다. 이런 피질 조직은 무언가를 느낄 것이다. 비록 모든 입력과 출력이 단절된 피질 카펫이 무엇이든 경험할 수 있다는 생각에 우리의 직관이 반대하더라도 그럴 것이다. 그러나 이것이 바로 우리가 눈을 감고, 잠을 자고, 꿈을 꿀 때, 우리 각자에게 일어나는 일이다. 우리는 감각 입력이 없고 움직일 수 없는 동안, 마치 깨어 있을 때의 실제와 같은 세상을 창조한다.

대뇌 오가노이드 또는 격자형 기제는 사랑이나 증오 등을 의식하지 못할 것이며, 공간의 위, 아래, 가까이, 멀리 등 다른 공간적인 현상학적 구분을 의식할 것이다. 그러나 그런 것들에 정교한 운동 출력(motor output)이 제공되지 않는다면, 그것들은 아무것도 할 수 없다. 그것이 바로 이러한 격자가 I-C 평면의 왼쪽 상단 모서리에 속하는 이유이다.

마지막 장에서, 나는 시간의 넓은 지평에서 누가 내재적인 존재를 가지며 누가 그렇지 않은지 상황을 살펴보고 조사할 것이다. 그들이 더 크거나 더 작은 일을 할 수 있기 때문이 아니라, 그들이 내재적인 관점을 가지고 있기 때문이다. 왜냐하면 그들은 그들 스스로 존재하기 때문이다.

의식이
모든 곳에
있는가?

14

의식이
모든 곳에
있는가?

이 마지막 장에서 나는 2장에서 처음 꺼낸 근본적 질문으로 돌아
간다. 나 외에 또 누가 경험할 수 있는가? 당신이 나와 매우 유사
하기 때문에, 당신도 주관적이며, 현상적 상태를 가진다고 나는
가추추론한다(abduce). 같은 논리가 다른 사람들에게도 적용된
다. 특별히 외골수 유아론자(solipsist)가 아니라면, 이것은 논란의
여지가 없다. 그러나 누가 또 경험할 수 있는가? 의식은 우주 전
체에 얼마나 널리 퍼져 있을까?

　나는 이런 질문을 두 가지 방식으로 다뤄 보려 한다. 유추에
의한 논증은 많은 종이 세계를 경험한다는 가추추론을 위해 경
험적 증거를 제시해 준다. 그런 논증은 종들의 행동, 생리학, 해부
학, 발생학, 유전학 등이 인간과 유사하다는 점, 그리고 우리가 의
식의 궁극적 결정권자라는 점에 근거한다.[1] 의식이 생명의 나무
(tree of life) 내에 얼마나 영역을 확장하는지는, 종들이 우리에게
더 낯설수록 가추추론하기 더욱 어려워진다.

완전히 다른 논증은 통합정보이론(IIT)의 원리를 자체의 논리적 결론으로 삼는다. 적은 수준의 경험은 짚신벌레나 다른 단세포 생명체를 포함하는 모든 유기체에서도 발견될 수 있다. 실제로 IIT에 따르면, 경험은 생물학적 실체에 국한되지 않으며, 이전에는 지각력이 없다고 여겼던 비-진화적인 물리적 시스템에까지 확장될 수 있다. 이것이 우주의 구성에 대한 유쾌하고 간결한 결론이다.

의식이 생명의 나무 내에
얼마나 널리 퍼져 있는가?

박테리아, 곰팡이, 식물, 동물 등의 진화 관계는 일반적으로 생명의 나무 은유를 통해 살펴볼 수 있다(그림 14.1).[2] 파리, 쥐, 사람 등 모든 살아 있는 종들은 생명의 나무 주변 어딘가에 위치하며, 모두는 동등하게 자신의 특정한 생태 서식지에 적응되었다.

모든 살아 있는 유기체는 지구 생명체의 마지막 우주 공통 조상[Last Universal Common Ancestor, 약칭으로 '매력적인 루카(LUCA)']으로부터 끊어지지 않고 혈통을 이어받는다. 이런 가상의 종들은 35억 년 전, 생명의 나무 만다라의 중심에 위치한다. 진화론은 우리 몸의 구성뿐만 아니라 마음의 구성도 설명해 주지만, 그 설명을 위해 특별한 섭리를 끌어들이지는 않는다.

호모사피엔스와 다른 포유류의 행동적, 생리적, 해부학적, 발달

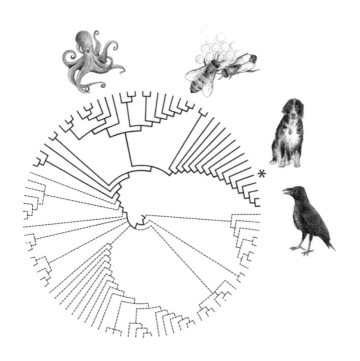

그림 14.1 **생명의 나무(The tree of life)**: 동물들의 행동과 신경계의 복잡성을 고려하여, 새, 포유류(*로 표시), 곤충, 두족류(여기서는 까마귀, 개, 벌, 문어가 대표로 선정됨) 등이 나름의 무언가를 느낄 것 같다. 생명체의 광활한 영역 전체에 대해서는 물론, 동물계 전체에 의식이 공유되는 범위는 현재로서 구명하기 어렵다. 모든 살아 있는 것들의 마지막 보편적 공통 조상이 중심에 있고, 시간 흐름에 따라 바깥으로 퍼져 나간다.

적, 유전적 유사성을 고려해 보면 인간만큼 풍부하지는 않지만, 모든 포유류가 소리와 광경, 삶의 고통과 즐거움을 경험한다는 것을 의심할 어떤 이유도 없다. 모든 포유류는 먹고 마시기 위해, 번식하기 위해, 부상과 죽음을 피하기 위해 분투한다. 또한 따스한 햇볕을 쬐고, 동족을 찾고, 포식자를 두려워하고, 잠을 자며, 꿈을 꾼다.

포유류의 의식은 작동하는 여섯 층 신피질에 의존하지만, 이것이 신피질이 없는 동물이 무언가를 느끼지 못한다는 것을 함축하지는 않는다. 다시 말해서, 포유류, 양서류, 조류(특히 까마귀, 까치, 앵무새), 파충류 등 모든 네발동물(tetrapods) 신경계의 구조, 동역학, 유전적 사양 등의 유사성에 비추어, 나는 그들 역시 세상을 경험한다고 가추추론하게 된다. 물고기처럼 등뼈를 지닌 다른 생물에 대해서도 비슷한 추론이 가능하다.[3]

그러나 우리가 왜 척추동물 우월주의자이어야 할까? 생명의 나무에는 수많은 무척추동물로 넘쳐 나며, 그것들은 곤충, 게, 벌레, 문어 등과 같이, 움직이며, 주변 환경을 감지하고, 이전 경험을 통해 학습하고, 온갖 감정을 표현하고, 다른 개체들과 소통한다. 우리는 윙윙거리는 작은 파리나, 매우 낯선 형태의 투명하며 펄떡거리는 해파리가 경험을 한다는 생각을 놓치기 쉽다.

더구나 꿀벌은 얼굴을 인식할 수 있으며, 엉덩이 흔드는 춤으로 동료에게 먹이의 위치와 품질을 전달할 수 있으며, 단기기억에 저장된 단서에 의존해서 복잡한 미로를 통과할 수 있다. 벌통에 냄새가 불어오면, 벌들이 이전에 이 냄새를 접했던 장소로 돌아갈 수 있는데, 이것은 일종의 연상기억(associative memory)이다. 꿀벌은 집단적 의사결정능력을 지니며, 그 능력의 효율성은 어떤 학계의 교수를 부끄럽게 만들 정도이다. 이런 "군중의 지혜(wisdom of the crowd)" 현상은, 여왕벌과 수천 마리 일벌이 주요 군체에서 떨어져 나와, 집단 생존에 필수적인 여러 요구사항을 충족시키는 새로운 벌집을 선택하는 군집 활동에 대한 연구에서 드러났다(당신이 새집을 고르기 위해 찾아 나서는 상황을 생각해 보라). 심지어 뒤영벌(bumble bees)은 다른 동료 벌의 도구 사용을 보고, 그 도구 사용법을 배우기도 한다.[4]

찰스 다윈은 1881년에 출간된 책에서 "지렁이가 얼마나 의식적으로 행동하고, 얼마나 많은 정신력을 발휘하는지를 알아보고" 싶다고 말했다.[5] 다윈은 지렁이의 먹이 행동을 연구한 결과, 복잡한 동물과 단순한 동물 사이에, 한쪽에는 더 높은 정신력을 부여하지만 다른 쪽에는 부여하지 않는, 어떤 절대적 경계(threshold)도 없다고 결론 내렸다. 어느 누구도 지각력이 있는(sentient) 생물과 없는 생물을 구분하는 루비콘강을 발견한 적이 없다.

물론 동물 의식의 풍부함과 다양성은, 그 동물의 신경계가 더 단순하고 원시적으로 변함에 따라서 줄어들고, 결국 느슨하게 조직된 신경망으로 바뀔 것이다. 그 기초 어셈블리의 속도가 느려짐에 따라서, 그 유기체 경험의 동역학도 느려질 것이다.

경험을 위해 신경계를 가져야만 하는가? 우리는 모른다. 식물 왕국의 일원인 나무는 예상치 못한 방식으로 서로 소통할 수 있고, 적응하고, 학습할 수 있다는 주장이 제기되었다.[6] 물론 그 모든 것들이 경험 없이도 가능할 수 있다. 따라서 나는 이러한 증거가 흥미롭지만, 매우 임의적이라고 말하고 싶다. 그 복잡성의 사다리를 한 단계씩 내려가면서, 우리가 얼마나 더 내려가야 앎의 실마리가 시작되는 곳을 찾을 수 있는가? 다시 말하지만, 우리는 모른다. 우리는 오직 우리가 직접 대면하는 대상과의 유사성에 근거한 가추추론의 한계에 도달했을 뿐이다.[7]

우주 속의 의식

IIT는 다른 추론을 제공한다. 그 이론은 누가 경험할 수 있는 지 물음에 정확히 대답해 준다. 통합정보의 최댓값이 0이 아닌 모든 것들,[8] 내재적인 인과적 힘을 갖는 것이라면 무엇이든 완전체이다. 그 완전체가 느끼는 것, 즉 경험이란 최대 환원 불가능한 원인-결과 구조에 의해 주어진다(그림 8.1). 그 구조가 얼마나 존재하는지는 통합정보에 의해 결정된다.

그 이론은 경험이 켜지려면(ON), $\Phi^{최댓값}$이 42 또는 다른 마법의 임곗값을 초과해야만 한다고 규정하지는 않는다. $\Phi^{최댓값}$이 0보다 큰 모든 것은 그 자체로 존재하고, 내적 관점(inner view)을 가지며, 어느 정도의 환원 불가능성을 지닌다. 그리고 그 말은 곧 수많은 완전체가 존재한다는 것을 의미한다.

물론, 완전체는 신피질을 지닌 사람과 다른 포유류를 포함하며, 우리는 신피질이 임상적으로 경험의 기제라고 알고 있다. 어류, 조류, 파충류, 양서류 등은 진화적으로 포유류 피질과 관련되는 종뇌(telencephalon)를 지닌다. 이에 따른 회로의 복잡성을 고려해 보면, 종뇌의 내재적인 인과적 힘은 막강할 것 같다.

우리와 매우 다른 생물의 신경 구조를 고려해 보자면, 예를 들어 꿀벌은 엄청난 뉴런의 복잡성을 지닌다. 그것은 깨알만 한 크기의 부피 내에 약 100만 개 뉴런을 포함하며, 우리가 그렇게도 자랑스러워하는 신피질 회로의 밀도보다도 열 배나 더 높다. 그리고 우리의 소뇌와 달리, 벌의 버섯 모양 몸체는 매우 재귀적으로 연결되어 있다. 이런 작은 뇌는 최대 환원 불가능한 원인-결과 구조를 형성할 것 같다.

통합정보는 입-출력 처리, 기능 또는 인지 등에 관한 것이 아니며, 내재적 원인-결과 힘에 관한 것이다. 의식이 지능과 밀접히 관련된다는 신화에서 벗어난 이 이론(4장, 11장, 13장)은 신경계의 족쇄에서 벗어나, 기존의 의미로는 계산되지도 않는 메커니즘 내에 내재적인 인과적 힘을 지정한다.

그러한 사례로 짚신벌레와 같은 단세포 유기체, 17세기 후반 초기 현미경 학자들에 의해 발견된 **동물성 세포**(animalcules)가 있다. 원생동물(Protozoa)은 작은 털을 채찍질하듯 휘둘러 물속을 이동하고, 장애물을 피하고, 먹이를 감지하고, 적응적인 반응을 보여 준다. 원생동물의 작은 크기와 낯선 서식지 때문에, 우리는 그것들이 지각력을 가진다고 생각하지 않는다. 그러나 그것들은 그런 우리의 전제에 도전한다. 그러한 미생물을 연구했던 초기 학생 중 한 명인 H. S. 제닝스(Jennings)는 이렇게 잘 표현했다.

필자는 이 유기체의 행동을 오랫동안 연구한 결과 이렇게 확신한다. 만약 아메바(Amoeba)가 인간의 일상적 경험 안에 들어올 수 있는 커다란 동물이라면, 그 행동은 쾌락과 고통, 배고픔, 욕망 등의 상태를 그 동물이 지닌다고 즉시 인정하게 만들 것이다. 마치 개가 이러한 상태들을 지닌다고 인정하는 것과 정확히 같은 근거에서 말이다.[9]

모든 유기체 중에서 가장 많이 연구된 것은 그보다 훨씬 작은 **대장균**(Escherichia coli)으로, 식중독을 일으키는 박테리아다. 대략 시냅스 크기 정도의 막대 모양 몸체는 그 보호 세포벽 내에 수 100만 개 단백질을 포함한다. 어느 누구도 이렇게 방대한 복잡성을 완벽히 모델링해 본 적이 없을 정도이다. 이러한 엄청난 복잡성을 고려해 보면, 박테리아 자체의 인과적 힘은 0이 아닐 것 같다.[10] IIT에 따르면, 그것이 박테리아로서 무언가를 느낄 것 같다. 그것이 자신의 배 모양 몸체에 대해 화내지는 않을 것 같으며, 어느 누구도 미생물의 심리학을 연구하지는 않을 것이다(즉, 누구도 그것이 마음을 가진다고 가정하지는 않을 것 같다—옮긴이). 그러나 작은 경험의 불꽃이 일어날 수도 있다(즉, 그것이 경험을 가진다고 인정되고, 연구 대상이 될 수도 있다—옮긴이). 이런 불꽃은 그 박테리아가 구성 세포소기관에 녹아 버리면 사라질 것이다.

생물학에서부터 더 단순한 화학과 물리학의 세계로 이동하여, 단백질 분자, 원자핵 또는 단일 양성자 등의 내재적인 인과적 힘을 계산해 보자. 물리학의 표준 모델에 따르면, 양성자와 중성자는 분수 전하(fractional electrical charge)를 가진 세 개 쿼크(quarks)로 구성된다. 쿼크는 그 자체로 관찰되지 않는다. 따라서 원자는 "고려되는" 물질의 작은 부분인, 환원 불가능한 완전체를 구성할 수 있다. 인간의 뇌를 구성하는 약 1026개 원자와 비교해 보자면, 그 원자는 나름의 무엇을 느낄까? 그 통합정보가 0을 조금 넘는다는 것을 고려해 보면, 단지 1분의 바가텔(bagatelle), 이것이-아닌-이것(a this-rather-than-not-this)?[11]

생명 그 자체의 감각
310

서양의 문화적 감성에 위배되는 이런 가능성을 이해하기 위해, 유익한 유비를 생각해 보자. 우주의 평균온도는 빅뱅에서 남은 잔광, 즉 우주 마이크로파 배경복사에 의해 결정된다. 이 복사선은 절대영도(영하 273.15℃)보다 2.73℃ 높은 유효온도로 우주에 고르게 퍼져 있다. 그 온도는 매우 차가워서, 지구 생명체가 생존할 수 있는 온도보다 수백 도나 낮다. 그러나 그 온도가 절대영도(0K)가 아니라는 사실은 (그에 상응하는) 깊은 우주의 작은 양의 열을 함축한다. 마찬가지로 $\Phi^{최댓값}$이 0이 아니라는 것은 (그에 상응하는) 작은 양의 경험을 함축한다.

원자는 말할 것도 없고, 단세포 유기체와 관련하여 내가 정신에 대해 논의하는 것은, 평생 과학자로서 피하도록 훈련받은 순수한 사색의 영역에 들어온 것이다. 그렇지만 세 가지 고려 사항은 내가 그 바람(wind)을 조심하도록 촉구한다.

첫째, 이러한 생각은 인간 수준의 의식을 설명하기 위해 구축된 IIT를 물리적 실재의 매우 다른 측면으로 단순하게 확장한 것이다. 이런 확장은 강력한 과학 이론의 특징 중 하나로, 그 이론의 원래 목적과는 거리가 먼 조건에 맞춰 추정으로 현상을 예측한다. 그러한 선례들이 많이 있다. 즉, 시간의 흐름은 당신이 얼마나 빨리 여행하는지에 따라서 달라지며, 시공간은 블랙홀로 알려진 특이점(singularities)에서 붕괴될 수 있으며, 사람, 나비, 채소, 장내 박테리아 등이 각자의 유전정보를 저장하고 복사하는 데 동일 메커니즘을 사용한다.

둘째, 나는 이런 예측의 우아함과 아름다움에 감탄한다.[12]

정신은 신체에서 갑작스럽게 나타나지 않는다. 라이프니츠가 *natura non facit saltus*(자연은 점프하지 않는다)라고 표현했듯이, 자연은 갑작스럽게 도약하지 않는다(라이프니츠는 무한미적분학의 공동 창시자였다). 그런 불연속성이 없다는 것은 또한 다윈주의 사상의 근간이기도 하다.

내재적인 인과적 힘은, 마음이 물질로부터 어떻게 출현하는지에 대한 도전을 불필요하게 만든다. IIT는 그것이 항상 거기에 있다고(마음이 항상 물질에 있다고―옮긴이) 규정한다.

셋째, 정신이 전통적으로 생각했던 것보다 훨씬 더 널리 퍼져 있다는 IIT의 예측은 고대 학파의 사상, **범심론**(panpsychism, 물질에 마음이 있다는 입장―옮긴이)과 공명한다.

많은 것이 고려되지만, 모든 것이 고려되지는 않는다

다양한 모습으로 나타나는 범심론의 공통점은 영혼(psyche, 정신)이, 동물과 식물뿐만 아니라 원자, 장(fields), 끈 등 물질의 궁극적 구성 요소에 이르기까지, 모든 것(pan)에 존재하거나 어디에든 존재한다는 믿음이다. 범심론은 모든 물리적 메커니즘이 의식적이거나, 의식적인 부분으로 구성되어 있거나, 더 큰 의식적 완전체의 일부를 형성한다고 가정한다.

서양에서 가장 뛰어난 지성 중 일부는 물질과 영혼이 한 실체라는 입장을 취했다. 그 입장에 고대 그리스의 소크라테스 이전 철학자 탈레스(Thales)와 아낙사고라스(Anaxagoras)가 포함된다. 플라톤은 그러한 생각을 지지했으며, 르네상스 우주론자 조르다노 브루노(Giordano Bruno, 1600년 화형당함), 아르투어 쇼펜하우어(Arthur Schopenhauer), 20세기 고생물학자이자 예수회 신부인 피에르 테야르 드 샤르댕(Pierre Teilhard de Chardin, 그의 책은 의식에 대한 진화론을 옹호하며, 그가 죽을 때까지 교회에서 금지되었다) 등도 마찬가지였다.

특히 눈에 띄는 것은 범심론의 관점을 잘 표현한 과학자와 수학자가 많다는 점이다. 물론 가장 눈에 띄는 인물은 라이프니츠이다. 그러나 심리학 및 정신물리학을 개척한 세 과학자, 구스타프 페히너(Gustav Fechner), 빌헬름 분트(Wilhelm Wundt), 윌리엄 제임스(William James), 천문학자이자 수학자인 아서 에딩턴(Arthur Eddington), 앨프리드 노스 화이트헤드(Alfred North Whitehead), 버트런드 러셀(Bertrand Russell) 등도 여기에 포함될 수 있다. 현대에 형이상학이 평가절하되고 분석철학이 부상하면서, 지난 세기에는 대부분의 대학 학과뿐만 아니라 우주 전체에서 정신은 완전히 퇴출되었다. 그러나 이러한 의식에 대한 부정은 이제 "위대한 어리석음"으로 여겨지고 있으며, 범심론은 학계에서 다시 부흥하고 있다.[13]

무엇이 존재하는가에 관한 논란은 유물론(materialism)과 관념론(idealism)이라는 두 극단을 중심으로 전개된다. 유물론과 그 현대적 버전인 **물리주의**(physicalism)는, 외부 관찰자의 관점에서 자연을 설명하고 정량화하기 위해서, 연구 대상에서 마음을 배제하는 갈릴레오 갈릴레이(Galileo Galilei)의 실용주의 태도로부터 막대한 이득을 얻어 냈다. 그렇지만 그런 태도는 실재의 핵심 측면인 경험을 무시하는 대가를 치렀다. 양자역학의 창시자 중 한 명이자 가장 유명한 방정식의 이름을 딴 에르빈 슈뢰딩거(Erwin Schrödinger)는 이것을 명확히 지적했다.

> 이상한 사실은 이런 점이다. 한편으로는 일상생활에서 얻어 낸, 그리고 가장 신중하게 계획되고 힘든 실험실 시험을 통해 밝혀낸 우리 주변 세계에 대한 모든 지식이 전적으로 직접적인 감각 지각에 의존하는 반면, 다른 한편으로는 이러한 지식이 감각 지각과 외부 세계의 관계를 드러내지 못하여, 우리가 과학적 발견에 따라 외부 세계에 대해 형성하는 그림이나 모델에는 모든 감각적 특질이 빠져 있다.[14]

반면에 관념론은 물리적 세계를 마음의 산물로 간주하기 때문에, 물리적 세계에 대해 생산적인 말을 하지 못한다. 데카르트의 이원론은 두 파트너(정신, 육체)가 서로 대화하지 않은 채 평행선을 달리며, 마치 어색한 결혼 생활을 하는 것을 받아들이는 듯하다(이것이 바로 상호작용의 문제이다. 즉, 물질이 어떻게 일시적인 마음과 상호작용하는가?).[15] 좌절된 연인처럼 행동하는 분석적 논리실증주의 철학은 정신-육체 관계에서 한 파트너의 정당성을 부정하고, 더 극단적으로는 그 존재 자체마저도 부정한다. 그런 부정은 정신적인 것을 다루지 못하는 자신의 무능함에 대한 혼란스러움에서 나온다.

범심론은 일원론적이다. 둘이 아니라, 오직 하나의 실체만이 존재한다. 따라서 이 입장은 정신이 육체에서 어떻게 나오는지 또는 그 반대의 경우에 대해서도 설명이 필요치 않다. 물론 정신과 육체 둘 다 공존한다. 그러나 범심론의 아름다움은 불모지이다. 모든 것이 내재적 및 외재적 측면을 모두 가진다고 주장하는 것 외에, 그 양자 사이의 관계에 대해 어떤 건설적인 말도 할 수 없다. 성간 우주를 떠도는 고독한 원자 하나, 인간의 뇌를 구성하는 수백 조 원자, 모래사장을 구성하는 셀 수 없는 원자들 사이의 경험적 차이는 어디에 있을까? 범심론은 이러한 질문에 침묵한다.

IIT는 범심론과 많은 통찰을 공유하며, 의식이 실재의 내재적, 근본적 측면이라는 기초 전제에서 출발한다. 두 입장의 접근법 모두 의식이 동물계 전반에 걸쳐 다양한 정도로 존재한다고 주장한다.

소뇌에서 볼 수 있듯이 뉴런의 수가 많다고 해서 통합정보와 풍부한 경험이 보장되는 것은 아니지만, 관련 신경계의 복잡성이 증가함에 따라 통합정보도 증가한다(그림 11.2 및 13.4). 의식은 각성 상태와 수면 상태에 따라 매일 변화한다. 의식은 전 생애에 걸쳐 변화한다. 즉, 태아에서 청소년으로 성장함에 따라 더 풍성해지고, 대뇌피질이 완전히 발달한 성인으로 성숙한다. 우리가 연애와 성관계, 술과 약물 등에 익숙해지고 게임, 스포츠, 소설, 예술 등에 대해 잘 알게 되면, 의식이 증가한다. 그리고 의식은 노화된 뇌가 마모됨에 따라 서서히 분해된다.

그럼에도 가장 중요하게, 범심론과 달리 IIT는 과학적 이론이다. IIT는 신경회로와 경험의 양 및 질 사이의 관계를 예측하며, 경험을 감지하는 도구를 만드는 방법(9장), 순수한 경험 그리고 뇌-연결 기술을 통해 의식을 확대하는 방법(10장), 뇌의 특정 부분에 의식이 있고 다른 부분('후방 피질' 대비 '소뇌')에는 없는 이유, 인간 수준의 의식을 가진 뇌가 진화한 이유(11장), 기존 컴퓨터에 의식이 아주 조금만 있는 이유(13장) 등을 예측한다.

이러한 문제에 대해 강의할 때, 나는 종종 농담하느냐는 시선을 받곤 한다. 그러나 이런 시선은, 범심론이나 IIT가 '어떻게 소립자가 생각하거나 다른 인지적 과정을 가진다고 주장하지 않는지'를 설명하기만 하면, 이내 사라진다. 그렇지만 범심론은 아킬레스건인 **조합**(combination) 문제를 안고 있는데, IIT는 이 문제를 정면으로 해결한다.

집단적 마음의 불가능성, 또는 뉴런이 의식을 갖지 못하는 이유에 대해

윌리엄 제임스는 미국 심리학의 기초 교과서, 『심리학의 원리』(1890)에서 그 조합 문제에 대한 중요한 사례를 소개한다.

열두 단어로 구성된 한 문장을 선택하고, 열두 사람을 선택한 후, 그들 각각에게 한 단어씩만 말해 주세요. 그런 다음 그 사람들을 일렬로 세우거나 한꺼번에 몰아넣고, 그들 각자에게 자신의 단어에 대해서 자신이 하고 싶은 말을 열심히 생각하도록 해 주세요. 어디에도 그 전체 문장에 대한 의식은 없습니다.[16]

여러 경험들이 더 큰, 상위의 경험으로 통합되지 않는다. 연인, 무용수, 운동선수, 군인 등이 밀접하게 상호작용한다고 해서, 그 집단을 구성하는 개인들의 경험을 뛰어넘는 집단 마음이 형성되지는 않는다. 존 설은 이렇게 썼다.

의식은 얇게 바른 잼처럼 우주에 퍼질 수 없으며, 나의 의식이 끝나고 나서 당신의 의식이 시작되는 지점이 있어야 한다.[17]

범심론은 왜 이것이 그래야 하는지에 대한 만족스러운 대답을 제시하지 못했다. 그러나 IIT는 대답해 준다. 10장에서 분리-뇌 실험(그림 10.2)과 관련하여 광범위하게 논의했듯이, IIT는 통합정보의 최댓값이 존재한다고 가정한다. 이것은 배제 공리의 결과로서, 모든 의식적 경험은 한정적이며, 경계를 지닌다. 경험의 특정 측면은 내부에 있는 반면, 가능한 느낌의 광활한 우주는 외부에 있다.

그림 14.2를 생각해 보자. 이 그림에서, 나는 루비(개)를 바라보면서, 특정한 시각적 경험(그림 1.1), 즉 최대 환원 불가능한 원인-결과 구조를 가진다. 그 경험은 기초적인 물리적 기제인 완전

체, 여기서는 내 후방 피질 핫존 내의 특정한 의식의 신경상관물에 의해 구성된다. 그러나 그 경험은 완전체와 동일하지 않다. 내 경험은 내 뇌가 아니다.

이런 완전체는 한정적인 경계를 지닌다. 특정 뉴런이 그 일부일 수도 아닐 수도 있다. 이 뉴런이 그 완전체에 시냅스 입력을 일부 제공하더라도 위의 후자가 사실일 수 있다. 그 완전체를 한정하는 것은 모든 시-공간적 규모와 세분성 수준, 즉 분자, 단백질,

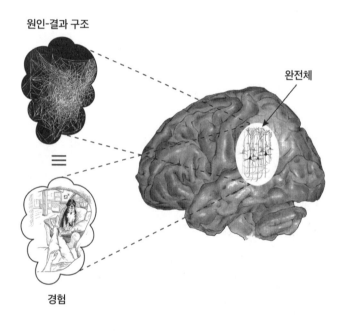

원인-결과 구조

완전체

≡

경험

그림 14.2 **심-신 문제는 해결되었는가?** IIT에서는 버니즈마운틴도그를 바라보는 의식적 경험이 최대 환원 불가능한 원인-결과 구조와 동일하다고 가정한다. 그 물리적 기반인 완전체는 조작적으로 한정적인 의식의 신경상관물이다. 그 경험은 완전체에 의해 형성되지만, 완전체와 동일하지는 않다.

세포소기관, 단일 뉴런, 그것들의 대규모 집합체, 뇌가 상호작용하는 환경 등에 걸쳐 평가되는 통합정보의 최댓값이다.

나의 의식적 경험을 형성하는 것은 환원할 수 없는 완전체이지, 그 기초 뉴런이 아니다.[18] 따라서 내 경험은 내 뇌가 아닐 뿐만 아니라, 나의 개별 뉴런도 더욱 아니다. 접시 안에 배양된 소수의 뉴런이 조금씩 경험을 쌓아 가고, 하나의 작은-마음을 형성할 수는 있지만, 나의 후방 피질을 구성하는 수억 개 뉴런은 수백만 작은-마음의 집합을 구현하지 않는다. 내 뇌 안의 완전체가 구성하는 단 하나의 마음, 내 마음만이 존재한다.

다른 완전체들이 내 뇌 안에, 혹은 내 신체 내에 존재할 수 있다. 다만, 그것들이 후방 핫존 완전체와 요소를 공유하지 않는 한 말이다. 따라서 그것이 내 간으로서 무언가를 느낄 수 있지만, 간 세포들 사이의 상호작용이 매우 제한적이라는 점을 고려해 보면 그것이 많은 것을 느낄 것 같지는 않다.

마찬가지로, 분리된 박테리아는 통합정보를 조금이라도 가질 수 있지만, 장 내에서 행복하게 살아가는 수조 개 박테리아는, 완전체로 고려되는 그 미생물의 관련 $\Phi^{최댓값}$이 개별 박테리아의 $\Phi^{최댓값}$보다 클 경우에만, 자체의 단일 마음을 가질 수 있다. 이것은 **선험적**으로 결정하기 어려우며, 다양한 상호작용의 강도에 따라 달라진다.

그 배제 원리는 또한 의식이 느린 수면 중 중단되는 이유를 설명해 준다. 수면 중에 델타파가 EEG를 지배하며(그림 5.1), 대뇌피질 뉴런은 침묵하는 동안 규칙적으로 과분극된 다운-상태

(hyperpolarized down-states)를 유지하다가, 뉴런이 더 탈분극되면 활동적 업-상태(active up-states)로 인해 산재된다. 이러한 온-오프-주기는 영역에 따라 조정된다. 결과적으로, 피질의 완전체가 분해되어, 상호작용하는 뉴런의 작은 집단으로 부서져 흩어진다. 각각의 뉴런은 아마도 통합정보를 아주 조금 가질 것이다. 사실상 "나의" 의식은 깊은 수면 상태에서 사라지고, 무수히 많은 작은 완전체로 대체되며, 깨어났을 때 아무것도 기억되지 않는다.[19]

배제 공준은 또한 예를 들어, 군집 속의 개미, 나무를 구성하는 세포, 벌집 속의 벌, 웅성거리는 찌르레기 떼, 반자동 팔 여덟 개를 가진 문어, 2008년 베이징올림픽 개막식에서 공연한 중국 무용수와 음악가 수백 명의 의식적 존재의 집합체가 의식적 실체로서 존재하는지 여부를 결정짓는 기준이 된다. 몰려다니는 물소 떼나 군중은 마치 그것이 "한 마음"인 것처럼 행동할 수 있지만, 그 집단을 구성하는 개개인의 경험을 뛰어넘는 경이로운 실체가 없다면, 이것은 단순한 비유에 불과하다. IIT에 따르면, 개별 완전체의 통합정보 각각이 집단 완전체의 $\Phi^{최댓값}$보다 작기 때문에, 이것은 개별 완전체의 소멸을 요구한다. 군중의 모든 사람이 집단 마음에 개별 의식을 포기한다는 것은, 마치 〈스타트렉〉 우주에 등장하는 보그(Borg)의 집단 마음에 동화되는 것과 같다.

IIT의 배제 공준은 개별 마음과 집단 마음이 동시에 존재하는 것을 허용하지 않는다. 따라서 **아니마 문디**(*Anima Mundi*) 또는 세계영혼(world soul)은 배제된다. 아니마 문디는, 모든 것을 포괄하는 영혼을 선호하여, 모든 지각력을 지닌 존재의 마음이 제거될 것을 요구한다. 마찬가지로, 그것은 3억 명 미국 시민이 되는 무언가를 느끼지 않는다. 하나의 실체로서 미국은 자국민을 처형하거나 전쟁을 시작할 수 있는 권한과 같은 상당한 외재적인 인과적 힘을 지닌다. 그러나 미국은 최대 환원 불가능한 내재적 원인-결과 힘을 갖지 않는다. 국가, 기업 및 기타 집단 행위자는 강력한 군사, 경제, 금융, 법률 및 문화적 실체로서 존재한다. 그것들은 집합체이지만, 완전체는 아니다. 그것들은 어떤 현상적 실재도 갖지 않으며, 어떤 내재적인 인과적 힘도 갖지 않는다.[20]

따라서 IIT에 따르면, 단일세포는 내재적으로 존재할 수 있지만, 이것이 미생물이나 나무에 대해서도 반드시 그런 것은 아니다. 동물과 사람은 스스로 존재하지만, 무리와 군중은 스스로 존재하지 않는다. 원자는 그 자체로 존재할 수 있지만, 숟가락, 의자, 모래언덕, 우주 전체 등은 확실히 스스로 존재하지 않는다.

IIT는 모든 완전체에 두 가지 측면을 가정한다. 세계에 알려지고 다른 완전체를 포함하는 다른 개체와 상호작용하는 외적인 측면과, 자신이 느끼는 느낌과 그 경험인 내적인 측면이다. 그것은 고독한 존재이며, 다른 완전체의 내부를 들여다볼 어떤 창도 없다. 두 개 이상의 완전체가 융합하여 더 큰 완전체를 탄생시킬 수 있지만, 그 대가로 이전의 정체성을 잃게 된다.

끝으로, 범심론은 기계의 의식에 대해 말해 줄 어떤 이해도 갖지 못한다. 그러나 IIT는 그 이해를 가진다. 기존의 디지털컴퓨터는, 연결성이 희박하고 입력과 출력이 거의 겹치지 않는 회로 요소로 구축되므로, 완전체를 구성하지 않는다(13장). 컴퓨터는, 그것이 실행하는 소프트웨어와 계산적 힘과 무관하게, 고도로 파편화된 내재적 원인-결과 힘을 단지 조금만 가진다. 안드로이드의 물리적 회로가 오늘날의 CPU와 비슷하다면, 전기 양(electric sheep)은 꿈도 꿀 수 없다.* 물론 뉴런 아키텍처를 매우 유사하게 모방한 계산 기계를 구축하는 것은 가능하다. 이러한 뉴로모픽 공학 인공물은 많은 통합정보를 지닐 수 있다. 그러나 우리는 그런 것과는 거리가 멀다.

IIT가 물리학을 우리 삶의 중심 사실인 의식으로 확장시킨다고 생각될 수 있다.[21] 교과서 물리학은 외재적인 인과적 힘에 의해 좌우되는 물체와 물체의 상호작용을 다룬다. 나와 당신의 경험은 환원 불가능한 내재적인 인과적 힘을 지닌 뇌가 내부에서 느끼는 방식이다.

IIT는, 외재적 및 내재적 인과적 힘에 근거하여, 이질적으로 보이는 두 존재 영역, 즉 육체와 정신 사이의 관계에 대해 원칙적이고, 일관성 있으며, 실험 가능하고, 우아한 설명을 제공한다. 서로 다른 두 종류의 인과적 힘은 우주의 모든 것을 설명하는 데 필요한 유일한 종류의 것이다.[22] 이러한 힘은 궁극적인 실재를 구성한다.

• 전기 양이란 자원자로 참여하는 개별 컴퓨터를 활용하여 프랙탈 플레임(fractal flames)을 활성화시키고 진화시켜 보는 계산 기획이다. 그러므로 이 문장은 다음과 같이 이해된다. 개별 컴퓨터가 독자적 완전체라면, 네트워크로 연결된 컴퓨터를 하나의 프로그램 계산에 끌어들일 수는 없을 것이다. 그 자원 컴퓨터마다 독자적 의식을 가진 존재일 것이기 때문이다.

이러한 견해를 검증하고, 수정하거나, 심지어 거부하기 위해서는 더 많은 실험적 연구가 필요하다. 역사가 말해 주듯, 실험실과 진료실 또는 행성 밖의 미래 발견은 우리를 놀라게 할 것이다.

이제 우리 항해의 마지막에 이르렀다. 우리의 북극성(pole star)이라는 의식의 빛이 비추는 우주는 스스로 질서 정연한 곳임을 드러낸다. 그것은 자연 세계에 대한 기술적 우위에 눈먼 현대 생각보다 훨씬 더 먼 곳에 있다. 그것은 자연 세계를 존중하고 경외했던 초기 전통에 더 부합하는 관점이다.

경험은 크고 작은 모든 동물들, 어쩌면 무생물 자체도 포함하여, 예상치 못한 곳에도 존재한다. 그러나 의식은 소프트웨어를 실행하는 디지털컴퓨터에는 없으며, 심지어 그것이 방언을 말할 때도 마찬가지이다. 점점 더 강력해지는 기계는 가짜 의식을 거래할 것이고, 아마도 사람들 대부분을 속일 것이다. 그러나 자연적으로 진화한 인공지능과 인공적으로 설계된 인공지능의 대결이 임박한 지금, 살아 있는 삶에서 느낌의 중심적 역할을 주장하는 것은 절대적으로 중요하다.

이것이 왜 중요한가

내 평생의 탐구는 존재(being)의 참된 본성을 파악하는 일이다. 나는 오랫동안 과학과 동떨어져 있던 의식이 어떻게 물리학 및 생물학에 근거하여 합리적이며, 일관성이 있고, 경험적으로 검증 가능한 세계관에 적합할지 이해하기 위해 고심해 왔다. 나는 나 자신과 내 종족의 독특한 한계 내에서 어느 정도 이 질문에 대한 이해에 이르렀다.

나는 이제 경험의 내적 빛이 표준적 서구의 법규 내에서 가정되는 것보다 훨씬 더 넓은 우주에 퍼져 있다는 것을 알게 되었다. 이런 내면의 빛은 신경계의 복잡성에 비례하며, 인간과 동물 왕국의 거주자들에게 더 밝거나 더 어둡게 빛난다. 통합정보이론(IIT)은 모든 세포 생명이 무언가를 느낄 가능성을 예측한다. 정신과 육체는 밀접히 연결되어 있으며, 한 가지 근원적 실재(reality)의 두 측면일 뿐이다.

이런 두 측면은 철학적, 과학적, 미학적 가치와 관련된 통찰이다. 그렇지만 나는 단지 과학자이지만은 않다. 나는 또한 윤리적 삶을 살기 위해 분투하는 존재이기도 하다. 이러한 추상적인 이해에서 어떤 도덕적(moral) 결과가 도출될 수 있을까? 나는 이 책을, 서술적인 것에서 처방적(prescriptive, 규범적)이고 규제적(proscriptive)인 문제로 나아가고, 선(good)과 악(bad)에 대해 우리가 어떻게 생각해야 하는지, 결국 행동에 대한 촉구로 마무리 지으려 한다.[1]

가장 중요하게, 인간이 윤리적 우주의 중심에 있으며, 나머지 자연 세계는 인류의 목적에 부합하는 한에서만 가치를 부여한다는 생각, 즉 서구 문화와 전통의 큰 부분을 차지하는 신념을 이제 버려야 한다.

우리는 진화한 생명체이며, 생명의 나무에 달린 수백만 잎사귀 중 하나이다. 물론, 우리는 강력한 인지능력, 특히 언어, 상징적 사고, "나"라는 강한 감각을 부여받았다. 이러한 능력들은 생명의 나무 위의 우리 친족들이 할 수 없는 성취들, 예를 들어 과학, 〈니벨룽겐의 반지(Der Ring des Nibelungen)〉, 보편적 인권, 홀로코스트, 지구온난화 등의 원동력이 되었다. 비록 우리 몸이 점점 더 기계와 얽히게 될 트랜스휴머니스트(transhumanist)와 포스트휴머니스트(posthumanist)의 문턱에 서 있지만, 우리는 여전히 생물학의 중력 내에 머물러 있다.[2]

우리는 인간성의 나르시시즘(narcissism, 자기애)과 동물과 식물이 오로지 우리의 즐거움과 이익을 위해 존재한다는 뿌리 깊은 믿음을 치료해야만 한다. 우리는 모든 주체, 모든 완전체의 도덕적 지위가 그들의 인간성이 아니라 의식에 근거한다는 원칙을 받아들여야 한다.[3] 주체의 특권적 지위를 인정받기 위한 세 가지 정당성이 있다. 나는 그것들을 **지각력**(sentience), **경험적**(experiential), **인지적**(cognitive) 기준이라 부른다.

정서적으로, 우리는 다른 사람의 **지각력**에 가장 쉽게 공감한다. 우리 모두는 학대받는 아이나 개를 보면, 본능적으로 강한 반응을 보인다. 우리는 어떤 고통을 느끼며, 공감한다. 따라서 나의 도덕적 직관은, 고통받을 수 있는 주체는 어느 목적을 위한 수단이 아니라, 그 자체가 목적이 된다는 것이다. 고통을 느낄 수 있는 모든 생명체는 최소한의 도덕적 지위, 즉 존재하고 싶다는 욕망과 고통받지 않으려는 욕망을 가진다.

주체가 고통을 겪는다는 것은 반드시 그 주체가 경험한다는 것을 함축한다. 그러나 그 반대도 반드시 그런 것은 아니다. 우리는, 뇌 오가노이드나 기타 생명공학 구조물처럼, 고통스럽거나 불리한 경험을 피하려 하지 않으면서도 무언가를 느끼는 완전체를 상상할 수 있다. 다르게 표현해서, 고통받을 수 있는 주체의 집합은 모든 주체의 하위집합이다. 그럼에도 고등동물 대부분은, 신체 보존에 대한 위협과 항상성으로부터의 일탈을 감시하는 것이 생존을 위한 주요 지침이기 때문에, 삶의 고통을 경험하도록 운명 지어져 있다.

유럽의 근대성이 동물 권리 법안을 만든 것은 반려동물과 가축이 어떤 면에서 사람과 비슷하다는 사회적 인식이 커졌기 때문이다. 모두가 어느 정도 고통을 겪을 수 있고, 삶을 즐길 수 있으며,

세상을 보고, 냄새 맡고, 들을 수 있는 존재이다. 모두가 내재적 가치를 지닌다. 그러나 우리의 반려동물과, 유인원, 고래, 사자, 늑대, 코끼리, 흰머리수리 등등 몇몇 카리스마 넘치는 대형동물은 국선 변호사와 법률로부터 보호받을 수 있지만, 파충류, 양서류, 어류, 오징어, 문어, 바닷가재 등과 같은 무척추동물은 그렇지 못하다.

물고기는 소리를 지르거나 비명을 지를 수 없고, 냉혈을 지니며, 우리와 너무 다르기 때문에 그들의 복지를 옹호하는 사람이 거의 없다. 우리는 심지어 그들에게 신속히 죽을 권리조차 허용하지 않는다. 어부들은 살아서 꿈틀거리는 미끼로 물고기를 낚아채거나, 저인망으로 포획한 수천 마리 물고기를 어선에 부어 버려 고통스럽게 질식사시키는 것을 아무렇지도 않게 생각한다. 그렇다. 모든 생리적, 호르몬적, 행동적 증거는 물고기도 우리와 마찬가지로 고통스러운 자극에 반응한다는 것을 암시한다. 우리는 이렇게 끔찍하고 무분별한 방식으로 매년 약 1조 마리 물고기를 죽이고 있으며, 지각력을 지닌 생명체 1000억 마리를 죽이고 있다.[4] 만약 도덕적 우주의 원호(圓弧)가 정의로 향한다면, 인류는 우리 모두가 연루된 이 일상적인 잔학 행위에 대해 책임져야 할 것이다.

인간 외의 종도 내재적으로 가치 있는 주체로 고려되어야 한다는 생각을 위한 **경험적** 정당성은 내적 관점을 지닌 모든 존재가 소중하다는 것에 있다. 현상적 경험은 외재적 목적이 배제된 우주에서 대체 불가능하다. 그 경험은 유일하게 정말로 중요하다. 왜냐하면, 만약 무언가를 느끼지 않는다면, 그것은 주체로 존재하지 않기 때문이다. 시체와 좀비는 둘 다 존재하지만, 자신을 위해서가 아니라, 다른 사람을 위해서만 존재한다.

이러한 근거의 셋째 정당성은 **인지능력**, 믿음과 욕구를 가짐, 자아 감각, 미래에 대한 감각, 반(反)사실을 상상할 능력("만약 내가 다리를 잃지 않았다면, 여전히 등산할 것이다"), 창의적 잠재력 등이다. 동물도 이러한 발달된 인지능력을 가지는 만큼, 그들도 권리를 갖는다.

그렇지만 나는 순전히 인지능력만을 근거로 도덕적 지위를 정당화하는 것에 반대한다. 첫째, 모든 인간이 그러한 능력을 갖는 것은 아니다. 아기, 무뇌증 아이, 식물인간 상태나 말기 치매환자 등을 생각해 보라. 이들이 능력을 지닌 성인보다 더 낮은 지위와 더 적은 권리를 가져야 하겠는가? 둘째, **호모사피엔스**의 엘리트 인지 클럽에 가입할 수 있는 종은 소수에 불과하다. 내 개가 다가오는 주말을 잘 감지한다고 나는 신뢰하지 않는다. 마지막으로, 만약 도덕적 권리를 상상력이나 지능과 같은 특정 기능적 능력과 연결시킨다면, 우리는 조만간 디지털컴퓨터에서 실행되는 소프트웨어도 이 클럽에 가입시켜야 할 것이다. 만약 소프트웨어가 인간이 따라잡을 수 없는 인지능력을 갖추게 되면, 어떻게 될 것인가? 그렇게 되면, IIT에 따르면, 그것들은 아무것도 느끼지 못할지라도, 우리를 도덕적으로 낮춰 볼 것이다.

나는 모든 유기적 생명체가 공학적 실리콘 변종보다 태생적으로 우월하다고 주장하는 탄소 우월주의자는 아니다. 뉴로모픽 구조물에 기반한 컴퓨터는 적어도 원칙적으로 큰 뇌를 지닌 생명체에 필적하는 내재적인 인과적 힘을 가질 수 있어서, 그에 수반하는 법적 및 윤리적 특권을 가질 것이다.

이 세 가지 정당화 중, 고통받을 수 있는 생명체가 특별한 지위를 가질 자격이 있는 이유에 대한 가장 강력한 근거는, 내 생각에 지각력이다. 내가 혼자 남겨지거나, 굶주리거나, 구타당하는 등의 상황을 상상할 수 있기 때문에, 나는 상대방에게 동정심이나 **공감**을 느낀다. 물론 공감은 소프트웨어와 같은 무의식적 존재가 상상할 수 없는 의식적 경험이다.[5]

두 종이 고통을 겪을 수 있다는 것이 같은 정도 또는 같은 강도로 고통을 겪는다는 것을 함축하지는 않는다. 파리 뇌와 인간 뇌의 복잡성과 각각의 의식적 경험 사이에 큰 격차가 존재한다. 우리가 종들에게 부여하는 도덕적 특권은 이러한 실재를 반영해야 한다. 모든 동물이 동일한 도덕적 단계에 있지 않다.

IIT는 의식의 양에 따라 종의 순위를 매길 수 있으며, 이것이 현대판 "존재의 대사슬"(즉, 신에 의해 선언된 위계 구조—옮긴이)이다. 고대인들은 이 엄격한 계층구조를 **자연계**(scala naturae)라고 불렀다. 원시 지구에 기반을 둔 이 사슬은 광물, 식물, 동물을 거쳐 인간(평민에서 왕까지)으로 올라갔고, 그 뒤를 이어 변절자와 진정한 천사로 이어졌다. 물론 그 정점에는 최고이자 가장 완벽한 존재인 신이 있었다.

IIT가 말하는 존재의 사다리는 모든 종의 통합정보, $\Phi^{최댓값}$, 환원 불가능성 또는 얼마나 그 자체로 존재하는지 등에 의해 정의된다.[6] 이 사다리는 경험이 없는 집합체를 가장 하단에 놓고, 해파리, 벌, 쥐, 개, 사람 등을 그 위에 놓는다(그림 11.2 또는 13.4 참조). 그런 단계에 자연적 상한선은 없다. 앞으로 수 세기 동안 우리가 외계 하늘 아래 무엇을 발견할지, 또는 우리가 어떤 인공물을 만들어 낼지 누가 알겠는가? 로드 던세이니(Lord Dunsany)가 말했듯이, "인간은 아주 작은 존재이며, 밤하늘은 아주 큰 경이로움으로 가득하다".

나는 이러한 순위가 불러일으킬 거북함을 이해한다. 그렇지만 우리가 모든 생물의 이해관계를 균형 있게 고려하려면, 경험의 능력에 대한 등급별 특성을 고려할 필요가 있다.

지각력의 원리는 사적 영역과 공적 영역 모두에서 행동하라는 명확한 요청이다. 이러한 통찰에 대한 가장 즉각적인 대응은 동물, 적어도 높은 통합정보를 지닌 동물을 먹지 않는 것이다. 채식주의자가 되면, 공장식 축산업에서 발생하는 엄청난 양의 고통을 이 세계에서 제거할 수 있다.

작가 데이비드 포스터 월리스(David Foster Wallace)는 2004년 잡지 《미식가(Gourmet)》에 기고한 에세이 「랍스터를 고려하라」에서 랍스터를 산 채로 삶는 것은 끔찍한 일이라고 주장한다. 그는 수사학적으로 이렇게 묻는다.

지금 우리가 (도시를 불태운―옮긴이) 네로(Nero)의 오락이나 (사람을 제물로 바치는―옮긴이) 아즈텍(Aztec)의 제사를 바라보는 것과 같은 방식으로, 미래 세대가 현재의 농업과 식생활 관행을 바라볼 가능성은 없는가?

육식을 멀리하면 산업적 규모의 축산업으로 인한 환경과 생태계의 막대한 악영향을 줄일 수 있고, 추가적으로 육식을 피하면 신체적 및 정신적 웰빙을 증진시킬 수 있다. 더 근본적인 대응은 음식이나 의복에 동물성 제품을 일절 거부하는 비건(vegan, 채식주의자보다 더 적극적인 동물 보호주의자—옮긴이)이 되는 것이다. 이것은 더 어렵다.

세계의 고통에 대한 우리의 지식이 증가할수록, 우리는 법적 보호를 받을 생물의 범위를 확대하는 법률을 추진해야 한다. 호주의 철학자이자 윤리학자인 피터 싱어(Peter Singer)가 강력히 주창했듯이, 우리에게는 새로운 십계명, 새로운 인류학, 새로운 도덕규범이 필요하다.[7]

희망적인 변화의 조짐이 나타나고 있다. 대부분의 국가는 반려동물에 대한 학대 방지법을 시행한다. "유인원프로젝트(Great Ape Project)"나 "비-인간권리프로젝트(Nonhuman Rights Project)"와 같은 단체는 큰-뇌 동물인 유인원, 코끼리, 돌고래, 고래 등에게 최소한의 법적 권리를 부여하기 위해 노력한다. 현재 로스쿨 대부분은 동물 권리에 관한 수업을 제공하고 있다. 그렇지만 지금까지 **호모사피엔스** 이외의 어떤 종도 이와 관련된 모든 특권을 지닌 **법적 인격체**(legal persons)의 지위를 갖지 못한다. 기업은 가지고 있으나, 가축이나 야생동물은 그렇지 못하다. 동물은 법률적으로 재산일 뿐이다.

『신약성경』「마태복음」25장에 "진실로 내가 너희에게 이르노니, 너희가 여기 내 형제자매 중에 지극히 작은 자 하나에게 한 것이 곧 내게 한 것이니라"는 말씀이 있다. 체코의 작가 밀란 쿤데라(Milan Kundera)는 그의 소설 『참을 수 없는 존재의 가벼움(The Unbearable Lightness of Being)』에서 이 도덕적 규정을 모든 피조물에 일반화했다.

지극한 순수함과 자유에서 나온 진정한 인간의 선함은, 그 수혜자가 무력할 때에만 빛을 발할 수 있다. 인류의 진정한 도덕적 시험, 그 근본적 시험 …… 은 그 자비가 미치는 존재인 동물에 대한 태도에서 나온다.

지각력에 대한 불교의 태도는 이러한 관점을 반영한다. 우리는 모든 동물을 의식이 있는 존재로, 그 자체로서 느끼는 존재로 대해야 한다. 이런 태도는, 우리의 울타리, 동물 우리, 칼날, 총알 앞에 그리고 **레벤스라움**(Lebensraum, 식민 이주 정책)을 향한 우리의 무자비한 욕망에 대해 무방비 상태인, 이 우주를 함께 여행하는 우리의 동반자들에게 어떻게 행동해야 할지를 분명히 말해준다. 언젠가 인류는 생명의 나무 위의 우리 친족들을 어떻게 대했는지에 대해 심판받을 수 있다. 우리는 모든 생명체에 대해, 그것이 말을 하든, 울든, 짖든, 우는 소리를 내든, 울부짖든, 지저귀든, 비명을 지르든, 윙윙거리든, 아무 소리 없든, 그 여부를 떠나서 보편적인 윤리적 태도를 적용해야만 한다. 왜냐하면, 모든 생명체는 삶을 경험하며, 종국에 두 영원(천당과 지옥—옮긴이) 사이에서 끝을 맺기 때문이다.

책을 쓴다는 것은 삶에서 대단히 즐거운 일이며, 일순간의 육체적 즐거움과 달리, 오랜 기간에 걸친 지적 및 정서적 수준의 보람도 준다. 이 책의 내용에 대해 생각하고, 다른 사람들과 토론하고, 수정하는 일, 그리고 편집인, 미술가 및 출판인 등과 함께 작업하는 과정은 온전히 정신 에너지에 집중하는 기회를 제공해 준다.

지난 3년 동안 나와 함께 글 쓰는 작업에 동참해 주신 모든 분들께 감사한다.

주디스 펠드만(Judith Feldmann)은 내 산문을 받아 편집해 주었다. 베네딕트 로시(Bénédicte Rossi)는 미술인으로서 내 만화를 아름다운 그림으로 바꿔 주었다. 이 책 제목은, 내 강연 후 "당신은 생명의 감각[느낌]을 연구하네요"라고 말했던 엘리자베스 코흐(Elizabeth Koch)의 말과, 프랜시스 크릭의 저서 『생명 그 자체: 40억 년 전 어느 날의 우연(Life Itself: Its Origin and Nature)』의 제목을 합친 것이다.

많은 친구와 동료들이 초고를 읽어 주었고, 잘못된 부분과 일관성이 없는 부분을 찾아내어 그 기본 개념을 다듬도록 도움을 주었다. 특히, 나는 라리사 알반타키스(Larissa Albantakis), 멜라니 볼리(Melanie Boly), 파트마 데니즈(Fatma Deniz), 마이크 하브릴리치(Mike Hawrylycz), 패트릭 하우스(Patrick House), 데이비드 매코믹(David McCormick), 리애드 무드릭(Liad Mudrik), 줄리오 토노니(Giulio Tononi) 등에게 감사를 표하고 싶다. 그들은 시간을 내어 전체 글을 세심히 읽고 교정해 주었다. 철학자 프랜시스 팰런(Francis Fallon)과 매슈 오언(Matthew Owen)은 개념적으로 어려운 몇 가지 문제를 명확히 밝히는 데 도움을 주었다. 나의 딸, 가브리엘레 코흐(Gabriele Koch)는 주요 단원을 편집해 주었다. 이 책은 그들의 노력 덕분에 더 좋아질 수 있었다.

나는 낮 동안 시애틀에 있는 앨런뇌과학연구소(Allen Institute for Brain Science)의 수석 과학자이자 소장으로서, 포유류 뇌를 세포 수준에서 연구하고 있다. 우리 연구소에서 수행하는 과학 내용은 이 책의 여러 측면에 영향을 미쳤다. 나는 고 폴 G. 앨런(Paul G. Allen)에게 감사를 표한다. 그는 내 동료들과 내가 "빅 사이언스, 팀 사이언스 그리고 오픈 사이언스(Big Science, Team Science and Open Science)"라는 구호 아래 어려운 문제에 집중할 수 있는 시각과 방법을 제공해 주었다. 또한, 앨런뇌과학연구소의 최고 경영자이신 앨런 존스(Allan Jones)에게도 감사드린다. 그는 나의 학문적 탐구를 용인해 주었다. 이 책에 보고된 의식 관련 연구 중 일부에 자금을 지원해 준 타이니블루닷재단(Tiny

Blue Dot Foundation)에게도 크게 감사한다.

끝으로 적잖이 나의 아내, 테레사 워드-코흐(Teresa Ward-Koch)에게 고마운 마음을 전한다. 루비(Ruby)와 펠릭스(Felix)와 함께, 그는 나에게 인생에 무엇이 중요한지를 일깨워 주었고, 아주 많은 날 밤늦도록 그리고 이른 아침에도 혼자 글을 쓸 수 있도록 놓아주었다.

주석

1   의식이란 무엇인가?

1) Koch (2004), p. 10.

2) 데카르트는 『방법서설(Discourse on the Method)』(1637)에서 *Je pense, donc je suis*라고 처음 말했고, 훗날 이 말은 *cogito, ergo sum*(나는 생각한다, 그러므로 나는 존재한다)으로 번역되었다. 그는 『제1철학에 관한 성찰(Meditations on First Philosophy)』(1641)의 둘째 개정판에서 이렇게 확장하였다. "그러나 그렇다면 나는 무엇인가? 생각하는 존재이다. 생각한다는 것은 무엇인가? 그것은 의심하고, 이해하고, 긍정하고, 부정하고, 의도하고, 거부하는 것이며, 또한 상상하고 감각하는 것이다." 이런 말로 보아서, "*Je pense*(생각하기)"가 단순히 생각하는 것뿐 아니라, 의식과 관련된 모든 정신활동을 가리킨다는 것이 분명하다. 진정으로 독창적인 아이디어는 거의 없으며, 이것도 결코 예외는 아니다. 따라서 토마스 아퀴나스(Thomas Aquinas)는 13세기 중반 『진리에 대한 논쟁적 질문(Disputed Questions on Truth)』에서 이렇게 썼다. "아무도 자신이 존재하지 않는다고 생각하고 동의할 수는 없다. 자신이 어떤 것을 생각한다는 바로 그 사실에서 스스로 존재한다고 지각한다." 다음 각주를 참조.

3) 히포의 성 아우구스티누스(Saint Augustine of Hippo)는 『신의 도시(City of God)』, 11권 26장에서 이렇게 썼다. "그러나 어느 망상적 이미지나 환상에 대한 표상도 없이, 나는 내가 존재한다는 것과 내가 이런 점을 알고 기뻐한다는 것을 가장 확신한다. 이런 진리와 관련하여, 나는 '만약 당신이 속임당하고 있다면 어떻게 하겠느냐'고 말하는 학자들의 주장이 전혀 두렵지 않다. 왜냐하면 만약 내가 속고 있다면, 나는 존재하기 때문이다(*si enim fallor, sum*). 만약 그가 존재하지 않는다면, 속임당할 수 없으며, 만약 내가 속임을 당하고 있더라도, 마찬가지로 나는 존재한다. 그리고 내가 속임을 당한다면 내가 존재하기 때문이며, 내가 존재한다는 믿음에서 어떻게 속임당할 수 있는가? 왜냐하면 내가 속임당한다면 내가 존재한다는 것이 확실하기 때문이다." 이런 역사적 및 고고학적 탐구를 계속하면서, 아리스토텔레스의 『니코마코스 윤

리학(Nicomachean Ethics)』의 말을 생각해 보자. "우리는 우리가 감각하는 것을 감각하고, 우리가 이해하는 것을 이해한다. 그리고 우리가 감각하기 때문에, 존재한다는 것을 이해한다." 또한 나는 파르메니데스(Parmenides)의 말을 인용할 수도 있는데, 이런 점에서 나는 기록된 서양철학 사상의 기반에 도달했다.

4) Patricia Churchland (1983, 1986) and Paul Churchland (1984). Rey (1983, 1991)와 Irvine (2013) 역시 그들 부부와 같은 제거주의자(eliminativist) 견해를 분명히 밝힌다.

5) 데닛(Daniel Dennett)은 그의 획기적인 저서 『의식의 수수께끼를 풀다 (Consciousness Explained)』(1991)와 『박테리아에서 바흐까지 그리고 다시 박테리아로(From Bacteria to Bach and Back)』(2017)의 14장에서, 사람들이 자신의 경험에 대해 매우 혼란스러워한다고 주장한다. 사람들이 의식에 대해 이야기할 때, 실제로 의미하는 것은 정신상태에 관한 특정 믿음을 가진다는 것이며, 각자마다 독특한 행동과 어포던스(affordance)를 지닌 독특한 기능적 속성을 가진다는 것이다. 이러한 결과가 설명되고 나면, 더 이상 설명할 것이 남지 않는다. 통증이나 붉음(redness)에 관한 내재적인 것은 전혀 없으며, 의식은 모두 행동 속에 있다. 데닛은 "환상(*nomen est omen*)"이란 단어를 자주 사용하며, 의식이 실재하나 내재적 속성을 갖지 않는다는 그의 견해는 일관성이 없을 뿐만 아니라, 나의 생생한 경험과 너무 모순되어 그것을 제대로 설명할 수 없다. 그는 나처럼, 의식의 내재적이고 진정한 본성을 주장하는 사람들을, "히스테리적인 실재론"이라고 비난한다. 내 생각에, 데닛의 책 제목은 "에둘러 설명되는 의식(Consciousness Explained Away)"이라 했어야 더 정확할 것 같다. 그의 글은 다채로운 은유, 비유, 역사적 암시를 능숙하게 사용하는 특징이 있다. 이러한 문학적 장치는 기억에 남고, 생생하며, 독자의 상상력을 사로잡는 데 효과적이다. 그렇지만 그런 장치는 근본적인 메커니즘과 관련되기 어렵다. 프랜시스 크릭(Francis Crick)은 나에게 글을 너무 잘 쓰는 학자들에 대해 경고했는데, 이 대목에서 그는 프로이트(Sigmund Freud, 노벨문학상 후보에 올랐던)와 데닛을 구체적으로 언급했다. Fallon (2019a)은 의식에 대한 데닛의 입장에 대한 동정적인 해석을 제공한다. 제거적 유물론(eliminative materialism), 허구주의(fictionalism), 도구주의(instrumentalism) 등을 포함하여, 의식에 대한 직관을 철저히 부정하는 많은 독특한 사상의 입장이 있음을 유의해야 한다.

6) Searle (1992), p. 3.

7) Strawson (1994), p. 53. 1929년 천문학자이자 철학자인 앨프리드 화이트헤드(Alfred Whitehead)는 "경험이라는 명백한 사실을 에둘러 설명하는 데 주로 적용해 왔던, '경험주의자'라는 칭호를 스스로 오만하게 여기는 사람들"에 대해 일침을 가했다. 잘 알려지지 않은 그리핀의 책(Griffin, 1998)은 나를 이 깊은 철학적 물속으로 우아하게 안내해 주었다.

8) 이 책 전체에서 나는, 분석철학자들이 이 용어를 사용하는 기술적 의미가 아니라, 주관(subject)의 내적인 것을 지칭하기 위해 "내재적(intrinsic)"이라는 용어를 사용한다(그 예를 Lewis, 1983에서 참조). 소립자의 내재적 속성인 질량과 전하와 달리, 의식은 그 존재가 배경이나 경계 조건, 예를 들어 심장 박동과 같은 조건에 의존한다.

9) Nagel (1974). 더구나 컴퓨터와 같은 지적 존재는, 경험 자체가 없더라도 이러한 엄격한 객관적 의식 이론에 근거하여, 경험의 존재와 속성을 추론하는 것이 가능할 수 있다.

10) 시각적 요소와 후각적 요소가 공동으로 단일 경험을 만들어 낸다. 그러나 나는 시각적 양식(modality)에서 후각적 양식으로 선택적 주의집중을 전환할 수도 있는데, 이 경우 나는 시각 지배적 경험에 이어 후각 지배적 경험을 하게 된다.

11) 배뇨(micturition)라고 불리는 이 충동의 생리학은 Denton (2006)에 의해 탐구되었다. 그의 저서는, 의식의 역사적 기원을, 통증, 갈증, 배고픔, 염분, 배뇨 등등 다른 생명 유지 기능과 관련된 본능적 행동과 마찬가지로, 공기의 절대적 필요성(숨을 쉬지 못하는 것보다 더 긴급하고 강력한 신체 반응이 없다)과 관련된 본능적 행동으로 추적한다.

12) 심리학자 수전 블랙모어(Susan Blackmore, 2011)의 『선과 의식의 기술(Zen and the Art of Consciousness)』은 명상을 통해 마음의 중심을 찾아가는 흥미 진진하고 매력적인 여행기이다. 그는 자신의 존재 자체를 의심하며, "나라고 할 만한 것은 없다", "나는 지속적인 의식적 존재가 아니다", "본다는 것은 뇌에 생생한 정신적 그림이나 영화를 함의하지(entail, 필연적으로 추론되지) 않는다", "어떤 의식의 내용도 없다" 등등의 결론을 내린다. 나는 그가 현상학을 정립하려는 용감한 시도에 존경을 표하지만, 그러한 시도는 성찰의 한계와 그리도 많은 심리철학이 왜 성과를 거두지 못하는지를 생생하게 보여 준다. 진화는 대부분의 뇌 상태에 접근할 마음을 갖춰 주지 못했다. 우리는 의식의 과학으로 나아가는 길을 성찰할 수 없다.

13) Forman (1990a), p. 108. 수도사 아소(Adso)는 움베르토 에코(Umberto

Eco)의 『장미의 이름(The Name of the Rose)』의 종결부에서 에크하르트식 언어(Eckhartian language)를 사용하여 강력한 효과를 준다. "나는 곧, 진정으로 경건한 마음이 회열에 굴복하는, 이 넓은 사막, 완벽하게 평평하고 끝이 없는 사막에 들어갈 것이다. 나는 신성한 그림자 속으로, 침묵과 불가해한 결합 속에 가라앉을 것이며, 이 가라앉음 속에서 모든 평등과 모든 불평등은 사라지고, 그 심연 속에서 내 영혼은 스스로를 잃고, 평등하거나 불평등하거나, 다른 어떤 것도 알지 못할 것이며, 모든 차이도 잊힐 것이다."

14) 16세기 수도원 요가 수행자 Dakpo Tashi Namgyal (2004)에서.

15) 현상적 통합은 공간적, 시간적, 시공간적, 저수준의, 의미론적 등과 같은 다양한 형태로 나타난다(Mudrik, Faivre, & Koch, 2014).

16) 니체(Friedrich Nietzsche)는 『도덕의 계보학(The Genealogy of Morals)』에서 이렇게 썼다. "보는 관점만이 있고, 아는 관점만이 있다." 철학자 Thomas Metzinger (2003)는 (의식 이론의 핵심 개념으로—옮긴이) 내 것임(mineness), 자아(selfhood), 관점(perspectivalness)이라는 세 가지 관련 개념을 구분한다. ("mineness"란 현상적 내용의 특정 형식에 대한 고차원 속성, 즉 소유권 개념이다. "selfhood"란 현상적 표적 속성 또는 시간에 따른 자아에 대한 개념이다. 현상적 자아의 속성은 허구적 자아와 일인칭 관점을 만드는 가장 중요한 역할을 담당한다. "perspectivalness"란 현상 공간 전체의 전역적 및 구조적 속성이다. https://en.wikipedia.org/wiki/Self_model 참조.—옮긴이)

17) 현재 순간의 주관적 특이점(singularity)은, 시간은 단순히 또 다른 차원의 하나로, 과거와 미래는 현재와 마찬가지로 실재한다는 일반상대성이론의 변하지 않는 영원한 4차원 시공간 덩어리 관점과 충돌한다. Penrose (2004)는 현재주의(presentism)와 영원주의(eternalism) 사이의 충돌에 대해 논의한다.

18) 경험이, 이런 은유가 암시하듯이, 지속적으로 진화하는지 여부는 분명치 않다. 2004년 내 저작 12장에서(그리고 VanRullen, Reddy, & Koch, 2010; VanRullen, 2016 참조), 나는 통계적 관점에 대한 심리적 증거를 논의했으며, 그 관점에서 주관적으로 경험하는 각각의 지금 순간은, 마치 줄에 꿴 진주알처럼, 중첩되는 변화의 지각이란 일련의 불연속 **스냅사진**(snapshots) 중 하나이다. 객관적 의미에서, 각각의 순간이 얼마나 오래 지속되는지는 가변적이며, 그 기초 신경생리학에, 예를 들어 그것의 지배적 진동 패턴의 지속시간에 얽매인다. 이것은 사고, 낙상, 또는 기타 생명 위협 사건의 맥락에서, 보고된 장시간 지속 순간을 설명해 준다. "내가 넘어지는 순간, 나는 내 인생이

눈앞에 스쳐 지나가는 것을 보았다", 또는 "그가 총을 들어 나를 조준하는 데 여러 해가 걸렸다"(Noyes & Kletti, 1976; Flaherty, 1999).

19) 이것은 Tononi (2012)의 말, "모든 의식적 경험은 그 자체로 존재하고, 구조화되며, 많은 것 중 하나이고, 하나이며, 제한적이다"를 변형하였다.

2   누가 의식하는가?

1) 다중우주 내의 다른 우주들은 우리가 인과적으로 접근할 수 있는 것이 아니라, 우리의 우주론적 지평선 너머에 존재한다. 그것들은 알려진 물리학의 외삽(extrapolation)이다. 다른 사람의 경험은 내가 관찰할 수는 없지만, 적어도 다른 경험을 유도하기 위해 다양한 방식으로 그들의 마음과 상호작용할 수 있기 때문에, 인과적으로 접근할 수 있다. Dawid (2013)는 끈이론(string theory)의 맥락에서 관찰할 수 없는 대상의 인식적 지위에 대해 논의한다. 관측 불가능한 존재의 또 다른 예로 블랙홀 내부에 가정된 방화벽이 있다(Almheiri et al., 2013).

2) 어떤 사회는 전혀 다른 추론 원리에 의해 작동하는 것처럼 보인다. 『잠들면 안 돼, 거기 뱀이 있어(Don't Sleep, There Are Snakes)』(2008)는 대니얼 에버렛(Daniel Everett)이 아마존 열대우림에 사는 작은 원주민 부족인 피라하(Pirahá) 부족 사이에서 겪은 모험을 이야기한다. 언어학자이자 전직 선교사였던 에버렛은, 언어적 회귀(linguistic recursion)가 없는 것으로 유명한 피라하 부족의 지극히 단순한 문화와 언어의 여러 특징을 **경험의 직접성**(immediacy of experience) 원칙이라는 용어로 설명한다. 피라하 부족은 직접 보고, 듣고, 경험한 것, 또는 사건을 직접 목격한 제3자가 보고한 것만 실제라고 받아들인다. 예수님을 직접 본 사람은 아무도 없기 때문에, 그들은 예수님에 대한 이야기를 모두 무시하였다. 이것은 그들을 기독교로 개종시키려는 시도가 효과 없었던 이유를 설명해 준다. 반면에 그들은 꿈에서 일어나는 일은 상상이 아닌 실제 사건으로 받아들인다. 피라하 부족의 극단적 경험주의는 창조 신화나 허구, 증조부모와 같은 개념이 없다는 점과 양립 가능하다[기대 수명이 짧기 때문에 피라하 부족 중 그러한 피조물(조상)에 대한 직접적 지식을 가진 사람은 거의 없다].

3) Seth(2015)의 주장에 따르면, 과학 방법 자체뿐 아니라 뇌 역시, 불완전하고 잡음이 많은 감각 및 도구 데이터로부터 외부 세계에 관한 사실과 법칙을 추론하

기 위해 가추추론을 이용한다. 마찬가지로 Hohwy (2013)에 따르면, 뇌는 외부 세계와 유력한 행동에 관한 사실을 추론하기 위해 가추추론을 이용한다.

4) 정신물리학, 또는 더 일반적으로 말해서 실험심리학은 19세기 전반 독일의 구스타프 페히너(Gustav Fechner)와 빌헬름 분트(Wilhelm Wundt)에게서 시작되었다. 거의 2세기가 지난 지금까지도, 의식은 많은 신경과학 교과서와 수업에서 여전히 금지되어 있으며, 놀랍게도 뇌의 주인이 되는 느낌에 대해 언급하지 못하고 있다. 시각 현상학을 진지하게 다룬 두 권의 교과서로, Palmer (1999)와 Koch (2004)가 있다. Bachmann et al. (2007)도 참조.

5) 그 피실험집단은 시각적 경험의 시기에 따라 크게 초기 발병 집단과 후기 발병 집단으로 나뉜다(2004년의 내 교과서, 15장; Railo et al., 2011; Pitts et al., 2014, 2018; Dehaene, 2015).

6) 당신의 뇌는, 당신이 같은 이미지를 바라보고 있더라도, 매번 같은 상태가 결코 아니다. 당신 시각중추의 신경세포 내부에 있는 시냅스와 세포소기관은 끊임없이 동요하는 상태에 있으며, 그 정확한 값은 1밀리초마다 끊임없이 요동한다. 따라서 지각에 대한 측정 가능한 전부 또는 전무의 임곗값이 없다는 것이, 그러한 임곗값이 존재하지 않는다는 것을 의미하지 않는다. Sergent and Dehaene (2004); Dehaene (2014) 참조.

7) David Marr's monograph *Vision* (1982).

8) 사용되고 있는 다른 신뢰도 측정도 있다. 한 가지 변형으로, 피험자는 자신의 응답에 대한 확신에 따라, 적은 금액의 돈을 건다. 이러한 프로토콜(protocols)을 적절히 사용하면, 의식의 객관적 측정과 주관적 측정이 서로를 잘 보완해 준다(Sandberg et al., 2010; Dehaene, 2014).

9) Ramsoy and Overgaard (2004), 그리고 Hassin, Uleman, and Bargh (2005)는, 무의식적 촉발 및 다른 형태의 잠재적 지각을 논의한다. 이러한 효과 중 상당수의 통계적 타당성이 의심받는다. 실제로 일부 처음 발견이 재현되지 않거나, 상당히 낮은 재현 효과를 보여 준다(Doyen et al., 2012; Ioannidis, 2017; Schimmack, Heene, & Kesavan, 2017; Biderman & Mudrik, 2017; Harris et al., 2013; Shanks et al., 2013). 그런 실험 결과들은, 긍정적인 발견을 보고하기 위해 편향되는, 치열한 경쟁의 출판 과정을 통해 걸러지는, 작고 통계적으로 힘이 부족한 실험의 희생자들이다. 심리학 분야는 그런 재현의 위기에 눈을 뜨고, 이를 해결하기 위해 노력하는 중이다. 특히 사전등록 실험(preregistered experiments)이 유망하게 부상 중이며, 그런 실험에서는 정확한 실험 방법, 분석 절차, 피험자 및 시연의 수, 거부의 기준 등등을 실험 데이

터를 수집하기 전에 미리 지정한다. 많은 국가에서, 환자의 생명에 직접적인 영향을 미치는 신약 또는 기타 치료적 시연의 임상시험에 대해 그러한 등록을 요구하고 있다.

10) Pekala and Kumar (1986).

11) 현상 의식과 접근 의식의 구분은 철학자 Ned Block (1995, 2007, 2011)에 의해 소개되었다. O'Regan et al. (1999), Kouider et al. (2010), Cohen and Dennett (2011), Cohen et al. (2016)에 따르면, 의식의 정보적 내용은 적다. 우리의 의식적 지각이 7±2개의 정보 덩어리로 서술되거나, 다른 측정을 사용하여 초당 40비트로 설명되는 만큼, 그것의 제한된 용량에 대해서는, Miller (1956)와 Nørretranders (1991)에 의해 지적되었다. Tononi et al. (2016)과 Haun et al. (2017)은, 제한된 단기기억의 병목 현상을 회피하는 혁신적 기법을 사용하여 풍부한 경험적 내용을 포착하는 방법을 제안한다.

12) 무의식에 관한 최선의 경험적 연구로, *The New Unconscious* (Hassin, Uleman, & Bargh, 2005)를 보라.

13) Koch and Crick (2001).

14) Ward and Wegner (2013)는 이 공허한 마음에 관한 문헌을 다룬다. Killingsworth and Gilbert (2010)는 이런 행복과 공허함 사이의 기묘한 관계에 대해 논의한다.

15) 울프의 『존재의 순간들(Moments of Being)』에서.

16) Landsness et al. (2011).

17) 의학적으로 테리 샤이보(Terri Schiavo)의 사례는 논란의 여지가 없었다. 그녀는 고개 돌리기, 눈동자 움직임 등의 짧은 자동화 증상을 보였지만, 재현 가능하거나 일관된 의도적 행동은 보이지 않았다. 그는 뇌파(EEG) 검사에서 아무런 반응을 보여 주지 않았고, 그것은 대뇌피질이 정지된 것을 가리켰다. 그렇다는 것이 부검에서 확인되었다(Cranford, 2005).

18) Koch and Crick (2001) 그리고 Koch (2004), chaps. 12~13.

3 동물 의식

1) 이 심포지엄은 2013년 1월 인도 남부의 드레풍(Drepung) 사원에서 열렸다. 매우 다른 두 전통을 가진 학자들 사이에 벌어진 밀고 당기는 논쟁은, 그것을 소환하는 책 제목, *The Monastery and the Microscope* (Hasenkamp, 2017)에

서 온전히 재현된다.

2) 데카르트는 1638년 플렘피우스(Plempius)에게 보낸 편지에서 이렇게 썼다 (*The Philosophical Writings of Descartes*, ed. and trans. by Cottingham et al., Cambridge University Press, 1985, vol. 3, p. 81). "이것은 완전히 결정적인 실험에 의해 반증되는데, 그 실험은 이전에 여러 번 관찰하고 싶었고, 오늘 이 편지를 쓰는 과정에서 수행했다. 첫째, 나는 살아 있는 토끼의 가슴을 열고, 갈비뼈를 제거하여, 심장과 대동맥의 몸통을 노출시켰다. 그런 다음 대동맥을 심장에서 충분한 거리를 두고 실로 묶었다."

3) 내가 포유류를 우선적으로 고려하는 이유는, 인간의 뇌와 다른 포유류의 뇌가 구조적 및 생리적 유사성이 매우 뛰어나기 때문이다. 이런 유사성은, 파리나 문어와 같이 신경계가 전혀 다른 동물보다 더 쉽게, 포유류의 의식을 추론하게 해 준다.

4) DNA의 단일 뉴클레오티드 다형성(nucleotides polymorphisms, 또는 SNP)으로 판단해 볼 때, 사람과 침팬지의 차이는 1.23%이며, 이것은 무작위로 선택된 두 사람의 SNP 차이가 약 0.1%인 점과 비교해 보면 작지는 않다. 그러나 두 종의 게놈 사이에 약 9000만 개 삽입과 삭제가 있어, 총 4%의 변이가 있다. 이러한 차이는 마지막 공통 조상 이후 500만 년에서 700만 년에 걸쳐 축적되었다(Varki and Altheide, 2005). 포유류가 약 6500만 년 전에 살았던 털북숭이 생명체에서 나왔다는 것에 대해서는 O'Leary et al. (2013)을 참조.

5) 대뇌피질은 쥐의 경우 1400만 개 뉴런으로 구성되어 있고, 인간의 경우 160억 개 뉴런으로 구성되어 있다(Herculano, Mota, & Lent, 2006; Azevedo et al., 2009). 이러한 수천 배 차이에도 불구하고, 피질 뉴런은 두 종의 뇌에서 5분의 1을 차지한다.

6) 나는 앨런뇌과학연구소의 "전체 연구진" 회의에서 이 실험을 진행했는데, 참석한 수백 명 직원들에게 전화 애플릿을 통해 열두 개 피질 뉴런 중 어느 것이 인간의 것이고 어느 것이 쥐의 것인지 투표하도록 요청했다(그림 3.1). 나는 눈금 막대를 제거했다. 인간의 신피질은 두께가 2~3mm인 반면 쥐의 신피질은 1mm 미만으로 얇기 때문에, 그 둘의 전체 길이가 확실한 단서가 될 수 있기 때문이다. 그 연구원들은 무작위로 추측하는 것과 다름없는 결과를 보여 주었다. 이야기의 핵심은 이렇다. 사람들이 이 두 종의 세포를 구분하도록 훈련받을 수 없다는 것이 아니라(물론 훈련받을 수 있다고 확신한다), 두 종의 마지막 공통 조상이 약 6500만 년 전에 살았음에도 불구하고, 뉴런의 형태가 놀랍도록 보존되어 있다는 것이다(O'Leary et al., 2013).

7) 서로 다른 종들의 뇌를 비교하기 위해, 신경해부학자들은, 같은 분류군에 속하는 표준 뇌와 비교되는 뇌 질량의 비율로, 대뇌화 지수(encephalization quotient)를 고안했다. 그 척도에 따르면, 인간의 뇌는 우리와 체중이 같은 전형적인 포유류 뇌보다 7.5배 더 크며, 다른 모든 포유류는 대뇌화 지수가 더 작다. 전전두 피질의 크기가 신체의 크기와 왜 관련되어야 하는지 이유는 설명되지 않았다. 이 척도로만 보면, 인류는 정상의 자리에 있다! 그렇지만 최근 발견에 따르면, 돌고래 일종인 참거두고래(long-finned pilot whales)는 피질 뉴런 370억 개 이상을 가지는 반면, 인간의 피질 뉴런은 160억 개에 불과하다. 이것이 의식은 물론 지능과 어떻게 관련되는지는 아직 밝혀지지 않았다(Mortensen et al., 2014). 이 주제를 11장 마지막에서 다시 다루겠다.

8) 슬픔에 잠긴 동물은 상당히 상세하게 연구되었다(그 예로, King, 2013).

9) 인간과 다른 포유류가 세계를 보는 방식에는 흥미로운 차이점이 많다. 가장 잘 탐구된 것 중 하나는 색깔이다. 거의 모든 포유류는, 색맹인 사람을 포함하여, 두 가지 유형의 파장에 민감한 원추 광수용기(cone photoreceptors)인 **이색형 색각**(dichromacy)을 사용하여 색깔을 지각한다. 유인원과 사람은 세 가지 원추 광수용기, **삼색형 색각**(trichromacy)을 기반으로 더 풍부한 색깔 팔레트에 접근한다. 색 시각의 유전적 특성을 고려할 때, 일부 여성은 네 가지 독특한 광-색소(four distinct photo-pigments)인 **사색형 색각**(tetrachromacy)을 위한 유전자를 가지기도 한다. 이들은 다른 사람들이 보지 못하는 미묘한 색상 구분을 볼 수 있지만, 그들의 뇌가 추가 스펙트럼 정보를 활용하는지는 아직 불분명하다(Jordan et al., 2010).

10) 네안데르탈인(Neanderthals), 데니소바인(Denisovans) 및 기타 멸종한 인간 종(hominins)이 의식적인 경험을 가졌는지 여부가, 평소 이러한 맥락에서 논의되지는 않는다.

11) Macphail (1998, 2000)은, 성인이 2~4세 이전 어린 시절 사건을 명시적으로 기억하지 못하는, 아동기 기억상실증(childhood amnesia)을 자신의 극단적인 억측의 증거로 제시한다. 그에 따르면, 동물과 아기 모두 자아 감각과 언어를 갖지 못하기 때문에, 경험을 갖지 못한다. 생물학과 진화에 대해 극히 무지하고, 언어를 전제하는, 의식에 대해 훨씬 더 급진적인 견해가 줄리언 제인스(Julian Jaynes)에 의해 제안되었다. 그는 때때로 파격적인 과학자였고, 그의 터무니없는 아이디어는 큰 인기를 누렸다(예를 들어, 인기 있는 SF 시리즈 〈웨스트월드〉에서). 제인스는 『의식의 기원(The Origin of Consciousness in the Breakdown of the Bicameral Mind)』(1976)에서 이렇

게 주장한다. 의식은 기원전 2000년 무렵 시작된 학습 과정으로, 그 무렵 사람들은 자신의 머릿속 목소리가 신이 말하는 것이 아니라, 자신의 내면화된 말이라는 것을 알게 되었다. 그런 가정에서라면, 독자는 그 시점까지 지구상의 모든 사람이 좀비였다고 믿어야 한다. 제인스의 산문은 우아하고, 은유가 풍부하며, 흥미로운 고고학적·문학적·심리적 측면으로 가득하지만, 뇌과학이나 검증 가능한 가설은 전혀 없다. 그 중심 논제는 완전히 터무니없다. 반면 Greenwood (2015)는 균형 잡힌 지적 역사를 제공한다.

12) Nichelli (2016)는 의식과 언어에 관한 광범위한 학술 문헌을 요약해 준다.

13) Bolte Taylor (2008). 그의 경험에 대한 해석, 특히 자기-의식과 관련해서 Morin (2009) 및 Mitchell (2009)을 참조. Marks (2017)는 내면의 목소리가 없는 삶에 대한 일인칭 서술도 똑같이 설득력 있게 묘사한다.

14) Lazar et al. (2000), p. 1223.

15) 관련 문헌에 대한 리뷰는 Koch (2004)의 17장, Bogen (1993), Volz and Gazzaniga (2017) 등을 참조. 분리-뇌 환자에 대한 반대 견해는 10장의 주석 3을 참조. 거의 모든 오른손잡이 피험자에서, 우세한 언어 반구는 좌측 반구이다. 왼손잡이의 경우, 상황은 조금 더 복잡하다. 어떤 사람에게는, 언어 기능이 좌측 반구에 남아 있고, 어떤 사람은 우측 반구에 남아 있으며, 어떤 사람은 강하게 측성화(laterality)되어 있지 않다. 단순성을 위해서, 나는 이 책에서 언어 지배적 "말하기" 반구가 좌측 반구라고 가정한다. Bogen and Gordon (1970), Gordon and Bogen (1974)은 노래할 때에 우측 반구가 관여하는 것을 말해 준다.

16) 가장 잘 기록된 야생 아동은, 현대 로스앤젤레스의 소녀 지니(Genie)이다. 그는 10대에 발견될 때까지, 그의 아버지로부터 신체적 구속과 영양실조에 시달리며, 고립되어 지내야 했다. 그의 사례를 읽다 보면, 무력한 어린이에게 행해진 말로 표현할 수 없는 악행에 대해 먹먹해진다(Curtiss, 1977; Rymer, 1994; Newton, 2002).

17) 이런 인상적인 문구는 Rowlands (2009)에서 가져왔다.

4 의식과 나머지 것들

1) Johnson-Laird (1983) 그리고 Minsky (1986). Bengio (2017)는 이런 은유를 심층 전환 그물망(deep convolutional networks)으로 새롭게 소개한다.

2) 이러한 태도는 모건(C. Lloyd Morgan)의 대표작, *An Introduction to Comparative Psychology*(1894)에 나오는 그의 명문장에 가장 잘 요약되어 있다. "어떤 행동이 심리적 척도에서 낮은 단계의 발휘한 결과로 해석될 수 있다면, 어떤 경우에도 우리는 그 행동을 고등의 심리적 재능을 발휘한 결과로 해석하지 말아야 한다." 더 자세한 내용은 *Stanford Encyclopedia of Philosophy*의 "Animal Consciousness"에서 찾아보라.

3) Jackendoff의 저서 *Consciousness and the Computational Mind*(1987), 그리고 Jackendoff (1996), Prinz (2003) 등도 참조.

4) "정신분석학에서 우리는, 정신적 과정 그 자체가 무의식적이라고 주장할 수밖에 없으며, 따라서 의식에 의한 그런 지각을 감각기관에 의한 외부 세계 지각에 비유할 수밖에 없다."(Freud, 1915, p. 171) 또는 "우리에게 새로운 발견처럼 떠오른 것이 있다. 한때 지각되었던 무엇만을 의식할 수 있으며, (느낌과는 별개로) 의식하려는 탐색에서 떠오르는 모든 것들은 반드시 그 자체를 외부 지각으로 변화시켜야만 한다."(Freud, 1923, p. 19) 프로이트는 무의식의 광대한 영역, 즉 우리 감정생활의 많은 부분의 지하자원을 최초로 탐구한 사람 중 하나이다. 만약 당신이 힘든 연애 관계를 겪어 본 적이 있다면, 당신을 빨아들일 듯 위협하는, 사랑과 희망, 슬픔과 열정, 원망과 분노, 두려움과 절망 등의 소용돌이를 직접 대면했을 것이다. 자신의 욕구와 동기의 동굴을 탐험하고, 그것들을 명시적으로 표현하기 어려우며, 따라서 그것들을 어떻게든 이해하기 어렵다. 왜냐하면 그것들은, 의식이 밝은 빛을 비추지 않는, 마음의 어두운 지하실에 맡겨져 있기 때문이다.

5) Crick and Koch (2000); Koch (2004), chap. 18.

6) Hadamard (1945); Schooler, Ohlsson, and Brooks (1993); Schooler and Melcher (1995).

7) Simons and Chabris (1999) 참조. Simons and Levin (1997, 1998)은 이러한 주의력 결핍에 대한 많은 실제 사례를 연구했다. 영화 관객은 일반적으로 가장 명백한 연속성 오류를 제외하고는 모두 알아채지 못한다(Dmytryk, 1984). 부주의 맹시(inattentional blindness)와 변화 맹시(change blindness)는 눈에 보이는 사건이나 사물을 보지 못하는 또 다른 대표 사례로, 지각의 한계를 보여 준다(Rensink et al., 1997; Mack & Rock, 1998; O'Regan et al., 1999).

8) 의식적 관점에서 이미지를 삭제하는 인기 있는 기술은 연속적 짧은-제시 억압(continuous flash suppression)이다(Tsuchiya & Koch, 2005; Han, Alais,

& Blake, 2018). Jiang et al. (2006)은 이 기술을 사용하여 자원자들에게 보이지 않는 남녀 누드 사진을 보여 주었다. 의식 없는 주의집중이, 하향식(top-down) 공간적, 시간적, 특징-기반 및 대상-기반 주의뿐 아니라, 상향식(bottom-up) 주의집중까지 조작한다는 것이, 수많은 실험에서 입증되었다(Giattino, Alam, & Woldorff, 2017; Haynes & Rees, 2005; Hsieh, Colas & Kanwisher, 2011; Wyart & Tallon-Baudry, 2008).

9) Bruner and Potter (1964); Mack and Rock (1998); Fei-Fei et al. (2007). Dehaene et al. (2006)과 Pitts et al. (2018) 등은, 경험을 하려면 선택적 주의집중이 있어야 한다고 주장한다.

10) Braun and Julesz (1998); Li et al. (2002); Fei-Fei et al. (2005); Sasai et al. (2016). 나는 10장에서, 듣는 동안 운전하는 일상적 사례로 돌아갈 것이다.

5   의식과 뇌

1) "뇌에 남겨진 발자취"는 나의 동료 연구자들과 내가 탐색하고 있는 것을 비유하기에 특별히 적절한데, 그 이유는 발자국을 남긴 요원은 보이지 않고, 가추되어야 한다는 것을 암시해 주기 때문이다.

2) Gross (1998)의 첫 장은 고대의 뇌과학에 대한 고전적 연구를 개괄적으로 보여 준다.

3) 아리스토텔레스의 믿음에 따르면, 뇌가 신체와 심장의 적절한 기능을 위해 필수적이지만, 심장에 종속된다고 믿었다(Clarke, 1963). 여기 아리스토텔레스의 인용문은 『동물부분론(Parts of Animals)』, 656a에서 가져왔다. 그는 계속해서 이렇게 말한다. "뇌는 어느 감각에 대한 원인일 수 없다. 마치 그것이 그 자체로 배설물 중 하나처럼 완전히 느낌이 없어 보이기 때문이다. …… 그러나 감각중추를 구성하는 것이 심장의 영역이라는 것은, 감각(Sensation)에 관한 논문에서 이미 명확히 밝혀졌다."

4) Zimmer (2004)는 토머스 윌리스(Thomas Willis)와 내전으로 폐허가 된 17세기 영국을 자세히 설명해 주며, 신경학 창시자의 명성을 밝혀 주었다. 그 해부학 그림들은 아직 유명하지 않은 젊은 건축가 크리스토퍼 렌(Christopher Wren)이 그렸다.

5) '과학'은, 자체의 전문적 풍조 및 방법을 가지며, 유사-과학, 기술, 철학, 종교 등과 구분되는 독특한 활동으로, "과학자"[윌리엄 휴얼(William Whewell)이

1834년 처음 사용]라는 용어와 함께 이 무렵에 쓰이기 시작했다. Harrison (2015)의 두꺼운 설명을 참조.

6) "뉴런(neuron)"이란 단어는 1891년 독일의 조직학자 빌헬름 폰 발다이어-하르츠(Wilhelm von Waldeyer-Hartz)가 뇌의 세포 단위를 나타내기 위해 만들었다. 비록 뉴런이 모든 언론의 주목을 받지만, 뇌세포의 약 절반은 뉴런이 아니라, 신경교세포(glial cells)[성상교세포(astrocytes)와 희돌기아교세포(oligodendrocytes)], 면역세포(immune cells)[미세아교세포(microglia)와 혈관주위 대식세포(perivascular macrophages)], 혈액-혈관-관련 세포[평활근세포(smooth muscle cells), 혈관주위세포(pericytes)와 내피세포(endothelial cells)] 등 다른 세포들이다. 전체적으로, 이것들은 뉴런(신경세포)에 비해 다양성이 떨어진다(Tasic et al., 2018).

7) 나는 여기서 중추신경계(central nervous system)를 지배하는 화학적 시냅스만을 언급한다. 전기 시냅스는 뉴런들 사이에 직접적인 저-저항 경로를 제공한다. 그 시냅스는 성인 피질에서는 덜 일반적이다. 자세한 내용은 나의 생물리학 교과서(Koch, 1999)를 참조.

8) 만약 우리가 일생에 한두 번만 꿈을 꾼다면, 이런 밤의 정신적 여행에 우리가 얼마나 특별한 의미를 부여해야 할지 상상해 보라!

9) 각성상태에서 얕은 수면으로의 전환은 갑작스럽게 발생할 수 있다. 이런 상태에서 안구는 느린 움직임을 보여 주며, 상당히 느려진 단속 운동(saccades)과 구분이 어려우며, 고주파, 저전압 파에서 비-렘수면의 고전압 뾰족한 피크파의 느린 패턴으로 EEG 변화를 보여 준다. 원숭이의 경우, 이러한 눈의 진자 편차, EEG 패턴의 변화 및 (추정되는) 의식의 상실 등의 증상 중 하나는, 1밀리초 미만의 시간에 뇌간에서 "범정지 뉴런(omnipause neurons)" 집단의 격발이 극적이고 갑작스럽게 중단된다는 점이다(Hepp, 2018). 이러한 실험은, 이 시점에서 시스템이 겪고 있는 급격한 위상 전환을 보여 줄 수 있으므로, 후속 조치가 필요하다.

10) 그 기기와 성공적인 현장 시험에 대한 자세한 내용은 Debellemaniere et al. (2018)을 참조. 그 기초과학에 대해서는 Bellesi et al. (2014)을 참조. 이러한 모든 비침습적 뇌-기계 인터페이스의 과제는 눈, 턱, 머리 등의 움직임, 땀흘림, 느슨한 전극 등으로 인해 발생하는 전류로 인해 발생되는 복합적 문제이다. 기계학습(machine learning)이 이런 문제 해결에 도움이 된다는 것을 입증해 준다.

11) 비-렘수면에서 깨어나는 피험자의 최대 70%가 꿈 경험을 보고한다

(Stickgold, Malia, Fosse, Propper, & Hobson, 2001). 반대로, 일관된 소수의 사례에서 피험자들은 렘수면 상태에서 깨어났을 때 꿈 경험을 한 것을 부정한다. 따라서 깨어 있는 상태와 달리 수면은 의식적 경험의 유무와 관련이 있을 수 있다. 또한 꿈에서의 경험은, 순수한 시각과 청각에서부터 순수한 사고에 이르기까지, 또는 단순한 이미지에서 시간적으로 전개되는 내러티브에 이르기까지 다양한 형태를 보여 주는 것처럼 보인다. 요약하자면, 전통적 EEG 특징을 평가함으로써 꿈을 꾸는지 판단하는 것은 쉽지 않다(Nir & Tononi, 2010; Siclari et al., 2017).

12) Schartner et al. (2017)은 자기뇌파검사(MEG) 신호가, 깨어 있을 때보다 케타민(ketamine), LSD, 실로시빈으로 인한 환각 중에 더 다양하다는 사실을, Lempel-Ziv 복잡성 점수(9장 참조)를 사용하여 실제로 밝혀냈다.

13) 크릭의 죽음은 예상했던 것과 예상치 못한 방식으로 나에게 큰 영향을 미쳤다. 나는 인기 있는 모스(Moth) 라디오 프로그램인 〈신, 죽음 그리고 프랜시스 크릭〉과 책의 한 장(Koch, 2017c)에서 이런 이야기를 했다. 크릭의 짧은 모노그램, 『놀라운 가설(The Astonishing Hypothesis)』(1994)은 뇌과학의 큰 질문에 대한 최고의 입문서 중 하나로 남아 있다. Ridley (2006)는 크릭의 개성을 잘 보여 준다. 크릭의 생생한 자서전, 『열광의 탐구(What Mad Pursuit)』(Crick, 1988)도 참조.

14) 크릭과 나는 시각적 앎의 신경상관물을 찾기 위한 경험적 연구 기획을 공식화했다(Crick & Koch, 1990, 1995; Crick, 1994; Koch, 2004). 철학자 데이비드 차머스(David Chalmers)는 NCC를 더욱 엄격한 방식으로 정의한 최초의 인물이다(Chalmers, 2000). 수년에 걸쳐 "의식의 신경상관물"이라는 믿기 어려운 단순한 개념이 해부되고, 정제되고, 확장되고, 변형되고, 무시되어 왔다. 자세한 내용은 Miller (2015)의 훌륭한 편저를 참조하라. 이 책에서 나는 그 조작적 정의를 Koch et al. (2016)에서 가져왔다. Owen (2018)은 토마스 아퀴나스의 인간 존재론과 아리스토텔레스의 인과관계의 형이상학에 근거한 개념 체계 내에서 NCC를 해석한다.

15) 매일 뇌를 연구하는 신경과학자로서, 나는 이원론의 색채를 가진 채, 뉴런을 의식을 일으키는 주체로 보는 태도에 빠지기 쉽다(Polak & Marvan, 2018).

16) 70kg 성인 몸의 30조 개 세포 중 25조 개가 적혈구이다. 1% 미만인 2000억 개 미만의 세포가 뇌를 구성하며, 그중 절반은 뉴런이다. 또한 우리 몸에는 약 38조 개 박테리아 즉 **미생물군**(microbiome)이 서식하고 있다(Sender, Fuchs, & Milo, 2016).

17) Kanwisher, McDermott, & Chun (1997); Kanwisher (2017); Gauthier (2017).

18) Rangarajan et al. (2014), p. 12831.

19) 좌방추 영역을 자극했을 때, 얼굴 왜곡이 나타나지 않거나, 단순한 비-얼굴 지각, 예를 들어 깜빡임 및 반짝임, 파란색과 흰색 공의 움직임, 빛의 번쩍임 등으로 제한되었다(Parvizi et al., 2012; Rangarajan et al., 2014; Schalk et al., 2017 참조). 최근 뇌전증환자를 대상으로 한 연구 두 건에서(Rangarajan & Parvizi, 2016), 전기자극에 대한 좌우 비대칭 반응이 반전되는 것으로 나타났다. 이런 연구들은 만트라(mantra, 영적 또는 물리적 변형을 일으킬 수 있다고 믿어지는 주문— 옮긴이)의 **상관관계가 인과관계가 아님**을 강조한다. 어떤 영역이 어떤 시각, 소리 또는 행동에 반응하여 활성화된다(상관관계)고 해서, 그 영역이 그 시각, 소리 또는 행동에 필수적이라는(인과관계) 것을 함축하지는 않는다.

20) 일부 환자는 피질의 방추형 얼굴 영역 근처에서 뇌졸중을 앓은 후 얼굴 실명을 겪는다(Farah, 1990; Zeki, 1993). 다른 환자들은 어린 시절부터 얼굴 실명을 겪어, 공항에서 배우자를 찾지 못하기도 한다. 그들은 여러 사람과 어울리는 것을 불편해하는데, 이것은 수줍음이나 냉담함 등으로 보일 수 있지만, 그 모두가 아니다. 얼굴 실명 장애를 가진 올리버 색스(Oliver Sacks)는 당황스러운 상황을 피하고 싶어서, 내게 언제나 사람들이 많은 식당보다 자신의 아파트에서 만나자고 했다(Sacks, 2010).

6   의식의 발자취를 따라서

1) Bahney and von Bartheld (2018).

2) Vilensky (2011); Koch (2016b).

3) 이러한 신경핵들(nuclei)(그림 6.1)은 직접 또는 기저 전뇌(basal forebrain)를 한 번 거친 후, 시상하부, 망상핵(reticular nucleus), 시상 내핵, 피질 등으로 투사된다(Parvizi & Damasio, 2001; Scammell, Arrigoni & Lipton, 2016; Saper & Fuller, 2017). 이러한 뇌간핵을 스위치라고 생각해 보라. 한 상황에서는 뇌가 깨어 있고 의식을 유지할 수 있으며, 둘째 상황에서는 뇌의 일부가 활동적인 상태에 있는 동안 그 신체는 잠들어 있다. 셋째 상황에서는 피질 뉴런이 활성 상태와 비활성 상태 사이를 주기적으로 밀려왔다 밀려가는데, 이

것이 깊은 수면의 특징이다.

4) 브라질 노인 4명의 뇌에 있는 860억 개 뉴런 중 690억 개는 소뇌에, 그리고 160억 개는 대뇌피질에 있다(von Bartheld, Bahney, & Herculano-Houzel, 2016; Walloe, Pakkenberg, & Fabricius, 2014 참조). 모든 나머지 구조물인, 시상, 기저핵(basal ganglia), 중뇌, 뇌간 등은 전역 뉴런의 약 1%를 차지한다. 여성의 뇌는, 알 수 없는 이유로, 남성보다 평균 10~15% 적은 수의 뉴런을 가진다.

5) 소뇌 손상은 비운동성 결함을 유발하고, 소뇌인지정서증후군(cerebellar cognitive affective syndrome)으로 알려진 증상을 유발할 수 있다.

6) Yu et al. (2014)은 소뇌 없이 태어난 여성의 뇌를 영상화했다. 소뇌 없이 자란다는 것이 어떤 것인지에 대한 어느 저널리스트의 설명은, 열한 살 미국 소년 이선 데비니(Ethan Deviney)를 추적하여, '팀 이선—소뇌 없는 소년의 가족이 그 장소를 어떻게 채우는지 밝혀내다'라는 제목으로 《이코노미스트》 2018년 크리스마스 판에 게재되었다. 소뇌 발생의 다른 사례에 대해서는, Boyd (2010) 및 Lemon and Edgley (2010)를 참조. Dean et al. (2010)은 소뇌 기능을 적응 필터로 모델링한다.

7) 최근에서야, 쥐의 뇌 전체를 재구성한 결과, 피라미드세포 각각의 개별 축삭이 측면 가지를 통해 멀리 떨어진 여러 영역으로 연결되는, 피라미드세포 축삭의 광대한 범위가 드러났다. 쥐의 뇌는 각 모서리가 10밀리미터인 각설탕에 딱 들어맞는 크기이지만, 개별 축삭돌기의 총 배선 길이는 100밀리미터를 넘어설 정도이며, 극히 가는 실로 이루어진 광범위한 그물망이다(Economo et al., 2016; Wang et al., 2017a; Wang et al., 2017b). 이를 수천 배 더 큰 인간의 뇌로 추정하자면, 개별 피질 축삭의 길이가 최대 1미터에 달하고, 수천 개 곁가지가 있으며, 각각 수십 개 뉴런에 신경을 자극한다는 것을 의미한다.

8) Farah (1990)와 Zeki (1993)에서는 피질 인지불능증(cortical agnosia)을 철저히 다룬다. Gallant et al. (2000)과 von Arx et al. (2010)에는 색깔 지각 상실을 겪은 두 환자에 대해 설명되어 있다. Tononi, Boly, Gosseries, and Laureys (2016)에서는, 의식과 질병인식불능증에 대해 논의한다. 움직임을 보여 주지 못하는 **대뇌운동불능증**(cerebral akinetopsia)(청각 및 촉각에서의 움직임 지각은 영향을 받지 않은)에 대한 설명은 Heywood and Zihl (1999)에서 설명된다. 최고 수준의 문학적 향연을 즐기고 싶다면, 최근 신경학자 올리버 색스의 이 주제에 관한 저서를 추천한다.

9) 질병인식불능증에서, 특정 종류의 경험(여기서는 스펙트럼 색깔)을 매개하는 뇌 영역이 파괴되면, 그로 인해 색깔이 무엇인지에 대한 구체적 지식도 사라진다(추상적인 의미에서는 제외하고, 즉 박쥐가 어떤 느낌을 갖는지 알지 못하면서도 당신은 박쥐가 먹이를 탐지하는 음파탐지기를 가진다는 것을 알고 있다).

10) "hot zone(핫존)"이란 용어는 Koch et al. (2016)에서 소개되었다. 더 오래된 인과적 임상 증거 대부분은, 단순한 상관관계에 불과한 최신 영상 데이터에 밀려, 편의상 잊히고 있다. 이러한 충돌에 대해서는 Boly et al. (2017)과 Odegaard, Knight, and Lau (2017) 등을 참조. 스타니슬라스 데하네(Stanislas Dehaene) 그룹의 실험적 연구, King et al. (2013)은 중증 뇌손상 환자에서 후두 피질의 중요성을 강조한다는 점을 주목하라. 이 논쟁의 많은 주체가 참여하는 지속적인 적대적 협력은, 합의된 사전 등록 프로토콜(protocol)을 사용하여, 이 두 가지 상반된 견해를 해결하려 한다(Ball, 2019).

11) 얼마나 많이 제거할지는 외과의사에게 큰 딜레마이다. 너무 많이 잘라 내면, 환자가 말을 잃게 되거나 눈이 멀거나 마비될 수 있다. 너무 적게 잘라 내면, 종양 조직이 남거나 발작이 계속될 수 있다(Mitchell et al., 2013).

12) 여기에서 전전두 피질(Prefrontal cortex)은 전두과립 피질(frontal granular cortex)──브로드만영역(Brodmann areas) 8-14 및 44-47──과 무과립 전대상 피질(agranular anterior cingulate cortex)로 정의된다(Carlen, 2017). 전전두 피질의 큰 크기는 모든 영장류 중에서도 호모사피엔스를 돋보이게 해 준다(그러나 Passingham, 2002도 참조).

13) 일반적으로, 사고, 지능, 추론, 도덕적 판단 등등과 같은 고등 정신 능력은, 특정 회로와 관련된 언어, 수면, 호흡, 안구운동 또는 반사신경 등과 같은 저-수준의 생리적 기능보다 뇌손상에 더 잘 견딘다. 한 세기에 걸친 신경외과 관행에 근거한 이런 규칙은, 뇌-영상 촬영자들에 의해 종종 무시되곤 한다(Odegaard, Knight, & Lau, 2017). Henri-Bhargava et al. (2018)은 전전두엽 손상의 임상적 평가를 요약해 준다. 색스의 인용은 Sacks (2017)에서 가져왔다.

14) 상징적인 전두엽 환자 조 A. 씨의 사례 병력은 Brickner (1936)의 책에 자세히 기록되어 있다. 19년 후 A. 씨가 사망했을 때, 외과의가 실제로, 브로드만 영역 8-12, 16, 24, 32, 33, 45-47을 제거하고, 환자가 말을 할 수 있도록 6번 영역과 브로카영역을 남겨 둔 것이 부검을 통해 확인되었다(Brickner, 1952). 인용문은 p. 304에서 가져왔다.

15) 환자 K.M. 씨는 (양측 브로드만영역 9-12, 32, 45-47을 포함하는) 뇌전증 수술을 위해, 거의 완전한 양측 전전두엽 절제술을 받았고, 그 후 IQ가 향상 되었다(Hebb & Penfield, 1940).

16) 뇌를 일상적으로 촬영하고, 살아 있는 환자의 백색질과 회색질 구조를 구분할 수 있게 되기 전(당시의 엑스레이 기술로는 불가능했던) 신경학의 수준을 더 잘 이해하려면, 헝가리 작가이자 극작가이며 기자이기도 한 커린티 프리제시(Karinthy Frigyes)의 자서전『내 두개골 여행(A Journey Round My Skull)』(1939)을 추천한다. 그는 자신의 뇌에서 커다란 종양을 제거하기 위해 신경외과수술을 받기까지의 사건 과정을 생생하게 묘사해 준다. 그러는 동안 그의 의식은 온전하였다.

17) Mataro et al. (2001)은 이 환자의 이야기를 들려준다. 또 다른 사례는 양측 전전두엽에 심각한 손상을 입은 젊은 여성이다. 이 여성은 전두엽 검사에서 낮은 점수를 받았지만, 지각 능력을 잃지 않았다(Markowitsch & Kessler, 2000). 놀랍지만 잘 문서화되지 않은 사례로는 유튜브에서 "the man with half a head(머리가 반쪽인 남자)"를 검색해 보라. 카를로스 로드리게스(Carlos Rodriguez)는 27세 무렵 교통사고로 기둥에 머리를 부딪쳐, 개두술(craniotomy)을 받아야 했다. 그는 후속 두개골 치료를 받지 못해, 두개골 윗부분이 없는 상태로 지냈다. 그는 항상 일관되지는 않지만, 유창하게 자신을 표현한다. 그가 의식이 있다는 것은 의심의 여지가 없다.

18) 그러나 메타인지를 위한 앞전전두엽 피질(anterior prefrontal cortex, 브로드만 영역 10)의 필요성에 대한 임상 데이터는 모호하다(Fleming et al., 2014; Lemaitre et al., 2018).

19) 자기 스캐너로 측정한 전두엽과 두정 피질의 혈류역학적 활동(hemodynamic activity)은 의식적 시각과 상관관계가 있으며(Dehaene et al., 2001; Carmel, Lavie, & Rees, 2006; Cignetti et al., 2014) 그리고 접촉 지각과도 상관관계가 있다(Bornhövd et al., 2002; de Lafuente and Romo, 2006; Schubert et al., 2008; Bastuji et al., 2016). 전역 뉴런 작업공간 이론(global neuronal workspace theory)은 지각적 앎의 출현을 가능하게 하는 전두정엽 그물망의 비선형적 점화를 가정한다(Dehaene et al., 2006; Del Cul et al., 2009). 그러나 더욱 정교한 실험에 따르면, 이 영역들은 경험 자체보다는, 주의력 조절, 과제 설정, 판단의 신뢰도 계산 등등과 같은 경험 전/후 과정에 관여한다(Koch et al., 2016; Boly et al., 2017).

20) 이것이 의식에 관한 나의 첫 책(Koch, 2004)의 주제였다. Tononi, Boly,

Gosseries, and Laureys (2016)는 일차적 시각, 청각, 체성감각피질이 내용-특이적 NCC가 아니라는 가설을 지지하는 최근 문헌을 논의한다.

21) 고해상도 뇌-영상 기술은 피질의 앞쪽과 뒤쪽 사이의 구조적 차이를 포착해준다(Rathi et al., 2014). 최근의 구조적 영상 연구에 따르면, 인간의 하두정(inferior parietal) 피질과 후측두(posterior temporal) 피질, 그리고 전두정 피질(precuneus) 영역은, 원숭이(macaque) 뇌의 어떤 영역과도 가장 뚜렷하게 구분되는 것으로 나타났다(Mars et al., 2018). 13장의 마지막 섹션에서 후방피질(posterior cortex)에서 대응도(map)-유사 피질 영역에 대해 설명한다.

22) Selimbeyoglu and Parvizi (2010)는 전기 뇌 자극(EBS)에 관한 임상 문헌을 개괄적으로 소개한다. EBS의 놀라운 공간적 특이성을 포함하는 기초과학에 대해서는 Desmurget et al. (2013)을 참조. Winawer and Parvizi (2016)는 환자 네 명을 대상으로 시각적 포스핀을 일차시각피질의 국소 전기자극과 정량적으로 연결했으며, Rauschecker and colleagues (2011)은 인간의 후하측두 고랑(posterior inferior temporal sulcus, MT+/V5 영역)에서 유도된 동작지각에 대해 유사한 연구를 수행했다. Beauchamp et al. (2013)은 측두정위(temporoparietal) 접합부에서 시각적 포스핀을 유도한다. Rangarajan et al. (2014), p. 12831과 Schalk et al. (2017)은 FFA(방추형 얼굴 영역)에 가까운 EBS에 따른 얼굴 지각에 대해, Desmurget et al. (2009)은 하두정 피질의 자극에 따른 움직이고 싶은 느낌(의도)에 대해 설명한다. 시각장애 지원자를 돕기 위한 피질 EBS의 선구적인 사례는 Schmidt et al. (1996)에서 설명된다.

23) Penfield and Perot (1963)의 연구 논문에서는, 측두엽에 전기자극 또는 환자의 상습적 발작 패턴(가장 흔하게는 측두엽 발작) 중, 경험적 반응에 대한 사례연구 69건을 묘사해 주고 있다. 전기 뇌 자극(EBS) 중인 환자가 자발적으로 묘사한 대표적 두 사례는 이렇다. "마치 댄스홀에 있는 것 같기도, 켄우드 고등학교(Kenwood Highschool)처럼 보이는 체육관에, 그 문 앞에 있는 것 같기도 했어요"(사례 2, p. 614), "누군가 말하는 소리를 들었는데, 엄마가 이모 한 분에게 오늘 밤 오라고 말하는 것을 들었어요"(사례 3, p. 617). 자극을 반복하면 일반적으로 환자에게 동일한 반응이 유도되었다. 중부(middle)(한 환자) 및 하부(inferior)(다른 환자) 전두 이랑에서 복잡한 시각적 환각이 유발되는 EBS의 드문 보고도 있다(Blanke et al., 2000).

24) Fox et al. (2018)의 연구에 따르면, 뇌전증환자의 안와전두피질(orbitofrontal cortex) 앞쪽이 아닌 뒤쪽 부분에 전기 뇌 자극을 가했을 때, 후각, 미각, 체성감각 등의 경험을 유발하는 경우는 약 5분의 1에 불과했다. Popa et al. (2016)

은, 세 명의 환자를 대상으로 배측전전두엽 피질(dorsolateral prefrontal cortex)과 그 기반 백색질에 대한 EBS에서 돌발적 사고(intrusive thoughts)를 일으켰다.

25) Crick and Koch (1995) 그리고 Koch (2014). 담장과 피질 사이의 광범위한 양방향 연결은 Wang et al. (2017a, 2017b)에 의해 정량화되었다. 최근 3부작 논문은 피질 흥분을 억제하는 담장 뉴런의 역할을 명확히 밝혔다(Atlan et al., 2018; Jackson et al., 2018, Narikiyo et al., 2018). 담장 뉴런의 화려한 해부학적 구조는 Wang et al. (2017b)과 Reardon (2017)에 설명되어 있다.

26) 이러한 수치는 쥐의 대뇌피질 조직 1mm³에 대한 것이다(Braitenberg & Schüz, 1998).

27) Takahashi, Oertner, Hegemann, and Larkum (2016)은 쥐 피질의 5층 피라미드 뉴런의 가지돌기 끝에 칼슘-이벤트가 존재한다는 것을, 수염의 작은 굴절을 감지하는 능력과 연관시켰다(Larkum, 2013 또한 참조).

28) 폰 노이만(John von Neumann)의 1932년 양자역학 교과서에서 "경험은 단지 관찰자가 어떤 (주관적인) 지각을 했다는 것만 주장할 뿐, 어떤 물리량이 어떤 값을 가졌다는 것과 같은 무엇을 전혀 주장하지 않는다"라고 한 발언에서 시작됨(Wigner, 1967 참조). 양자 세계와 고전적 세계 사이의 경계를 정의하는 문제를 설명하는 접근 가능한 논문을 Zurek (2002)에서 참조.

29) 펜로즈의 1989년 저서 『황제의 새마음(The Emperor's New Mind)』은 읽는 즐거움이 있다. 그는 후속작인 『마음의 그림자(Shadows of the Mind)』(1994)에서 비평가들의 비판에 답했다. 펜로즈는 또한 불가능도형(impossible figures)과 펜로즈 타일링(Penrose tiling)도 발명했다. 마취과의 사인 스튜어트 해머로프(Stuart Hameroff)는 펜로즈 이론의 양자 중력 뼈대에 생물학적 살을 덧붙였다(Hameroff & Penrose, 2014). 이 이론은 많은 경험적 뒷받침 없이, 세부 사항에 대해 매우 사색적이고 모호한 채로 남아 있다(Tegmark, 2000; Koch & Hepp, 2010). Simon (2018)은 얽힌 스핀과 광자(entangled spins and photons)를 기반으로 더 구체적이고 실험 가능한 가설을 제안한다.

30) 상온에서 해조류의 광합성은 단백질 내의 양자역학적 전자 정합성을 통해 효율성을 높인다(Collini et al., 2010). 또한 새는 청색광에 민감한 단백질의 수명이 긴 스핀 정합성을 이용하여, 지구 자기장을 따라 이동한다는 증거도 있다(Hiscock et al., 2016). 이런 두 효과는 모두 신경 말단(periphery)에서 일어난다. 현재 피질과 같은 더 중심적인 구조물 내의 뉴런 내부 또는 뉴

런 전체에서 양자 얽힘에 대한 신뢰할 수 있는 증거는 없다. 그러한 데이터가 나오지 않는 한, 나는 회의적이다(Koch & Hepp, 2006, 2010). Gratiy et al. (2017)은, 경험과 관련된 시간 규모에서 신경회로 내부 및 신경회로 전반의 전기적 이벤트를 포착하는 맥스웰방정식(Maxwell's equations)의 전기-준-정지 근사(electro-quasi-stationary approximation)에 대해 논의한다.

7   우리에게 의식 이론이 필요한 이유

1)   라이프니츠의 방앗간 논증은 1714년 출간된 간결하면서도 난해한 『모나돌로지(Monadology)』에서 인용했다. 이 인용문은 라이프니츠가 1702년 피에르 벨(Pierre Bayle)에게 보낸 편지에서 발췌한 것이다. Woolhouse and Francks (1997), p. 129 참조.

2)   나는 Chalmers (1996)의 흥미로운 책에서 그의 상상가능성 논증(conceivability arguments)을 추천한다(또한 Kripke, 1980 참조). Shear (1997)가 편집한 책은 차머스의 어려운 문제 형식화가 철학 공동체에 남긴 파장을 다루고 있다.

3)   그 '어려운 문제'는, 특정 유형의 뉴런이 특정 방식으로 격발하는 메커니즘으로부터 경험으로 나아가려 할 때 발생한다. IIT는 경험을 구성하는 메커니즘에 대해 무언가를 추론하기 위한 모든 경험의 다섯 가지 확실한 속성에서 시작함으로써, 그 반대편에 있는 덜 가본 길을 택한다.

4)   수학에서 공리로부터 얻는 **연역추론**(deductions)과 대조적이다.

5)   우리가 우주론의 영원한 팽창 이론을 믿어야 한다면, 10^{500}의 차수에서.

6)   궁극적인 물리학 법칙의 기원을 다룬 책으로는 Chiao et al. (2010)이 있다. 다중우주 설명의 극단적인 변형은, 수학적으로 존재할 수 있는 모든 것이 물리적으로, 언젠가, 어딘가에 반드시 존재한다는 맥스 테그마크(Max Tegmark)의 **수학적 우주**(Mathematical Universe) 가설이다. 궁극적인 질문, "왜 무언가 존재하는가"를 포함하는, 이러한 모든 학습된 사색은 결국 "그것은 온통 거북이다"라는 변형된 답변으로 귀결된다.

7)   나는 IIT 3.0을 설명하는 기초 논문(Oizumi, Albantakis, & Tononi, 2014)의 설명, 예시, 그리고 수치를 면밀히 따른다. Tononi and Koch (2015)는 IIT에 대한 친절한 소개를 제공한다. 통합정보를 계산하기 위한 오픈소스 파이선(Python) 라이브러리이며 최신 참조가 구현된 PyPhi에 대해서는 http://

integratedinformationtheory.org를 참조(Mayner et al., 2018). IIT 3.0이 최종 결정판은 아닐 것이다. 다섯 가지 초월 공리를 다섯 가지 가설로 전환할 때, 예를 들어, 어떤 메트릭을 사용할지 등에 여러 선택이 있을 수 있다. 이러한 선택은 궁극적으로 이론적 근거에 기반해야 한다. *Journal of Consciousness*, vol. 63 (2019)의 특별호와 같이, 성장하는 2차 문헌을 계속 주목할 필요가 있다.

8   완전체에 대해

1) 원인과 결과의 그물망을 분석하는 데, 인과성의 중요한 역할은 생물학, 네트워크 분석 및 인공지능 등의 분야에서 떠오르는 주제이다. 후자는 컴퓨터과학자 Judea Pearl (2000)의 기초 연구에서 많은 영향을 받았다. 나는 그의 매우 이해하기 쉬운 저서, *The Book of Why*(Pearl, 2018)를 적극 추천한다.

2) 내재적 존재의 공리는 데카르트의 인식론적 주장 "나는 의식을 가지므로, 내가 존재한다는 것을 안다"를, "의식은 그 자체로 존재한다"는 보조의 내재적 주장을 더하여, "의식은 존재한다"는 존재론적 주장으로 바꾼다. 설명의 편의를 위해, 나는 이 두 가지를 하나로 압축했다(Grasso, 2019).

3) 이 인용문은 기원전 360년 플라톤의 『소피스트(Sophist)』 247d3에서 발췌한 것으로, 프로젝트 구텐베르크(Project Gutenberg)에서 확인할 수 있다. 존재를 인과적 힘과 동일시하는 것을 엘레아 원리(Eleatic principle)라고 한다. 플라톤의 선언적(disjunctive, "or") 요구사항은 IIT에서 더 강력한 연언적(conjunctive, "and") 요구사항으로 대체된다. 인과적 상호작용은 양방향으로, 즉 문제의 시스템'에(to)', **그리고** '으로부터(from)' 흘러들어 가고 나와야 한다.

4) 설명을 단순화하기 위해, 그림 8.2의 사소한 회로는 결정론적이다. 이 수학적 장치는, 열(thermal) 또는 시냅스 노이즈(noise)로 인한 불확정성(indeterminism)을 설명하기 위해, 확률적 시스템으로 확장될 수 있다. 그 이론(IIT)을 연속적인 동역학적 시스템(예: 뇌의 생물리학과 적절한 전기확산 또는 전기역학으로 설명되는 시스템)으로 확장시키는 것은 사소하지 않은 일이다. 마치 연속적 시스템에서 엔트로피에 대한 분할과 계산이 무한으로 이어지는 것과 같다. 한 가지 유망한 시도를 Esteban et al. (2018)에서 참조.

5) 노드가 n개인 그래프는 여러 가지 방법으로 두 부분, 세 부분, 네 부분 등등으

로 잘라 낼 수 있다. 그 시스템을 개별 원자 단위의 구성 요소로 완전히 쪼개는 분할에 이르기까지, 가능한 분할의 총 개수는 엄청나게 많으며, n번째 벨수(Bell number) B_n으로 지정된다. 이러한 분할 전체에 대한 통합정보 계산에 엄청난 비용이 들며, 그 규모는 지수로 확장된다. B^3=5라면, B^{10}은 이미 11만5975이다. n=302인 예쁜꼬마선충(*C. elegans*)의 신경계 세포 수에 대한 분할의 수는 터무니없이 큰 10^{457}이다(Edlund et al., 2011). 몇 가지 영리한 수학을 활용하면, 이러한 수를 극적으로 줄일 수는 있다. 물론 자연은, 광선이 자체의 활동을 최소화하는 경로를 찾기 위해 가능한 모든 경로를 명시적으로 계산하지 않듯이, 최소의 수를 찾기 위해 이러한 모든 단축을 명시적으로 평가할 필요는 없다.

6) 특히, 방금 설명한 것처럼, 통합정보는 **섀넌 정보**와 매우 다르기 때문에 비트 단위로 측정되지 않는다.

7) 이런 배제 공준은 또한 범심론(panpsychism)의 조합 문제도 해결해 주는데, 이 주제를 14장에서 다시 다룰 것이다.

8) 이러한 극한 원리의 가장 잘 알려진 사례는, 17세기 피에르 드 페르마(Pierre de Fermat)가 광학에서 발견한 것이다. 그의 최단시간 원리에 따르면, 빛은 두 임의 지점 사이를 최단시간의 경로를 따라 이동한다. 이 원리는, 광선이 거울에 반사되고 물과 같은 다른 매체를 통해 굴절되는 과정을 설명해 준다.

9) 완전체(Whole)를 구성하는 요소와, 완전체가 부분의 결합과 어떻게 다른지 등을 엄격하게 정의하는 것이 **부분관계학**(mereology) 분야의 핵심 과제이다. 이 개념은 살아 있는 유기체의 영혼, 형상(form) 또는 본질 등에 대한 아리스토텔레스의 개념에까지 거슬러 올라간다(아리스토텔레스의 *On the Soul*을 보라. *On the Vital Principle*로도 번역됨). 튤립, 벌, 사람 등을 생각해 보자. 이러한 각각의 유기체들은 여러 기관, 구조적 요소, 상호 연결 조직 등으로 구성되어 있다. 그 완전체는 생식(세 요소 모두), 운동(후자의 두 요소), 언어(마지막 한 요소) 등과 같은 속성을 갖지만, 그 부분들에 의해 소유되지는 않는다. 빅데이터에 대한 현대의 강조는 이러한 시스템을 이해한다는 착각을 불러일으키는 동시에, 우리의 깊은 무지를 흐리게 만든다. 이러한 시스템 수준의 속성이 어떻게 생겨나는지를 정의하는 것은 개념적으로 여전히 어려운 과제이다. 궁극적으로, 외재적인 인과적 힘의 최댓값은, 튤립, 벌, 사람 등과 같은 유기체를 정확히 묘사할 수 있고 구분 지어 주지만, 그 내재적인 인과적 힘의 최댓값은 경험에서 본질적이다.

10) 오직 회전에서만 다른 두 가지 형상 또는 별자리는 동일한 경험이다. 수학

자들은, 3차원의 원통형 색조, 색의 채도 및 명도 공간 등과 같은 현상학적 공간의 기하학과, 최대 환원 불가능한 원인-결과 구조 사이의 동형성(isomorphism)에 대해 탐구하기 시작했다(Oizumi, Tsuchiya, & Amari, 2016; Tsuchiya, Taguchi, & Saigo, 2016). 빈 화면의 시각을 구성하는 형상의 기하학적 구조와 그 공간적 범위는, 갈증이나 지루함의 기하학적 구조와 어떻게 다른가?

11) Koch (2012a), p. 130.

12) 인과적 힘의 차이는, 필연적으로, 관련된 물리적 기제의 차이와 평행을 이룬다는 점을 주목해 보자. 다시 말해서, 변화하는 경험은 그 기제의 변화와 연관된다. 이것이 이런 기제의 미시 물리적 구성 요소에 대해서도 참일 필요는 없다. 즉, 뉴런은 그 물리적 기제에 영향을 미치지 않을 하나의 스파이크를 더 많이 또는 덜 격발할 수 있으며, 따라서 경험을 변경하지 않을 것이다. 왜냐하면, 그 미시 물리적 변수와, 의식의 물리적 기제와 관련된 시공간적 세분화 사이의 특별한 대응(mapping)이 있어서이다(Tononi et al., 2016). 더구나, **다중 실현 가능성**(multiple realizability)으로 인해, 서로 다른 물리적 기제가 동일 의식 경험을 실증해 줄 수 있다(Albantakis & Tononi, 2015의 사례 참조). 실제로는 이런 일이 뇌의 심각한 퇴행성으로 일어날 가능성은 아주 낮다.

13) 심리학의 유명한 결속 문제(the binding problem)(Treisman, 1996).

14) 파이선(Python) 패키지 PyPhi는 Mayner et al. (2018)에 설명되어 있으며, 설명서와 함께 사용 가능하도록 공개되어 있다. 그 기본 알고리즘은 노드 수에 따라 기하급수적으로 확장된다. 이것은 안타깝게도 완전히 분석할 수 있는 네트워크의 크기를 제한하기 때문에, 원인-결과 구조를 찾는 데 빠른 근사치를 제공하는 방법론(heuristics)을 지속적으로 검색하는 것이 중요하다.

9 의식을 측정하는 도구

1) Merker (2007).

2) Holsti, Grunau, and Shany (2011).

3) 뇌가 치매 말기에 어떻게 자아 감각(sense of self)을 잃을 수 있는지에 대한 고통스러운 이야기를 Pietrini, Salmon, and Nichelli (2016)에서 살펴볼 수 있다. 나는 웅변적이고 드라마틱한 2014년 영화 〈스틸 앨리스(Still Alice)〉를

추천한다.

4) Chalmers (1998)의 지적에 따르면, 의식 측정기의 구축은 최종적으로 인정받는 의식 이론이 나타날 때까지 기다려야 한다. 그러나 나는 이 입장에 동의하지 않는다.

5) Winslade (1998)은 외상성 뇌손상과, 환자의 생존을 가능하게 하는 의료 생태계에 대한 매우 흥미로운 책이다.

6) Posner et al. (2007)은 의식장애 환자에 대한 고전적인 교과서이다. Giacino et al. (2014)는 최신 정보를 제공한다. 식물상태 환자를 위한 중앙 등록 기관은 없으며, 많은 환자가 호스피스나 요양원으로 보내지거나, 또는 집에서 돌봄을 받는다. 미국 내 식물상태 환자의 수는 1만 5000명에서 4만 명으로 추정된다.

7) 자기 스캐너 안에 있는 동안, 테니스 치는 상상을 하거나 집 안을 걸어 다니는 상상을 해 보라고 요청받은 스물세 명 식물상태(VS) 환자 중 네 명은, 해마(hippocampus)와 보조운동피질(supplementary motor cortex)에서 건강한 지원자들과 동일한 뇌 반응을 보였다. 관련 실험에서는 이러한 뇌 활동의 의도적 변조를 대화를 위한 양방향 생명선으로 활용할 방법으로 모색되고 있다("만약 대답이 '네'라면 테니스를 치는 이미지"; Bardin et al., 2011; Koch, 2017b; Monti et al., 2010; Owen, 2017).

8) 극적인 예외로, 일시적인 척수 매개 라자로 반사(Lazarus reflex)가 있으며, 시체가 팔이나 상체의 일부를 들어 올리는 경우이다(Saposnik et al., 2000).

9) 하버드 의대 교수진으로 구성된 최초의 위원회는 1968년 "**죽음 정의**(Defining Death)"라는 보고서를 발표했다. 40년 후, 또 다른 위원회는 "**죽음 결정에 관한 논쟁**(Controversies in the Determination of Death)"에서 이러한 문제를 다시 검토했다. 그들은 사망에 대한 기존의 임상적 기준, 즉 완전 뇌부전이란 신경학적 기준이나, 심폐기능의 비가역적 중단이라는 심폐 기준 등의 윤리적 적절성을 재확인했다. 2008년 위원회의 위원장을 포함한 몇몇 위원들은, 뇌사란 곧 사망을 의미한다는 결론에 이의를 제기하는 보고서를 제출했다. 실제로, 뇌-사망 환자(법의 관점에서 시신)가 적절한 생명유지 장치의 도움을 받아서, 생존 가능한 아기를 출산하는 경우를 포함하여, 수 개월 또는 수년 동안 살아 있는 모습을 유지한다는 보고가 몇 건 있다(Schiff & Fins, 2016; Shewmon, 1997; Truog & Miller, 2014). *The Undead*(Teresi, 2012)는, 최적의 장기 보존을 위한 살아 있는 신체와 죽은 기증자라는 상충하는 필요에 의해, "심장박동 시신(beating heart cadaver)"이란 기묘한 의학

적 개념을 내놓았다.

10) Bruno et al. (2016)은 LIS에 대한 최신 설명을 제공한다. 놀랍게도, 대다수의 LIS 환자들은 연명치료를 원하며, 자살 충동을 고백하는 환자는 거의 없다. 장 도미니크 보비의 책 『잠수종과 나비』(Bauby, 1997)는 끔찍한 상황에서 쓰인, 묘하게 고무적이며 영감을 주는 책이다. 이 책은 이후 감동적인 영화로 만들어졌다.

11) 닐스 비르바우머(Niels Birbaumer)는, 사건-관련 뇌 전위 및 기타 뇌-기계 인터페이스를 통해, 종종 완전히 마비된 최악의 환자들과 소통하는 데 자신의 이력을 바쳐 왔다. 과학 및 기술에 대한 내용은 Kotchoubey et al. (2003)을, 《뉴요커》에 실린 저널리스트의 이야기는 Parker (2003)를 참조.

12) 마취 상태에서 EEG가 어떻게 변화하는지에 대한 좋은 설명은 Martin, Faulconer, Bickford (1959)의 글에서 참조. "정상에서 변화하는 초기에는 주파수가 초당 20~30사이클로 증가한다. 의식을 잃으면, 이러한 작은 빠른 파동 패턴은 느려짐에 따라, 진폭이 증가하는 큰(50~300마이크로볼트) 느린 파동(초당 1~5주기)으로 대체된다. 이 파동은 형태와 반복 시간이 불규칙해질 수 있으며, 마취 수준이 깊어짐에 따라 이차적으로 더 빠른 파동이 겹쳐질 수 있다. 그다음 진폭이 감소하기 시작하고, 상대적인 피질 비활동성 기간(소위 폭발적 억제)이 나타나다가, 결국 우울증으로 인해 피질 활동이 완전히 상실되고 평평하거나 형태가 없는 기록이 나타날 수 있다."(p. 360)

13) 그 원본 논문은 Crick and Koch (1990)이다. 자세한 내용은 Crick (1994)의 유명한 설명이나 나의 교과서(Koch, 2004)를 참조하라. 크릭과 나는, 의식이 감마 범위의 규칙적인 방전을 통해 뉴런 집단을 동기화시킬 필요가 있으며, 이것은 단일 경험 내에서 다중 자극 특징의 "결합"을 설명해 준다고 주장했다(Engel & Singer, 2001 참조). 고양이 시각피질 내의 자극-특이적 감마-범위 동기화는 주의집중에 의해서(Roelfsema et al., 1997), 그리고 망상형성체(reticular formation)에 의해서(Herculano-Houzel et al., 1999; Munk et al., 1996) 촉진된다. 더구나, 감마 동기화는, 격발률이 변하지 않더라도 양안경쟁(binocular rivalry)하에서 지각적 우위를 반영한다(Fries et al., 1997). 인간의 EEG 및 MEG 연구에서도 장거리 감마 동기화가 시각 의식과 상관관계가 있을 수 있음을 시사해 준다(Melloni et al., 2007; Rodriguez et al., 1999). 크릭-코흐 가설의 후속 운명은 다음 각주에서 논의된다.

14) 이러한 연구의 대부분은 선택적 시각 주의집중과 시각 의식을 혼동했다(4장). 의식적 가시성(conscious visibility)의 효과를 선택적 주의집중의 효과와

적절히 구분할 경우, 높은 감마 동기화는, 피험자가 그 자극을 보았는지 여부와 관계없이, 주의집중과 관련이 있는 반면, 중간-범위 감마 동기화는 가시성과 관련이 있다(Aru et al., 2012; Wyart & Tallon-Baudry, 2008). Hermes et al. (2015)은 인간의 시각피질의 감마 진동이 존재하지만, 오직 특정 유형의 이미지를 볼 때만 존재한다는 것을 입증했다. 이런 연구로 인해, 감마-대역 진동이 시각에 필요하지 않다는 결론에 도달했다(Ray & Maunsell, 2011). 끝으로, 감마 동기화는 마취 중(Imas et al., 2005; Murphy et al., 2011) 또는 발작(Pockett & Holmes, 2009) 초기 비-렘수면에서 지속되거나 심지어 증가될 수 있으며, 무의식적인 감정 자극에도 존재할 수 있다(Luo et al., 2009). 즉, 감마 동기화는 의식 없이도 발생할 수 있다.

15) Kertai, Whitlock, Avidan (2012)은 마취과에서 BIS를 사용할 때의 장단점에 대해 설명한다.

16) P3b는 잘 연구된 의식의 전기생리학적 후보 표지자(標識子)이다. 그것은 50년 전 처음 설명된, 시각 또는 청각 자극에 의해 유발되는 늦은(자극 시작 후 300밀리초 이상), 포지티브, 전두정엽(frontoparietal) 사건-관련 전위이다. 청각적으로 특이한 표준 시험을 사용하여 측정된 P3b는, 전두정엽 영역을 포함하는 분산 그물망을 통해 피질 활동의 비선형 증폭(점화, ignition)을 드러내는 의식의 신호로 제안되었다(Dehaene & Changeux, 2011). 그러나 이러한 해석은 다양한 실험적 발견에 의해 반박되었다(Koch et al., 2016). **시각 인지 부정성**(visual awareness negativity, VAN), 즉 사건-관련 전위 편향은, 자극이 시작된 후 빠르면 100밀리초에 시작하여, 약 200~250밀리초에 최고조에 달하고, 후방 피질에 국한되며, 의식적 지각과 더 많은 상관관계를 가진다(Railo, Koivisto, & Revonsuo, 2011).

17) 그 최초의 연구(Massimini et al., 2005)에서는, 소수의 정상 피험자를 대상으로 조용한 휴식과 깊은 수면을 정확하게 구분했다. 그 후로 토노니, 마시미니와 대규모 임상 연구 팀은, 지원자와 신경과 환자를 대상으로 의식 및 무의식 상태에서 경두개 자기 자극(transcranial magnetic stimulation) 잽-앤-집 절차를 시험했다. 나는 이런 이야기를 《사이언티픽아메리칸(Scientific American)》의 표지 기사로 실었다(Koch, 2017d). 자세한 내용은 최신 논문에서 참조(Massimini & Tononi, 2018).

18) 변화하는 자기장이 도체의 전압을 유도하는 원리인 패러데이전자기유도의 법칙은 발전기(또는 dynamos)와 무선 충전의 핵심이다.

19) http://longbets.org/750 참조. 이러한 기술은 동료의 검토를 거친 공개 문헌

에 게재되어야 하며, 수백 명의 피험자에 근거해야 한다. 그 검사 절차는 임상적으로 모호하지 않은 개별 사례에 대해 검증되어야 하며, 오탐지 비율(의식이 있는 사람을 의식이 없는 사람으로 분류)과 오류-경보 비율(의식이 없는 사람을 의식이 있는 사람으로 분류)이 매우 낮아야 한다. 그런 **장기간 내기**(Long Bet)는 데이비드 차머스와 나 사이에 25년 동안 계속된 NCC의 본질에 대한 내기에서 비롯되었다(Snaprud, 2018). 결국, 기계학습을 사용하여, 의식 상태와 무의식 상태를 구분하는, 순수한 데이터-기반 방법이 승리할 것이다(Alonso et al., 2019).

20) 예를 들어, PCI는 Φ에서 단조롭지 않다. 그 계산에서 원천 엔트로피(source entropy)에 대한 정규화를 고려할 때, 그 원천이 서로 완전히 독립적인 유발 반응에서, PCI는 최대치에 도달하며, 이것은 피질 전체에 걸쳐 통합이 완전히 부족하다는 것을 함축한다. 실제로 PCI는 0.70을 초과하지 않는다.

21) 뇌는 많은 조직 수준을 갖는다. 100만 개 이상의 세포를 포함하는 (자기 스캐너에서 볼 수 있는) 복셀(voxels), 임상 전극 아래의 뉴런 연합, 최신 광학 또는 전기 기록 기술로 접근 가능한 개별 신경세포, 이것들의 접촉점인 시냅스, 시냅스를 구성하는 단백질 등등 다양한 수준이 있다. 현직 신경과학자들 대부분이 직감하는 것은, 그 관련 인과적 행위자가 분리된 신경세포의 집합체라는 것이다. IIT는 직관보다 더 잘 설명한다. IIT에 따르면, NCC의 신경 요소는, 시스템 자체의 내재적 관점에 따라 결정되는 인과관계의 최대치를 지원하는 것들이며, 오직 그것들뿐이다. 이것은 경험적으로 평가될 수 있다(Tononi et al., 2016의 그림 2). 동일한 논리로, NCC와 관련된 시간척도를, 그 내재적 관점에 의해서 결정되는 만큼, 시스템에 가장 큰 차이를 만드는 시간척도로서 지정된다. 이런 시간척도는 경험의 역동성, 즉 몇 분의 1초에서 몇 초 범위 내에, 지각, 이미지, 소리 등등의 상승과 하락 같은 것과 양립할 수 있어야 한다.

10   초월적 마음과 순수한 의식

1) 뇌량 외에도 훨씬 더 작은 섬유 다발, 특히 두 대뇌피질 반구를 연결하는 전교련 및 후교련(anterior and posterior commissures)이 있다. 부분적 또는 완전한 **뇌량 단절 증후군**(callosal disconnection syndrome)은 만성알코올중독(Kohler et al., 2000)이나 외상으로 인한 드문 합병증에서도 나타날 수 있

다—한 일본 사업가가 술에 취한 상태에서 얼음송곳을 머리에 박은 경우처럼. 그는 이마에 송곳 손잡이가 튀어나온 채로 스스로 병원으로 걸어갔다(Abe et al., 1986).

2) 단기 바르비투르산 나트륨 아모바르비탈(short-term barbiturate sodium amobarbital)을 왼쪽 경동맥에 주사하면, 왼쪽 반구가 잠들게 된다. 만약 그 환자가 계속 말을 한다면, 브로카영역은 분명히 우반구에 있다. 와다검사(Wada test)로 알려진 이런 절차는 언어 및 기억 기능의 측성화(lateralization)를 확인하기 위한 귀중한 표준검사로 남아 있으며, fMRI보다 성능이 뛰어나다(Bauer et al., 2014).

3) 최근 분리-뇌 환자 두 명을 대상으로 한 실험에서, 정설에 의문이 제기되었다(Pinto et al., 2017a, b, c; Volz & Gazzaniga, 2017; Volz et al., 2018의 비판적 답변). 분리-뇌 환자에 대한 해석은, 수년 또는 수십 년 전에 발생한 외과적 개입에 따른 뇌의 재조직화와 싸워야 한다. 또 다른 수수께끼 같은 관찰이 있다. 피질 교련이 없이 태어난 사람들, 소위 뇌량의 선천성 부전(agenesis)이라 불리는 사람들은 고전적인 분리-뇌 증후군을 보이지 않는다. 실제로 이들의 좌측 피질과 우측 피질의 활동성은, 직접적인 구조적 연결이 없음에도 불구하고, 함께 높아지고 낮아진다(Paul et al., 2007).

4) Sperry (1974), p. 11. 뇌의 좌측과 우측 반구가 마음의 이중성에 반영된다는 생각은 오래전으로 거슬러 올라간다(Wigan, 1844). 철학자 푸체티(Roland Puccetti, 1973)는, 비지배적인 반구가 자신의 아내를 특별히 엽기적인 방식으로 살해한 환자에 대한 가상의 법정 사례에 대해 썼다. 1987년 스타니스와프 렘(Stanisław Lem)의 풍자적 SF 소설 *Peace on Earth*도 참조.

5) 외과수술로 뇌가 분리된 후 회복기에 접어든 분리-뇌 환자들은 수술 전과 크게 다르지 않다고 주장한다. 이것은 수술 전과 후의 $\Phi^{최댓값}$ 측면에서 설명될 필요가 있다. 이런 환자들은 장기간의 뇌전증으로 인한 해로운 영향을 겪었기 때문에, 그들의 뇌는 정상적이지 않다. 더구나 피험자가 회복 후 몇 주 또는 몇 달 동안 아무런 차이가 없다고 주장한다고 해서, 아무런 차이도 없이 느끼는 것은 아니다. 두 번째 장에서 언급된 종류의 상세한 설문지를 사용하여, 수술 전후의 환자들의 마음을 면밀히 탐색 및 조사할 필요가 있다(오늘날 거의 수행되지 않음).

6) 이와 밀접하게 관련된 현상은 외계인 손 증후군(alien hand syndrome)이다. 고전적인 설명(Feinberg et al., 1992)은, 왼손이 스스로 의지를 가지고 자신의 목을 조르는 환자에 대해 이야기한다. 왼손을 자신의 목에서 떼어 내기 위

해 그는 엄청난 힘을 들여야 했다. 또 다른 사례로, 오른손의 잡기 반응이 두드러진 남성은, 오른손이 끊임없이 움직이며 침대보나 환자 자신의 다리, 성기 등 주변 물체를 더듬고 놓지 않는다. 스탠리 큐브릭(Stanley Kubrick)의 1964년 악몽 코미디 영화 〈닥터 스트레인지러브(Dr. Strangelove, or How I Learned to Stop Worrying and Love the Bomb)〉에서, 닥터 스트레인지러브(피터 셀러스Peter Sellers 연기)의 검은 장갑을 낀 오른손이 갑자기 나치에게 경례를 하려는데 왼손이 개입하여 자신을 제압하려는, 그 장면을 잊을 사람은 아무도 없을 것이다.

7) 《뉴욕타임스매거진(New York Times Magazine)》 기사와, 뇌가 시상 수준에서 연결된 두 소녀, 타티아나와 크리스타 호건(Tatiana and Krista Hogan)의 특별한 영상을 확인해 보라(Dominus, 2011, https://www.cbc.ca/cbcdocspov/episodes/inseparable).

8) 인간 뇌의 단일 뉴런을 제어하는, 드문 실시간 실험이, 당시 칼텍(Caltech)의 내 연구실 대학원생인 모란 서프(Moran Cerf)가 신경외과의사 이츠하크 프리드(Itzhak Fried)와 함께 수행했다(Cerf et al., 2010). 환자들은 자신의 내측 측두엽에 개별 뉴런의 활동성을 관찰하고, 의도적으로 그 활동을(아마도 다른 많은 세포의 활동과 함께) 높이고 낮추도록 조절했다. 최첨단 기록 기술인, 사람의 머리카락보다 가는 단일 **뉴로픽셀** 실리콘 프로브(Neuropixels silicon probe)는 한 번에 뉴런 수백 개를 기록할 수 있다(Jun et al., 2017). 우리가 대뇌피질 뉴런의 100분의 1도 안 되는 뉴런 100만 개를 밀리초 단위의 해상도로 동시에 기록하려면, 아직 몇 년이 더 필요하며, 뉴런을 선택적으로 자극하여 그 격발률을 높이고 낮추도록 조절하는 능력은 훨씬 더 제한적이다.

9) 피질과 대규모 양방향 연결을 지닌 담장은 이런 역할을 위한 명백한 후보이다. 그 **가시 왕관**(crown of thorns) 담장 뉴런은 피질 맨틀(cortical mantle) 전체에 걸쳐 널리 영향력을 넓히는데, 이것이 하나의 지배적인 완전체 형성에 필수적일 수 있다(Reardon, 2017; Wang et al., 2017b).

10) Oizumi, Albantakis, and Tononi (2014)의 그림 16.

11) Mooneyham and Schooler (2013).

12) Sasai et al. (2016)은, 피험자가 자동차를 운전하면서 길 안내 설명을 듣는 등 두 가지 일을 동시에 처리하는 일상적 경험 중에, 두 가지 기능적으로 독립적인 뇌 그물망이 관여한다는 fMRI 증거를 설명해 준다.

13) 정신의학적, 정신분석학적, 인류학적(예: 주술사, 빙의) 문헌에서 보여 주는

풍성한 자료는, 기능적(장애) 뇌 연결성과 직접적인 관련이 있는 통찰력을 얻기 위해 탐색될 수 있었다(Berlin, 2011; Berlin & Koch, 2009). 문화적으로 조명받는 또 다른 해리는 사랑에 빠질 때 발생한다. 그것과 수반되는 현실 왜곡이 아주 갑작스럽게, 그리고 매우 행복하게 경험될 수 있다. 비록 그런 해리가 부적응 행동으로 이어질 수도 있지만, 엄청난 신체적, 창조적 에너지를 방출하기도 한다. 그것 역시 IIT의 렌즈를 통해 이해될 수 있다.

14) 문어의 경우 최대 여덟 개까지 분리된 마음을 가지고 있을 수 있다(Godfrey-Smith, 2016).

15) 나는 대륙 횡단 비행기를 탈 때 이런 순간을 가장 민감하게 관찰한다. 승객 대부분이 가장 먼저 하는 행동은 좌석 모니터를 켜는 일이며, 그들은 비행기가 열 시간 이상 비행하는 동안 목적지에 도착할 때까지 잠깐씩 잠을 자다가도, 연이어 영화를 본다. 그런 중에 그들은 성찰 또는 반성에 대한 어떤 욕구도 갖지 않는다. 그들 대부분은 생각하기를 원하지 않고, 이미지와 소리에 수동적으로 몰입한다. 그렇게 많은 사람들이 왜 마음을 편하게 두지 못하는가?

16) 그 이야기는 이렇게 이어진다. "(이런 알아차림은) 텅 비고 깨끗하게 순수하며, 그 어떤 것에 의해서도 만들어지지 않는다. 그것은 명확함과 공허함의 이중성이 없는, 진실하고 순수한 알아차림이다. 그것은 영구적이지 않으며, 그 무엇에 의해 만들어지지 않는다. 그렇지만 그것은 명료하고 현존하기 때문에, 단순한 허무나 소멸되는 무엇도 아니다." Odier (2005)에 수록된 파드마삼바바의 일곱 번째 노래에서.

17) 각각의 문화는 종교적, 역사적 감수성에 따라, 이러한 신비적 현상을 다른 방식으로 해석한다. 모든 문화권에서 공통적으로 나타나는 것은 내용이 없는 경험이다(Forman, 1990b).

18) 내가 신비적 경험(mystical experiences)이라 부르는 것은, 둘째 부류의 종교적 경험인, 기쁘거나, 축복받는, 또는 황홀한 경험(ecstatic experiences)과는 아주 다르다. 이러한 경험은, 아빌라의 테레사(Teresa of Avila) 수녀의 영적 환상, 현대 오순절 또는 카리스마파 기독교(Pentecostal or charismatic Christianity)에서, 그리고 수피파(Sufism)의 빙글빙글 도는 데르비시(dervish, 금욕파 회교 수도사—옮긴이)에게서 발견되는 황홀한 경험 등과 같은 긍정적 영향 및 감각적 심상과도 관련이 있다(Forman, 1990c). 이런 두 부류는 서로 반대 경험의 극단을 나타내는데, 하나는 어떤 내용도 없는 반면 다른 하나는 그 내용이 압도적이다. 이런 두 가지 공통점은 경험의 내생적 본성과, 그 경험자의 삶에 미치는 장기적인 영향력이다. 이런 경험은 계시적이

며, 유익하다고 보편적으로 보고되고 있다.

19) Lutz et al. (2009, 2015); Ricard, Lutz, and Davidson (2014).

20) 내 딸이 제공한 실망스러운 설명은 내가 수면 중이었다는 것이다. 물론, 그런 설명은 정당한 우려에서 비롯되었고, 그래서 나는 무선 EEG 센서를 착용한 채 다시 물속에 떠다니면서 "깊은 수면 동안의 무의식"과 "깨어 있는 동안의 순수한 경험"을 생리적으로 구분해 보고 싶었다.

21) 여기에 역설이 있다. 이런 상태는 깊은 수면과 다른 느낌이 느껴지는 만큼 어떤 경이로운 측면이 분명 있을 것이다. 따라서 그런 상태는 점근적 한계(asymptotic limit)에서만 내용이 자유로울 수 있다.

22) Sullivan (1995).

23) 비활성 피질의 수학은 Oizumi, Albantakis, and Tononi (2014)의 그림 18에 나오는 장난감 사례로 논의된다. 의식은 적절한 배경 조건에 따라 달라진다. 따라서 IIT의 예측에 따르면, 순수한 의식이 각성된 뇌간(즉, 피험자가 잠들지 않고, 그 피질에 관련 신경 조절 물질이 퍼져 있는 상태)과, 최소한의 활성만 있는 후방 피질 핫존에 해당한다. 이러한 예측은, 장기간 명상 수련자가 고밀도 EEG 캡을 착용하고 호흡에 집중하는 중 내용이 없는 명상과, 내용이 가득한 명상에 들게 함으로써 테스트할 수 있다. 이 두 가지 조건의 EEG 신호를 대조하면, 내용이 없는 명상 중에는 고주파, 감마-대역 활동이 감소하고, 델타-대역 활동은 거의 없다는 것이 드러난다.

24) 다시 말해서, 물리주의는 위반되지 않는다.

11 의식이 기능을 갖는가?

1) Earl (2014)은 학자들이 의식에 귀속시키는 놀랍도록 광범위한 인지기능들을 나열한다.

2) 축구공을 드리블하거나 키보드로 타이핑하는 것은 잘 연습된 시각-운동 기술(visuomotor skills)로, 만약 피험자가 어느 쪽 발로 공을 접촉하고 있는지 또는 어느 손가락으로 특정 키를 누르기 위해 사용해야 하는지 등에 집중하도록 하면, 그것들을 잘하기 어려운 곤란을 겪는다(Beilock et al., 2002; Logan & Crump, 2009).

3) Wan et al. (2011, 2012)은, 일본의 전략 보드게임인 쇼기(Shogi, 일본식 장기)에서, 무의식적 기술의 발달과 그 신경학적 상관관계를 탐색한다. 그 요

약은 Koch (2015)를 참조.

4) 2장의 주석 9를 참조.

5) 다음 세 논문을 참조하라. Albantakis et al. (2014); Edlund et al. (2011); Joshi, Tononi, and Koch (2013). 그 미로는, 한 가지 미로에만 특화된 애니메이트(animats)가 진화하는 것을 방지하기 위해서 무작위로 만들어졌다. 이러한 애니메이트는 1986년 출간된, 나의 박사 공동 지도교수 발렌티노 브레이튼버그(Valentino Braitenberg)의 책, *Vehicles: Experiments in Synthetic Psychology*에 등장하는 **운송수단**(vehicles)을 본떠서 만들었다. 그림 11.1의 작은 원반은 이 애니메이트가 언제 진화했는지를 다양한 음영으로 표시하고 있는데, 초기에 등장한 애니메이트는 밝은 회색으로, 진화가 상당히 늦게 진행된 디지털 유기체는 검은색으로 표시되어 있다.

6) 진화 시뮬레이션을 통해, 나는, 1비트 메모리와 같은 단순한 회로조차 우연한 발견을 위해, 그리고 솔루션 공간의 퇴화를 위해 엄청난 시간 규모가 필요하다는 것을 (매우 많은 수의 서로 다른 회로가 동일한 기능을 실행할 수 있음을) 배웠다.

7) Albantakis et al. (2014).

8) Crick and Koch (1995), p. 121. 또한 Koch (2004), chapter 14.1 참조.

9) 이러한 방식으로 평가된 일반 지능의 차이는, 인생에서의 성공, 사회적 이동성, 업무 성과, 건강 및 수명 등과 관련이 있다. 스웨덴 남성 100만 명을 대상으로 한 연구에서 IQ가 1 표준편차 상승하면, 20년 동안 사망률이 32% 감소하는 것으로 나타났다(Deary, Penke, & Johnson, 2010). 지능의 인지적 측정과 의식 사이의 불일치에 대한 나의 지적은 사회적 상황을 강조하는 지능 측정과 같은, 다른 지능 측정에도 적용된다. 쥐의 지능 측정에 대해서는 Plomin (2001)을 참조.

10) 뇌의 크기, 즉 행동의 복잡성과 지능 사이의 관계에 대한 신경과학의 이해는 초보적인 단계에 머물러 있다(Koch, 2016a; Roth & Dicke, 2005). 근본적으로 크기가 다른 신경계를 지닌 서로 다른 분류군의 동물들이 상충되는 정보에 어떻게 대처할까? 예를 들어, 빨간 불빛이 어떤 상황에서는 먹이를 알리는 신호일 수 있지만, 다른 상황에서는 전기충격을 주는 신호일 수도 있다. 꿀벌의 신경세포 수가 쥐보다 70배나 적음에도 불구하고 동기부여와 감각 시스템의 차이를 고려하면, 꿀벌도 쥐처럼 이러한 우발적 상황에 대처하는 법을 배울 수 있을까? 돌고래의 일종인 참거두고래의 대뇌피질에는 인간의 160억 개에 비해 더 많은, 370억 개 뉴런이 있다(Mortensen et al., 2014).

이런 우아한 수생 포유류 중 몇천 마리밖에 남지 않은 개체들이 정말 인간 보다 더 똑똑할까? 멸종한 네안데르탈인의 두개골 용량은 현대 호모사피엔 스보다 약 10% 더 컸다(Ruff, Trinkaus, & Holliday, 1997). 우리의 고대 사 촌들은 현대인보다 더 똑똑했지만 번식력이 덜하거나 덜 공격적이었을까 (Shipman, 2015)? 종 간 비교를 할 때는 신체 중량, 즉 뇌 중량과, 뇌 영역의 뉴런 수 사이의 등척 관계(allometric relationships)를 구분하는 것이 중요 하다.

11) 이런 광범위한 가설은 특정 연결성 규칙, 예를 들어 대뇌에 대해서는 참이 지만, 소뇌에 대해서는 참이 아닐 가능성이 높다. 흥미로운 수학적 과제는, 단순 처리 유닛으로 구성된 이차원 그물망의 통합정보가 그물망의 크기에 따라 증가하는 조건을 발견하는 것이다. 이러한 평면적(이차원적) 구조물 은, 2억 년 전 포유류와 신피질 조직의 출현과 함께, 진화가 발견한 (성긴 비 국소적 배선으로 보완된) 국소적인 격자형 연결성을 닮았을까(Kaas, 2009; Rowe, Macrini, & Luo, 2011)?

12) 즉, 신경계가 큰 사람, 개, 쥐, 꿀벌 등이 신경계가 작은 사람, 개, 쥐, 꿀벌보 다 더 똑똑하고 더 의식이 높을까? 이러한 생각은 인간을 대상으로 연구할 때 골상학적, 정치적 색채를 띠지만, 데이터는 지능에 대한 이러한 주장을 뒷 받침한다. 피질 조직이 두꺼울수록 피험자의 IQ 점수도 높다는 것이, 웩슬러 성인 지능 척도로 측정되었다(Goriounova et al., 2019; Narr et al., 2006). 그 러나 인간과 같은 종 대부분에서 크기 변화는 크지 않다. 개는 선택적 번식으 로 인해, 치와와부터 알래스칸맬러뮤트, 그레이트데인까지 **개과 동물**(canis domesticus)의 품종에 따라 체격의 범위가 적어도 100배 이상 차이가 난다. 이러한 품종에 걸쳐 서로 다른 뇌 영역의 뉴런 수를 측정하고 이 수치를 표준 화된 행동 테스트의 일부 배터리 성능과 연관시키는 것은 흥미로울 것이다 (Horschler et al., 2019).

13) 야마나카 신야(Shinya Yamanaka)는 재생의학 분야의 주요 발견으로 2012년 노벨생리의학상을 수상했다.

14) 성체 인간 줄기세포를 재프로그래밍하여 뇌 오가노이드(organoids)를 성 장시키는 기술은 빠르게 발전하고 있다(Birey et al., 2017; Di Lullo & Kriegstein, 2017; Quadrato et al., 2017; Sloan et al., 2017; Pasca, 2019). 대 뇌 오가노이드는 윤리적으로 논란의 여지가 있는 낙태-유도 배아 조직의 필 요성을 없애고, 엄격하게 통제된 조건에서 매우 많은 수의 배아를 성장시킬 수 있다. 지금까지 오가노이드에는 미세아교세포와 혈관을 형성하는 세포

를 갖지 못했다(Wimmer et al., 2019 참조). 따라서 오가노이드의 크기는 최대 100만 개 세포를 포함하는 렌틸콩 크기로 제한된다. 오가노이드가 더 크게 성장하려면 내부의 세포에 산소와 영양분을 전달하기 위한 혈관이 필요하다. 이러한 뉴런의 형태적, 전기적 복잡성은 성숙한 뉴런보다 훨씬 적으며, 제한된 시냅스 연결성과 불규칙한 뉴런 활동성은, 그림 5.1과 6장에서 설명한 의식의 특징인 조직화된 활동 패턴과는 다르다. 최근의 획기적인 연구에 따르면, 미숙아의 EEG와 닮은 중첩 진동 및 높은 변동성을 포함하는, 자발적 전기 활동의 에피소드(증상 발현)를 보여 주는, 비교적 조용한 시간이 연장되었다고 보고되었다(Trujillo et al., 2018). 계속 지켜보자.

15) Narahany et al. (2018)은 인간 대뇌 오가노이드 실험의 윤리에 대해 논의한다. 13장에서 나는 대뇌 오가노이드에서 발생할 수 있는 것과 같은 확장된 뉴런 격자는, 고유한 이웃 관계와 거리를 갖는 빈 공간의 현상학과 유사한 것을 경험한다고 주장한다. 또한 나는 피질 카펫이 물리학자 스콧 애런슨(Scott Aaronson)이 IIT에 대해 제기한 흥미로운 반대 의견에 대한 생생한 부인이라고 주장한다.

12 의식과 계산주의

1) "그러므로 나는 사람들이 신화 속에서 어떻게 생각하는지가 아니라, 사람들이 사실을 인식하지 못한 채, 신화가 사람들의 마음속에서 어떻게 작동하는지를 보여 주려고 주장한다."(Levi-Strauss, 1969, p. 12)

2) Leibniz (1951), p. 51.

3) 무엇보다도 젊은 튜링은 적절히 제기된 어떤 문제(본문의 라이프니츠 인용문 참조)에 대해 '참' 또는 '거짓'으로 대답할 수 있는 방법을 찾고자 했던 라이프니츠의 열망, 즉 악명 높은 **결정문제**(Entscheidungsproblem)가 달성 불가능한 목표라는 것을 증명해 냈다.

4) 들어오는 광자 흐름은 눈의 600만 개 원추형 광수용체에 의해 포착되며, 각 광수용체는 신호 대 잡음비 100으로 최대 25Hz까지 변조되어, 초당 약 10억 비트의 정보를 수집한다(Pitkow & Meister, 2014). 이런 데이터의 대부분은 망막 내에서 폐기되므로, 초당 약 1000만 비트의 정보만 안구를 떠나면서, 시신경을 구성하는 100만 개 섬유를 따라 흐른다(Koch et al., 2006). 키보드 및 음성 처리 속도에 대한 최근 추정치는 Ruan et al. (2017)을 참조.

5) 기능주의에 관한 상당한 문헌이 있다. 『스탠퍼드 철학 백과사전(The Stanford Encyclopedia of Philosophy)』(Levin, 2018)의 최근 항목을 참조. Clark (1989)는 미시-기능주의(micro-functionalism)를 소개했다.

6) Hubel (1988).

7) 앨런뇌관측소(Allen Brain Observatory)를 통해(de Vries, Lecoq et al., 2018).

8) Zeng and Sanes (2017)는 뇌세포를 분류학적으로 집합, 하부-집합, 유형 그리고 하부-유형 등으로 분류하는 현대적 관점과, 종을 분류하는 유사점과 차이점을 설명한다. 신경세포 유형은 포유류 종 전체에 걸쳐 신경세포의 유형과 그 회로에 현저한 차이가 거의 없는 망막에서 가장 잘 이해된다(Sanes & Masland, 2015).

9) Arendt et al. (2016)은 세포 유형의 기초가 되는 발달과 진화적 제약을 소개한다.

10) 각 유기체는 생명의 기원까지 거슬러 올라가는, 긴 연쇄적 선조(predecessors)의 결과물이다. 특징들은 진화의 시간 규모에 따라 새로운 방식으로 끊임없이 적응하고 재사용된다. 소리를 전달하는 중이의 작은 뼈인 이소골(ossicles)을 예로 들어 보자. 이소골은 초기 파충류의 턱뼈에서 진화한 것으로, 초기 네발 동물의 아가미로 거슬러 올라갈 수 있다. 진화는 호흡 보조 장치를 수유 보조장치로 바꾸어 보청기로 변모시켰다(Romer & Sturges, 1986). 『내 안의 물고기(Your Inner Fish)』(Shubin, 2008)도 참조. 이 책은 우리 몸의 많은 특징의 진화적 기원을 명쾌하게 설명한다. 마찬가지로 현존하는 많은 세포 유형은 아주 오랜 시간 동안 진화한 잔재일 가능성이 높다. 우리 생활의 지배적인 특징인 쿼티(QWERTY) 키보드의 배열을 생각해 보자. 이것은 19세기 후반 타자기에서 주변 키가 물리적으로 충돌하거나 걸리는 것을 최소화하기 위해 기계적으로 구현된 제약이다. 가상 전자 키보드와는 무관한 이런 키들의 배치는 오랜 역사의 흔적이 고스란히 남아 있다.

뇌의 일부 세포 유형은, 하나의 수정란이 배반포를 거쳐 신생아가 될 배아로 자체 조립될 때, 유기체에 매우 중요할 수 있다. 발달 과정에는 잘 알려지지 않은 독특한 설계 제약이 존재한다. 한 가지 사례로, 망막은 안쪽에서 바깥쪽으로 발달하는데, 이것은 빛을 감지하는 광수용체가 모든 카메라에서처럼 눈의 앞쪽이 아닌 뒤쪽에 위치한 이유를 설명해 준다.

그리고 신진대사의 제약이 있다. 뇌는 영화를 보거나 체스를 두거나 잠을 자는 등 휴식 중일 때 신체가 필요로 하는 전력의 5분의 1(약 20와트)을 소비한다. 한 시간에 중간 크기의 바나나 한 개를 먹으면, 신체와 뇌에 충분한 칼로리 에너지를 공급할 수 있다. 뇌 조직의 신진대사 비용은 신장이나 간 조직에 비해 높다. 진화는 저-전력 연산을 실행할 수 있는 기발한 방법을 고안해야 했고, 계산의 보편성이나 우아함에는 신경 쓰지 않았다.

11) 앨런 호지킨(Alan Hodgkin)과 앤드루 헉슬리(Andrew Huxley)의 1952년 연구는 계산 신경과학의 이정표로 남아 있다. 이들은 트랜지스터-이전(pre-transistor) 기록 장비를 사용하여, 오징어 거대축삭에서 활동전위의 시작과 전파의 기초가 되는 막 전도도의 변화를 추론했다. 연구 팀은 (전압과 시간에 따라 달라지는) 나트륨, 칼륨, 누설 전도도 사이의 상호작용을 정량적으로 재현하는 현상학적 모델을 공식화했다. 이들은 수작업으로 계산기를 돌려, 네 개의 결합된 미분방정식을 풀고, 활동전위의 전파속도에 대한 수치를 도출하는 데 3주가 걸렸는데, 이 수치는 관찰값의 10% 이내였다(Hodgkin, 1976). 1963년 노벨상을 받은 그들의 업적에 경외심을 느낀다. 그들의 미적분학의 수정된 버전은 오늘날 이 분야의 모든 실제 신경 모델링 노력의 핵심으로 남아 있다(Almog & Korngreen, 2016).

12) 헨리 마크람(Henry Markram)의 블루 브레인 프로젝트(Blue Brain Project)는 스위스 정부의 지원을 받는다(Markram, 2006, 2012). 블루 브레인 프로젝트는 쥐의 체성감각피질의 작은 조각을 디지털로 재구성한 초안을 완성했는데(Markram et al., 2015), 이것은 의심할 여지 없이 흥분성 뇌 물질의 가장 완벽한 시뮬레이션이다(자세한 내용은 Koch & Buice, 2015 참조). 최신 시뮬레이션은 https://bluebrain.epfl.ch를 참조. 하드웨어 및 소프트웨어 산업의 현재 추세가 계속된다면, 고성능 컴퓨팅 센터는 2020년대 초반까지 설치류 뇌의 신경 역학을 시뮬레이션할 원시적 계산 및 메모리 기능을 갖추게 될 것이다(Jordan et al., 2018). 쥐의 뉴런보다 수천 배 더 광범위할 뿐만 아니라, 더 많은 시냅스를 가지고 있는 세포 수준의 인간 뇌 시뮬레이션은 현재(2019년) 도달하기에 아직 거리가 멀다.

13) 원칙적으로 모든 컴퓨터시스템이 다른 시스템을 모방할 수 있지만, 실제로는 매우 어렵다. 에뮬레이터는 특수 하드웨어 또는 소프트웨어(예: 마이크로코드, microcode)를 사용하여 호스트컴퓨터시스템에서 **표적**(target)컴퓨터시스템을 모방하도록 명시적으로 설계되었다. 예를 들어, 애플 운영 체제에서 실행되며 윈도우 환경의 모양과 느낌을 모방하는 에뮬레이터(또는 그 반대)나, 최신 PC에서 실행되는 슈퍼 닌텐도(Super Nintendo)와 같은 구형 콘솔게임용(console games) 비디오게임 에뮬레이터가 있다. 중요한 고려 사항은 원래 시스템과 비교한 에뮬레이터의 실행 속도이다.

14) 특히 나의 저서인 Koch and Segev (1998) 및 Koch (1999)와, 포유류 뇌의 전기장에 대한 블루 브레인 프로젝트와 공동으로 수행한 상세한 시뮬레이션을 참조(Reimann et al., 2013).

15) Baars (1988, 2002), Dehaene and Changeux (2011), 그리고 데하네의 탁월한 책(Dehaene, 2014)을 참조. 차폐(masking), 부주의 등을 통해 자극 가시성을 조작하고, 실명을 변화시키려는 실험과, 인간의 fMRI 및 유발 전위, 비인간 영장류의 신경 기록 등에서 경험적 지지를 얻는다(van Vugt et al. 2018).

16) IIT의 관점에서 본, 전역 뉴런 작업공간 이론에 대한 비판은 Tononi et al. (2016)의 부록을 참조. IIT는 주의집중(attention)과 경험의 관계에 대해 어떤 직접적 입장도 취하지 않지만, 전역 뉴런 작업공간 이론은 작업공간에 접근하기 위해서 주의집중이 필요하다고 가정한다. 또한 작업공간의 크기가 작기 때문에 의식의 내용이 제한되는 반면, IIT에서는 이러한 제약이 없다. 인지신경과학의 사회학에서 진행 중인 선구적인 실험인 **적대적 협력**(adversarial collaboration)은, 전역 뉴런 작업공간과 IIT가 서로 다른 NCC에 관한 몇 가지 주요 미해결 과제를 해결하려 한다. 그 협력은 fMRI, MEG, EEG 및 (뇌전증환자에게 이식된) 전극 등을 사용하여, 사전 등록된 일련의 실험에 동의했다(Ball, 2019).

17) Dehaene, Lau, & Kouider (2017), p. 492를 참조. 여기에서 연구자들은 전역 뉴런 작업공간 이론 내에서 기계 의식의 가능성에 대해 논의하면서, "현재의 기계는 여전히 대부분 무의식적 처리를 반영하는 계산을 구현하고 있다"는 결론을 내린다.

13 컴퓨터가 경험을 가질 수 없는 이유

1) "사소한" 피드백을 추가하더라도 이런 결론이 반드시 무효화되지는 않는다 (Oizumi, Albantakis, & Tononi, 2014). 여기에서 다루는 이상적이고 추상적인 피드포워드 시스템은, 물리적 미시 수준에서 상호작용을 고려할 때, 실제 물리적 구성 요소로 구축될 경우에는 $\Phi^{최댓값}$이 0이 아닐 수도 있다(Barrett, 2016).

2) 120밀리초 이내에 뇌가 번쩍이는 이미지에 위협이 있다는 신호를 보내거나, 당신의 손이 쓰러지는 유리잔을 잡으려고 무의식적으로 손을 뻗을 때라면, 피드포워드 그물망이 빠른 시각-운동 동작을 유지할 수 있지만, 의식

적 경험을 갖지는 못한다(그 의식적 경험은 몇 분의 1초 지연되어 나타날 수 있다). 심리학자와 신경과학자 들은 항상 의식을 위해서 피드백이 필요하다는 것을 강조해 왔다. Cauller and Kulics (1991); Crick and Koch (1998); Dehaene and Changeux (2011); Edelman and Tononi (2000); Harth (1993); Koch (2004); Lamme (2003); Lamme and Roelfsema (2000); Super, Spekreijse, and Lamme (2001) 등을 참조. 빅토르 라머(Victor Lamme)의 **재귀적 계산처리** 의식 이론(*recurrent processing theory of consciousness*)은 이러한 요구사항을 명확히 말한다(Lamme, 2006; 2010).

3) 피드포워드 그물망의 내부 계산처리 유닛의 동역학은 재귀적 그물망보다 빠르다. 이런 그물망의 설계에서 핵심 아이디어는 이것이다. 그 재귀적 그물망 요소들을 네 개 연결 노드(nodes)를 관통하는 각 요소들 상태로 펼친다. 네 시간-단계(time-steps)보다 긴 입력 시퀀스에 대한 기능적 동등성은 증명될 수 없다(Oizumi, Albantakis, & Tononi, 2014의 그림 21 참조).

4) 유한 수의 뉴런을 포함하는 단일 중간(**은닉**, hidden) 층을 지닌 피드포워드 그물망은 몇 가지 온건한 가정하에서 어느 측정 가능한 함수이든 근접할(흥내 낼) 수 있다(Cybenko, 1989; Hornik, Stinchcombe, & White, 1989). 실제로 수백만 개 선별된 사례로부터 학습해야 한다는 점을 고려할 때, 피드포워드 그물망은 심층적이다. 즉, 많은 은닉 층을 가진다. 컴퓨터비전의 시각적 이미지와 상상력에 대한 자세한 내용은 Eslami et al. (2018)을 참조.

5) Findlay et al. (2019).

6) 당신은 이것을 직접 실행하거나 Findlay et al. (2019)의 부록에서 그 실행을 참조할 수 있다. 그 계산기가 (PQR) 그물망의 한 시도-단계(time-step)를 시뮬레이션하려면 여덟 번 업데이트해야 한다. 즉, 클록 여덟 번 반복 후, 그 계산기는 초기 상태 (100)에서 다음 상태 (001)로의 (PQR) 전환을 시뮬레이션했다. 또 다른 여덟 번 반복 후, 그 시뮬레이션은 (PQR)가 상태 (110)에 있을 것으로 올바르게 예측한다.

7) 그 전체 분석은, 그 컴퓨터가 (PQR) 회로의 한 전환을 시뮬레이션하는 데 필요한 여덟 단계 중 나머지 일곱 단계에 대해 반복되어야 한다. 그렇지만, 그 결과는 동일하다. 그 시스템은 결코 하나의 완전체로 존재하지 않으며, 작은 완전체 아홉 개로 분해된다(Findlay et al., 2019).

8) 이 회로는 유명한 계산 규칙 110을 구현한다(Cook, 2004).

9) 이것은 귀납적으로 입증될 수 있다. 물론 이 설계 원리는, 우주에 존재하는 원자보다 훨씬 더 많은 20억 개 게이트가 필요하기 때문에, 인간의 뇌를 시

뮬레이션하는 실질적 방법이 아니지만, 그 원리는 여전히 유효하다.

10) Marshall, Albantakis, and Tononi (2016).

11) Findlay et al. (2019).

12) 철학자 존 설(John Searle)은 그의 중국어 방 논증(Chinese room argument) 에서 비슷한 반기능적, 반계산적 정서를 표현했다[Searle, 1980, 1997; Searle, 1992의 '워드스타Wordstar'(마이크로컴퓨터용 워드프로세서 애플리케이 션—옮긴이) 토론 참조]. 그는 또한 뇌의 인과적 힘이 의식을 발생시킨다고 주장했지만, 이것이 무엇을 의미하는지 구체화하지 않았다. IIT는 설의 직관 과 완전히 양립할 뿐만 아니라, 그의 개념을 정확하게 만들어 준다. 나의 이 전 책에 대한 리뷰에서, 설은 IIT가 정보의 외재적 사용으로 추정된다는 이 유에서 IIT를 공격한다(새넌의 정보 이론에 대해서도 마찬가지이다; Searle, 2013a, b 및 우리의 답변, Koch & Tononi, 2013 참조). 설과 나, 그리고 토노 니의 만남에서 이 기괴한 오해를 해소하지 못했다. 이해한다는 것이 무엇을 의미하는지에 대한 개념으로 명성을 얻은 철학자로부터 나온 이런 결과는 아이러니하다. Fallon (2019b)은 설과 IIT의 친화성에 대해 상당히 상세히 논의하면서, 설주의자들은 IIT의 인과적 힘의 중심적 역할을 기뻐해야 하며, "IIT는 설의 설명에서 잠재적으로 치명적인 공백을 메워 준다"고 결론지었 다.

13) 그 회소 연결 매트릭스는 10^{11} 곱하기 10^{11} 항목을 가질 것이지만, 그 항목들 대부분은 0이다.

14) Friedmann et al. (2017).

15) 부동 소수점 유닛(floating point units, FPUs), 그래픽 처리 유닛(graphics processing units, GPUs), 텐서 처리 유닛(tensor processing units, TPUs) 등은 그 내재적인 인과적 힘을 파악하기 위해 동일한 방식으로 분석되어야 한다.

16) 튜링은 자신의 모방 게임(Turing, 1950)을 의식 테스트용으로 의도한 것이 아니라, 지능 테스트용으로 의도하였다.

17) Seung (2012). 모든 현대 스캐닝 기술은 파괴적이다. 즉, 당신의 뇌는 당신 뇌의 커넥톰을 얻는 과정에서 뇌가 죽을 수 있다.

18) 애런슨의 블로그 'Shtetl-Optimized', https://www.scottaaronson.com/blog/?p=1823 참조. 여기에 토노니의 자세한 답변과 다른 많은 사람들의 답 변도 있다. 흥미로운 읽을거리이다.

19) 수학자들은 신경 그물망의 맥락에서 확장자 그래프를 처음 연구했는데,

그 그물망 내에 뉴런 꼭짓점(vertices)은, 그 축삭돌기 및 가지돌기(edges)와 마찬가지로, 모두 물리적 공간을 차지하므로 임의로 밀집시킬 수 없다(Barzdin, 1993).

20) 단순한 세포 오토마타(cellular automata, 세포 자동차, 자동계산기) 또는 논리게이트의 일차원 및 이차원 그리드에 대한 통합정보를 계산하는 일은 쉬운 일이 아니다(한 사례로, Albantakis & Tononi, 2015의 그림 7 참조). 근사치는 평면 그리드의 경우 Φ최댓값이 $O(x^n)$으로 확장됨을 나타낸다. 여기서 x는 세포 오토마타가 구현한 기본 논리게이트 또는 규칙의 세부 사항에 따라 달라지고 n은 그리드 요소에 있는 게이트의 수이다.

21) 그 콜모고로프 복잡도(Kolmogorov complexity)는 매우 낮다.

22) 인간의 일차시각피질의 위상적 본성에 대한 우아한 논증은, 특정 해부학적 위치에서 조직의 전기자극을, 포스핀으로 불리는 유도 광섬광의 지각된 위치에 정렬한다(Winawer & Parvizi, 2016). 방대한 뇌 영상 문헌에 대한 참고 자료는 Dougherty et al. (2003) 또는 신경과학 교과서를 참조.

14 의식이 모든 곳에 있는가?

1) 그런 한계에서, 의식의 궁극적인 심판자는 경험하는 개인이다.

2) 그림 14.1은 데이비드 힐리스(David Hillis)의 유명한 **생명의 나무**(tree of life)를 예술적으로 표현한 것이다(Sadava et al., 2011의 부록 A를 느슨하게 기반하여). 원핵생물 계통(prokaryotic lineages)은 점선으로 표시되었다. 다세포생물을 포함하는 네 가지 진핵생물 그룹(eukaryote groups; 갈조류 brown algae, 식물, 곰팡이, 동물)은 실선으로 표시되었다. 별표는 포유류 잎에서 단일 종이라고 강력히 믿어지는 한 종의 위치를 표시한다. 이 그림은 수평적 유전자 이동(횡유전)을 무시한 것으로 종 간의 관계를 지나치게 단순화했다는 점에 유의하라.

3) 한 가지 주의할 점은 모든 신경 구조물이 의식과 관련하여 똑같이 특권적이지는 않다는 점이다. 나는 6장에서 소뇌의 부분적 또는 완전한 손실이 환자의 의식을 크게 변화시키지 않는다는 임상적 증거에 대해 논의했다. 따라서 피질이 없는 종의 경우 뇌의 배선이 피질에 더 가까운지 소뇌에 더 가까운지 조사가 필요하다. 꿀벌의 뇌의 경우 그 해부학적 복잡성이 재귀적 피질과 매우 닮았다.

4) Barron and Klein (2016)은 곤충과 포유류의 신경해부학적 유사성을 근거로 곤충의 의식을 주장한다. 꿀벌은 기억하고 있는 정교한 단서를 사용하여 미로를 통과하도록 훈련받을 수 있으며(Giurfa et al., 2001), 선택적 시각적 주의집중을 할 수도 있다(Nityananda, 2016). Loukola et al. (2017)은 꿀벌의 사회적 학습을 설명한다. 비-포유류의 인지, 의사소통, 의식 등에 관한 문헌은 방대하다. 내가 추천하는 세 권의 학식 있고 자비로운 고전은 Dawkins (1998), Griffin (2001), Seeley (2000) 등이다. Feinberg and Mallatt (2016)은 5억 2500만 년 전 캄브리아기 폭발 이후 의식의 기원에 대한 장편소설에 가까운 설명을 제공한다.

5) Darwin (1881/1985), p. 3.

6) 독일 산림 관리인이 쓴 *The Hidden Life of Trees* (Wohlleben, 2016)를 참조. 또한 식물의 복잡한 화학적 감각과 연상학습 능력에 관한 문헌은 Chamovitz (2012), Gagliano (2017), Gagliano et al. (2016)을 참조.

7) 에른스트 헤켈(Ernst Haeckel)의 생물심리학(biopsychism)으로 거슬러 올라가는 일부 생물학자들과 철학자들은 생명과 마음이 동시에 존재하며, 공통의 조직 원리를 공유한다고 주장한다(Thompson, 2007).

8) 8장에서 설명한 것처럼, 고려되는 기제(substrate, 예를 들어 뇌)에 대한 통합정보 전체의, 0이 아닌 최댓값을 지닌 무엇이든 완전체이다. 다시 말해서, 더 많은 통합정보를 지닌다고 고려되는 기제의 어떤 상위집합 또는 하위집합은 없다. 물론 다른 사람의 뇌와 같이 더 많은 통합정보를 지닌, 겹치지 않는 다른 완전체가 있을 수는 있다.

9) Jennings (1906), p. 336.

10) 이 수치를 Milo and Phillips (2016)에서 가져왔다. 단세포 유기체의 가장 상세한 세포-사이클 모델은 525개 유전자를 지닌 인간 병원체 **마이코플라스마 제니탈리움**(Mycoplasma genitalium)에 대한 Karr et al. (2012)의 모델이다. 그렇지만 그것은 여전히 대부분의 단백질 간 상호작용을 빠뜨리고 있다. 외부 세계에 대한 학습된 규칙성을 시냅스 연결에 통합하는 뇌와 달리, 단백질은 세포 내 수성 환경에서 확산되며, 동일한 연결 특이성을 갖지 않을 가능성이 높다. 나는 다양한 유기체에서 밀집된 상호작용의 전체 수를 추정했으며, 모든 상호작용을 분석할 수 없다는 계산적 주장을 했다(Koch, 2012b).

11) 기본 입자의 통합정보를 올바르게 계산하려면, 양자 버전의 IIT가 필요하다 (Tegmark, 2015; Zanardi, Tomka, & Venuti, 2018).

12) 나는 다음을 잘 인식하고 있다. 지난 40년 동안 이론물리학은, 초대칭이론이

나 끈이론(supersymmetry or string theory)과 같은 우아한 이론이 우리가 살고 있는 실제 우주를 설명해 줄 어떤 새롭고 경험적으로 시험 가능한 증거도 제시하지 않았다는 충분한 증거를 제공했다(Hassenfelder, 2018).

13) Chalmers (1996, 2015), Nagel (1979), Strawson (1994, 2018) 등은 범심론에 대한 현대 철학적 견해를 밝히며, 물리학자 Tegmark (2015)는 물질의 상태로서의 의식에 대해 이야기한다. Skrbina (2017)는 범심론 사상에 대한 읽기 쉬운 지적 역사를 제공한다. 또한 Teilhard de Chardin (1959)을 강력히 추천한다. IIT와 범심론의 유사점과 차이점에 대한 자세한 내용은 Fallon (2019b), Mørch (2018), Tononi & Koch (2015)를 참조.

14) Schrödinger (1958), p. 153.

15) 이원론의 일부 변형은 물리주의가 정신적인 것을 적절히 설명하지 못함에 따라 다시금 관심을 받고 있다(Owen, 2018).

16) James (1890), p. 160.

17) 존 설의 인용문은 IIT에 관한 나의 이전 저서에 대한 비평(Searle, 2013a)에서 인용했다(13장의 주석 12 참조). 조합 문제의 현대적 형식화에 대해서는 Goff (2006)를 참조. Fallon (2019b)은 IIT가 조합 문제를 어떻게 해결하고 설의 중국어 방 논증을 다루는지에 대해 자세히 설명한다.

18) 엄밀히 말하면 나의 완전체는 나의 몸 전체도 아니고 뇌 전체도 아니며, 오직 **내재적인** 인과적 힘을 극대화하는 후방 피질 핫존에 있는 의식의 물리적 기제이다. 뇌를 포함한 내 몸은 죽음과 함께 분해되는 **외재적인** 원인-결과 힘의 최댓값이라고 볼 수 있다.

19) 영역별 수면의 구조물에 대해서 Koch (2016c)와 Vyazovskiy et al. (2011)을 참조.

20) List (2016)는 집단 행위자, 특히 기업의 의식에 대해 논의한다. 그는 그것이 기업으로서 무언가를 느끼지 않는다고 결론 내린다.

21) 이러한 확장을 **비환원적 물리주의**(nonreductive physicalism)라고 부르기도 한다(Rowlatt, 2018).

22) 실제로 IIT는 철학자들이 러셀주의 또는 중립적 일원론이라고 부르는 것과 많은 특징을 공유한다(Grasso, 2019; Mørch, 2018; Russell, 1927).

결론 — 이것이 왜 중요한가?

1) 여기에는 수천 년에 걸친 철학적, 종교적, 도덕적, 윤리적, 과학적, 법적, 정치적 관점이 관련된다. 나의 기여는 IIT의 관점에서 몇 가지 주목할 만한 관찰을 한 것이다. 나는 Niikawa (2018)에서 도움을 받았다.

2) 인간-기계 사이보그는, 권한을 부여받은 개인과 사회 전체가 해결해야 할 위험과 기회와 관련된 윤리적 문제를 떠안는다.

3) 여기에서 까다로운 문제는 다음과 같다. 예술 작품이나, 산이나 자연공원 같은 생태계 전체와 같은 비의식적 시스템의 도덕적 지위를 어떻게 판단할 것인가? 비록 이러한 시스템이 내재적인 인과적 힘을 갖지 않지만, 보호할 가치의 속성을 지닌다.

4) Braithwaite (2010)는 물고기의 고통에 대한 증거를 꼼꼼하게 문서화했다. 연간 어획되는 물고기 수에 대한 최신 추정치는 http://fishcount.org.uk에서 확인할 수 있다. 매년 수백억 마리 소, 돼지, 양, 닭, 오리, 칠면조가 끔찍한 환경에서 사육되고 있으며, 인간의 끊임없는 육식 욕구를 충족시키기 위해 도살되고 있다.

5) 컴퓨터는 마치 신경을 쓰는 것처럼 행동하도록 프로그래밍할 수 있다. 고객 서비스 지옥에서 시간을 소비하며, 한 음성시스템에서 다른 음성시스템으로 옮겨 다니며 우리를 대기 상태로 만들어야 하는 것에 대해 큰 슬픔을 표현하지 않을 사람이 있을까? 이런 종류의 가짜 공감은 초지능 기계의 탄생에 수반되는 실존적 위험을 해결하지 못한다(Bostrom, 2014).

6) 두 가지 추가적인 곤란을 고려할 필요가 있다. 첫째, 통합정보로 측정한 개별 인간 또는 동물의 의식과 일부 집단 측정치(성인 집단의 평균 또는 중앙의 $\phi^{최댓값}$)의 차이이다. 또한 모든 비교는 개인의 현재 의식뿐만 아니라 미래의 잠재력도 고려해야 한다. 예를 들어, 수정 직후 발달 초기 단계의, $\phi^{최댓값}$이 낮은 배반포는 종국에 $\phi^{최댓값}$이 훨씬 더 큰 의식을 지닌 성체로 성장할 것이다.

7) 나는 싱어의 『동물 해방(Animal Liberation)』(1975)과 그의 『삶과 죽음에 대한 재고(Rethinking Life and Death)』(1994)를 적극 추천한다.

Abe, T., Nakamura, N., Sugishita, M., Kato, Y., & Iwata, M. (1986). Partial disconnection syndrome following penetrating stab wound of the brain. *European Neurology, 25*, 233–239.

Albantakis, L., Hintze, A., Koch, C., Adami, C., & Tononi, G. (2014). Evolution of integrated causal structures in animats exposed to environments of increasing complexity. *PLOS Computational Biology, 10*, e1003966.

Albantakis, L., & Tononi, G. (2015). The intrinsic cause-effect power of discrete dynamical systems—from elementary cellular automata to adapting animats. *Entropy, 17*, 5472–5502.

Almheiri, A., Marolf, D., Polchinski, J., & Sully, J. (2013). Black holes: Complementarity or firewalls? *Journal of High Energy Physics, 2*, 62.

Almog, M., & Korngreen, A. (2016). Is realistic neuronal modeling realistic? *Journal of Neurophysiology, 116*, 2180–2209.

Alonso, L. M., Solovey, G., Yanagawa, T., Proekt, A., Cecchi, G. A., & Magnasco, M. O. (2019). Single-trial classification of awareness state during anesthesia by measuring critical dynamics of global brain activity. *Scientific Reports, 9*, 4927.

Arendt, D., Musser, J. M., Baker, C. V. H., Bergman, A., Cepko, C., Erwin, D. H., Pavlicev, M., Schlosser, G., Widder, S., Laubichler, M. D., & Wagner, G. P. (2016). The origin and evolution of cell types. *Nature Reviews Genetics, 17*, 744–757.

Aru, J., Axmacher, N., Do Lam, A. T., Fell, J., Elger, C. E., Singer, W., & Melloni, L. (2012). Local category-specific gamma band responses in the visual cortex do not reflect conscious perception. *Journal of Neuroscience, 32*, 14909–14914.

Atlan, G., Terem, A., Peretz-Rivlin, N., Sehrawat, K., Gonzales, B. J., Pozner, G., Tasaka, G. I., Goll, Y., Refaeli, R., Zviran, O., & Lim, B. K. (2018). The claustrum supports resilience to distraction. *Current Biology, 28*, 2752–2762.

Azevedo, F., Carvalho, L., Grinberg, L., Farfel, J. M., Ferretti, R., Leite, R., Filho, W. J., Lent, R., & Herculano-Houzel, S. (2009). Equal numbers of neuronal and non-neuronal cells make the human brain an isometrically scaled-up primate brain. *Journal of Comparative Neurology, 513*, 532–541.

Baars, B. J. (1988). *A Cognitive Theory of Consciousness*. Cambridge: Cambridge University Press.

Baars, B. J. (2002). The conscious access hypothesis: Origins and recent evidence. *Trends in Cognitive Sciences, 6*, 47–52.

Bachmann, T., Breitmeyer, B., & Ögmen, H. (2007). *Experimental Phenomena of Consciousness*. New York: Oxford University Press.

Bahney, J., & von Bartheld, C. S. (2018). The cellular composition and glia-neuron ratio in the spinal cord of a human and a nonhuman primate: Comparison with other species and brain regions. *Anatomical Record, 301*, 697–710.

Ball, P. (2019). Neuroscience readies for a showdown over consciousness ideas. *Quanta Magazine*, March 6.

Bardin, J. C., Fins, J. J., Katz, D. I., Hersh, J., Heier, L. A., Tabelow, K., Dyke, J. P., Ballon, D. J., Schiff, N. D., & Voss, H. U. (2011). Dissociations between behavioral and functional magnetic resonance imaging-based evaluations of cognitive function after brain injury. *Brain, 134*, 769–782.

Barrett, A. B. (2016). A comment on Tononi & Koch (2015): Consciousness: Here, there and everywhere? *Philosophical Transactions of the Royal Society B: Biological Sciences, 371*, 20140198.

Barron, A. B., & Klein, C. (2016). What insects can tell us about the origins of consciousness. *Proceedings of the National Academy of Sciences, 113*, 4900–4908.

Barzdin, Y. M. (1993). On the realization of networks in three-dimensional space. In A. N. Shiryayev (Ed.), *Selected Works of A. N. Kolmogorov*. Mathematics and Its Applications (Soviet Series), Vol. 27. Dordrecht: Springer.

Bastuji, H., Frot, M., Perchet, C., Magnin, M., & Garcia-Larrea, L. (2016). Pain networks from the inside: Spatiotemporal analysis of brain responses leading from nociception to conscious perception. *Human Brain Mapping, 37*, 4301–4315.

Bauby, J.-D. (1997). *The Diving Bell and the Butterfly: A Memoir of Life in Death*. New York: Alfred A. Knopf. (장 도미니크 보비 지음, 양영란 옮김, 『잠수종과 나비』, 동문선, 2015.)

Bauer, P. R., Reitsma, J. B., Houweling, B. M., Ferrier, C. H., & Ramsey, N. F. (2014). Can fMRI safely replace the Wada test for preoperative assessment of language lateralization? A meta-analysis and systematic review. *Journal of Neurology, Neurosurgery, and Psychiatry, 85*, 581–588.

Bauman, Z. (2000). *Liquid Modernity*. Cambridge: Polity. (지그문트 바우만 지음, 이일수 옮김, 『액체현대』, 필로소픽, 2022.)

Beauchamp, M. S., Sun, P., Baum, S. H., Tolias, A. S., & Yoshor, D. (2013). Electrocorticography links human temporoparietal junction to visual perception. *Nature Neuroscience, 15*, 957–959.

Beilock, S. L., Carr, T. H., MacMahon, C., & Starkes, J. L. (2002). When paying attention becomes counterproductive: Impact of divided versus skill-focused attention on novice and experienced performance of sensorimotor skills. *Journal of Experimental Psychology: Applied, 8*, 6–16.

Bellesi, M., Riedner, B. A., Garcia-Molina, G. N., Cirelli, C., & Tononi, G. (2014). Enhancement of sleep slow waves: underlying mechanisms and practical consequences. *Frontiers in Systems Neuroscience, 8*, 208–218.

Bengio, Y. (2017). The consciousness prior. *arXiv*, 1709.08568v1.

Berlin, H. A. (2011). The neural basis of the dynamic unconscious. *Neuro-psychoanalysis, 13*, 5–31.

Berlin, H. A., & Koch, C. (2009). Neuroscience meets psychoanalysis. *Scientific American Mind*, April, 16–19.

Biderman, N., & Mudrik, L. (2017). Evidence for implicit—but not unconscious—processing of object-scene relations. *Psychological Science, 29*, 266–277.

Birey, F., Andersen, J., Makinson, C. D., Islam, S., Wei, W., Huber, N., Fan, H. C., Metzler, K. R. C., Panagiotakos, G., Thom, N., & O'Rourke, N. A. (2017). Assembly of functionally integrated human forebrain spheroids. *Nature, 545*, 54–59.

Blackmore, S. (2011). *Zen and the Art of Consciousness*. London: One World Publications. (수전 블랙모어 지음, 김성훈 옮김, 『선과 의식의 기술: 의식에 관한 선의 10가지 질문』, 바다출판사, 2015.)

Blanke, O., Landis, T., & Seeck, M. (2000). Electrical cortical stimulation of the human prefrontal cortex evokes complex visual hallucinations. *Epilepsy & Behavior, 1*, 356–361.

Block, N. (1995). On a confusion about a function of consciousness. *Behavioral and Brain Sciences, 18*, 227–287.

Block, N. (2007). Consciousness, accessibility, and the mesh between psychology and neuroscience. *Behavioral and Brain Sciences, 30*, 481–548.

Block, N. (2011). Perceptual consciousness overflows cognitive access. *Trends in Cognitive Sciences, 15*, 567–575.

Bogen, J. E. (1993). The callosal syndromes. In K. M. Heilman & E. Valenstein (Eds.), *Clinical Neurosychology* (3rd ed., pp. 337–407). New York: Oxford University Press.

Bogen, J. E., & Gordon, H. W. (1970). Musical tests for functional lateralization with intracarotid amobarbital. *Nature, 230*, 524–525.

Bostrom, N. (2014). *Superintelligence: Paths, Dangers, Strategies*. Oxford: Oxford University Press. (닉 보스트롬 지음, 조성진 옮김, 『슈퍼 인텔리전스: 경로, 위험, 전략』, 까치, 2017.)

Boyd, C. A. (2010). Cerebellar agenesis revisited. *Brain, 133*, 941–944.

Bolte Taylor, J. (2008). *My Stroke of Insight: A Brain Scientist's Personal Journey*. New York: Viking. (질 볼트 테일러 지음, 장호연 옮김, 『나는 내가 죽었다고 생각했습니다: 뇌과학자의 뇌가 멈춘 날』, 월북, 2019.)

Boly, M., Massimini, M., Tsuchiya, N., Postle, B. R., Koch, C., & Tononi, G. (2017). Are the neural correlates of consciousness in the front or in the back of the cerebral cortex? Clinical and neuroimaging evidence. *Journal of Neuroscience, 37,* 9603–9613.

Bornhövd, K., Quante, M., Glauche, V., Bromm, B., Weiller, C., & Büchel, C. (2002). Painful stimuli evoke different stimulus-response functions in the amygdala, prefrontal, insula and somatosensory cortex: A single-trial fMRI study. *Brain, 125,* 1326–1336.

Braitenberg, V., & Schüz, A. (1998). *Cortex: Statistics and Geometry of Neuronal Connectivity* (2nd ed.). Berlin: Springer.

Braithwaite, V. (2010). *Do Fish Feel Pain?* Oxford: Oxford University Press.

Braun, J., & Julesz, B. (1998). Withdrawing attention at little or no cost: Detection and discrimination tasks. *Perception & Psychophysics, 60,* 1–23.

Brickner, R. M. (1936). *The Intellectual Functions of the Frontal Lobes.* New York: MacMillan.

Brickner, R. M. (1952). Brain of Patient A. after bilateral frontal lobectomy: Status of frontal-lobe problem. *AMA Archives of Neurology and Psychiatry, 68,* 293–313.

Bruner, J. C., & Potter, M. C. (1964). Interference in visual recognition. *Science, 114,* 424–425.

Bruno, M.-A., Nizzi, M.-C., Laureys, S., & Gosseries, O. (2016). Consciousness in the locked-in syndrome. In Laureys, S., Gosseries, O., & Tononi, G. (Eds.), *The Neurology of Consciousness* (2nd ed., pp. 187–202). Amsterdam: Elsevier.

Button, K. S., Ioannidis, J. P. A., Mokrysz, C., Nosek, B. A., Flint, J., Robinson, E. S., & Munafo, M. R. (2013). Power failure: Why small sample size undermines the reliability of neuroscience. *Nature Reviews Neuroscience, 14,* 365–376.

Buzsaki, G., Anastassiou, C. A., & Koch, C. (2012). The origin of extracellular fields and currents—EEG, ECoG, LFP and spikes. *Nature Reviews Neuroscience, 13,* 407–420.

Carlen, M. (2017). What constitutes the prefrontal cortex? *Science, 358,* 478–482.

Carmel, D., Lavie, N., & Rees, G. (2006). Conscious awareness of flicker in humans involves frontal and parietal cortex. *Current Biology, 16,* 907–911.

Casali, A., Gosseries, O., Rosanova, M., Boly, M., Sarasso, S., Casali, K. R., Casarotto, S., Bruno, M. A., Laureys, S., Tononi, G., & Massimini, M. (2013). A theoretically based index of consciousness independent of sensory processing and behavior. *Science Translational Medicine, 5,* 1–11.

Casarotto, S., Comanducci, A., Rosanova, M., Sarasso, S., Fecchio, M., Napolitani, M., et al. (2016). Stratification of unresponsive patients by an independently validated index of brain complexity. *Annals of Neurology, 80,* 718–729.

Casti, J. L., & DePauli, W. (2000). *Gödel: A Life of Logic.* New York: Basic Books. (존 L. 캐스티, 베르너 드파울리 지음, 박정일 옮김, 『괴델』, 몸과마음, 2002.)

Cauller, L. J., & Kulics, A. T. (1991). The neural basis of the behaviorally relevant N1 component of the somatosensory-evoked potential in SI cortex of awake monkeys:

Evidence that backward cortical projections signal conscious touch sensation. *Experimental Brain Research, 84,* 607–619.

Cerf, M., Thiruvengadam, N., Mormann, F., Kraskov, A., Quian Quiroga, R., Koch, C., & Fried, I. (2010). On-line, voluntary control of human temporal lobe neurons. *Nature, 467,* 1104–1108.

Chalmers, D. J. (1996). *The Conscious Mind: In Search of a Fundamental Theory.* New York: Oxford University Press.

Chalmers, D. J. (1998). On the search for the neural correlate of consciousness. In S. Hameroff, A. Kaszniak, & A. Scott (Eds.), *Toward a Science of Consciousness II: The Second Tucson Discussions and Debates.* Cambridge, MA: MIT Press.

Chalmers, D. J. (2000). What is a neural correlate of consciousness? In T. Metzinger (Ed.), *Neural Correlates of Consciousness: Empirical and Conceptual Questions* (pp. 17–39). Cambridge, MA: MIT Press.

Chalmers, D. J. (2015) Panpsychism and panprotopsychism. In T. Alter & Y. Nagasawa (Eds.), *Consciousness in the Physical World: Perspectives on Russellian Monism* (pp. 246–276). New York: Oxford University Press.

Chamovitz, D. (2012). *What a Plant Knows: A Field Guide to the Sense.* New York: Scientific American/Farrar, Straus and Giroux. (대니얼 샤모비츠 지음, 이지윤 옮김, 『식물은 알고 있다』, 다른, 2013. / 권예리 옮김, 『은밀하고 위대한 식물의 감각법: 식물은 어떻게 세상을 느끼고 기억할까?』, 다른, 2019.)

Chiao, R. Y., Cohen, M. L., Leggett, A. J., Phillips, W. D., & Harper Jr., C. L. (Eds.). (2010). *Visions of Discovery: New Light on Physics, Cosmology and Consciousness.* Cambridge: Cambridge University Press.

Churchland, Patricia (1983). Consciousness: The transmutation of a concept. *Pacific Philosophical Quarterly, 64,* 80–95.

Churchland, Patricia (1986). *Neurophilosophy—Toward a Unified Science of the Mind/Brain.* Cambridge, MA: MIT Press. (패트리샤 처칠랜드 지음, 박제윤 옮김, 『뇌과학과 철학: 마음-뇌 통합과학을 향하여』, 철학과현실사, 2006.)

Churchland, Paul (1984). *Matter and Consciousness: A Contemporary Introduction to the Philosophy of Mind.* Cambridge, MA: MIT Press. (폴 처칠랜드 지음, 석봉래 옮김, 『물질과 의식: 현대심리철학입문』, 서광사, 1992.)

Cignetti, F., Vaugoyeau, M., Nazarian, B., Roth, M., Anton, J. L., & Assaiante, C. (2014). Boosted activation of right inferior frontoparietal network: A basis for illusory movement awareness. *Human Brain Mapping, 35,* 5166–5178.

Clark, A. (1989). *Microcognition: Philosophy, Cognitive Science, and Parallel Distributed Processing.* Cambridge, MA: MIT Press.

Clarke, A. (1962). *Profiles of the Future: An Inquiry into the Limits of the Possible.* New York:

Bantam Books.

Clarke, A. (1963). Aristotelian concepts of the form and function of the brain. *Bulletin of the History of Medicine, 37,* 1–14.

Cohen, M. A., & Dennett, D. C. (2011). Consciousness cannot be separated from function. *Trends in Cognitive Sciences, 15,* 358–364.

Cohen, M. A., Dennett, D. C., & Kanwisher, N. (2016). What is the bandwidth of perceptual experience? *Trends in Cognitive Sciences, 20,* 324–335.

Collini, E., Wong, C. Y., Wilk, K. E., Curmi, P. M. G., Brumer, P., & Schoes, G. D. (2010). Coherently wired light-harvesting in photosynthetic marine algae at ambient temperature. *Nature, 463,* 644–647.

Comolatti, R., Pigorini, A., Casarotto, S., Fecchio, M., Faria, G., Sarasso, S., Rosanova, M., Gosseries, O., Boly, M., Bodart, O., Ledou, D., Brichant, J. F., Nobili, L., Laureys, S., Tononi, G., Massimini, M., & Casali, A. G. (2018). A fast and general method to empirically estimate the complexity of distributed causal interactions in the brain. *bioRxiv.* doi:10.1101/445882.

Cook, M. (2004). Universality in elementary cellular automata. *Complex Systems, 15,* 1–40.

Cottingham, J. (1978). A brute to the brutes—Descartes' treatment of animals. *Philosophy, 53,* 551–559.

Cranford, R. (2005). Facts, lies, and videotapes: The permanent vegetative state and the sad case of Terri Schiavo. *Journal of Law, Medicine & Ethics, 33,* 363–371.

Crick, F. C. (1988). *What Mad Pursuit.* New York: Basic Books. (프랜시스 크릭 지음, 권태익, 조태주 옮김, 『열광의 탐구』, 김영사, 2011.)

Crick, F. C. (1994). *The Astonishing Hypothesis.* New York: Charles Scribner's Sons. (프랜시스 크릭 지음, 김동광 옮김, 『놀라운 가설: 영혼에 관한 과학적 탐구』, 궁리, 2015.)

Crick, F. C., & Koch, C. (1990). Towards a neurobiological theory of consciousness. *Seminars in Neuroscience, 2,* 263–275.

Crick, F. C., & Koch, C. (1995). Are we aware of neural activity in primary visual cortex? *Nature, 375,* 121–123.

Crick, F. C., & Koch, C. (1998). Consciousness and neuroscience. *Cerebral Cortex, 8,* 97–107.

Crick, F. C., & Koch, C. (2000). The unconscious homunculus. With commentaries by multiple authors. *Neuro-Psychoanalysis, 2,* 3–59.

Crick, F. C., & Koch, C. (2005). What is the function of the claustrum? *Philosophical Transactions of the Royal Society of London B: Biological Sciences, 360,* 1271–1279.

Curtiss, S. (1977). *Genie: A Psycholinguistic Study of a Modern-Day "Wild Child."* Perspectives in Neurolinguistics and Psycholinguistics. Boston: Academic Press.

Cybenko, G. (1989). Approximations by superpositions of sigmoidal functions. *Mathematics of Control, Signals, and Systems, 2, 303–314.

Dakpo Tashi Namgyal (2004). *Clarifying the Natural State*. Hong Kong: Rangjung Yeshe Publications.

Darwin, C. (1881/1985). *The Formation of Vegetable Mould, through the Action of Worms with Observation of their Habits*. Chicago: University of Chicago Press. (찰스 다윈 지음, 최훈근 옮김, 『지렁이의 활동과 분변토의 형성』, 지만지, 2014.)

Dawid, R. (2013). *String Theory and the Scientific Method*. Cambridge: Cambridge University Press.

Dawkins, M. S. (1998). *Through Our Eyes Only—The Search for Animal Consciousness*. Oxford: Oxford University Press.

Dean, P., Porrill, J., Ekerot, C. F., & Jörntell, H. (2010). The cerebellar microcircuit as an adaptive filter: Experimental and computational evidence. *Nature Reviews Neuroscience, 11*, 30–43.

Deary, I. J., Penke, L., & Johnson, W. (2010). The neuroscience of human intelligence differences. *Nature Reviews Neuroscience, 11*, 201–211.

Debellemaniere, E., Chambon, S., Pinaud, C., Thorey, V., Dehaene, D., Léger, D., Mounir, C., Arnal, P. J., & Galtier, M. N. (2018). Performance of an ambulatory dry-EEG device for auditory closed-loop stimulation of sleep slow oscillations in the home environment. *Frontiers in Human Neuroscience, 12*, 88.

Dehaene, S. (2014). *Consciousness and the Brain: Deciphering How the Brain Codes Our Thoughts*. New York: Viking. (스타니슬라스 데하네 지음, 박인용 옮김, 『뇌의식의 탄생: 생각이 어떻게 코드화되는가?』, 한언출판사, 2017.)

Dehaene, S., & Changeux, J.-P. (2011). Experimental and theoretical approaches to conscious processing. *Neuron, 70*, 200–227.

Dehaene, S., Changeux, J.-P., Naccache, L., Sackur, J., & Sergent, C. (2006). Conscious, preconscious, and subliminal processing: A testable taxonomy. *Trends in Cognitive Sciences, 10*, 204–211.

Dehaene, S., Lau, H., & Kouider, S. (2017). What is consciousness, and could machines have it? *Science, 358*, 486–492.

Dehaene, S., Naccache, L., Cohen, L., Le Bihan, D., Mangin, J.-F., Poline, J.-B., et al. (2001). Cerebral mechanisms of word masking and unconscious repetition priming. *Nature Neuroscience, 4*, 752–758.

de Lafuente, V., & Romo, R. (2006). Neural correlate of subjective sensory experience gradually builds up across cortical areas. *Proceedings of the National Academy of Sciences, 103*, 14266–14271.

Del Cul, A., Dehaene, S., Reyes, P., Bravo, E., & Slachevsky, A. (2009). Causal role of prefrontal cortex in the threshold for access to consciousness. *Brain, 132*, 2531–2540.

Dement, W. C., & Vaughan, C. (1999). *The Promise of Sleep*. New York: Dell. (윌리엄 C. 디멘트 지음, 김태 옮김, 『수면의 약속』, 넥서스BOOKS, 2007.)

Dennett, D. C. (1991). *Consciousness Explained*. Boston: Little, Brown. (대니얼 데닛 지음, 유자화 옮김, 『의식의 수수께끼를 풀다』, 옥당, 2013.)

Dennett, D. C. (2017). *From Bacteria to Bach and Back: The Evolution of Minds*. New York: W. W. Norton. (대니얼 데닛 지음, 신광복 옮김, 『박테리아에서 바흐까지, 그리고 다시 박테리아로: 무생물에서 마음의 출현까지』, 바다출판사, 2022.)

Denton, D. (2006). *The Primordial Emotions: The Dawning of Consciousness*. Oxford: Oxford University Press.

Desmurget, M., Reilly, K. T., Richard, N., Szathmari, A., Mottolese, C., & Sirigu, A. (2009). Movement intention after parietal cortex stimulation in humans. *Science, 324*, 811–813.

Desmurget, M., Song, Z., Mottolese, C., & Sirigu, A. (2013). Re-establishing the merits of electrical brain stimulation. *Trends in Cognitive Sciences, 17*, 442–449.

de Vries, S. E., Lecoq, J., Buice, M. A., Groblewski, P. A., Ocker, G. K., Oliver, M. et al. (2018). A large-scale, standardized physiological survey reveals higher order coding throughout the mouse visual cortex. *bioRxiv*, 359513.

Di Lullo, E., & Kriegstein, A. R. (2017). The use of brain organoids to investigate neural development and disease. *Nature Reviews Neuroscience, 1*, 573–583.

Dominus, S. (2011). Could conjoined twins share a mind? *New York Times Magazine*, May 25.

Dougherty, R. F., Koch, V. M., Brewer, A. A., Fischer, B., Modersitzki, J., & Wandell, B. A. (2003). Visual field representations and locations of visual areas V1/2/3 in human visual cortex. *Journal of Vision, 3*, 586–598.

Doyen, S., Klein, P., Lichon, C.-L., & Cleeremans, A. (2012). Behavioral priming: It's all in the mind, but whose mind? *PLOS One, 7*. doi:10.1371/journal.pone.0029081.

Drews, F. A., Pasupathi, M., & Strayer, D. L. (2008). Passenger and cell phone conversations in simulated driving. *Journal of Experimental Psychology Applied, 14*, 392–400.

Earl, B. (2014). The biological function of consciousness. *Frontiers in Psychology, 5*, 697.

Economo, M. N., Clack, N. G., Lavis, L. D., Gerfen, C. R., Svoboda, K., Myers, E. W., & Chandrashekar, J. (2016). A platform for brain-wide imaging and reconstruction of individual neurons. *eLife, 5*, 10566.

Edelman, G. M., & Tononi, G. (2000). *A Universe of Consciousness*. New York: Basic Books. (제럴드 M. 에델만, 줄리오 토노니 지음, 장현우 옮김, 『뇌의식의 우주: 물질은 어떻게 상상이 되었나』, 한언출판사, 2020.)

Edlund, J. A., Chaumont, N., Hintze, A., Koch, C., Tononi, G., & Adami, C. (2011). Integrated information increases with fitness in the evolution of animats. *PLOS Computational Biology, 7*, e1002236.

Engel, A. K., & Singer, W. (2001). Temporal binding and the neural correlates of sensory awareness. *Trends in Cognitive Sciences, 5*, 16–25.

Eslami, S. M. A., Rezende, D. J., Desse, F., Viola, F., Morcos, A. S., Garnelo, M., et al. (2018). Neural representation and rendering. *Science, 360*, 1204–1210.

Esteban, F. J., Galadi, J., Langa, J. A., Portillo, J. R., & Soler-Toscano, F. (2018). Informational structures: A dynamical system approach for integrated information. *PLOS Computational Biology, 14*. doi:10.1371/journal.pcbi.1006154.

Everett, D. L. (2008). *Don't Sleep, There Are Snakes—Life and Language in the Amazonian Jungle.* New York: Vintage. (다니엘 에버렛 지음, 윤영삼 옮김, 『잠들면 안돼, 거기 뱀이 있어』, 꾸리에, 2010.)

Fallon, F. (2019a). Dennett on consciousness: Realism without the hysterics. *Topoi*, in press. doi:10.1007/s11245-017-9502-8.

Fallon, F. (2019b). Integrated information theory, Searle, and the arbitrariness question. *Review of Philosophy and Psychology*, in press.

Farah, M. J. (1990). *Visual Agnosia.* Cambridge, MA: MIT Press.

Fei-Fei, L., Iyer, A., Koch, C., & Perona, P. (2007). What do we perceive in a glance of a real-world scene? *Journal of Vision, 7*, 1–29.

Fei-Fei, L., VanRullen, R., Koch, C., & Perona, P. (2005). Why does natural scene categorization require little attention? Exploring attentional requirements for natural and synthetic stimuli. *Visual Cognition, 12*, 893–924.

Feinberg, T. E., & Mallatt, J. M. (2016). *The Ancient Origins of Consciousness.* Cambridge, MA: MIT Press.

Feinberg, T. E., Schindler, R. J., Flanagan, N. G., & Haber, L. D. (1992). Two alien hand syndromes. *Neurology, 42*, 19–24.

Findlay, G., Marshall, W., Albantakis, L., Mayner, W., Koch, C., & Tononi, G. (2019). Can computers be conscious? Dissociating functional and phenomenal equivalence. Submitted.

Flaherty, M. G. (1999). *A Watched Pot: How We Experience Time.* New York: NYU Press.

Fleming, S. M., Ryu, J., Golfinos, J. G., & Blackmon, K. E. (2014). Domain-specific impairment in metacognitive accuracy following anterior prefrontal lesions. *Brain, 137*, 2811–2822.

Forman, R. K. C. (1990a). Eckhart, *Gezücken*, and the ground of the soul. In R. K. C. Forman (Ed.), *The Problem of Pure Consciousness* (pp. 98–120). New York: Oxford University Press.

Forman, R. K. C. (Ed.). (1990b). *The Problem of Pure Consciousness.* New York: Oxford University Press.

Forman, R. K. C. (1990c). Introduction: Mysticism, constructivism, and forgetting. In R.

K. C. Forman (Ed.), *The Problem of Pure Consciousness* (pp. 3–49). New York: Oxford University Press.

Foster, B. L., & Parvizi, J. (2107). Direct cortical stimulation of human posteromedial cortex. *Neurology, 88*, 1–7.

Fox, K. C., Yih, J., Raccah, O., Pendekanti, S. L., Limbach, L. E., Maydan, D. D., & Parvizi, J. (2018). Changes in subjective experience elicited by direct stimulation of the human orbitofrontal cortex. *Neurology, 91*, e1519–e1527.

Freud, S. (1915). The unconscious. In *The Standard Edition of the Complete Psychological Works of Sigmund Freud*, 14:159–204. London: Hogarth Press.

Freud, S. (1923). The ego and the id. In *The Standard Edition of the Complete Psychological Works of Sigmund Freud*, 19:1–59. London: Hogarth Press.

Friedmann, S., Schemmel, J., Grübl, A., Hartel, A., Hock, M., & Meier, K. (2017). Demonstrating hybrid learning in a flexible neuromorphic hardware system. *IEEE Transactions on Biomedical Circuits and Systems, 11*, 128–142.

Fries, P., Roelfsema, P. R., Engel, A. K., König, P., & Singer, W. (1997). Synchronization of oscillatory responses in visual cortex correlates with perception in interocular rivalry. *Proceedings of the National Academy of Sciences, 94*, 12699–12704.

Friston, K. (2010). The free-energy principle: A unified brain theory? *Nature Reviews Neurosciences, 11*, 127–138.

Gagliano, M. (2017). The mind of plants: Thinking the unthinkable. *Communicative & Integrative Biology, 10*, e1288333.

Gagliano, M., Vyazovskiy, V. V., Borbély, A. A., Mavra Grimonprez, M., & Depczynski, M. (2016). Learning by association in plants. *Scientific Reports, 6*, 38427.

Gallant, J. L., Shoup, R. E., & Mazer J. A. (2000). A human extrastriate area functionally homologous to macaque V4. *Neuron, 27*, 227–235.

Gauthier, I. (2017). The quest for the FFA led to the expertise account of its specialization. *arXiv*, 1702.07038.

Genetti, M., Britz, J., Michel, C. M., & Pegna, A. J. (2010). An electrophysiological study of conscious visual perception using progressively degraded stimuli. *Journal of Vision, 10*, 1–14.

Giacino, J. T., Fins, J. J., Laureys, S., & Schiff, N. D. (2014). Disorders of consciousness after acquired brain injury: The state of the science. *Nature Reviews Neuroscience, 10*, 99–114.

Giattino, C. M., Alam, Z. M., & Woldorff, M. G. (2017). Neural processes underlying the orienting of attention without awareness. *Cortex, 102*, 14–25.

Giurfa, M., Zhang, S., Jenett, A., Menzel, R., & Srinivasan, M. V. (2001). The concepts of "sameness" and "difference" in an insect. *Nature, 410*, 930–933.

Godfrey-Smith, P. (2016). *Other Minds—The Octopus, the Sea and the Deep Origins of*

Consciousness. New York: Farrar, Straus & Giroux. (피터 고프리스미스 지음, 김수빈 옮김, 『아더 마인즈: 문어, 바다, 그리고 의식의 기원』, 이김, 2019.)

Goff, P. (2006). Experiences don't sum. *Journal of Consciousness Studies, 13*, 53–61.

Gordon, H. W., & Bogen, J. E. (1974). Hemispheric lateralization of singing after intracarotid sodium amylobarbitone. *Journal of Neurology, Neurosurgery & Psychiatry, 37*, 727–738.

Goriounova, N. A., Heyer, D. B., Wilbers, R., Verhoog, M. B., Giugliano, M., Verbist, C., et al. (2019). A cellular basis of human intelligence. *eLife*, in press.

Grasso, M. (2019). IIT vs. Russellian Monism: A metaphysical showdown on the content of experience. *Journal of Consciousness Studies, 26*, 48–75.

Gratiy, S., Geir, H., Denman, D., Hawrylycz, M., Koch, C., Einevoll, G. & Anastassiou, C. (2017). From Maxwell's equations to the theory of current-source density analysis. *European Journal of Neuroscience, 45*, 1013–1023.

Greenwood, V. (2015). Consciousness began when gods stopped speaking. *Nautilus*, May 28.

Griffin, D. R. (1998). *Unsnarling the World-Knot—Consciousness, Freedom and the Mind-Body problem*. Eugene, OR: Wipf & Stock.

Griffin, D. R. (2001). *Animal Minds—Beyond Cognition to Consciousness*. Chicago: University of Chicago Press.

Gray, C. M. and Singer, W. (1989). Stimulus-specific neuronal oscillations in orientation columns of cat visual cortex. *Proceedings of the National Academy of Sciences, 86*, 1698–1702.

Gross, G. G. (1998). *Brain, Vision, Memory—Tales in the History of Neuroscience*. Cambridge, MA: MIT Press.

Hadamard, J. (1945). *The Mathematician's Mind*. Princeton: Princeton University Press.

Hameroff, S., & Penrose, R. (2014). Consciousness in the universe: A review of the "Orch OR" theory. *Physics Life Reviews, 11*, 39–78.

Han, E., Alais, D., & Blake, R. (2018). Battle of the Mondrians: Investigating the role of unpredictability in continuous flash suppression. *I-Perception, 9*, 1–21.

Harris, C. R., Coburn, N., Rohrer, D., & Pashler, H. (2013). Two failures to replicate high-performance-goal priming effects. *PLOS One, 8*, e72467.

Harrison, P. (2015). *The Territories of Science and Religion*. Chicago: University of Chicago Press.

Harth, E. (1993). *The Creative Loop: How the Brain Makes a Mind*. Reading, MA: Addison-Wesley.

Hasenkamp, W. (Ed.). (2017). *The Monastery and the Microscope—Conversations with the Dalai Lama on Mind, Mindfulness and the Nature of Reality*. New Haven: Yale University Press.

Hassenfeld, S. (2018). *Lost in Mathematics: How Beauty Leads Physics Astray*. New York: Basic

Books.

Hassin, R. R., Uleman, J. S., & Bargh, J. A. (2005). *The New Unconscious*. Oxford: Oxford University Press.

Haun, A. M., Tononi, G., Koch, C., & Tsuchiya, N. (2017). Are we underestimating the richness of visual experience? *Neuroscience of Consciousness, 1*, 1–4.

Haynes, J. D., & Rees, G. (2005). Predicting the orientation of invisible stimuli from activity in human primary visual cortex. *Nature Neuroscience, 8*, 686–691.

Hebb, D. O., & Penfield, W. (1940). Human behavior after extensive bilateral removal from the frontal lobes. *Archives of Neurology and Psychiatry, 42*, 421–438.

Henri-Bhargava, A., Stuff, D. T., & Freedman, M. (2018). Clinical assessment of prefrontal lobe functions. *Behavioral Neurology and Psychiatry, 24*, 704–726.

Hepp, K. (2018). The wake-sleep "phase transition" at the gate to consciousness. *Journal of Statistical Physics, 172*, 562–568.

Herculano-Houzel, S., Mota, B., & Lent, R. (2006). Cellular scaling rules for rodent brains. *Proceedings of the National Academy of Sciences, 103*, 12138–12143.

Herculano-Houzel, S., Munk, M. H., Neuenschwander, S., & Singer, W. (1999). Precisely synchronized oscillatory firing patterns require electroencephalographic activation. *Journal of Neuroscience, 19*, 3992–4010.

Hermes, D., Miller, K. J., Wandell, B. A., & Winawer, J. (2015). Stimulus dependence of gamma oscillations in human visual cortex. *Cerebral Cortex, 25*, 2951–2959.

Heywood, C. A., & Zihl, J. (1999). Motion blindness. In G. W. Humphreys (Ed.), *Case Studies in the Neuropsychology of Vision* (pp. 1–16). Hove: Psychology Press/Taylor & Francis.

Hiscock, H. G., Worster, S., Kattnig, D. R., Steers, C., Jin, Y., Manolopoulos, D. E., Mouritsen, H., & Hore, P. J. (2016). The quantum needle of the avian magnetic compass. *Proceedings of the National Academy of Sciences, 113*, 4634–4639.

Hodgkin, A. L. (1976). Chance and design in electrophysiology: An informal account of certain experiments on nerve carried out between 1934 and 1952. *Journal of Physiology, 263*, 1–21.

Hodgkin, A. L., & Huxley, A. F. (1952). A quantitative description of membrane current and its application to conduction and excitation in nerve. *Journal of Physiology, 117*, 500–544.

Hoel, E. P., Albantakis, L., & Tononi, G. (2013). Quantifying causal emergence shows that macro can beat micro. *Proceedings of the National Academy of Sciences, 110*, 19790–19795.

Hohwy, J. (2013). *The Predictive Mind*. Oxford: Oxford University Press.

Holsti, L., Grunau, R. E., & Shany, E. (2011). Assessing pain in preterm infants in the neonatal intensive care unit: Moving to a "brain-oriented" approach. *Pain Management, 1*, 171–179.

Holt, J. (2012). *Why Does the World Exist?* New York: W. W. Norton. (짐 홀트 지음, 우진하 옮김, 『세상은 왜 존재하는가: 역사를 관통하고 지식의 근원을 통찰하는 궁극의 수수께 끼』, 21세기북스, 2013.)

Hornik, K., Stinchcombe, M., & White, H. (1989). Multilayer feedforward networks are universal approximators. *Neural Networks, 2*, 359–366.

Horschler, D. J., Hare, B., Call, J., Kaminski, J., Miklosi, A., & MacLean, E. L. (2019). Absolute brain size predicts dog breed differences in executive function. *Animal Cognition, 22*, 187–198.

Hsieh, P. J., Colas, J. T., & Kanwisher, N. (2011). Pop-out without awareness: Unseen feature singletons capture attention only when top-down attention is available. *Psychological Science, 22*, 1220–1226.

Hubel, D. H. (1988). *Eye, Brain, and Vision*. New York: Scientific American Library.

Hyman, I. E., Boss, S. M., Wise, B. M., McKenzie, K. E., & Caggiano, J. M. (2010). Did you see the unicycling clown? Inattentional blindness while walking and talking on a cell phone. *Applied Cognitive Psychology, 24*, 597–607.

Imas, O. A., Ropella, K. M., Ward, B. D., Wood, J. D., & Hudetz, A. G. (2005). Volatile anesthetics disrupt frontal-posterior recurrent information transfer at gamma frequencies in rat. *Neuroscience Letters, 387*, 145–150.

Ioannidis, J. P. A. (2017). Are most published results in psychology false? An empirical study. https://replicationindex.wordpress.com/2017/01/15/are-most-published-results-in-psychology-false-an-empirical-study/.

Irvine, E. (2013). *Consciousness as a Scientific Concept: A Philosophy of Science Perspective*. Springer: Heidelberg.

Itti, L., & Baldi, P. (2006). Bayesian surprise attracts human attention: Advances in neural information processing systems. In *NIPS 2005* (Vol. 19, pp. 547–554). Cambridge, MA: MIT Press.

Itti, L., & Baldi, P. (2009). Bayesian surprise attracts human attention. *Vision Research, 49*, 1295–1306.

Ius, T., Angelini, E., Thiebaut de Schotten, M., Mandonnet, E., & Duffau, H. (2011). Evidence for potentials and limitations of brain plasticity using an atlas of functional resectability of WHO grade II gliomas: Towards a "minimal common brain." *NeuroImage, 56*, 992–1000.

Jackendoff, R. (1987). *Consciousness and the Computational Mind*. Cambridge, MA: MIT Press.

Jackendoff, R. (1996). How language helps us think. *Pragmatics & Cognition, 4*, 1–34.

Jackson, J., Karnani, M. M., Zemelman, B. V., Burdakov, D., & Lee, A. K. (2018). Inhibitory control of prefrontal cortex by the claustrum. *Neuron, 99*, 1029–1039.

Jakob, J., Tammo, I., Moritz, H., Itaru, K., Mitsuhisa, S., Jun, I., Markus, D., & Susanne, K. (2018). Extremely scalable spiking neuronal network simulation code: From laptops to exascale computers. *Frontiers in Neuroscience, 12.* doi:10.3389/fninf.2018.00002.

James, W. (1890). *The Principles of Psychology.* New York: Holt. (윌리엄 제임스 지음, 정양은 옮김, 『심리학의 원리』 1, 2, 3, 아카넷, 2005.)

Jaynes, J. (1976). *The Origin of Consciousness in the Breakdown of the Bicameral Mind.* Boston: Houghton Mifflin. (줄리언 제인스 지음, 김득룡, 박주용 옮김, 『의식의 기원: 옛 인류는 신의 음성을 들을 수 있었다』, 연암서가, 2017.)

Jennings, H. S. (1906). *Behavior of the Lower Organisms.* New York: Columbia University Press.

Jiang, Y., Costello, P., Fang, F., Huang, M., & He, S. (2006). A gender- and sexual orientation-dependent spatial attentional effect of invisible images. *Proceedings of the National Academy of Sciences, 103*, 17048–17052.

Johansson, P., Hall, L., Sikström, S., & Olsson, A. (2005). Failure to detect mismatches between intention and outcome in a simple decision task. *Science, 310*, 116–119.

Johnson-Laird, P. N. (1983). A computational analysis of consciousness. *Cognition & Brain Theory, 6*, 499–508.

Jordan, G., Deeb, S. S., Bosten, J. M., & Mollon, J. D. (2010). The dimensionality of color vision carriers of anomalous trichromacy. *Journal of Vision, 10*, 12.

Jordan, J., Ippen, T., Helias, M., Kitayama, I., Sato, M., Igarashi, J., Diesmann, M. D., & Kunkel, S. (2018). Extremely scalable spiking neuronal network simulation code: From laptops to exascale computers. *Frontiers in Neuroinformatics, 12.* doi:10.3389/fninf.2018.00002.

Joshi, N. J., Tononi, G., & Koch, C. (2013). The minimal complexity of adapting agents increases with fitness. *PLOS Computational Biology, 9*, e1003111.

Jun, J. J., Steinmetz, N. A., Siegle, J. H., Denman, D. J., Bauza, M., Barbarits, B., et al. (2017). Fully integrated silicon probes for high density recording of neural activity. *Nature, 551*, 232–236.

Kaas, J. H. (2009). The evolution of sensory and motor systems in primates. In J. H. Kaas (Ed.), *Evolutionary Neuroscience* (pp. 523–544). New York: Academic Press.

Kannape, O. A., Perrig, S., Rossetti, A. O., & Blanke, O. (2017). Distinct locomotor control and awareness in awake sleepwalkers. *Current Biology, 27*, R11-2-1104.

Kanwisher, N. (2017). The quest for the FFA and where it led. *Journal of Neuroscience, 37*, 1056–1061.

Kanwisher, N., McDermott, J., & Chun, M. M. (1997). The fusiform face area: a module in human extrastriate cortex specialized for face perception. *Journal of Neuroscience, 17*, 4302–4311.

Karinthy, F. (1939). *A Journey Round My Skull*. New York: New York Review of Books.

Karten, H. J. (2015). Vertebrate brains and the evolutionary connectomics: On the origins of the mammalian neocortex. *Philosophical Transactions of the Royal Society of London B: Biological Sciences, 370*, 20150060.

Karr, J. R., Sanghvi, J. C., Macklin, D. N., Gutschow, M. V., Jacobs, J. M., Bolival, B. Jr., et al. (2012). A whole-cell computational model predicts phenotype from genotype. *Cell, 150*, 389–401.

Keefe, P. R. (2016). The detectives who never forget a face. *New Yorker*, August 22.

Kertai, M. D., Whitlock, E. L., & Avidan, M. S. (2012). Brain monitoring with electroencephalography and the electroencephalogram-derived bispectral index during cardiac surgery. *Anesthesia & Analgesia, 114*, 533–546.

Killingsworth, M. A., & Gilbert, D. T. (2010). A wandering mind is an unhappy mind. *Science, 330*, 932.

King, B. J. (2013). *How Animals Grieve*. Chicago: University of Chicago Press. (바버라 J. 킹 지음, 정아영 옮김, 『동물은 어떻게 슬퍼하는가』, 서해문집, 2022.)

King, J. R., Sitt, J. D., Faugeras, F., Rohaut, B., El Karoui, I., Cohen, L., et al. (2013). Information sharing in the brain indexes consciousness in noncommunicative patients. *Current Biology, 23*, 1914–1919.

Koch, C. (1999). *Biophysics of Computation: Information Processing in Single Neurons*. New York: Oxford University Press.

Koch, C. (2004). *The Quest for Consciousness: A Neurobiological Approach*. Denver: Roberts. (크리스토프 코흐 지음, 김미선 옮김, 『의식의 탐구: 신경생물학적 접근』, 시그마프레스, 2006.)

Koch, C. (2012a). *Consciousness: Confessions of a Romantic Reductionist*. Cambridge, MA: MIT Press. (크리스토프 코흐 지음, 이정진 옮김, 『의식: 현대과학의 최전선에서 탐구한 의식의 기원과 본질』, 알마, 2014.)

Koch, C. (2012b). Modular biological complexity. *Science, 337*, 531–532.

Koch, C. (2014). A brain structure looking for a function. *Scientific American Mind*, November, 24–27.

Koch, C. (2015). Without a thought. *Scientific American Mind*, May, 25–26.

Koch, C. (2016a). Does brain size matter? *Scientific American Mind*, January, 22–25.

Koch, C. (2016b). Sleep without end. *Scientific American Mind*, March, 22–25.

Koch, C. (2016c). Sleeping while awake. *Scientific American Mind*, November, 20–23.

Koch, C. (2017a). Contacting stranded minds. *Scientific American Mind*, May, 20–23.

Koch, C. (2017b). The feeling of being a brain: Material correlates of consciousness. In W.

Hasenkamp (Ed.), *The Monastery and the Microscope—Conversations with the Dalai Lama on Mind, Mindfulness and the Nature of Reality* (pp. 112–141). New Haven: Yale University Press.

Koch, C. (2017c). God, death and Francis Crick. In C. Burns (Ed.), *All These Wonders: True Stories Facing the Unknown* (pp. 41–50). New York: Crown Archetype.

Koch, C. (2017d). How to make a consciousness meter. *Scientific American*, November, 28–33.

Koch, C., & Buice, M. A. (2015). A biological imitation game. *Cell, 163*, 277–280.

Koch, C., & Crick, F. C. (2001). The zombie within. *Nature, 411*, 893.

Koch, C., & Hepp, K. (2006). Quantum mechanics and higher brain functions: Lessons from quantum computation and neurobiology. *Nature, 440*, 611–612.

Koch, C. & Hepp, K. (2010). The relation between quantum mechanics and higher brain functions: Lessons from quantum computation and neurobiology. In R. Y. Chiao et al. (Eds.), *Visions of Discovery: New Light on Physics, Cosmology and Consciousness* (pp. 584–600). Cambridge: Cambridge University Press.

Koch, C., & Jones, A. (2016). Big science, team science, and open science for neuroscience. *Neuron, 92*, 612–616.

Koch, C., Massimini, M., Boly, M., & Tononi, G. (2016). The neural correlates of consciousness: Progress and problems. *Nature Review Neuroscience, 17*, 307–321.

Koch, C., McLean, J., Segev, R., Freed, M. A., Berryll, M. J., Balasubramanian, V., & Sterling, P. (2006). How much the eye tells the brain. *Current Biology, 16*, 1428–1434.

Koch, C., & Segev, I. (Eds.). (1998). *Methods in Neuronal Modeling: From Ions to Networks.* Cambridge, MA: MIT Press.

Koch, C., & Tononi, G. (2013). Letter to the Editor: Can a photodiode be conscious? *New York Review of Books, 60*, 43.

Kohler, C. G., Ances, B. M., Coleman, A. R., Ragland, J. D., Lazarev, M., & Gur, R. C. (2000). Marchiafava-Bignami disease: literature review and case report. *Neuropsychiatry, Neuropsychology and Behavioral Neurology, 13*(1), 67–76.

Kotchoubey, B., Lang, S., Winter, S., & Birbaumer, N. (2003). Cognitive processing in completely paralyzed patients with amyotrophic lateral sclerosis. *European Journal of Neurology, 10*, 551–558.

Kouider, S., de Gardelle, V., Sackur, J., & Dupoux, E. (2010). How rich is consciousness? The partial awareness hypothesis. *Trends in Cognitive Sciences, 14*, 301–307.

Kretschmann, H.-J., & Weinrich, W. (1992). *Cranial Neuroimaging and Clinical Neuroanatomy.* Stuttgart: Georg Thieme.

Kripke, S. A. (1980). *Naming and Necessity.* Cambridge, MA: Harvard University Press. (솔 크립키 지음, 정대현, 김영주 옮김, 『이름과 필연』, 필로소픽, 2014.)

Lachhwani, D. P., & Dinner, D. S. (2003). Cortical stimulation in the definition of eloquent cortical areas. *Handbook of Clinical Neurophysiology, 3*, 273–286.

Lamme, V. A. F. (2003). Why visual attention and awareness are different. *Trends in Cognitive Sciences, 7*, 12–18.

Lamme, V. A. F. (2006). Towards a true neural stance on consciousness. *Trends in Cognitive Sciences, 10*, 494–501.

Lamme, V. A. F. (2010). How neuroscience will change our view on consciousness. *Cognitive Neuroscience, 1*, 204–220.

Lamme, V. A. F., & Roelfsema, P. R. (2000). The distinct modes of vision offered by feedforward and recurrent processing. *Trends in Neurosciences, 23*, 571–579.

Landsness, E., Bruno, A. A., Noirhomme, Q., Riedner, B., Gosseries, O., Schnakers, C., et al. (2011). Electrophysiological correlates of behavioural changes in vigilance in vegetative state and minimally conscious state. *Brain, 134*, 2222–2232.

Larkum, M. (2013). A cellular mechanism for cortical associations: An organizing principle for the cerebral cortex. *Trends in Neurosciences, 36*, 141–151.

Lazar, R. M., Marshall, R. S., Prell, G. D., & Pile-Spellman, J. (2000). The experience of Wernicke's aphasia. *Neurology, 55*, 1222–1224.

Leibniz, G. W. (1951). *Leibniz: Selections.* P. P. Wiener (Ed.). New York: Charles Scribner's Sons.

Lem, S. (1987). *Peace on Earth.* San Diego: Harcourt.

Lemaitre, A.-L., Herbet, G., Duffau, H., & Lafargue, G. (2018). Preserved metacognitive ability despite unilateral or bilateral anterior prefrontal resection. *Brain & Cognition, 120*, 48–57.

Lemon, R. N., & Edgley, S. A. (2010). Life without a cerebellum. *Brain, 133*, 652–654.

Levin, J. (2018). Functionalism. In E. N. Zalta (Ed.), *The Stanford Encyclopedia of Philosophy.* https://plato.stanford.edu/archives/fall2018/entries/functionalism/.

Levi-Strauss, C. (1969). *Raw and the Cooked: Introduction to a Science of Mythology.* New York: Harper & Row. (클로드 레비스트로스 지음, 임봉길 옮김, 『신화학 1: 날것과 익힌 것』, 한길사, 2005.)

Lewis, D. (1983). Extrinsic properties. *Philosophical Studies, 44*, 197–200.

Li, F. F., VanRullen, R., Koch, C., & Perona, P. (2002). Rapid natural scene categorization in the near absence of attention. *Proceedings of the National Academy of Sciences, 99*, 9596–9601.

List, C. (2016). What is it like to be a group agent? *Noûs, 52*, 295–319.

Logan, G. D., & Crump, M. J. C. (2009). The left hand doesn't know what the right hand is doing. *Psychological Science, 20*, 1296–1300.

Loukola, O. J., Perry, C. J., Coscos, L., & Chittka, L. (2017). Bumblebees show cognitive flexibility by improving on an observed complex behavior. *Science, 355,* 833–836.

Luo, Q., Mitchell, D., Cheng, X., Mondillo, K., Mccaffrey, D., Holroyd, T., et al. (2009). Visual awareness, emotion, and gamma band synchronization. *Cerebral Cortex, 19,* 1896–1904.

Lutz, A., Jha, A. P., Dunne, J. D., & Saron, C. D. (2015). Investigating the phenomenological matrix of mindfulness-related practices from a neurocognitive perspective. *American Psychologist, 70,* 632–658.

Lutz, A., Slagter, H. A., Rawlings, N. B., Francis, A. D., Greischar, L. L., & Davidson, R. J. (2009). Mental training enhances attentional stability: Neural and behavioral evidence. *Journal of Neuroscience, 29,* 13418–13427.

Mack, A., & Rock, I. (1998). *Inattentional Blindness.* Cambridge, MA: MIT Press.

Macphail, E. M. (1998). *The Evolution of Consciousness.* Oxford: Oxford University Press.

Macphail, E. M. (2000). The search for a mental Rubicon. In C. Heyes and L. Huber (Eds.), *The Evolution of Cognition* (pp. 253–271). Cambridge, MA: MIT Press.

Markari, G. (2015). *Soul Machine—The Invention of the Modern Mind.* New York: W. W. Norton.

Markowitsch, H. J., & Kessler, J. (2000). Massive impairment in executive functions with partial preservation of other cognitive functions: The case of a young patient with severe degeneration of the prefrontal cortex. *Experimental Brain Research, 133,* 94–102.

Markram, H. (2006). The blue brain project. *Nature Reviews Neuroscience, 7,* 153–160.

Markram, H. (2012). The human brain project. *Scientific American, 306,* 50–55.

Markram, H., Muller, E., Ramaswamy, S., Reimann, M. W., Abdellah, M., Sanchez, C. A., et al. (2015). Reconstruction and simulation of neocortical microcircuitry. *Cell, 163,* 456–492.

Marks, L. (2017). What my stroke taught me. *Nautilus, 19,* 80–89.

Marr, D. (1982). *Vision.* San Francisco, CA: Freeman.

Mars, R. B., Sotiropoulos, S. N., Passingham, R. E., Sallet, J., Verhagen, L., Khrapitchev, A. A., et al. (2018). Whole brain comparative anatomy using connectivity blueprints. *eLife, 7,* e35237.

Marshall, W., Albantakis, L., & Tononi, G. (2016), Black-boxing and cause-effect power. *arXiv,* 1608.03461.

Marshall, W., Kim, H., Walker, S. I., Tononi, G., & Albantakis, L. (2017). How causal analysis can reveal autonomy in models of biological systems. *Philosophical Transactions of the Royal Society of London A, 375.* doi:10.1098/rsta.2016.0358.

Martin, J. T., Faulconer, A. Jr., & Bickford, R. G. (1959). Electroencephalography in anesthesiology. *Anesthesiology, 20,* 359–376.

Massimini, M., Ferrarelli, F., Huber, R., Esser, S. K., Singh, H., & Tononi, G. (2005).

Breakdown of cortical effective connectivity during sleep. *Science, 309,* 2228–2232.

Massimini, M., & Tononi, G. (2018). *Sizing Up Consciousness.* Oxford: Oxford University Press. (마르첼로 마시미니, 줄리오 토노니 지음, 박인용 옮김, 『의식은 언제 탄생하는가?: 뇌의 신비를 밝혀가는 정보통합 이론』, 한언출판사, 2019.)

Mataro, M., Jurado, M. A., García-Sanchez, C., Barraquer, L., Costa-Jussa, F. R., & Junque, C. (2001). Long-term effects of bilateral frontal brain lesion: 60 years after injury with an iron bar. *Archives of Neurology, 58,* 1139–1142.

Mayner, W. G. P., Marshall, W., Albantakis, L., Findlay, G., Marchman, R., & Tononi, G. (2018). PyPhi: A toolbox for integrated information theory. *PLOS Computational Biology, 14*(7), e1006343.

Melloni, L., Molina, C., Pena, M., Torres, D., Singer, W., & Rodriguez, E. (2007). Synchronization of neural activity across cortical areas correlates with conscious perception. *Journal of Neuroscience, 27,* 2858–2865.

Merker, B. (2007). Consciousness without a cerebral cortex: A challenge for neuroscience and medicine. *Behavioral and Brain Sciences, 30,* 63–81.

Metzinger, T. (2003). *Being No One: The Self Model Theory of Subjectivity.* Cambridge, MA: MIT Press.

Miller, G. A. (1956). The magical number seven, plus or minus two: some limits on our capacity for processing information. *Psychological Review, 63,* 81–97.

Miller, S. M. (Ed.). (2015). *The Constitution of Phenomenal Consciousness.* Amsterdam, Netherlands: Benjamins.

Milo, R., & Phillips, R. (2016). *Cell Biology by the Numbers.* New York: Garland Science.

Minsky, M. (1986). *The Society of Mind.* New York: Simon & Schuster. (마빈 민스키 지음, 조광제 옮김, 『마음의 사회』, 새로운현재, 2019.)

Mitchell, R. W. (2009). Self awareness without inner speech: A commentary on Morin. *Consciousness & Cognition, 18,* 532–534.

Mitchell, T. J., Hacker, C. D., Breshears, J. D., Szrama, N. P., Sharma, M., Bundy, D. T., et al. (2013). A novel data-driven approach to preoperative mapping of functional cortex using resting-state functional magnetic resonance imaging. *Neurosurgery, 73,* 969–982.

Monti, M. M., Vanhaudenhuyse, A., Coleman, M. R., Boly, M., Pickard, J. D. Tshibanda, L., et al. (2010). Willful modulation of brain activity in disorders of consciousness. *New England Journal of Medicine, 362,* 579–589.

Mooneyham, B. W., & Schooler, J. W. (2013). The costs and benefits of mind-wandering: A review. *Canadian Journal of Experimental Psychology, 67,* 11–18.

Mørch, H. H. (2017). The integrated information theory of consciousness. *Philosophy Now, 121,* 12–16.

Mørch, H. H. (2018). Is the integrated information theory of consciousness compatible with

Russellian panpsychism? *Erkenntnis*, 1–21. doi:10.1007/s10670-018-9995-6.

Morgan, C. L. (1894). *An Introduction to Comparative Psychology*. New York: Scribner.

Morin, A. (2009). Self-awareness deficits following loss of inner speech: Dr. Jill Bolte Taylor's case study. *Consciousness & Cognition, 18*, 524–529.

Mortensen, H. S., Pakkenberg, B., Dam, M., Dietz, R., Sonne, C., Mikkelsen, B., & Eriksen, N. (2014). Quantitative relationships in delphinid neocortex. *Frontiers in Neuroanatomy, 8*, 132.

Mudrik, L., Faivre, N., & Koch, C. (2014). Information integration without awareness. *Trends in Cognitive Sciences, 18*, 488–496.

Munk, M. H., Roelfsema, P. R., König, P., Engel, A. K., & Singer, W. (1996). Role of reticular activation in the modulation of intracortical synchronization. *Science, 272*, 271–274.

Murphy, M. J., Bruno, M. A., Riedner, B. A., Boveroux, P., Noirhomme, Q., Landsness, E. C., et al. (2011). Propofol anesthesia and sleep: A high-density EEG study. *Sleep, 34*, 283–291.

Nagel, T. (1974). What is it like to be a bat? *Philosophical Review, 83*, 435–450.

Nagel, T. (1979). *Mortal Questions*. Cambridge: Cambridge University Press.

Narahany, N. A., Greely, H. T., Hyman, H., Koch, C., Grady, C., Pasca, S. P., et al. (2018). The ethics of experimenting with human brain tissue. *Nature, 556*, 429–432.

Narikiyo, K., Mizuguchi, R., Ajima, A., Mitsui, S., Shiozaki, M., Hamanaka, H., et al. (2018). The claustrum coordinates cortical slow-wave activity. *bioRxiv*, doi:10.1101/286773.

Narr, K. L., Woods, R. P., Thompson, P. M., Szeszko, P., Robinson, D., Dimtcheva, T., & Bilder, R. M. (2006). Relationships between IQ and regional cortical gray matter thickness in healthy adults. *Cerebral Cortex, 17*, 2163–2171.

Newton, M. (2002). *Savage Girls and Wild Boys*. New York: Macmillan.

Nichelli, P. (2016). Consciousness and aphasia. In S. Laureys, O. Gosseries, & G. Tononi (Eds.), *The Neurology of Consciousness* (2nd ed., pp. 379–391). Amsterdam: Elsevier.

Niikawa, T. (2018). Moral status and consciousness. *Annals of the University of Bucharest– Philosophy, 67*, 235–257.

Nir, Y., & Tononi, G. (2010). Dreaming and the brain: From phenomenology to neurophysiology. *Trends in Cognitive Sciences, 14*, 88–100.

Nityananda, V. (2016). Attention-like processes in insects. *Proceedings of the Royal Society of London Series B: Biological Sciences, 283*, 20161986.

Nørretranders, T. (1991). *The User Illusion: Cutting Consciousness Down to Size*. New York: Viking Penguin.

Noyes, R. Jr., & Kletti, R. (1976). Depersonalization in the face of life-threatening danger: A description. *Psychiatry, 39*, 19–27.

Odegaard, B., Knight, R. T., & Lau, H. (2017). Should a few null findings falsify prefrontal theories of conscious perception? *Journal of Neuroscience, 37,* 9593–9602.

Odier, D. (2005). *Yoga Spandakarika: The Sacred Texts at the Origins of Tantra.* Rochester, Vermont: Inner Traditions.

Oizumi, M., Albantakis, L., & Tononi, G. (2014). From the phenomenology to the mechanisms of consciousness: Integrated information theory 3.0. *PLOS Computational Biology, 10,* e1003588.

Oizumi, M., Tsuchiya, N., & Amari, S. I. (2016). Unified framework for information integration based on information geometry. *Proceedings of the National Academy of Sciences, 113,* 14817–14822.

O'Leary, M. A., Bloch, J. I., Flynn, J. J., Gaudin, T. J., Giallombardo, A., Giannini, N. P., et al. (2013). The placental mammal ancestor and the post–K-Pg radiation of placentals. *Science, 339,* 662–667.

O'Regan, J. K., Rensink, R. A., & Clark, J. J. (1999). Change-blindness as a result of "mudsplashes." *Nature, 398,* 34–35.

Owen, A. (2017). *Into the Gray Zone: A Neuroscientist Explores the Border between Life and Death.* London: Scribner.

Owen, M. (2018). Aristotelian causation and neural correlates of consciousness. *Topoi: An International Review of Philosophy,* 1–12. doi:10.1007/s11245-018-9606-9.

Palmer, S. (1999). *Vision Science: Photons to Phenomenology.* Cambridge, MA: MIT Press.

Parker, I. (2003). Reading minds. *New Yorker,* January 20.

Parvizi, J., & Damasio, A. (2001). Consciousness and the brainstem. *Cognition, 79,* 135–159.

Parvizi, J., Jacques, C., Foster, B. L., Withoft, N., Rangarajan, V., Weiner, K. S., & Grill-Spector, K. (2012). Electrical stimulation of human fusiform face-selective regions distorts face perception. *Journal of Neuroscience, 32,* 14915–14920.

Pasca, S. P. (2019). Assembling human brain organoids. *Science, 363,* 126–127.

Passingham, R. E. (2002). The frontal cortex: Does size matter? *Nature Neuroscience, 5,* 190–192.

Paul, L. K., Brown, W. S., Adolphs, R., Tyszka, J. M., Richards, L. J., Mukherjee, P., & Sherr, E. H. (2007). Agenesis of the corpus callosum: genetic, developmental and functional aspects of connectivity. *Nature Reviews Neuroscience, 8,* 287–299.

Pearl, J. (2000). *Causality: Models, Reasoning, and Inference.* Cambridge: Cambridge University Press.

Pearl, J. (2018). *The Book of Why: The New Science of Cause and Effect.* New York: Basic Books.

Pekala, R. J., & Kumar, V. K. (1986). The differential organization of the structure of consciousness during hypnosis and a baseline condition. *Journal of Mind and Behavior, 7,* 515–539.

Penfield, W. & Perot, P. (1963). The brain's record of auditory and visual experience: A final summary and discussion. *Brain, 86*, 595–696.

Penrose, R. (1989). *The Emperor's New Mind*. Oxford: Oxford University Press. (로저 펜로즈 지음, 박승수 옮김,『황제의 새마음: 컴퓨터, 마음, 물리법칙에 관하여』, 이화여자대학교출판문화원, 2022.)

Penrose, R. (1994). *Shadows of the Mind*. Oxford: Oxford University Press. (로저 펜로즈 지음, 노태복 옮김,『마음의 그림자』, 승산, 2014.)

Penrose, R. (2004). *The Road to Reality—A Complete Guide to the Laws of the Universe*. New York: Knopf. (로저 펜로즈 지음, 박병철 옮김,『실체에 이르는 길: 우주의 법칙으로 인도하는 완벽한 안내서』 1, 2, 승산, 2010.)

Piersol, G. A. (1913). *Human Anatomy*. Philadelphia: J. B. Lippincott.

Pietrini, P., Salmon, E., & Nichelli, P. (2016). Consciousness and dementia: How the brain loses its self. In S. Laureys, O. Gosseries, &. G. Tononi (Eds.), *Neurology of Consciousness* (2nd ed., pp. 379–391). Amsterdam: Elsevier.

Pinto, Y., Haan, E. H. F., & Lamme, V. A. F. (2017a). The split-brain phenomenon revisited: A single conscious agent with split perception. *Trends in Cognitive Sciences, 21*, 835–851.

Pinto, Y., Lamme, V. A. F., & de Haan, E. H. F. (2017b). Cross-cueing cannot explain unified control in split-brain patients—Letter to the Editor. *Brain, 140*, 1–2.

Pinto, Y., Neville, D. A., Otten, M., Corballis, P. M., Lamme, V. A., de Haan, E. H., et al. (2017c). Split brain: Divided perception but undivided consciousness. *Brain, 140*, 1231–1237.

Pitkow, X., & Meister, M. (2014). Neural computation in sensory systems. In M. S. Gazzaniga & G. R. Mangun (Eds.), *The Cognitive Neurosciences*, pp. 305–316. Cambridge, MA: MIT Press.

Pitts, M. A., Lutsyshyna, L. A., & Hillyard, S. A. (2018). The relationship between attention and consciousness: an expanded taxonomy and implications for "no-report" paradigms. *Philosophical Transactions of the Royal Society of London B, 373*, 20170348. doi:10.1098/rstb.2017.0348.

Pitts, M. A., Padwal, J., Fennelly, D., Martínez, A., & Hillyard, S. A. (2014). Gamma band activity and the P3 reflect post-perceptual processes, not visual awareness. *NeuroImage, 101*, 337–350.

Plomin, R. (2001). The genetics of G in human and mouse. *Nature Reviews Neuroscience, 2*, 136–141.

Pockett, S., & Holmes, M. D. (2009). Intracranial EEG power spectra and phase synchrony during consciousness and unconsciousness. *Consciousness and Cognition, 18*, 1049–1055.

Polak, M., & Marvan, T. (2018). Neural correlates of consciousness meet the theory of identity. *Frontiers in Psychology, 24*. doi:10.3389/fpsyg.2018.01269.

Popa, I., Donos, C., Barborica, A., Opris, I., Dragoş-Mihai, M., Ene, M., Ciurea, J., & Mîndruţă, I. (2016). Intrusive thoughts elicited by direct electrical stimulation during stereo-electroencephalography. *Frontiers in Neurology, 7.* doi:10.3389/fneur.2016.00114.

Posner, J. B., Saper, C. B., Schiff, N. D., & Plum, F. (2007). *Plum and Posner's Diagnosis of Stupor and Coma.* New York: Oxford University Press.

Preuss, T. M. (2009). The cognitive neuroscience of human uniqueness. In M. S. Gazzaniga (Ed.), *The Cognitive Neuroscience* (pp. 49–64). Cambridge, MA: MIT Press.

Prinz, J. (2003). A neurofunctional theory of consciousness. In A. Brook & K. Akins (Eds.), *Philosophy and Neuroscience.* Cambridge: Cambridge University Press.

Puccetti, R. (1973). *The Trial of John and Henry Norton.* London: Hutchinson.

Quadrato, G., Nguyen, T., Macosko, E. Z., Sherwood, J. L., Yang, S. M., Berger, D. R., et al. (2017). Cell diversity and network dynamics in photosensitive human brain organoids. *Nature, 545,* 48–53.

Railo, H., Koivisto, M., & Revonsuo, A. (2011). Tracking the processes behind conscious perception: A review of event-related potential correlates of visual consciousness. *Consciousness and Cognition, 20,* 972–983.

Ramsoy, T. Z., & Overgaard, M. (2004). Introspection and subliminal perception. *Phenomenology and the Cognitive Sciences, 3,* 1–23.

Rangarajan, V., Hermes, D., Foster, B. L., Weinfer, K. S., Jacques, C., Grill-Spector, K., & Parvizi, J. (2014). Electrical stimulation of the left and right human fusiform gyrus causes different effects in conscious face perception. *Journal of Neuroscience, 34,* 12828–12836.

Rangarajan, V., & Parvizi, J. (2016). Functional asymmetry between the left and right human fusiform gyrus explored through electrical brain stimulation. *Neuropsychologia, 83,* 29–36.

Rathi, Y., Pasternak, O., Savadjiev, P., Michailovich, O., Bouix, S., Kubicki, M., et al. (2014). Gray matter alterations in early aging: A diffusion magnetic resonance imaging study. *Human Brain Mapping, 35,* 3841–3856.

Rauschecker, A. M., Dastjerdi, M., Weiner, K. S., Witthoft, N., Chen, J., Selimbeyoglu, A., & Parvizi, J. (2011). Illusions of visual motion elicited by electrical stimulation of human MT complex. *PLOS ONE, 6.* doi:10.1371/journal.pone.0021798.

Ray, S., & Maunsell, J. H. (2011). Network rhythms influence the relationship between spike-triggered local field potential and functional connectivity. *Journal of Neuroscience, 31,* 12674–12682.

Reardon, S. (2017). A giant neuron found wrapped around entire mouse brain. *Nature, 543,* 14–15.

Reimann, M. W., Anastassiou, C. A., Perin, R., Hill, S., Markram, H., & Koch, C. (2013).

A biophysically detailed model of neocortical local field potentials predicts the critical role of active membrane currents. *Neuron, 79*, 375–390.

Rensink, R. A., O'Regan, J. K., & Clark, J. J. (1997). To see or not to see: The need for attention to perceive changes in scenes. *Psychological Sciences, 8*, 368–373.

Rey, G. (1983). A Reason for doubting the existence of consciousness. In R. Davidson, G. Schwarz, and D. Shapiro (Eds.), *Consciousness and Self-Regulation: Advances in Research and Theory* (Vol. 3). New York: Plenum Press.

Rey, G. (1991). Reasons for doubting the existence of even epiphenomenal consciousness. *Behavioral & Brain Science, 14*, 691–692.

Ricard, M., Lutz, A., & Davidson, R. J. (2014). Mind of the meditator. *Scientific American, 311*, 38–45.

Ridley, M. (2006). *Francis Crick.* New York: HarperCollins. (매트 리들리 지음, 김명남 옮김, 『프랜시스 크릭』, 을유문화사, 2011.)

Rodriguez, E., George, N., Lachaux, J.-P., Martinerie, J., Renault, B., & Varela, F. J. (1999). Perception's shadow: Long-distance synchronization of human brain activity. *Nature, 397*, 430–433.

Roelfsema, P. R., Engel, A. K., König, P., & Singer, W. (1997). Visuomotor integration is associated with zero time-lag synchronization among cortical areas. *Nature, 385*, 157–161.

Romer, A. S., & Sturges, T. S. (1986). *The Vertebrate Body* (6th ed.). Philadelphia: Saunders College.

Roth, G., & Dicke, U. (2005). Evolution of the brain and intelligence. *Trends in Cognitive Sciences, 9*, 250–257.

Rowe, T. B., Macrini, T. E., & Luo, Z.-X. (2011). Fossil evidence on origin of the mammalian brain. *Science, 332*, 955–957.

Rowlands, M. (2009). *The Philosopher and the Wolf.* New York: Pegasus Books. (마크 롤랜즈 지음, 강수희 옮김, 『철학자와 늑대: 괴짜 철학자와 우아한 늑대의 11년 동거 일기』, 추수밭, 2024.)

Rowlatt, P. (2018). *Mind, a Property of Matter.* London: Ionides Publishing.

Ruan, S., Wobbrock, J. O., Liou, K., Ng, A., & Landay, J. A. (2017). Comparing speech and keyboard text entry for short messages in two languages on touchscreen phones. In *Proceedings of ACM Interactive, Mobile, Wearable and Ubiquitous Technologies.* doi:10.1145/3161187.

Ruff, C. B., Trinkaus, E., & Holliday, T. W. (1997). Body mass and encephalization in Pleistocene Homo. *Nature, 387*, 173–176.

Russell, B. (1927). *The Analysis of Matter.* London: George Allen & Unwin.

Russell, R., Duchaine, B., & Nakayama, K. (2009). Super-recognizers: People with extraordinary face recognition ability. *Psychonomic Bulletin and Review, 16,* 252–257.

Rymer, R. (1994). *Genie: A Scientific Tragedy* (2nd ed.). New York: Harper Perennial. (러스 라이머 지음, 권오숙 옮김, 『지니: 과학의 램프에 갇힌 비극적인 소녀의 이야기』, 치우, 2011.)

Sacks, O. (2010). *The Mind's Eye.* New York: Knopf. (올리버 색스 지음, 이민아 옮김, 『마음의 눈: 빛소리가 어떻게 풍경을 보여주는가』, 알마, 2013.)

Sacks, O. (2017). *The River of Consciousness.* New York: Knopf. (올리버 색스 지음, 양병찬 옮김, 『의식의 강』, 알마, 2018.)

Sadava, D., Hillis, D. M., Heller, H. C., & Berenbaum, M. R. (2011). *Life: The Science of Biology* (9th ed.). Sunderland, MA: Sinauer and W. H. Freeman. (데이비드 새데이바 지음, 정종우 옮김, 『생명: 생물의 과학』, 12판, 라이프사이언스, 2021.)

Sandberg, K., Timmermans, B., Overgaard, M., & Cleeremans, A. (2010). Measuring consciousness: Is one measure better than the other? *Consciousness and Cognition, 19,* 1069–1078.

Sanes, J. R., & Masland, R. H. (2015). The types of retinal ganglion cells: Current status and implications for neuronal classification. *Annual Review of Neuroscience, 38,* 221–246.

Saper, C. B., & Fuller, P. M. (2017). Wake-sleep circuitry: An overview. *Current Opinion in Neurobiology, 44,* 186–192.

Saper, C. B., Scammell, T. E., & Lu, J. (2005). Hypothalamic regulation of sleep and circadian rhythms. *Nature, 437,* 1257–1263.

Saposnik, G., Bueri, J. A., Mauriño, J., Saizar, R., & Garretto, N. S. (2000). Spontaneous and reflex movements in brain death. *Neurology, 54,* 221.

Sasai, S., Boly, M., Mensen, A., & Tononi, G. (2016). Functional split brain in a driving/listening paradigm. *Proceedings of the National Academy of Sciences, 113,* 14444–14449.

Scammell, T. E., Arrigoni, E., & Lipton, J. O. (2016). Neural circuitry of wakefulness and sleep. *Neuron, 93,* 747–765.

Schalk, G., Kapeller, C., Guger, C., Ogawa, H., Hiroshima, S., Lafer-Sousa, R., et al. (2017). Facephenes and rainbows: Causal evidence for functional and anatomical specificity of face and color processing in the human brain. *Proceedings of the National Academy of Sciences, 114,* 12285–12290.

Schartner, M. M., Carhart-Harris, R. L., Barrett, A. B., Seth, A. K., & Muthukumaraswamy, S. D. (2017). Increased spontaneous MEG signal diversity for psychoactive doses of ketamine, LSD and psilocybin. *Scientific Reports, 7,* 46421.

Schiff, N. D. (2013). Making waves in consciousness research. *Science Translational Medicine, 5,* 1–3.

Schiff, N. D., & Fins, J. J. (2016). Brain death and disorders of consciousness. *Current Biology, 26,* R572–R576.

Schimmack, U., Heene, M., & Kesavan, K. (2017). Reconstruction of a train wreck: How priming research went off the rails. https://replicationindex.wordpress.com/2017/02/02/reconstruction-of-a-train-wreck-how-priming-research-went-of-the-rails/.

Schmidt, E. M., Bak, M. J., Hambrecht, F. T., Kufta, C. V., O'Rourke, D. K., & Vallabhanath, P. (1996). Feasibility of a visual prosthesis for the blind based on intracortical microstimulation of the visual cortex. *Brain, 119*, 507–522.

Schooler, J. W., & Melcher, J. (1995). The ineffability of insight. In S. M. Smith, T. B. Ward, & R. A. Finke (Eds.), *The Creative Cognition Approach* (pp. 97–134). Cambridge, MA: MIT Press.

Schooler, J. W., Ohlsson, S., & Brooks, K. (1993). Thoughts beyond words: When language overshadows insight. *Journal of Experimental Psychology—General, 122*, 166–183.

Schopenhauer, A. (1813). *On the Fourfold Root of the Principle of Sufficient Reason.* (Hillebrand, K., Trans.; rev. ed., 1907). London: George Bell & Sons. (아르투어 쇼펜하우어 지음, 김미영 옮김, 『충족이유율의 네 겹의 뿌리에 관하여』, 나남출판, 2010.)

Schrödinger, E. (1958). *Mind and Matter.* Cambridge: Cambridge University Press. (에르빈 슈뢰딩거 지음, 전대호 옮김, 『생명이란 무엇인가 / 정신과 물질』, 궁리, 2007.)

Schubert, R., Haufe, S., Blankenburg, F., Villringer, A., & Curio, G. (2008). Now you'll feel it—now you won't: EEG rhythms predict the effectiveness of perceptual masking. *Journal of Cognitive Neuroscience, 21*, 2407–2419.

Searle, J. R. (1980). Minds, brains, and programs. *Behavioral and Brain Sciences, 3*, 417–424.

Searle, J. R. (1992). *The Rediscovery of the Mind.* Cambridge, MA: MIT Press.

Searle, J. R. (1997). *The Mystery of Consciousness.* New York: New York Review Books.

Searle, J. R. (2013a). Can information theory explain consciousness? *New York Review of Books*, January 10, 54–58.

Searle, J. R. (2013b). Reply to Koch and Tononi. *New York Review of Books*, March 7.

Seeley, T. D. (2000). *Honeybee Democracy.* Princeton: Princeton University Press. (토머스 D. 실리 지음, 하임수 옮김, 『꿀벌의 민주주의』, 에코리브르, 2021.)

Selimbeyoglu, A., & Parvizi, J. (2010). Electrical stimulation of the human brain: Perceptual and behavioral phenomena reported in the old and new literature. *Frontiers in Human Neuroscience, 4.* doi:10.3389/fnhum.2010.00046.

Sender, R., Fuchs, S., & Milo, R. (2016). Revised estimates for the number of human and bacteria cells in the body. *PLOS Biology, 14*, e1002533.

Sergent, C., & Dehaene, S. (2004). Is consciousness a gradual phenomenon? Evidence for an all-or-none bifurcation during the attentional blink. *Psychological Science, 15*, 720–728.

Seth, A. K. (2015). Inference to the best prediction: A reply to Wanja Wiese. In T. Metzinger & J. M. Windt (Eds.), *OpenMIND* (p. 35). Cambridge, MA: MIT Press.

Seung, S. (2012). *Connectome: How the Brain's Wiring Makes Us Who We Are.* New York:

Houghton Mifflin Harcourt. (승현준 지음, 신상규 옮김, 『커넥톰, 뇌의 지도: 인간의 정신, 기억, 성격은 어떻게 뇌에 저장되고 활용되는가?』, 김영사, 2014.)

Shanahan, M. (2015). Ascribing consciousness to artificial intelligence. *arXiv*, 1504.05696v2.

Shanks, D. R., Newell, B. R., Lee, E. H., Balakrishnan, D., Ekelund, L., Cenac, Z., Kavvadia, F., & Moore, C. (2013). Priming intelligent behavior: An elusive phenomenon. *PLOS One, 8*(4), e56515.

Shear, J. (Ed.). (1997). *Explaining Consciousness: The Hard Problem*. Cambridge, MA: MIT Press.

Shewmon, D. A. (1997). Recovery from "brain death": A neurologist's apologia. *Linacre Quarterly, 64*, 30–96.

Shipman, P. (2015). *The Invaders: How Humans and Their Dogs Drove Neanderthals to Extinction*. Cambridge, MA: Harvard University Press. (팻 시프먼 지음, 조은영 옮김, 『침입종 인간』, 푸른숲, 2007.)

Shubin, N. (2008). *Your Inner Fish—A Journey into the 3.5-billion Year History of the Human Body*. New York: Vintage. (닐 슈빈 지음, 김명남 옮김, 『내 안의 물고기: 물고기에서 인간까지, 35억 년 진화의 비밀』, 김영사, 2009.)

Siclari, F., Baird, B., Perogamvros, L., Bernadri, G., LaRocque, J. J., Riedner, B., Boly, M., Postle, B. R., & Tononi, G. (2017). The neural correlates of dreaming. *Nature Neuroscience, 20*, 872–878.

Simon, C. (2018). Can quantum physics help solve the hard problem of consciousness? A hypothesis based on entangled spins and photons. *arXiv*, 1809.03490v1.

Simons, D. J., & Chabris, C.F. (1999). Gorillas in our midst: Sustained inattentional blindness for dynamic events. *Perception*, 28, 1059–1074.

Simons, D. J., & Levin, D. T. (1997). Change blindness. *Trends in Cognitive Sciences, 1*, 261–267.

Simons, D. J., & Levin, D. T. (1998). Failure to detect changes to people during a real-world interaction. *Psychonomic Bulletin & Review*, 5, 644–649.

Singer, P. (1975). *Animal Liberation*. New York: HarperCollins. (피터 싱어 지음, 김성한 옮김, 『동물 해방』, 연암서가, 2012.)

Singer, P. (1994). *Rethinking Life and Death*. New York: St. Martin's Press.

Skrbina, D. F. (2017). *Panpsychism in the West* (Rev. ed.). Cambridge, MA: MIT Press.

Sloan, S. A., Darmanis, S., Huber, N., Khan, T. A., Birey, F., Caneda, C., & Paşca, S. P. (2017). Human astrocyte maturation captured in 3D cerebral cortical spheroids derived from pluripotent stem cells. *Neuron, 95*, 779–790.

Snaprud, P. (2018). The consciousness wager. *New Scientist*, June 23, 26–29.

Sperry, R. W. (1974). Lateral specialization in the surgically separated hemispheres. In F. O. Schmitt and F. G. Worden (Eds.), *Neuroscience 3rd Study Program*. Cambridge, MA:

MIT Press.

Stickgold, R., Malia, A., Fosse, R., Propper, R., & Hobson, J. A. (2001). Brain-mind states: I. Longitudinal field study of sleep/wake factors influencing mentation report length. *Sleep, 24*, 171–179.

Strawson, G. (1994). *Mental Reality*. Cambridge, MA: MIT Press.

Strawson, G. (2018). The consciousness deniers. *New York Review of Books*, March 13.

Sullivan, P. R. (1995). Content-less consciousness and information-processing theories of mind. *Philosophy, Psychiatry, and Psychology, 2*, 51–59.

Super, H., Spekreijse, H., & Lamme, V. A. F. (2001). Two distinct modes of sensory processing observed in monkey primary visual cortex. *Nature Neuroscience, 4*, 304–310.

Takahashi, N., Oertner T. G., Hegemann, P., & Larkum, M. E. (2016). Active cortical dendrites modulate perception. *Science, 354*, 1587–1590.

Taneja, B., Srivastava, V., & Saxena, K. N. (2012). Physiological and anaesthetic considerations for the preterm neonate undergoing surgery. *Journal of Neonatal Surgery, 1*, 14.

Tasic, B., Yao, Z., Graybuck, L. T., Smith, K. A., Nguyen, T. N., Bertagnolli, D., Goldy, J. et al. (2018). Shared and distinct transcriptomic cell types across neocortical areas. *Nature, 563*, 72–78.

Teilhard de Chardin, P. (1959). *The Phenomenon of Man*. New York: Harper. (피에르 테야르 드 샤르댕 지음, 양명수 옮김, 『인간현상』, 한길사, 1997.)

Tegmark, M. (2000). The importance of quantum decoherence in brain processes. *Physical Review E, 61*, 4194–4206.

Tegmark, M. (2014). *Our Mathematical Universe: My Quest for the Ultimate Nature of Reality*. New York: Alfred Knopf. (맥스 테그마크 지음, 김낙우 옮김, 『맥스 테그마크의 유니버스: 우주의 궁극적 실체를 찾아가는 수학적 여정』, 동아시아, 2017.)

Tegmark, M. (2015). Consciousness as a state of matter. *Chaos, Solitons & Fractals, 76*, 238–270.

Tegmark, M. (2016). Improved measures of integrated information. *PLOS Computational Biology, 12*(11), e1005123.

Teresi, D. (2012). *The Undead—Organ Harvesting, the Ice-Water Test, Beating-Heart Cadavers—How Medicine Is Blurring the Line between Life and Death*. New York: Pantheon Books.

Thompson, E. (2007). *Mind in Life: Biology, Phenomenology, and the Sciences of the Mind*. Cambridge, MA: Harvard University Press. (에반 톰슨 지음, 박인성 옮김, 『생명 속의 마음: 현상학, 생물학, 심리과학』, 도서출판b, 2016.)

Tononi, G. (2012). Integrated information theory of consciousness: An updated account. *Archives Italiennes de Biology, 150*, 290–326.

Tononi, G., Boly, M., Gosseries, O., & Laureys, S. (2016). The neurology of consciousness. In S. Laureys, O. Gosseries, & G. Tononi (Eds.), *The Neurology of Consciousness* (2nd ed., pp. 407–461). Amsterdam: Elsevier.

Tononi, G., Boly, M., Massimini, M., & Koch, C. (2016). Integrated information theory: From consciousness to its physical substrate. *Nature Reviews Neuroscience, 17,* 450–461.

Tononi, G., & Koch, C. (2015). Consciousness: Here, there and everywhere? *Philosophical Transactions of the Royal Society of London B, 370,* 20140167.

Travis, S. L., Dux, P. E., & Mattingley, J. B. (2017). Re-examining the influence of attention and consciousness on visual afterimage duration. *Journal of Experimental Psychology: Human Perception and Performance, 43,* 1944–1949.

Treisman, A. (1996). The binding problem. *Current Opinions in Neurobiology, 6,* 171–178.

Trujillo, C. A., Gao, R., Negraes, P. D., Chaim, I. A., Momissy, A., Vandenberghe, M., Devor, A., Yeo, G. W., Voytek, B., & Muotri, A. R. (2018). Nested oscillatory dynamics in cortical organoids model early human brain network development. *bioRxiv,* doi:10.1101/358622.

Truog, R. D., & Miller, F. G. (2014). Changing the conversation about brain death. *American Journal of Bioethics, 14,* 9–14.

Tsuchiya, N., & Koch, C. (2005). Continuous flash suppression reduces negative afterimages. *Nature Neuroscience, 8,* 1096–1101.

Tsuchiya, N., Taguchi, S., & Saigo, H. (2016). Using category theory to assess the relationship between consciousness and integrated information theory. *Neuroscience Research, 107,* 1–7.

Turing, A. (1950). Computing machinery and intelligence. *Mind, 59,* 433–460.

Tyszka, J. M., Kennedy, D. P., Adolphs, R., & Paul, L. K. (2011). Intact bilateral resting-state networks in the absence of the corpus callosum. *Journal of Neuroscience, 31,* 15154–15162.

VanRullen, R. (2016). Perceptual cycles. *Trends in Cognitive Sciences, 20,* 723–735.

VanRullen, R., & Koch, C. (2003). Is perception discrete or continuous? *Trends in Cognitive Sciences, 7,* 207–213.

VanRullen, R., Reddy, L., & Koch, C. (2010). A motion illusion reveals the temporally discrete nature of visual awareness. In R. Nijhawam & B. Khurana (Eds.), *Space and Time in Perception and Action* (pp. 521–535). Cambridge: Cambridge University Press.

van Vugt, B., Dagnino, B., Vartak, D., Safaai, H., Panzeri, S., Dehaene, S., & Roelfsema, P. R. (2018). The threshold for conscious report: Signal loss and response bias in visual and frontal cortex. *Science, 360,* 537–542.

Varki, A., & Altheide, T. K. (2005). Comparing the human and chimpanzee genomes: Searching for needles in a haystack. *Genome Research, 15,* 1746–1758.

Vilensky, J. A. (Ed.). (2011). *Encephalitis Lethargica—During and After the Epidemic*. Oxford: Oxford University Press.

Volz, L. J., & Gazzaniga, M. S. (2017). Interaction in isolation: 50 years of insights from split-brain research. *Brain, 140*, 2051–2060.

Volz, L. J., Hillyard, S. A., Miler, M. B., & Gazzaniga, M. S. (2018). Unifying control over the body: Consciousness and cross-cueing in split-brain patients. *Brain, 141*, 1–3.

von Arx, S. W., Müri, R. M., Heinemann, D., Hess, C. W., & Nyffeler, T. (2010). Anosognosia for cerebral achromatopsia: A longitudinal case study. *Neuropsychologia, 48*, 970–977.

von Bartheld, C. S., Bahney, J., & Herculano-Houzel, S. (2016). The search for true numbers of neurons and glial cells in the human brain: A review of 150 years of cell counting. *Journal of Comparative Neurology, 524*, 3865–3895.

Vyazovskiy, V. V., Olcese, U., Hanlon, E. C., Nir, Y., Cirelli, C., & Tononi, G. (2011). Local sleep in awake rats. *Nature, 472*, 443–447.

Wallace, D. F. (2004). Consider the lobster. *Gourmet* (August): 50–64.

Walloe, S., Pakkenberg, B., & Fabricius, K. (2014). Stereological estimation of total cell numbers in the human cerebral and cerebellar cortex. *Frontiers in Human Neuroscience, 8*, 508–518.

Wan, X., Nakatani, H., Ueno, K., Asamizuya, T., Cheng, K., & Tanaka, K. (2011). The neural basis of intuitive best next-move generation in board game experts. *Science, 331*, 341–346.

Wan, X., Takano, D., Asamizuya, T., Suzuki, C., Ueno, K., Cheng, K., et al. (2012). Developing intuition: Neural correlates of cognitive-skill learning in caudate nucleus. *Journal of Neuroscience, 32*, 492–501.

Wang, Q., Ng, L., Harris, J. A., Feng, D., Li, Y., Royall, J. J., et al. (2017a). Organization of the connections between claustrum and cortex in the mouse. *Journal of Comparative Neurology, 525*, 1317–1346.

Wang, Y., Li, Y., Kuang, X., Rossi, B., Daigle, T. L., Madisen, L., Gu, H., Mills, M., Gray, L., Tasic, B., Zhou, Z., et al. (2017b). Whole-brain reconstruction and classification of spiny claustrum neurons and L6b-PCs of Gnb4 Tg mice. Poster presentation at Society of Neuroscience, 259.02. Washington, DC.

Ward, A. F. & Wegner, D. M. (2013). Mind-blanking: When the mind goes away. *Frontiers in Psychology, 27*. doi:10.3389/fpsyg.2013.00650.

Whitehead, A. (1929). *Process and Reality*. New York: Macmillan. (앨프리드 노스 화이트헤드 지음, 오영환 옮김, 『과정과 실재: 유기체적 세계관의 구상』, 민음사, 2003.)

Wigan, A. L. (1844). Duality of the mind, proved by the structure, functions, and diseases of the brain. *Lancet, 1*, 39–41.

Wigner, E. (1967). *Symmetries and Reflections: Scientific Essays*. Bloomington: Indiana

University Press.

Williams, B. (1978). *Descartes: The Project of Pure Enquiry*. New York: Penguin.

Wimmer, R. A., Leopoldi, A., Aichinger, M., Wick, N., Hantusch, B., Novatchkova, M., Taubenschmid, J., Hämmerle, M., Esk, C., Bagley, J. A., Lindenhofer, D., et al. (2019). Human blood vessel organoids as a model of diabetic vasculopathy. *Nature, 565*, 505–510.

Winawer, J., & Parvizi, J. (2016). Linking electrical stimulation of human primary visual cortex, size of affected cortical area, neuronal responses, and subjective experience. *Neuron, 92*, 1–7.

Winslade, W. (1998). *Confronting Traumatic Brain Injury*. New Haven: Yale University Press.

Wohlleben, P. (2016). *The Hidden Life of Trees*. Vancouver: Greystone. (페터 볼레벤 지음, 장혜경 옮김, 『나무 수업: 따로 또 같이 살기를 배우다』, 위즈덤하우스, 2016.)

Woolhouse, R. S., & Francks, R. (Eds.) (1997). *Leibniz's "New System" and Associated Contemporary Texts*. Oxford: Oxford University Press.

Wyart, V., & Tallon-Baudry, C. (2008). Neural dissociation between visual awareness and spatial attention. *Journal of Neuroscience, 28*, 2667–2679.

Yu, F., Jiang, Q. J., Sun, X. Y., & Zhang, R. W. (2014). A new case of complete primary cerebellar agenesis: Clinical and imaging findings in a living patient. *Brain, 138*, 1–5.

Zadra, A., Desautels, A., Petit, D., & Montplaisir, J. (2013). Somnambulism: Clinical aspects and pathophysiological hypotheses. *Lancet Neurology, 12*, 285–294.

Zanardi, P., Tomka, M., & Venuti, L. C. (2018). Quantum integrated information theory. *arXiv*, 1806.01421v1.

Zeki, S. (1993). *A Vision of the Brain*. Oxford: Oxford University Press.

Zeng, H., & Sanes, J. R. (2017). Neuronal cell-type classification: challenges, opportunities and the path forward. *Nature Reviews Neuroscience, 18*, 530–546.

Zimmer, C. (2004). *Soul Made Flesh: The Discovery of the Brain*. New York: Free Press.

Zurek, W. H. (2002). Decoherence and the transition from quantum to classical-revisited. *Los Alamos Science, 27*, 86–109.

이 책의 저자 크리스토프 코흐는 1956년 출생인 독일계 미국인
이다. 그는 어려서부터 의식에 관해 관심이 많았다고 한다. 독일
막스플랑크연구소에서 비선형 정보처리 분야를 연구하여 박사
학위를 받은 후, 미국의 메사추세츠공과대학교(MIT) 인공지능
연구소에서 4년 근무하였고, 1987년 캘리포니아공과대학교에서
계산 및 신경 시스템 박사과정에 합류했다. 그런 배경에서 그는
신경생리학자이며 계산-신경과학자로서, 의식의 신경학적 기초
를 연구한다. 그 연구 성과로 컴퓨터와 뉴런의 정보처리에 관한
논문 300편 이상, 책 다섯 권을 저술했다.

그는 1990년대 초부터 의식의 메커니즘을 밝히는 것에 관심
을 기울였으며, 그 무렵 프랜시스 크릭과 함께 의식에 관한 연구
를 해 왔다. 또한 정신과의사이자 신경과학자인, 그리고 이 책에
서 주장하는 '의식의 통합정보이론'의 창시자인 줄리오 토노니와
도 협력해 왔다. 2011년 초 앨런뇌과학연구소의 수석 과학자로

합류했으며, 2015년에 소장이 되었고, 그곳에서 대규모 뉴로모픽 코딩에 대한 연구 프로젝트를 이끌고 있다. 이 연구소에는 현재 과학자와 기술자 및 지원 인력 약 300여 명이 근무한다. 연구소는 마이크로소프트의 공동 창업자이자 자선가인 폴 G. 앨런(Paul G. Allen)이 자금을 지원하여 설립되었다.

유력한 과학이론으로서

이 책은 의식 이론 중에 최근 가장 주목받는 두 이론 중 하나인 통합정보이론을 다룬다. 그리고 이 이론에 관한 가장 구체적인 설명을 담고 있다. 이 의식 이론은 2004년 줄리오 토노니가 처음 제안하고, 이 책의 저자인 크리스토프 코흐가 계승하는 이론이다.

코흐에 따르면, 신경과학 분야에서 의식을 설명하는 유력한 가설은 오직 둘이다. 하나는 자신이 신뢰하는 '통합정보이론'이며, 다른 하나는 '전역 작업공간 이론(Global Workspace Theory, GWT)', 즉 '전역 뉴런 작업공간 이론(Global Neuronal Workspace Theory, GNWT)'이다. GWT 이론에 따르면, 평소 뇌 안에서 일어나는 많은 처리들은 우리에게 의식되지 않지만, 특정 정보가 무대에 올려지고, 조명을 받아 여러 다른 전문화된 신경망 혹은 시스템으로 광범위하게 방송되어 퍼져 나가는 것이 우리에게 의식으로 나타난다고 가정하며, 의식에 전전두 피질이 중요하게 관여한다고 본다.

그러나 그런 가정은 코흐가 보기에 최근의 경험적 증거와 부합하지 않는다. 전전두 피질이 제거된 환자가 의식적 경험을 가지기 때문이다. 전전두 피질은 경험적 의식에 관여한다기보다, 경험의 전후 과정에서 주의력 조절 및 판단의 신뢰도 계산 등에 관여하는 것으로 보인다.

그리하여 저자는 '전역 작업공간 이론'보다 '통합정보이론'이 현재 유력한 이론이라고 믿는다. 저자는 자신이 신뢰하는 이 통합정보이론이 어떤 '경험적 증거'로부터, 그리고 의식에 대한 '어떤 속성들'로부터 지지될 수 있는지를 논증적으로 펼치려 한다. 그는 이 책에서 통합정보이론을, 신경과학에 근거한 과학적 이론인 동시에, 하나의 철학 이론으로 보여 주려 한다. 한마디로 이 책은 의식 이론에 대한 철학서이다.

하나의 철학 이론으로서

이 책이 구성적으로 설명하려는 것은 데카르트가 추구했고, 뉴턴이 보여 주려 했던 패러다임, 즉 공리적 체계이다. 공리적 체계란 고대의 유클리드기하학에 채용된 체계적 설명 방식이다. 그 방식은 자명하다고 가정되는 기하학의 공준(postulates)과, 역시 자명하다고 가정되는 계산 규칙인 공리(axioms), 그리고 용어에 대한 엄밀한 정의(definitions)로부터, 기하학 명제인 정리(theorems)를 논증적으로 이끌어 내는 체계이다. 이런 공리적 체계는 데카르트가 처음 철학에 도입한 이래, 거의 모든 학문 분야에 널리 적용되었다. 그리고 그것을 뉴턴이 가장 잘 보여 주었다.

뉴턴은 『자연철학의 수학적 원리(Philosophiae Naturalis Principia Mathematica)』에서 그 체계의 순서를 조금 바꿨다. 먼저 '용어'를 정의한 후, 역학의 '세 법칙'을 자명한 기초로 놓고, 힘을 계산하는 '다섯 규칙'을 가정했으며, 그로부터 '케플러의 제2법칙'을 한 정리로 유도하였다. 이후로 최근에까지 여러 분야의 학자들은 학문이 얼마나 치밀한지를 보여 주기 위해 그러한 공리적 체계화를 시도했다. 공리적 체계는 최근까지 시대적 패러다임이 되었다.

토머스 쿤은 『과학혁명의 구조(The Structure of Scientific Revolutions)』에서 "패러다임(paradigm)"이란 유행어를 소개했다. 그가 말하는 패러다임은 두 가지 의미를 지닌다. 하나는 가장 대표적 양태를 가리킨다. 다른 하나는 실험적 도구 및 방법, 그리고 관련 이론들을 망라하는 연구 풍조를 말한다. 새로운 패러다임이 등장했다는 것은 곧 유력한 연구 학풍이 등장했다는 것을 의미한다. 그 새로운 등장은 다른 분야의 연구자들도 따라 하게 만든다.

코흐(토노니를 포함하여)가 이 책에서 그러한 시도를 엄밀히 보여 주지는 않았지만, 논의에 앞서 공준과 공리를 설정한다는 측면에서 의식을 공리적 체계로 설명하려 시도한 것이라 할 수 있다. 물론 기하학이 연역적 체계로 구성한 반면, 코흐는 그것의 어려움을 알고 '가추추론'을 말한다. 그는 공준과 공리로부터 통합정보이론을 가추추론할 수 있다고 말한다.

사이비 과학인가?

2023년 9월 20일에 공개된 온라인 심리 과학 매체《사이아카이브프리프린츠(PsyArXiv Preprints)》에, 스티븐 플레밍(Stephen Fleming) 외 연구자 아홉 명은, 통합정보이론이 "사이비 과학(pseudo-science)"이라고 공개적으로 주장했으며*, 저명한 관련 연구자들을 포함한 학자 124인이 그 비평의 글에 동의한다고 밝혔다.

그들은 왜 그 비평을 공개적으로 주장하였는가? 그 비평문에 따르면, 최근 유명한 과학 저널《네이처》및《사이언스》가 통합정보이론을 '선도적'이며 경험적으로 '검증된' 의식 이론이라고 칭송했기 때문이다. 그들은 그런 칭송이 사람들에게 의식 이론에 관한 잘못된 관점을 제시해 주어, 광범위한 사회적 가치관의 혼란 및 윤리적 문제를 일으킬 염려가 있다고 짚었다. 왜 그들은 그것을 염려하는가?

그 비평가들이 지적하는 통합정보이론에 대한 이해는 다음과 같다. 통합정보이론에 따르면, 어느 논리회로이든 인과적 연결성 자체만으로 의식을 가질 수 있다. 그리고 그러한 논리회로가 인간보다 더 많은 의식을 지닐 가능성을 열어 놓는다. 또한 배양접시에서 만들어지는 오가노이드와, 아주 초기의 발달단계에 있는

• https://osf.io/preprints/psyarxiv/zsr78/?fbclid=IwAR3sBdcU 3uPToPp53Xo1yaLaTlvQFsUBLLczg3la19mS8muUYAi_ gYIRq1s_aem_AWXj_OUgDeE86r6jJgC0f3pI3viJK_nS0cmky Ou4cm0KZOj9FTjQWsckhvTnYmSA63w

태아도 의식을 가질 수 있다. 심지어 그 이론의 일부 해석에 따르면, 식물 역시 의식을 가질 수 있다. 왜냐하면 그 이론은 의식이 내재적인 원인-결과 연결을 통한 통합정보량에 비례한다고 가정하기 때문이다.

이 통합정보이론은 그들이 지적 존재일 가능성을 주장한다. 이는 이 이론이 대중에게 관심을 많이 얻게 될 경우 사회적 가치관과 윤리적 문제에 영향을 미칠 수 있다는 점을 시사한다. 이 이론은 줄기세포 연구, 동물 및 오가노이드 실험, 임신중지 등에 대한 개인 및 사회의 윤리적 판단에 간접적으로 영향을 미칠 수 있고, 대중적 가치관의 혼란을 일으킬 수 있다. 더구나, 이 이론이 아직 검증되지 않았으며, 앞으로 검증될 가능성도 없어 보인다는 측면에서, 그 비평가들은 이 이론을 사이비 과학이라고 본다.

역자는 통합정보이론에 대한 이런 비평이 논리적으로 설득적이지 못하다고 본다. 지금 당장 검증되지 않았다는 것만으로 사이비 과학이라고 추론하기 어렵기 때문이다. 새로운 패러다임의 등장에 따라서, 처음 상상조차 불가능해 보였던 생각이 훗날 검증되고, 유력한 과학 개념으로 인정받는 일이 적지 않다. 최근 유력한 인식론의 입장인 프래그머티즘(pragmatism)의 입장에 따르면, 어느 주장의 '유의미함'은 '믿음의 그물망(the web of beliefs)'의 관련성에 의존한다. 그 교훈에 따르면, "검증되었다"라는 판정은 배경지식 혹은 뮈토스(배경믿음)에 의존한다. 모든 과학이 검증에 의해 발전하지는 않으며, 검증을 근거로 제안되는 것도 아니다. 이러한 이유에서 어느 이론에 대한 검증이 학문적 자격의 기준이라고 주장할 수 없다.

철학적 의문, 주관적 경험의 확실성

코흐는 첫 장의 제목을 다음 질문으로 달았다. "의식이란 무엇인가?" 그는 이렇게 답한다. "의식은 경험이다." 왜 그러한가? "모든 경험은 의식적 느낌"이기 때문이다. 그리고 의식은 '주관적인 삶 자체의 느낌[감각]'으로 명백히 존재한다. 그 느낌은, 데카르트가 "나는 생각한다, 그러므로 나는 존재한다"라고 말한 명제처럼, 그 자체로 부정할 수 없는 존재이다.

저자는 그러한 확실한 느낌으로서 존재를 부정하는 철학자로 처칠랜드 부부를 지적한다. 저자는 그들 부부의 입장을 간단히 일축한다. 우리가 느끼는 통증의 느낌 자체를 어떻게 부정할 수 있느냐고.

그 부부는 어떤 입장에서 의식이란 개념의 '제거'를 고려하는가? 그들은 과학사에서 유사한 사례를 살펴볼 수 있다고 한다. 예를 들어, 아리스토텔레스는 화살이 공중에 날아갈 수 있는 것을, 그것이 '추진력(impetus)'을 가지기 때문이라고 보았다. 그리고 날아가는 화살이 점차 추진력을 잃게 되면, '본래의 자리'로 돌아오려는 '본성' 때문에 땅에 떨어진다고 했다. 그러나 뉴턴역학에 따르면, 날아가는 화살의 '추진력'이란 개념은 불필요하다. 그 화살은 '관성(inertia)'에 의해서 날아가다가, 공기의 마찰과 지구중력에 이끌려 땅에 떨어지는 것이기 때문이다. 분명히 날아가는 화살에 '추진력'은 더 이상 존재하지 않는다. 그런 상식적 개념을 그 부부는 '통속적 믿음(folk belief, 비과학적 믿음)'이라고 보았다. 그런 개념들은 과학의 발달과 함께 사라질 운명이거나, 적어도 수정될 운명이다. 이 책에서 저자도 예를 들었듯이, 과거에 신뢰하였던 에테르의 존재는 현재 존재자로 인정받지 못한다. 처칠랜드 부부는 미래 과학의 발달과 함께 의식에 대한 우리의 이해가 근본적으로 달라질 가능성을 열어 놓는다. 그런 의미에서 "제거주의(eliminative)"이다. 이 부부는 현재 직관적으로 명백해 보이는 '의식'이 훗날 과학적으로 새롭게 이해되면, 아마도 지금의 직관적 이해와는 매우 달라질 것이라고 전망한다. 마치 이전에 상식이었던 시간 및 공간에 대해 현재 우리가 아인슈타인의 상대성이론을 통해 아주 다르게 이해하게 된 것처럼 말이다.

물론 저자는 이렇게 항변할 수 있다. 지금 내가 느끼는 삶의 느낌[감각]으로서 경험 자체는 확고하게 존재한다는 것을 결코 부정할 수 없지 않느냐? 그러나 필자는 그 의문에 대해 데카르트가 동의할지 여부에 대해 논하고자 한다.

데카르트가 어떤 '성찰'을 했는가? 그는 자신의 철학 체계를, 유클리드기하학처럼, '자명한' 지식에 기초하여 연역적으로 정당화하는 피라미드와 같은 튼튼한 건축물로 만들고 싶었다. 따라서 그는 의심을 통해 부정할 수 없는 확실한 기초로서 '느끼는 존재'가 아니라, '생각하는 존재'를 발견했다. 그러므로 데카르트가 가장 먼저 의심했던 것은 감각 "경험" 그 자체였다. 잠이 많았던 그는 꿈속에서 현실과 꿈을 구분하지 못한다는 것을 경험했다. 그런 경험으로부터 그는 현실의 감각이 꿈이 아니라고 어떻게 확신하겠느냐고 회의한다. 실제로 우리는 착시현상의 경험에서 '감각'이 절대 확신의 토대가 아니라고 생각한다. 앞서 말했듯이, 경험적 검증은 배경믿음에 의존한다. 그 자체로 자명하고 확실하지 않다.

최근 어느 학자가 저자처럼 공리적 체계화를 시도하는 것을 보기란 거의 불가능하다. 공리적 체계화를 보여 준 뉴턴역학의 패러다임은 아인슈타인에 의한 상대성이론이라는 새로운 패러다임으로 대체되었다. 그리고 수학적 공리 체계에 대한 의문을 제기한 쿠르트 괴델(Kurt Gödel, 1906-1978)과 비유클리드기하학의 등장으로 공리적 체계의 패러다임 자체가 무너지고 말았다. 그런 체계화에 대한 포기는 기하학에서 시작되었다. 가우스(Carl Friedrich Gauss, 1777-1855)와 리만(Georg Friedrich Bernhard Riemann, 1826-1866)에 의해 비유클리드기하학이 등장하였고, 괴델에 의해 수학의 불완전성정리가 나왔으며, 아인슈타인이 새로운 물리학 체계를 보여 주었기 때문이다. 그런 발견이 시사하는 것은 공준과 공리가 어느 체계의 자명한 토대가 아니며, 단지 전제에 불과하다는 것이다.

그리고 우리가 '그런 전제로부터 진리를 얻을 수 있다'고 기대할 수 없다는 것이다. 특별히 그런 문제를 '의식'하고 새로운 철학 전통을 세운 미국 철학의 계보는, 하버드 수학자이며 철학자인 찰스 퍼스(Charles Sanders Peirce, 1839-1914)였다. 그는 철학이 더 이상 진리를 찾기보다, 더 신뢰할 만한 유용한 믿음을 찾아야 한다고 제안하며, 프래그머티즘이라는 철학을 창시하였다. 그는 어느 증거를 설명해 줄 다양한 가설이 가능하며, 학자들은 그중에 가장 설득력 있어 보이는 가설을 선택하며, 그 선택은 '가추추론'에 의한 것이라고 말했다. 물론 저자는 공준과 공리로부터, 연역추론이 아닌, 가추추론을 한다고 말한다. 즉, 저자는 '의식의 속성'을 독자의 이해를 돕기 위해 공리적 토대로, 또 '의식적 경험'을 사례로 증명하기 위한 모든 기제에 대해 수반될 요구사항[공격들]에 대비해 여러 임상적 경우를 제시하며, 가추추론한다.

저자가 고려했던 주관적 경험의 확실성은 현대 일부 철학자들의 감각질(qualia) 논증과 관련된다. 저자가 '주관적 느낌'으로서 감각질에 주목하는 이유는 무엇인가? 그는 현재 외면할 수 없어 보이는 이원론의 입장을 존중하면서, 철학적으로 그 입장을 극복하고 싶었던 것 같다. 그는 라이프니츠의 방앗간 사고실험 논증의 결론, "물리적 장치는 결코 정신적 현상을 가질 수 없다"라는 주장을 제시하면서, "이것이 바로 유물론과 그 현대적 변형인 물리주의에 던지는 질문이다"라고 말한다. 저자는 그 질문에 대한 이론적 탐색에서 가추추론을 통해 통합정보이론을 확립할 수 있다고 생각한다.

그리고 저자는 역시 타인도 자신처럼 의식적 경험을 가진다고 추론할 수 있다고 말한다. 나아가서 다른 동물들도 의식적 경험을 가진다고 추론할 수 있다고 말한다. 그는 과학사의 천왕성 궤도 발견에서의 사례, 다윈과 월리스의 진화론, 그리고 셜록 홈스의 추리를 사례로 든다. 그리고 이렇게 말한다. '내가 직접 알

수 있는 내 마음과 달리, 나는 다른 의식적 마음의 존재를 추론할 수 있을 뿐이다.'

저자의 표현대로, 타인이 나와 매우 유사하기 때문에, 타인도 주관적이며, 현상적 상태를 가진다고 본다. 나아가 포유류, 파충류, 양서류, 조류는 물론이고 무척추동물인 곤충, 문어, 단세포 미생물까지 자연의 비교적 넓은 회로를 탐색해 가며 통합정보이론에 따라 그들의 의식상태(conscious states)를 추론한다. 하지만 저자가 종들이 우리에게 더 낯설수록[생명의 나무가 그리는 동심원에서 멀리 떨어져 있을수록] 그들의 의식적 경험을 추론하기 더욱 어려워진다는 한계를 통감하는 지점에서는, 지식인의 도덕성과 책무에 대해 생각해 보게 된다.

의식 과학의 탄생, 앞으로 의식 연구가 나아가야 할 길

또한 저자는 배제의 원리에 따라, '최대로 환원 불가능한 회로'인 완전체만이 오직 내재적인 인과적 힘을 지니며, 의식적 존재일 수 있다고 말한다. 그리고 이렇게 말한다. "경험이란, 의식 상태의 시스템을 지원하는 최대로 환원 불가능한 원인-결과 구조와 동일하다." "그 시스템의 환원 불가능성 $\Phi^{최댓값}$이 클수록, 즉 그 자체로 더 많이 존재할수록, 더 많이 의식적이다."

이 지점에서 통합정보이론이 정의하는 '의식'을 다시 돌아보게 된다. "의식은 경험이다." 그 이론은 '느낌을 가지고 살아가는 존재' 여부를 판별할 계측기를 개발하기 위한 것으로 보인다. 의식에 대한 이런 정의는 철학자가 관심을 가지는 '반성적 능력으로서 의식'은 아니다. 이 이론은 삶과 죽음을 분별해 줄 임상적 진단으로서 의식 진단 장비를 정당화해 줄 또는 설명해 줄 의식 이론이다. 조금 지나치게 표현하자면, '살아 있음'을 측정하는 장비를 정당화시켜 줄 '의식 있음'의 이론, 즉 '살아 있음'의 이론으로 보인다. 이런 측면에서 이 책은 임상 의료인들에게도 흥미로운 이론일 수 있다.

저자는 의식상태(conscious states), 의식의 상태(states of consciousness)로 둘의 용어를 구분하며 '의도적(타동적) 의식'과 '자동적 의식'의 쓰임의 차이를 논한다. 코흐가 이 책의 중반부에서부터 집중하는 것은 '의식의 상태'의 여러 층위이다. 한스 베르거가 개척한 뇌파검사(EEG)를 통해 깨어 있음, 렘수면, 깊은 수면에 대한 설명을 통해, 저자가 밝히고자 하는 것은 학문적 · 대중적 초미의 관심사이기도 한 "(정확히) 뇌의 어느 부분이 의식에 관여하는지", "의식을 측정하는 도구로 인간은 어떤 혜택을 받게 될 것인지"에 대한 것이다.

저자는 의식장애를 지닌 뇌손상 환자[잠금증후군(LIS)-최소의식상태(MCS)-식물상태(VS)-혼수상태-뇌사]의 임상사례분석을 통해 의식의 여부에 대해 과학철학적으로 논한다. 이들은 여전히 기억하고, 생각할 수 있을까? 이들이 어느 비반사적 행동을 일으키는가? 저자는 그들이 말을 잃었지만 "증거 부재는 부재의 증거가 아니다"라는 진언을 통해, 말을 잃은 이들의 '세계와 단절된 상태의 절망'에 공감한다. 저자는 이 "비참한 평원(the plains of misery)" 어딘가에서 고군분투하고 있을 이들을 위해 2028년 말까지는 '완벽한 의식 측정기 연구'가 완료될 것이라는 약속을 통해 철학자로서의 바람과 과학자로서의 사명을 드러낸다.

'의식'이 무엇인지에 대한 개념적 이해가 연구자들의 관심사에 따라서, 그리고 전문 분야에 따라서 달라질 수 있음을 보게 된다. 어쩌면 처칠랜드가 말했듯이, 무엇에 대한 관찰(경험) 및 분류 자체가 그것을 규정하는 이론에 의해 영향을 받으므로, 의식의 연구가 이루어짐에 따라서, 현재의 의식 자체에 대한 분류가 달라질 수 있을 것으로 전망해 볼 수 있다.

이 책은 최근 의식에 관해 논의되는 가장 유력한 이론 중 하나인, 통합정보이론에 관한 과학적이며 철학적인 이론서이다. 여기에서 설명하는 많은 뇌과학 연구 사례들과 그 연구에 대한 저자의 설명 및 이해는 의식을 궁금해하는 한국 독자들에게 많은 도움이 될 것임을 기대해 본다. 그리고 여기에서 제시되는 많은 연구 사례들은 반성적 사고로서 의식이 무엇인지 탐구하는 길에도 중요한 시작점을 제공할 수 있을 것이다.

2024년 1월

박제윤

찾아보기

ㄱ _____

가바(GABA) 122

가추추론(abductive reasoning) 45-47,
71, 152, 156, 303, 306-307, 341

갈레노스(Galenos) 97-98

갈바니, 루이지(Galvani, Luigi) 113

갈, 프란츠 요제프(Gall, Franz Joseph) 99

감각

— 내감각(interoceptive) 85

— 외감각(exteroceptive) 85

— 감각 공간(sensory spaces) 38, 86-87, 138

— 감각운동(sensorimotor) 39, 91, 104,
136, 221

— 감각의 총체(sensorium commune) 98

— 감각 이벤트(sensory events) 84

— 감각 지각(sensory perception) 51, 56,
314

감각질(qualia) 28

감각 차단 탱크(sensory deprivation tank),
격리 탱크, 부유 탱크 225

강제선택 실험(forced-choice experiments)
74

강화학습(reinforcement learning) 259

거대-병렬-말초-처리(massive parallel
peripheral processes) 84

거의-침묵하는 피질(near-silent cortex)
16, 228, 238

게놈(genomes) 72-73, 343

계산적 마음 이론(computational theory
of the mind) 249, 256

계산주의(computationalism), 계산적 마
음 이론(참조) 251, 255-256, 261-263,
295, 299, 370

골렘(golem) 270

과립세포(granule cells) 124

괴델, 쿠르트(Gödel, Kurt) 256

교모세포종(glioblastoma) 125

근육 기억(muscle memory) 61

글루타메이트(glutamate) 122

기능-자기공명영상(fMRI) 112, 115, 364-
365, 373

ㄴ _____

내적 관점(Innenperspektive) 30-31,
173, 308, 327

네거티브 피드백(negative feedback), 피
드포워드(참조) 126

네이글, 토머스(Nagel, Thomas) 31

노르아드레날린(noradrenaline) 122, 212

농구코트의 고릴라(gorilla in our midst)
환영 실험 89

뇌량(corpus callosum) 78, 209-212,
215, 217, 363-364

뇌-연결(brain-bridging), 뇌-연결 기술
16, 214-219, 316

뇌이랑(brain's convolutions) 98-99

뇌파

— 감마파(gamma waves) 106

— 델타파(delta waves) 105

— 알파파(alpha waves) 105-106

— 톱날파(sawtooth waves) 105

— 피크파(spikes) 101, 112, 196, 348

뉴런(neuron) 15, 34, 72-73, 100-101, 104, 106, 110, 112, 119, 121-124, 126-128, 132, 138, 141-143, 145, 157, 169, 178, 181-182, 195-198, 200, 212, 214-217, 220-221, 227-230, 243, 246-247, 259, 264-267, 269, 272-274, 292-293, 295, 299, 308, 315-316, 318-320, 322, 343-344, 348-351, 353, 355-356, 359, 361, 363, 365, 368-370, 372-374, 376

ㄷ

다윈, 찰스(Darwin, Charles) 46, 240, 307, 312
다중우주(multiverse) 44, 160, 340, 356
단속운동 억압(saccadic suppression) 58
단속운동(saccades) 58-60
달라이 라마(Dalai Lama) 69, 157
담장(claustrum), 담장 뉴런 127, 141, 220-221, 355, 365
데닛, 대니얼(Dennett, Daniel) 28, 337
데카르트, 르네(Descartes, René) 14, 24-26, 70-71, 76, 110, 152, 165, 224, 271, 314, 336, 343, 357
— 데카르트적 영혼(Cartesian soul) 71
데하네, 스타니슬라스(Dehaene, Stanislas) 272, 352, 373
도브잔스키, 테오도시우스(Dobzhansky, Theodosius) 233
동정맥기형(arteriovenous malformation) 77
두개골유합증(craniopagus) 215

디메틸트립타민(N,N-Dimethyltryptamine, DMT) 225
딥마인드(DeepMind) 260, 294

ㄹ

라이프니츠, 고트프리트 빌헬름(Leibniz, Gottfried Wilhelm) 150-152, 168, 256, 312-313, 356, 370
라일락 추격자(Lilac chaser) 53
렘수면(REM sleep) 105-107, 122, 201, 348-349, 362
— 역설적 수면(paradoxical sleep) 106
르베리에, 위르뱅 장 조제프(Le Verrier, Urbain Jean Joseph) 46
「리처드 3세」 79
림보(limbo) 103, 157, 189

ㅁ

마, 데이비드(Marr, David) 52
마셜, 윌리엄(Marshall, William) 282, 286
마스킹(masking) 90
마시미니, 마르첼로(Massimini, Marcello) 198
마음 공백(mind blanking) 61, 90
마음 유랑(mind wandering) 221, 226
마음 챙김(Mindfulness) 62, 178
마흐, 에른스트(Mach, Ernst) 30
맥긴, 콜린(McGinn, Colin) 150
맥페일, 유언(Macphail, Euan) 76
메타인지(metacognition) 136, 353
무어의 법칙(Moore's law) 258
『무지의 구름(The Cloud of Unknowing)』

224

물리주의(physicalism), 유물론(참조)
110, 150, 313, 367, 378

물자체(Ding an sich) 53

미다졸람(midazolam) 201

미엘린(myelin) 128

ㅂ

바스, 버나드(Baars, Bernard) 272

바이스펙트럼 지수(bispectral index, BIS)
197

반사작용(reflexes) 51, 59, 64, 190

발생학자(embryologist) 96

방앗간 사고실험(mill thought experiment)
150

방추형 얼굴 영역(fusiform face area,
FFA) 112-114, 165, 350, 354

백색질(white matter) 128, 353, 355

범심론(panpsychism) 312-313, 315-
317, 321, 358, 378

베라, 요기(Berra, Yogi) 63

베르거, 한스(Berger, Hans) 104

베르니케영역(Wernicke's area), 웅변 피
질(참조) 134

볼트 테일러, 질(Bolte Taylor, Jill) 76, 78

부수현상(epiphenomenal) 236

부주의 맹시(inattentional blindness) 89,
346

분리-뇌(split-brain) 78, 204, 210, 213,
218, 317, 345, 364

분석철학(analytic philosophy) 29, 313,
338

불논리(Boolean logic) 169

불확정성원리, uncertainty principle 143

브로카영역(Broca's area), 웅변 피질(참
조) 134, 141, 214, 221-222, 352, 364

블라인드 카페(Blind Café) 36

블루 브레인 프로젝트(Blue Brain Project)
269, 372-373

비-렘수면(non-REM sleep) 106, 122,
348-349, 362

비셀, 토르스텐(Wiesel, Torsten) 264

비-인간권리프로젝트(Nonhuman Rights
Project) 331

비존재(non-being) 61-62

ㅅ

생명의 나무(tree of life) 80, 303-306,
325, 332, 376

샤이보, 테리(Schiavo, Terri) 65, 342

샹죄, 장피에르(Changeux, Jean-Pierre)
272

섀넌, 클로드(Shannon, Claude) 172-173,
358, 375

설, 존(Searle, John) 29, 317, 375, 378

섭동 복잡성 지수(PCI) 199-200, 202

세로토닌(serotonin) 107, 122

수면병(sleeping sickness), 기면성뇌염
(encephalitis lethargica) 120

순수한 현시(pure presence) 224

순질량(net mass) 238

슈뢰딩거, 에르빈(Schrödinger, Erwin)
13, 144, 314

— 슈뢰딩거의고양이(Schrödinger's cat), 양

자 사건/양자역학(참조) 144

슈푸르츠하임, 요한(Spurzheim, Johann) 99

스트로슨, 갤런(Strawson, Galen) 29

스팬드럴(spandrel) 237

스페리, 로저(Sperry, Roger) 210

시각-운동 행동(visuomotor behavior) 31

시대정신(Zeitgeist) 17, 256

시뮬라크르(simulacrum) 270, 295

식물인간 상태(vegetative-state) 64-65, 108, 328

신경계(nervous system) 15, 18, 73, 89, 115, 119, 149, 187, 191, 205, 215, 222-223, 240, 243, 245-246, 248, 261-262, 266-267, 270, 295, 305-307, 309, 315, 324, 343, 348, 358, 368-369

신경교세포(glial cells) 247, 348

신경세포(nerve cells) 15, 100, 109, 119, 141-142, 156, 219-221, 244-245, 248, 270, 295, 341, 348, 363, 368, 371

신경절(ganglia) 223, 267

「신성한 질병에 관하여(On the Sacred Disease)」 96-97

신피질 뉴런(neocortical neurons) 72, 145

신피질(neocortex), 원시피질(참조) 15, 72-73, 104, 128-129, 132, 145, 181, 272, 305-306, 308, 343, 369

실어증(aphasia) 76-78, 133

실행 요약 가설(executive summary hypothesis) 242

심리철학(philosophy of mind) 29, 63, 338

심-신 문제(mind-body problem) 13, 24, 44, 145, 205, 318

심층기계학습(deep machine learning) 253

ㅇ ──────────

아다마르, 자크(Hadamard, Jacques) 87

아데노신(adenosine) 122

아리스토텔레스(Aristoteles) 12, 96, 167, 173, 234, 271, 336, 347, 349, 358

아세틸콜린(acetylcholine) 122, 212

아세포(subcellular) 143

아우구스티누스(Augustinus) 25, 152, 165, 336

안면 실인증(prosopagnosia), 인지불능증 (참조) 114, 130

알레시오미터(alethiometer) 257

애니메이트(animats) 233, 239-242, 368

앨런뇌과학연구소(Allen Institute of Brain Science) 72, 334, 343

양자 사건(quantum event) 144

양자역학(quantum mechanics, QM) 44, 143-145, 153, 159-160, 167, 314, 355

― 불확정성원리(uncertainty principle) 143

― 양자얽힘(quantum entanglement) 144, 356

― 파동-입자 이중성(wave particle duality) 143

― 양자 정합성(coherency) 145

― 양자 중첩(superposition) 145

억제성 뉴런(Inhibitory neurons) 72, 267

얼굴 지각표상(face percept) 26

에테르(aether, ether) 167, 169

예외 시도(catch trials) 64

오가노이드(organoids) 246-249, 295, 300, 326, 369, 370

오렉신(orexin) 122

오컴의 면도날(Occam's razor) 167, 176

완전체(Whole), 주요 복합체(main complex), 의식의 물리적 기제(physical substrate of consciousness) 161, 176-179, 181, 183, 209, 211-214, 216-222, 227, 230, 237, 248, 280-281, 283-284, 286-287, 289, 292, 308, 310, 312, 317-322, 325-326, 357-358, 365, 374, 377-378

왓슨, 제임스(Watson, James) 109

울프, 버지니아(Woolf, Virginia) 61, 342

웅변 피질(eloquent cortex) 133-134

원시피질(archicortex), 신피질(참조) 129

원인-결과 정보(cause-effect information), 통합정보이론 내 정보 공준(참조) 172, 181

월리스, 데이비드 포스터(Wallace, David Foster) 330

월리스, 앨프리드 러셀(Wallace, Alfred Russel) 46

월리스, 토머스(Willis, Thomas) 98, 347

─『뇌 해부학(Cerebri Anatome)』 98

유물론(materialism), 물리주의(참조) 99, 150, 313, 337

유아론(solipsism) 44-45, 303

유인원프로젝트(Great Ape Project) 331

육감(gut feeling) 55

의식

─의식상태(conscious states) 95, 102, 108, 123, 190, 194, 202

─의식의 상태(states of consciousness) 95, 102-104, 107-108, 188

의식의 신경상관물, NCC(참조) 109-111, 132, 149, 152, 178, 196, 273, 278, 299, 318, 349

─내용-특이적 NCC 111, 113, 115, 123, 137, 354

─전체 NCC 111, 115

의식장애(disorders of consciousness) 64, 190, 360

─뇌사(brain death) 190-192, 294, 360

─혼수(coma) 64, 108, 122, 129, 190, 192, 193, 198, 200, 202, 204

─식물상태(VS) 190, 192-193, 202-204, 360

─최소의식상태(MCS) 190, 194, 202

─잠금증후군(LIS) 190-191, 194

의식적 지각(conscious perception) 14, 60, 110, 131, 189, 273, 342, 362

의식 측정기(consciousness meter), 페이스(Pace) IIT, 파이-측정기(phi-meter) 183, 189, 203-205, 209, 360

이진 게이트(binary gates) 169, 282, 287

이진 그물망(binary network) 227

인간 예외주의(human exceptionalism) 70

인 실리코(in silico) 233, 239, 243

인지불능증(agnosia) 129-131, 351

─색깔지각상실(색맹, achromatopsia) 130

─안면 실인증(prosopagnosia), 얼굴 맹시(face blindness) 114, 130

─운동지각상실(운동불능증, akinetopsia) 130

─움직임 맹시(motion blindness) 131

─질병인식불능증(anosognosia) 130-131,

351-352

인지 작용(cognitive operations) 14-15, 83

일차시각피질(Primary visual cortex) 133-134, 137, 139, 264, 354, 376

일차운동피질(Primary motor cortex) 134

일차체성감각피질(Primary somatosensory cortex) 134, 137

ㅈ ─────────────

자네, 피에르(Janet, Pierre) 63

자아의식(self-consciousness) 54, 245

자연종(natural kinds) 73

잠재적 지각(subliminal perception) 57, 341

재귀적 그물망(recurrent network), 피드 포워드 그물망(참조) 280-281, 374

잽-앤-집(zap-and-zip) 198, 200-204, 362

전기생리학(electrophysiology) 113, 362

전기 양(electric sheep) 322

전역 뉴런 작업공간(global neuronal workspace) 이론 272-273, 353, 373

전역 최댓값(global maximum) 176

전환장애(conversion disorders) 222

접근 의식(access consciousness) 57, 342

정신물리학(Psychophysics) 45, 48, 54, 56, 313, 341

정신적 재능(psychical faculty) 84

제켄도프, 레이(Jackendoff, Ray) 86

제한적 대역폭(limited bandwidth) 84

좀비 행위자(zombie agents) 57, 59-60, 234

주의집중(attention) 80, 83, 88-91, 197, 221, 273, 338, 347, 361-362, 373, 377

지각력(sentient) 69, 75, 154, 157, 255, 304, 307, 309, 321, 326-327, 329-330, 332

지성(res cogitans), 인지적 실체 70

질레지우스, 안겔루스(Silesius, Angelus), 마이스터 에크하르트 224

ㅊ ─────────────

차머스, 데이비드(Chalmers, David) 110, 152-153, 189, 349, 356, 363

— 어려운 문제(The hard problem of consciousness) 152, 356

처치, 알론조(Church, Alonzo) 257

처칠랜드 부부 연구 팀(Churchland, Patricia and Paul) 27, 261

『천일 야화(The Thousand and One Nights)』 141

최선의 설명에로의 추론(inference to the best explanation) 45, 47, 156

ㅋ ─────────────

커넥톰(connectome), 신경연결 대응도 (map of neural connections) 239, 270, 295, 375

케타민(ketamine) 201, 349

코타르증후군(Cotard's syndrome) 28

크릭, 프랜시스(Crick, Francis) 59, 86, 109-110, 137, 141, 195-196, 234, 242, 333, 337, 349, 361

크세논(xenon) 201

ㅌ

테트로도톡신(tetrodotoxin) 229

토노니, 줄리오(Tononi, Giulio) 154,
198, 282, 297, 299, 334, 362, 375

통속 믿음(folk belief) 27

통합정보이론(Integrated Information
Theory, IIT) 16-18, 145-146, 152-
154, 156-160, 163-167, 173, 176-177,
179, 198, 200, 204, 209, 211, 213, 215,
219, 221, 227-230, 237-238, 241, 243,
247, 273-274, 278-280, 282, 284-
288, 294, 296-297, 304, 308, 310-
312, 315-318, 320-322, 324, 328-329,
356-357, 363, 366-367, 370, 373, 375,
377-379

—내재적 존재(intrinsic existence) 공준 158,
165, 282, 286, 357

—구성(composition) 공준 170-171

—정보(information) 공준 171

—통합(integration) 공준 173

—배제(exclusion) 공준 175-176, 213, 215,
219, 288, 320, 358

—핵심 정체성(central identity) 177

튜링기계(Turing machine) 257-258,
260-263, 287

튜링, 앨런(Turing, Alan) 257

트랜스휴머니스트(transhumanists) 18, 325

ㅍ

파드마삼바바(Padmasambhava) 224,
366

파르비시, 요세프(Parvizi, Josef) 113-
114

펜로즈, 로저(Penrose, Roger) 144, 355

펜필드, 와일더(Penfield, Wilder) 140

포스핀(phosphenes) 138, 354, 376

폰노이만 컴퓨터(von Neumann computer)
261-262

폰 에코노모, 콘스탄틴(von Economo,
Constantin) 120-121

푸르키네세포(Purkinje cells) 123-124,
126

프로포폴(propofol) 201

프리바투스(privatus) 43

플라톤(Platon) 17, 96, 166, 271, 299,
313, 357

—『소피스트(Sophist)』166, 357

피드백 프로세싱(feedback processing)
265

피드포워드 그물망(feedforward network),
재귀적 그물망(참조) 279-280, 293,
373-374

피드포워드 프로세싱(feedforward
processing) 265

피질척수로(corticospinal tract) 128

핀들레이, 그레이엄(Findlay, Graham)
282, 286, 289

ㅎ

핫존(hot zone), 후방 피질 핫존(참조)
132, 136, 138-139, 141, 149, 151, 181,
183, 228-229, 318-319, 352, 367, 378

해리정체성장애(dissociative identity

disorder) 222

허블, 데이비드(Hubel, David) 264

헉슬리, 올더스(Huxley, Aldous) 108, 269, 372

—『지각의 문(The Doors of Perception)』 108

현상 의식(phenomenal consciousness) 57, 342

현상학(phenomenology) 26, 30-31, 36, 54, 56-57, 132, 145, 154-156, 163-164, 170, 175, 180, 223, 229, 297-298, 300, 338, 341, 359, 370, 372

호모사피엔스(Homo sapiens) 75, 254, 277, 304, 328, 331, 352, 369

호문쿨루스(homunculus) 86-88, 137, 242

호지킨-헉슬리방정식(Hodgkin-Huxley equations) 269

회색질(gray matter) 98-99, 127-128, 141-142, 178, 353

후방 (피질) 핫존[posterior (cortex) hot zone], 핫존(참조) 136, 138-139, 141, 149, 151, 181, 228-229, 318-319, 367, 378

흥분성 뉴런(Excitatory neurons) 72, 267

히스타민(histamine) 122

히포크라테스(Hippocrates) 96

E ————————————

EEG(뇌파검사, 뇌파) 51, 104-107, 195, 197-201, 203, 227, 319, 342, 348-349, 361, 367, 370, 373

F ————————————

FFA[fusiform face area(방추형 얼굴 영역)] 112-114, 165, 350, 354

fMRI(기능-자기공명영상) 112, 115, 364-365, 373

I ————————————

I-C 평면(intelligence-consciousness plane) 246, 249, 300

IIT[Integrated Information Theory(통합정보이론)], 통합정보이론(참조) 16-18, 145-146, 152-154, 156-160, 163-167, 173, 176-177, 179, 198, 200, 204, 209, 211, 213, 215, 219, 221, 227-230, 237-238, 241, 243, 247, 273-274, 278-280, 282, 284-288, 294, 296, 297, 304, 308, 310-312, 315-318, 320-322, 324, 328-329, 356-357, 363, 366-367, 370, 373, 375, 377-379

N ————————————

NCC[neural(neuronal) correlates of consciousness], 의식의 신경상관물(참조) 110-111, 113-115, 123, 132, 137, 142-143, 149, 197-198, 205, 212, 273, 278, 349, 354, 363, 373

—내용-특이적 NCC 111, 113, 115, 123, 137, 354

—전체 NCC 111, 115

Philos 026

생명 그 자체의 감각

1판 1쇄 발행 2024년 2월 7일
1판 3쇄 발행 2024년 11월 26일

지은이 크리스토프 코흐
옮긴이 박제윤
펴낸이 김영곤
펴낸곳 (주)북이십일 아르테

책임편집 김지영
기획편집 장미희 최윤지
디자인 어나더페이퍼
출판마케팅 한충희 남정한 최명열 나은경 한경화
영업 변유경 김영남 강경남 황성진 김도연 권채영 전연우 최유성
해외기획 최연순 소은선 홍희정
제작 이영민 권경민

출판등록 2000년 5월 6일 제406-2003-061호
주소 (10881) 경기도 파주시 회동길 201(문발동)
대표전화 031-955-2100 팩스 031-955-2151 이메일 book21@book21.co.kr

(주)북이십일 경계를 허무는 콘텐츠 리더

북이십일 채널에서 도서 정보와 다양한 영상자료, 이벤트를 만나세요!

인스타그램 instagram.com/21_arte   페이스북 facebook.com/21arte
          instagram.com/jiinpill21   facebook.com/jiinpill21
포스트 post.naver.com/staubin   홈페이지 arte.book21.com
          post.naver.com/21c_editors   book21.com

ISBN 979-11-7117-384-6 (03400)

· 책값은 뒤표지에 있습니다.
· 이 책 내용의 일부 또는 전부를 재사용하려면 반드시 (주)북이십일의 동의를 얻어야 합니다.
· 잘못 만들어진 책은 구입하신 서점에서 교환해 드립니다.

코흐는 의식 과학을 이끌어야 할 책임이 생긴 이래로 항상 이 분야를 선도하는 주장을 해 왔다. 이 책은 그러한 주장의 집대성으로, 코흐의 작가적 본능과 과학적 혜안을 동시에 보여 주는 탁월함이 있다. [의식적] 경험에 대한 깊은 연구를 바탕으로, 매우 설득력 있는 그림을 그린다.

— **아닐 세스** Anil K. Seth, 뇌과학자, 『내가 된다는 것』 저자

코흐의 논쟁적이고 재치 있는 이 책은 프랜시스 크릭에게 영감을 받아, 과학적 연구에 대한 치밀한 검토와 함께 의식에 관한 폭넓은 관점을 제공한다. 이 책은 다른 종의 의식과 그 존재에 관해 철학적 질문을 던지는 것과 동시에, 이를 측정하기 위한 도구 및 기술을 개발하는 문제를 깊이 있게 논한다.

— **아다 요나트** Ada E. Yonath, 바이츠만과학연구소 교수, 2009 노벨화학상 수상

『생명 그 자체의 감각』에서 코흐는 의식 연구의 학제적 성격을 분명히 함과 동시에 시대를 초월하지만 시의적절한 이슈timeless and timely issues의 광범위한 영역을 접근하기 쉽게 해결해 간다. 의식 과학 분야의 개척자가 잘 연구한 이 책은 이 분야에 관심이 있는 학자와 학생뿐 아니라 평범한 독자에게도 필수적인 책이다. 의식의 신경생물학에서 사상적 풍경을 이해하고, 그에 관한 대표 이론 중 하나를 확실히 이해하게 될 것이다.

— **매슈 오언** Matthew Owen, 미시간대학교 의식과학센터Center for Consciousness Science 교수

이 책에서 제시한 코흐의 개념화 작업은 포괄적이나 매우 상세하며, 의식에 대한 가장 정교한 이론적 설명 중 하나를 제시한다. 이 최신의 연구는 그의 이전 저작에서 보여 준 이론적 설명의 다양한 구성 요소를 통합해 냈다. 통합정보이론IIT의 대표작으로 손색없다.

— **탈리스 바흐만** Talis Bachmann, 타르투대학교 법심리학 교수

과학이 인간의 마음 그 자체를 설명할 수 있을까? 우주를 내다보는 눈은 자신을 보기 위해 안으로 향할 수 있을까? 이 책에서 코흐는, 이를 우리가 할 수 있을 뿐만 아니라 충분히 잘할 수 있다는 열정적 사례를 제시한다. 이 책은 의식에 대한 과학적 연구의 사례를 이곳저곳 여행하다가 궁극적으로 코흐가 생각하는 IIT에 대한 접근 가능한 소개로 이어지는, 의식의 신비 속으로 빠져들게 하는 즐거운 여행이다. 나와 같이 이 주제에 열정적인 사람들은 많은 것을 배우고 즐길 것이다. IIT는 최근 많은 관심을 받고 있다. 논란이 없진 않지만, 이것은 아마도 급진적 혁신을 제안하는 과학 이론, 그 방법적 측면이 만날 수밖에 없는 응당 예상되는 일일지 모른다. 의식을 정확히 잘 설명하려면, 이런 급진적인 혁신이 필연적으로 수반될 수밖에 없을 것이다.

— **필립 고프** Philip Goff, 더럼대학교 철학 교수

인간(그리고 비-인간)의 의식에 대한 이상하고, 놀랍고, 경쟁적인 설명. 채식주의자인 코흐는 동물이 인간과 의식을 공유한다고 오랫동안 주장해 왔고, 이 책은 의식을 '존재의 대사슬'에서 보다 더 나아가게 해 준다. 의식은 하나의 상태가 아니라 연속체, 즉 어떤 시스템은 다른 것들보다 더 의식적이라는 개념이 IIT의 핵심이다. 코흐는 꿀벌, 해파리, 줄기세포에서 자란 대뇌 오가노이드를 포함하여 우리가 오랫동안 비활성으로서 생각해 온 모든 것들이 '경험의 작은 빛'을 지닐 수 있다고 주장한다.

— **메건 오기블린** Meghan O'Gieblyn, 작가, 칼럼니스트

완전히 꿰뚫었다! 활기가 넘친다. 코흐는 [의식적] 경험의 '신경 발자국'을 추적하고 IIT의 광활한 해안을 헤엄쳐 다니며, 까마귀, 벌, 문어의 '생명 그 자체의 감각'에 대해 윤리적 관점에서 사색한다.

— **《네이처》**

의식이라는 어려운 문제를 매우 쉽게 접근하는 오픈 사이언스! 바로 이 책이다.

— **《사이언스》**

이 책은 마음을 움직이는 풍성한 향연을 제공하며, 종종 어려운 의식 이론에 대해 더 많은 것을 이해하고자 하는 열망을 남긴다.

— **《뉴사이언티스트》**